普通高等教育电气工程与自动化类系列教材

计算机控制技术

第3版

范立南　李雪飞　范志彬　编著

机 械 工 业 出 版 社

本书系统阐述了计算机控制系统的分析方法、设计方法以及在工程上的实际应用。主要内容包括：计算机控制系统的组成与分类，计算机控制系统中的过程通道，数据处理与人机交互技术，计算机控制系统特性分析，数字PID及其算法，直接数字控制，模糊控制技术，计算机控制系统的可靠性与抗干扰技术，网络化控制系统，计算机控制系统的设计与实现。本书注重理论与应用、软件与硬件、设计与实现的有机结合，重视解决工程实际问题。为了便于教学和自学，读者可通过扫描本书中相关知识点的二维码加深与拓展学习内容，并且本书每章都配有不同类型的习题。为满足当下教学要求，本书增加了课程思政内容。

本书配有免费电子课件、课程授课视频、配套的实验指导及习题解答，欢迎选用本书作教材的老师登录 www. cmpedu. com 注册下载。

本书可作为普通高等院校电气工程及其自动化、自动化、电子信息工程等相关专业的本科生和研究生的教材，也可作为科研和工程技术人员的参考书。

图书在版编目（CIP）数据

计算机控制技术/范立南，李雪飞，范志彬编著. —3版. —北京：机械工业出版社，2022.8（2023.12重印）
普通高等教育电气工程与自动化类系列教材
ISBN 978-7-111-70692-2

Ⅰ.①计… Ⅱ.①范…②李…③范… Ⅲ.①计算机控制-高等学校-教材
Ⅳ.①TP273

中国版本图书馆CIP数据核字（2022）第076301号

机械工业出版社（北京市百万庄大街22号 邮政编码100037）
策划编辑：王雅新　　责任编辑：王雅新　刘琴琴
责任校对：肖　琳　王　延　责任印制：张　博
北京建宏印刷有限公司印刷
2023年12月第3版第3次印刷
184mm×260mm · 23.25印张 · 532千字
标准书号：ISBN 978-7-111-70692-2
定价：69.00元

电话服务　　网络服务
客服电话：010-88361066　　机　工　官　网：www. cmpbook. com
010-88379833　　机　工　官　博：weibo. com/cmp1952
010-68326294　　金　书　网：www. golden-book. com
封底无防伪标均为盗版　　机工教育服务网：www. cmpedu. com

前　言

近年来，随着微电子技术、通信与网络技术、人工智能技术的高速发展，计算机控制技术发生了巨大的变革，新的控制方法、新的控制思想和新的控制系统不断出现，计算机控制技术水平不断提高。人们利用这种技术可以完成常规控制技术无法完成的任务，达到常规控制技术无法达到的性能指标。计算机控制技术是一门以电子技术、自动控制技术、计算机应用技术为基础，以计算机控制为核心，综合可编程控制技术、单片机技术、计算机网络技术等，从而实现生产技术的精密化、生产设备的信息化、生产过程的自动化及机电控制系统最佳化的综合性学科。

《计算机控制技术》第 2 版出版后，取得了很好的效果，同时读者也提出了一些宝贵的意见和建议。针对这些情况，在本次修订再版时，对部分章节内容进行了调整。为了体现计算机控制的最新发展，体现互联网和新一代信息技术与工业系统全方位深度融合，促进工业智能化发展，本次修订增加了工业互联网的相关内容，增加了体现新技术的应用实例，增加了以 C51 编程实现的软件设计，通过扫描本书相应知识点的二维码，读者可以进一步加深与拓展学习。

本书系统地阐述了计算机控制系统的分析方法、设计方法以及在工程上的实际应用。全书共 10 章：第 1 章介绍了计算机控制系统的基本概念、组成、分类和发展趋势；第 2 章介绍了计算机控制系统中的过程输入/输出通道，重点讨论了典型的 A/D、D/A 器件与计算机的接口技术；第 3 章介绍了常见的数据处理技术与人机交互接口技术，包括数字滤波、线性化处理、标度变换、越限报警、键盘和显示接口技术等；第 4 章介绍了计算机控制系统特性分析及系统稳定性判定方法；第 5 章介绍了数字 PID 及其算法；第 6 章介绍了最少拍无纹波系统、大林算法等直接数字控制方法；第 7 章介绍了智能控制中的模糊控制技术，包括模糊集合与模糊关系、模糊逻辑与近似推理、模糊控制器设计、模糊 PID 控制等；第 8 章论述了与计算机控制系统可靠性相关的问题；第 9 章介绍了网络化控制系统，包括集散控制系统、现场总线控制系统、工业互联网系统；第 10 章通过应用实例介绍了计算机控制系统设计与实现的原则、步骤。本书力争为读者呈现关于计算机控制系统设计的综合与全面的知识，注重理论与应用、软件与硬件、设计与实现的有机结合，重视解决工程实际问题。为了便于教学和自学，本书每章都配有不同类型的习题。

本书密切结合工程实际，从应用的角度全面系统地论述了计算机控制系统的结构、设计、实现等问题。本书理论深度适中，主要强调实际工程应用，使读者在理解和掌握计算机控制的理论知识基础上，能用于解决计算机控制系统工程问题。为满足当下教学需求，本版书还增加了课程思政的内容。本版书在第 2 次印刷时，分别在第 1 章、

第9章、第10章融入了党的“二十大”报告的相关内容。

本书由范立南、李雪飞、范志彬共同编写。范志彬编写第1章的1.3、1.5节，第2章2.1、2.3、2.6节，第9章9.1、9.3节以及附录部分；李雪飞编写第3、5、8章和第1章的1.1、1.2、1.4节，第2章2.2、2.4、2.5节，第9章9.2节，第10章10.1~10.4节；范立南编写第4、6、7章和第10章的10.5节。全书由范立南统稿。在本书的编写过程中，得到了崔立民、沈德峰、白鹭、武刚、李佳洋老师以及研究生张宝宁、吴万强的支持。书中还参考了所列参考文献中的部分内容，部分授课视频的素材来源于网络，在此，亦向作者一并表示谢意。

本书配有免费电子课件、课程授课视频、配套的实验指导及习题解答，欢迎选用本书作教材的老师登录 www.cmpedu.com 注册下载。

本书可作为普通高等院校电气工程及其自动化、自动化、电子信息工程等相关专业的本科生和研究生的教材，也可作为科研和工程技术人员的参考书。

由于编者水平有限，加之计算机技术、网络技术和自动化技术的飞速发展，书中难免有疏漏和不足之处，敬请广大读者批评指正。

编　者

目 录

第1章 计算机控制系统概述

随着自动化技术、微电子技术、计算机技术、高级控制策略、通信与网络技术、管理技术等的发展，计算机控制技术将这些技术融合起来，新的控制方法、新的控制思想和新的控制系统不断出现，并以日新月异的速度发展。以计算机控制技术为基础的计算机控制系统在工业、农业、交通运输、军事、航空航天、经济管理、能源开发与利用以及民用等各个领域获得了广泛的应用，呈现开放性、集成性、智能化、网络化、绿色化等特点。本章主要介绍计算机控制系统的组成、分类，工业控制计算机的特点，计算机控制的发展。

1.1 自动控制系统的一般形式

一般来说，自动控制系统随着控制对象、控制规律和执行机构的不同而具有不同的特点，可归纳为图 1-1 所示的两种基本结构。

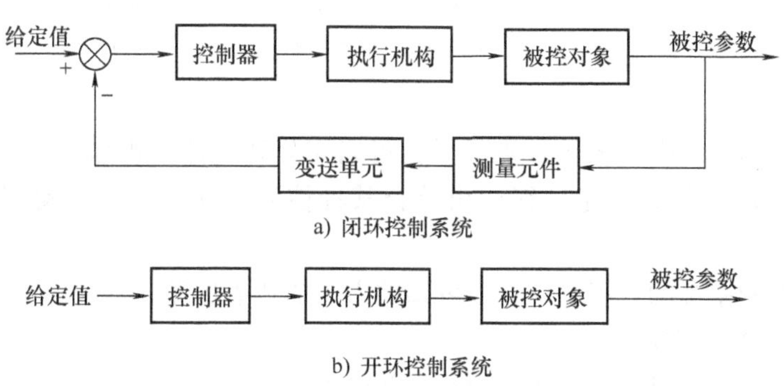

a) 闭环控制系统

b) 开环控制系统

图 1-1 自动控制系统的基本结构

在控制系统中，为了得到控制信号，通常要将被控参数和给定值进行比较，得到偏差信号。控制器根据偏差信号进行控制调节，使系统的偏差减小，直到消除偏差，从而达到使被控参数的值趋于或等于给定值的目的。在这种控制中，由于被控制量是控制系统的输出，同时被控制量又反馈到控制系统的输入端，与给定值相减，所以称为按偏差进行控制的闭环控制系统，如图 1-1a 所示。

由图 1-1a 可知，该系统通过测量元件对被控对象的被控参数（如温度、流量、压力、转速等）进行测量，再由变送单元将被测参数变成一定形式的电信号，反馈给控制器。控制器将反馈信号对应的工程量与给定值进行比较，如有偏差，则控制器按照预定的控制规律产生控制信号来驱动执行机构工作，使被控参数的值达到预定的要求。

图 1-1b 属于开环控制系统。它与闭环控制系统的区别是，它的控制器直接根据给定值去控制被控对象工作，被控制量在整个控制过程中对控制量不产生影响。这种控制系统不能自动消除被控参数与给定值之间的偏差，控制性能较差，但结构简单，因此常用于特殊的控制场合。

从以上分析可以看出，自动控制系统的基本功能是信号的传递、加工和比较。这些功能是由检测元件、变送装置、控制器和执行机构来完成的。其中，控制器是控制系统中最重要的部分，它决定了控制系统的性能和应用范围。

1.2　计算机控制系统的一般概念与组成

1.2.1　计算机控制系统的一般概念

如果把图 1-1a 中的控制器和比较环节用计算机来代替，再加上 A/D 转换器、D/A 转换器等器件，就构成了计算机控制系统，其基本框图如图 1-2 所示。

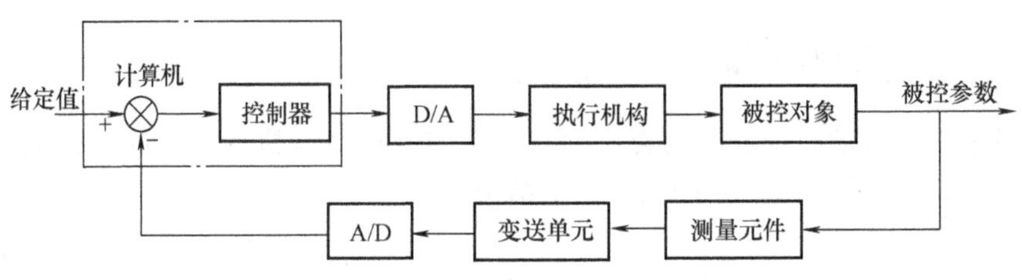

图 1-2　计算机控制系统的基本框图

在自动控制系统中引入了计算机，就可以充分利用计算机强大的计算、逻辑判断和记忆等信息加工能力，通过编制出符合某种控制规律的程序，实现对被控参数的控制。

计算机控制系统的控制过程一般可归纳为 3 个基本步骤。

（1）实时数据采集

对被控参数的瞬时值进行实时检测，并输入计算机。

（2）实时决策控制

对采集到的被控参数进行处理后，按照已经确定的控制规律，决定当前的控制量。

（3）实时控制输出

根据实时计算的结果，适时地向执行机构发出控制信号，实施控制。

以上过程不断重复，使整个系统能够按照一定的性能指标进行工作，并且对被控参数和设备本身出现的异常状态及时监督和处理。

除了上述 3 个基本步骤之外，由于网络化控制技术的采用和控制策略的发展，计算机控制系统的控制过程还包括实时通信和信息管理。实时通信是实时控制的基础保障，信息管理可实现信息共享、管理与协调。

上面提到的“实时”是指计算机控制系统应该具有的能够在限定的时间内对外来事件做出反应的特性，即实时性。在确定限定时间时，主要考虑两个因素：

1）根据工业生产过程出现的事件能够保持多长时间。

2）该事件要求计算机在多长的时间内必须做出反应，否则，将对生产过程造成影响甚至造成损害。

“实时性”一般都要求计算机具有多任务处理能力，以便将测控任务分解成若干并行执行的多个任务，加速程序执行速度。

1.2.2　计算机控制系统的组成

计算机控制系统的组成

计算机控制系统由计算机（通常称为工业控制机）和生产过程两大部分组成。工业控制机是指按生产过程控制的特点和要求而设计的计算机，它包括硬件和软件两部分。生产过程包括被控对象、测量变送、执行机构、电气开关等。

1. 硬件组成

计算机控制系统的硬件主要由计算机、外部设备、操作台、输入和输出通道、检测装置、执行机构等组成，如图 1-3 所示。下面对各部分作简要说明。

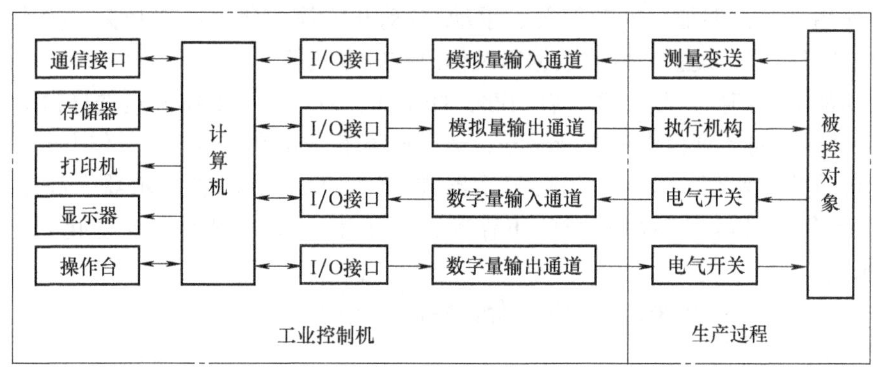

图 1-3　计算机控制系统的硬件组成框图

（1）计算机

在计算机控制系统中，计算机取代了传统控制系统中的控制器，是控制系统的核心。它按照预先存放在存储器中的程序、指令，不断通过过程输入通道获取反映被控对象运行工况的信息，并按程序中规定的控制算法，或操作人员通过键盘输入的操作命令自动地进行运算和判断，及时地产生并通过过程输出通道向被控对象发出相应控制命令，以实现对被控对象的自动控制。

（2）接口

I/O 接口是计算机与被控对象进行信息交换的纽带。计算机通过 I/O 接口与外部设备进行数据交换。目前大多数 I/O 接口电路都是可编程的。

通信接口是工业控制计算机与其他计算机和智能设备进行信息传送的通道。现代化控制系统被控过程的规模一般都比较大，对被控对象的控制和管理也很复杂，往往需要几台或几十台甚至更多的计算机才能分级完成控制和管理任务。在控制系统中，越来越多地使用网络技术来实现数据通信。这样，在不同位置、不同功能的计算机之间和设备之间就需要通过通信接口进行信息交换。

(3) 输入和输出通道

计算机的输入和输出通道，又称为过程通道。被控对象的过程参数一般是非电物理量，必须经过传感器（一次仪表）变换为电信号。为了实现计算机对生产过程的控制，必须在计算机和生产过程之间设置信息传输和转换的连接通道，这就是输入和输出通道。

输入和输出通道一般分为模拟量输入通道、模拟量输出通道、数字量输入通道和数字量输出通道。

(4) 外部设备

外部设备主要是为了扩大计算机的功能而设置的。它们用来显示、打印、存储及传送数据。目前有各种各样的外部设备可供选择，如打印机、显示器、声光报警器、扫描仪等。

(5) 操作台

操作台是一个实时的人机对话的联系纽带。通过它人们可以向计算机输入程序，修改内存的数据，显示被测参数以及发出各种操作命令等。它主要包括以下 4 个部分：

1）作用开关，例如：电源开关、手动/自动开关等。利用这些开关，操作人员可以对主机进行启停、设置和修改数据以及修改控制方式等。

2）功能键，例如：复位键、启动键、打印键、显示键、工作方式选择键等。利用这些功能键可以向计算机申请中断服务，选择连续工作或单步操作等工作方式。

3）屏幕或显示器，例如：液晶显示器或 LED、LCD 数码管显示器。利用这些显示设备，操作人员可以观察系统的工作状态，了解一些过程参数及变化趋势图等，还可以报警。

4）数字键，主要用来送入数据或修改控制系统的参数。

(6) 自动化仪表

自动化仪表主要包括测量元件、检测仪表、调节仪表、执行机构等。直接将输入和输出通道与被控对象发生联系。

2. 软件

计算机控制系统的硬件是完成控制任务的设备基础，而软件才是履行控制系统任务的关键，它关系到计算机运行和控制效果的好坏、硬件功能的发挥。计算机控制系统的软件通常由系统软件和应用软件组成，如表 1-1 所示。

表 1-1 控制用计算机软件系统

<table>
<tr><td rowspan="4">系统软件</td><td>程序设计系统</td><td>程序设计语言
语言处理程序
数据库管理系统</td></tr>
<tr><td colspan="2">操作系统</td></tr>
<tr><td colspan="2">通信网络软件</td></tr>
<tr><td>诊断程序</td><td>调机程序
诊断修复程序</td></tr>
</table>

（续）

应用软件	过程监视程序	巡回检测程序 数据处理程序 标度变换程序 越限报警程序 操作面板服务程序 ⋮	
	过程控制程序	控制算法程序	PID 控制 最优控制 复杂规律控制 智能控制 ⋮
		事故处理程序	
		信息管理程序	
	公共服务程序	基本运算程序 制表打印格式 服务子程序库 ⋮	

（1）系统软件

系统软件完成人机交互、资源管理和系统维护等功能。通常包括操作系统、编译程序和诊断程序等，具有一定的通用性，一般由计算机生产商提供，控制系统设计人员只要掌握其使用方法即可。

（2）应用软件

应用软件则是专门开发用来完成程序控制、数据采集及处理、巡回检测及报警等规定任务的各种程序。一般是由计算机控制系统设计人员根据所确定的硬件系统和软件环境来开发编写或在商品化软件的基础上自行组态。应用软件的优劣，对控制系统的功能和性能有着很大的影响。

1.3　常见的工业控制计算机及特点

单片机、可编程序控制器、工控机都是计算机控制系统中常用的控制器。但它们的特点不同，所以在工程实际中，应根据被控对象、控制规模、控制特点、工艺要求等来确定选择何种控制器。

1.3.1　单片机

单片微型计算机（Single Chip Microcomputer）简称单片机，即把组成微型计算机的各个功能部件，如中央处理器（CPU）、随机存取存储器（RAM）、只读存储器（ROM）、I/O 接口电路、定时器/计数器以及串行通信接口等集成在一块芯片中，构成一个完整的微型计算机。

由于单片机主要面对的是测控对象，突出的是控制功能，所以它从功能和形态上

来说都是应测控领域应用的要求而诞生的。随着单片机技术的发展，在它芯片内集成了许多面对测控对象的接口电路，如 A/D 转换器、D/A 转换器、高速 I/O 接口、脉冲宽度调制器（Pulse Width Modulator，PWM）、监视定时器（Watch Dog Timer，WDT）等。这些对外电路及外设接口已经突破了微型计算机传统的体系结构，所以单片机也称为微控制器（Micro Controller）。

1. 单片机的特点

单片机与一般的微型计算机相比，由于其独特的结构决定了它具有如下特点。

（1）集成度高、体积小

在一块芯片上集成了构成一台微型计算机所需的 CPU、ROM、RAM、I/O 接口以及定时器/计数器等部件，能满足很多应用领域对硬件的功能要求，因此由单片机组成的应用系统结构简单，体积特别小。

（2）控制功能强

为了满足工业控制的要求，一般单片机的指令系统中均有极丰富的转移指令、I/O 接口的逻辑操作以及位处理功能。单片机面向控制，它的实时控制功能特别强，CPU 可以直接对 I/O 接口进行各种操作，能有针对性地解决从简单到复杂的各类控制任务。

（3）抗干扰能力强

单片机本身是根据工业控制环境的要求设计的，把各种功能部件集成在一块芯片上，内部采用总线结构，减少了单片机内部之间的连线，单片机内 CPU 访问存储器、I/O 接口的信息传输线（即总线）大多数在芯片内部，因而不易受外界的干扰。此外，由于单片机体积小，适应温度范围宽，在应用环境比较差的情况下，容易采取对系统进行电磁屏蔽等措施，在各种恶劣的环境下都能可靠地工作，所以单片机应用系统的可靠性比一般微型计算机系统高得多。单片机分为军用级、工业级及民用级三个等级系列，其中军用级、工业级具有较强的适应恶劣环境的能力。

（4）功耗低

为了满足广泛应用于便携式系统的要求，许多单片机内的工作电压仅为 1.8～3.6V，有的甚至能在 1.2V 或 0.9V 电压下工作，功耗降到 μA 级。

（5）使用方便

由于单片机内部功能强，系统扩展方便，所以应用系统的硬件设计非常简单。又因为国内外提供了多种多样的单片机开发工具，它们具有很强的软硬件调试功能和辅助设计的手段，使单片机的应用极为方便，大大缩短了系统研制的周期，还可方便地实现多机和分布式控制，使整个控制系统的效率和可靠性大为提高。由于单片机技术是较容易掌握的普及技术，单片机应用系统设计、组装、调试已经是一件容易的事情，广大工程技术人员通过学习可很快地掌握其应用设计与调试技术。

（6）性价比高

由于单片机功能强、价格便宜，其应用系统的印制电路板小、接插件少、安装调试简单等一系列特点，单片机应用系统的性价比高于一般的微型计算机系统。而单片机的广泛使用和各大公司的商业竞争，更使其价格十分低廉，其性价比极高。

（7）容易产品化

由于单片机具有体积小、性价比高、灵活性强等特点，因此它在嵌入式微控制系

统中具有十分重要的地位。在单片机应用系统中，各种测控功能的实现绝大部分都已由单片机的程序来完成，其他电子线路则由片内的外围功能部件来替代。单片机以上的特性，缩短了由单片机应用系统样机至正式产品的过渡过程，使科研成果能迅速转化为生产力。

2. 单片机的应用

单片机已渗透到各个领域，小到家用电器、仪器仪表，大到医疗器械、航空航天，无不存在着单片机的身影。一旦在某种产品上添加了单片机，便使得原产品向互联网靠拢，获得了“智能型”的前缀。

（1）工业控制与检测

由于单片机的I/O接口线多、位操作指令丰富、逻辑操作功能强，所以它特别适用于工业过程控制，可构成各种工业控制系统、自适应控制系统、数据采集系统等。它既可以作为主机控制，也可以作为分布式控制系统的前端机。在作为主机使用的系统中，单片机作为核心控制部件，用来完成模拟量和数字量的采集、处理和控制计算（包括逻辑运算），然后输出控制信号。在工业控制领域，可以使用单片机构成多种多样的控制系统，如工厂流水线的智能化管理、电梯智能化控制、各种报警系统、与计算机联网构成二级控制系统等。特别是由于单片机有丰富的逻辑判断和位操作指令，所以可被广泛应用于开关量控制、顺序控制以及逻辑控制，如锅炉控制、加热炉控制、电机控制、电梯智能控制、机器人控制、交通信号灯控制、造纸纸浆浓度控制、纸张定量水分及厚薄控制、纺织机控制、数控机床控制，以及汽车点火、变速、防滑制动、排气、引擎控制等。

（2）智能仪器仪表

单片机广泛应用于各种仪器仪表中，使仪器仪表智能化，提高它们的测量速度和测量精度，加强控制功能，可简化仪器仪表的硬件结构，便于使用、维修和改进。采用单片机对其进行控制，使得仪器仪表变得数字化、智能化、微型化，多功能化、综合化、柔性化。如温度、湿度、压力、流量、浓度显示、控制仪表等，采用单片机软件编程技术可使测量仪表中的误差修正、非线性化处理等问题迎刃而解，可对采集数据进行处理和存储、故障诊断、联网集控工作等。因此，国内外均把单片机在仪表中的应用看成是仪器仪表产品更新换代的标志。单片机在仪器仪表中的应用非常广泛，例如，数字温度控制仪、智能流量计、红外线气体分析仪、氧化分析仪、激光测距仪、数字万能表、智能电度表，各种医疗器械，各种皮带秤、转速表等。不仅如此，在许多传感器中也装有单片机，形成所谓的智能传感器，用于对各种被测参数进行现场处理。

（3）机电一体化产品

单片机与传统的机械产品相结合，可使传统机械产品结构简化、控制智能化，构成新一代的机电一体化产品。机电一体化产品是指集机械技术、微电子技术、自动化技术和计算机技术于一体，具有智能化特征的机电产品，是机械工业发展的方向。单片机的出现促进了机电一体化的发展，它作为机电产品中的控制器，能充分发挥其体积小、可靠性高、功能强、安装方便等优点，大大强化了机器的功能，提高了机器的自动化、智能化程度。例如，在数控机床的简易控制机中，采用单片机可提高可靠性

及增强功能，降低控制机成本。

(4) 网络和智能化通信产品

网络和通信产品的自动化和智能化程度很高，其中许多功能的完成都离不开单片机的参与。现代的单片机普遍具备通信接口，在通信接口中采用单片机可以对数据进行编码解码、分配管理、接收/发送控制等处理，可以方便地和计算机进行数据通信，为计算机和网络设备之间提供连接服务创造了条件。现在的通信设备基本上都实现了单片机智能控制，从各类手机、传真机、程控电话交换机、楼宇自动通信呼叫系统、列车无线通信，再到日常工作中随处可见的移动电话、集群移动通信、无线电对讲机等。最具代表性和应用最广的产品就是移动通信设备，如手机内的控制芯片就属于专用型单片机。

(5) 消费类电子产品

由于单片机价格低廉、体积小，逻辑判断、控制功能强，且内部具有定时器/计数器，所以在家用电器中的应用已经非常普及，如洗衣机、空调器、电冰箱、电视机、音响设备、微波炉、电饭煲、恒温箱、加湿机、消毒柜、电风扇、高级智能玩具、电子门铃、电子门锁、家用防盗报警器等。家用电器涉及千家万户，生产规模大，配上单片机后，实现了智能化、最优化控制，增加了功能，备受人们的喜爱。

(6) 其他领域

现代办公自动化设备中大多数嵌入了单片机作为控制核心，如打印机、复印机、传真机、绘图机、考勤机等。单片机控制不但可以完成设备的基本功能，还可以实现与计算机之间的数据通信。

在商业营销系统中，单片机已被广泛应用于电子秤、收款机、二维码阅读器、IC卡刷卡机，以及仓储安全监测系统、商场安保系统、空气调节系统、冷冻保鲜系统等。

在医疗设备领域，单片机也极大地实现了它的价值，已被广泛应用于各种分析仪、医疗监护仪、超声诊断设备、病床呼叫系统、医用呼吸机等医疗设备中。

在汽车电子设备中，单片机已被广泛应用于各种系统，如现代汽车的发动机控制器、集中显示系统、动力监测控制系统、自动驾驶系统、通信系统、运行监视器、点火控制、GPS 导航系统、防抱死制动系统（ABS）、紧急请求服务系统、自动诊断系统、制动系统、变速控制、防滑车控制、排气控制、最佳燃烧控制等装置中都离不开单片机。

在军事领域，单片机也发挥着重要作用。在现代化的武器设备中，如飞机、军舰、坦克、雷达、导弹、鱼雷制导、智能武器设备都有单片机嵌入其中。

此外，单片机在石油、化工、纺织、金融、科研、教育、国防、航空航天等领域都有着十分广泛的应用。

目前，单片机供应商主要有 Atmel、STC、Microchip、Freescale、Motorola、TI、PHILIPS、Fujitsu、Epson、NS、三星、凌阳、东芝、华邦等。其中，Atmel 公司的单片机是目前世界上一种独具特色且性能卓越的单片机，它在计算机外部设备、通信设备、自动化工业控制、宇航设备、仪器仪表和各种消费类产品中都有着广泛的应用前景；STC 单片机具有超强的抗干扰能力，广泛应用于家用电器、工业控制、仪器仪表、安防报警、计算机外围等领域。

1.3.2 可编程序控制器

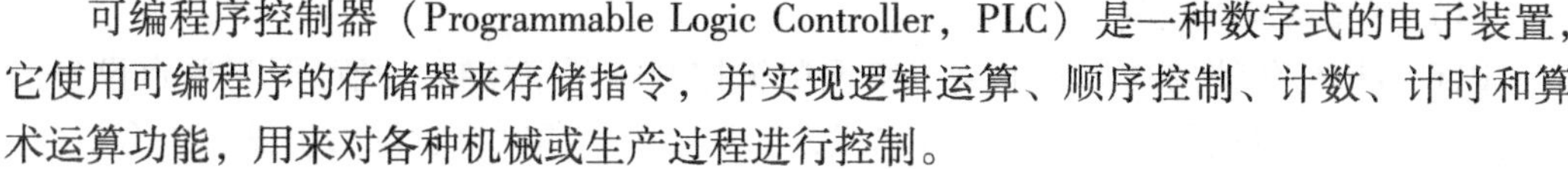

可编程序控制器（Programmable Logic Controller，PLC）是一种数字式的电子装置，它使用可编程序的存储器来存储指令，并实现逻辑运算、顺序控制、计数、计时和算术运算功能，用来对各种机械或生产过程进行控制。

可编程序控制器是以微处理器为基础，综合了计算机技术、半导体集成技术、自动控制技术、数字技术和通信网络技术发展起来的一种通用自动控制装置。可编程序控制器与其他计算机相似，也具有中央处理器（CPU）、存储器、输入/输出（I/O）接口等，但因其采用特殊的输入/输出接口电路和逻辑控制语言，所以它是一种用于控制生产机器和工作过程的特殊计算机。

可编程序控制器非常适合在工业环境下工作，主要是其具有面向工业控制的鲜明特点。

1. PLC 的特点

（1）可靠性高，抗干扰能力强

在硬件设计制造时充分考虑应用环境和运行要求，例如，优化电路设计，采用大规模或超大规模集成电路芯片、模块式结构、表面安装技术，采用高可靠性低功耗器件，以及采用屏蔽、滤波、光电隔离、故障诊断、自动恢复和冗余容错等技术，使 PLC 具有很高的可靠性和抗干扰、抗机械振动能力，可以在极端恶劣的环境下工作。

（2）功能完善，灵活性好，通用性强

PLC 是通过软件实现控制的，即使相同的硬件配置，通过编写不同的程序，就可以控制不同的被控对象，而且修改程序非常方便，因此 PLC 的功能完善，灵活性好。目前，PLC 产品已经系列化、模块化、标准化，能方便灵活地组成大小不同、功能不同的控制系统，通用性强。

（3）编程简单，使用方便

PLC 在基本控制方面采用“梯形图”语言进行编程，这种梯形图是与继电器控制电路图相呼应的，形式简练、直观性强，广大电气工程人员易于接受。用梯形图编程出错率较低。PLC 还可以采用面向控制过程的控制系统流程图和语句表方式编程。梯形图、流程图、语句表之间可以有条件地相互转换，使用极其方便，这是 PLC 能够迅速普及和推广的重要原因之一。

（4）安装简便，扩展灵活

PLC 采用标准的整体式和模块式硬件结构，现场安装简便，接线简单，工作量相对较小，而且能根据应用的要求灵活地扩展 I/O 模块或插件。

（5）施工周期短，操作维护简单

PLC 编程大多数采用工程技术人员熟悉的梯形图方式，易学易懂，编程和修改程序方便，系统设计、调试周期短。PLC 还具有完善的显示和诊断功能，便于操作和维护人员及时了解出现的故障。当出现故障时，可通过更换模块或插件迅速排除故障。

2. PLC 的应用

目前，PLC 在国内外已被广泛应用于钢铁、石油、化工、电力、建材、机械制造、

汽车、轻纺、交通运输、环保及文化娱乐等各个行业。PLC 的应用主要体现在以下几个方面。

（1）开关量逻辑控制

PLC 可取代传统的继电器电路，实现逻辑控制、顺序控制，既可用于单台设备的控制，也可用于多机群控及自动化流水线，如注塑机、印刷机、订书机械、组合机床、磨床、包装生产线、电镀流水线等。

（2）工业过程控制

在工业生产过程当中，存在一些如温度、压力、流量、液位和速度等连续变化的模拟量，PLC 采用相应的 A/D 和 D/A 转换模块及各种各样的控制算法程序来处理模拟量，完成闭环控制。过程控制在冶金、化工、热处理、锅炉控制等场合有非常广泛的应用。

（3）运动控制

PLC 可以用于圆周运动或直线运动的控制。一般使用专用的运动控制模块，如可驱动步进电动机或伺服电动机的单轴或多轴位置控制模块，广泛用于各种机械、机床、机器人、电梯等场合。

（4）数据处理

PLC 具有数学运算（含矩阵运算、函数运算、逻辑运算）、数据传送、数据转换、排序、查表、位操作等功能，可以完成数据的采集、分析及处理。数据处理一般用于如造纸、冶金、食品工业中的一些大型控制系统。

（5）通信及联网

PLC 通信含 PLC 间的通信及 PLC 与其他智能设备间的通信。随着计算机控制的发展，工厂自动化网络发展很快，各 PLC 厂商都十分重视 PLC 的通信功能，纷纷推出各自的网络系统。

目前，世界上有 200 多家 PLC 厂商，400 多种 PLC 产品，其中较有影响、在中国市场上占有较大份额的 PLC 主要有德国西门子公司、美国罗克韦尔自动化公司、日本欧姆龙公司、美国通用电气公司、日本三菱公司的产品。

德国西门子公司生产的 PLC 主要有 S5 系列和 S7 系列产品，机型涵盖了大型机、中型机和小型机，其中大型机的控制点数可达 6000 多点，模拟量可达 300 多路。S7 系列产品的性能比 S5 系列大有提高。罗克韦尔自动化公司生产的 PLC 主要是 AB Micro Logix 1500。日本欧姆龙公司生产的 PLC 主要有 CPM1A 型机、P 型机、H 型机、CQM1、CVM、CV 型机等，机型涵盖了大型、中型、小型和微型机，特别在中、小、微型机方面更具特长。美国通用电气公司生产的 PLC 产品有小型机 90-20 系列，型号为 211；中型机 90-30 系列，型号有 344、331、323、321 等多种型号；大型机 90-70 系列，型号有 781/782，771/772，731/732 等多种型号。美国 AB 公司生产的产品有 PLC-5 系列，还有微型 PLC，如 SLC-500。日本三菱公司生产的小型机 F1 系列前期在我国用得很多，后又推出 FXZ 机型，性能有很大提高，还有 A 系列的中、大型机。

1.3.3 工控机

工控机（Industrial Personal Computer，IPC）即工业控制计算机，是一种采用总线

结构，对生产过程及机电设备、工艺装备进行检测与控制的计算机系统的总称。工控机具有重要的计算机属性和特征，如具有计算机 CPU、硬盘、内存、外设及接口，并有操作系统、控制网络和协议、计算能力、友好的人机界面。也可以说，工控机是一种面向工业控制，采用标准总线技术和开放式体系结构的计算机，配有丰富的外围接口产品，如模拟量输入/输出模板、数字量输入/输出模板等。

工控机在硬件上，由生产厂商按照某种标准总线设计制造符合工业标准的主机板及各种 I/O 模块，设计者和使用者只要选用相应的功能模块，像搭积木一样灵活地构成各种用途的计算机控制装置。其主要组成部分为工业机箱、无源底板及可插入其上的各种板卡，如 CPU 卡、I/O 卡等，并采用全钢机壳、机卡压条过滤网，双正压风扇等设计及电磁兼容性（Electro Magnetic Compatibility，EMC）技术，以解决工业现场的电磁干扰、振动、灰尘、高/低温等问题。在软件上，利用成熟的系统软件和工具软件，编制或组态相应的应用软件，就可以非常便捷地完成对生产流程的集中控制和调度管理。

工控机与通用计算机相比，在结构上以及技术性能方面都有较大差别，具有如下特点。

1. 工控机的特点

(1) 可靠性高，可维修性好

工控机通常用于控制连续的生产过程，它发生任何故障都将对生产过程产生严重后果，因此要求工控机具有很高的可靠性和很好的可维修性。可靠性是指设备在规定的时间内运行不发生故障，为此需要采用可靠性技术来解决；可维修性是指当工控机发生故障时，维修起来快速、方便、简单。

(2) 控制的实时性好

工控机需要对生产过程进行实时控制和监测，因此要求它必须实时地响应控制对象各种参数的变化，当发生异常时能及时处理和报警。因此需要配有实时操作系统和中断系统。

(3) 环境适应性强

工控机一般来说都安装在控制现场，所处的环境往往比较恶劣。这就要求工控机具有防尘、防潮、防腐蚀、耐高温以及抗振动等能力。

(4) 输入和输出通道配套好

工控机要具有丰富的输入和输出通道配套模板，如模拟量、开关量、脉冲量、频率量等输入和输出模板；具有多种类型的信号调理功能，如各类热电偶、热电阻信号的输入调理等。

(5) 系统的扩充性和开放性好

随着工厂自动化水平的提高，控制规模不断扩大，要求工控机具有灵活的扩充性。采用开放性体系结构，便于系统扩充、软件升级和互换。

(6) 控制软件包功能强

工控软件包要具备人机交互方便、画面丰富、实时性好等性能；具有系统组态和系统生成功能；具有实时和历史的趋势记录与显示功能；具有实时报警及事故追忆功能；具有丰富的控制算法程序等。

（7）系统通信功能强

有了强有力的通信功能，工控机便可以构成更大的控制系统，所以要求工控机具有串行通信和网络通信功能。

（8）冗余性

在对可靠性要求很高的场合，要求有双机工作及冗余系统，包括双控制站、双操作站、双网通信、双供电系统、双电源等，具有双机切换功能、双机监视软件等，以保证系统长期不间断工作。

2. 工控机的应用

目前，设计和生产工控机的专业厂家很多，如研华、凌华、中泰、康拓、华控、浪潮等，而且形成了完整的产品系列。在选择工控机时应遵循经济合理、留有扩充余地的原则，主要考虑以下几个方面。

1）应根据实际系统对采样速度的要求来选择主机的档次和具体配置，主机、CPU、总线形式的选择要考虑主机的稳定和总线速度，没有必要一味追求主机的高档化。

2）应根据应用场合的不同，选择合适的工控机类型。有些应用系统对工控机的体积有一定要求。当然体积小的工控机可扩展的插槽数目和 I/O 点数也较少。总线式工控机的插槽数多，可容纳较多的 I/O 接口模板，但要考虑所用母板的总线驱动能力和供电电源功率是否满足要求和使用环境。

3）应根据系统对运行速度和精度的要求配置存储器。

随着社会信息化的不断深入，关键性行业的关键任务将越来越多地依靠工控机，而以 IPC 为基础的低成本工业控制自动化正在发挥越来越重要的作用，本土工控机厂商所受到的重视程度也越来越高。工控机已被广泛应用于工业及人们生活的方方面面，例如，控制现场、数控机床、环境保护监测、通信保障、智能交通管控系统、路桥控制收费系统、石化数据采集处理、楼宇监控安防、医疗仪器、语音呼叫中心、排队机、加油机、金融信息处理、户外广告等。电力、冶金、石化、环保、交通、军工、航天等行业领域的迅速发展对工控机的需求大增，工控机的发展应用前景十分广阔。

1.4 计算机控制系统的分类

针对不同的控制对象，计算机控制系统也会有所不同。根据计算机控制系统的工作特点，可划分成以下几种类型。

1.4.1 数据采集系统

计算机数据采集系统（Data Acquisition System，DAS）主要是对大量的过程参数进行巡回检测、数据记录、数据计算、数据统计和处理、运行监视、越限报警、报表打印、系统流程显示，通过对历史数据记录和实时分析，可以达到对生产过程进行各种趋势分析。这种应用方式，计算机不直接参与过程控制，对生产过程不直接产生影响，图 1-4 是这种应用的典型框图。

在这种应用方式中，计算机虽然不直接参与生产过程的控制，但其作用还是很明显的。首先，由于计算机具有速度快等特点，因此在过程参数的测量和记录中可以代

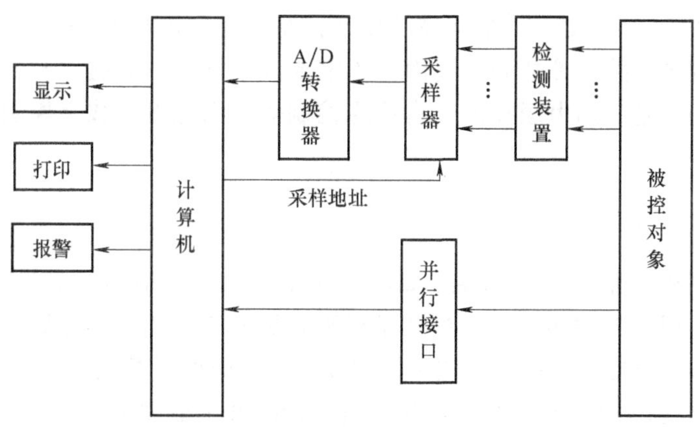

图 1-4　数据采集系统原理框图

替大量的常规显示和记录仪表，对整个生产过程进行集中监视；同时，由于计算机具有运算、逻辑判断能力，可以对大量的输入数据进行必要的集中、加工和处理，并且能以有利于指导生产过程控制的方式表示出来，故对指导生产过程有一定的作用；另外，计算机有存储大量数据的能力，可以预先存入各种工艺参数，在数据处理过程中进行参数的越限报警等工作。

此外，这种应用方式可以得到大量的统计数据，利于建立理想的数学模型。而闭环控制有时为建立较复杂的数学模型，则需通过具体生产实践，从大量积累的数据中抽象出来。这类系统具有结构相对简单、灵活方便、体积小及稳定性高等优点。

1.4.2　直接数字控制系统

直接数字控制系统（Direct Digital Control System，DDCS）就是用一台计算机对多个被控参数进行巡回检测，将检测结果与设定值进行比较，再按照一定的控制规律进行运算，然后发出控制信号直接去控制执行机构，对生产过程进行控制，使被控参数达到预定的要求。其原理框图如图 1-5 所示。

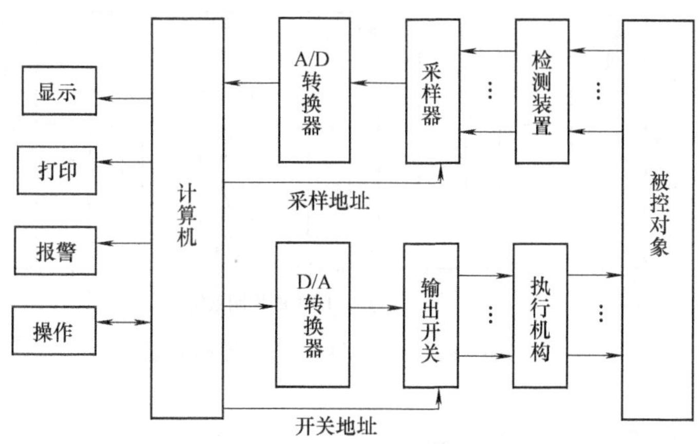

图 1-5　直接数字控制系统原理框图

由图 1-5 可见，直接数字控制系统为闭环控制系统。其中计算机不仅能完全取代模拟调节器，实现多回路的参数调节，而且不需要改变硬件，只通过改变程序就能有效地实现较复杂的控制，如串级控制、自适应控制等，因此直接数字控制系统设计灵活方便，经济可靠。

1.4.3　监督计算机控制系统

在监督计算机控制系统（Supervisory Computer Control System，SCCS）中，监督计算机（SCC 计算机）按照生产过程的数学模型及原始工艺信息，计算出最佳给定值送给模拟调节器或以直接数字控制方式工作的计算机（DDC 计算机），最后由模拟调节器或 DDC 计算机控制生产过程，从而使生产过程始终处于最优工况。监督计算机控制系统有两种结构形式：一种是 SCC+模拟调节器的控制系统；另一种是 SCC+DDC 的控制系统。其原理框图如图 1-6 所示。

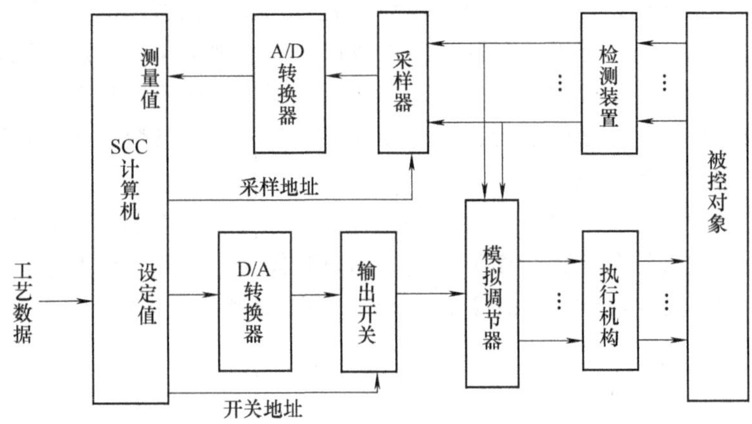

a) SCC+模拟调节器的控制系统

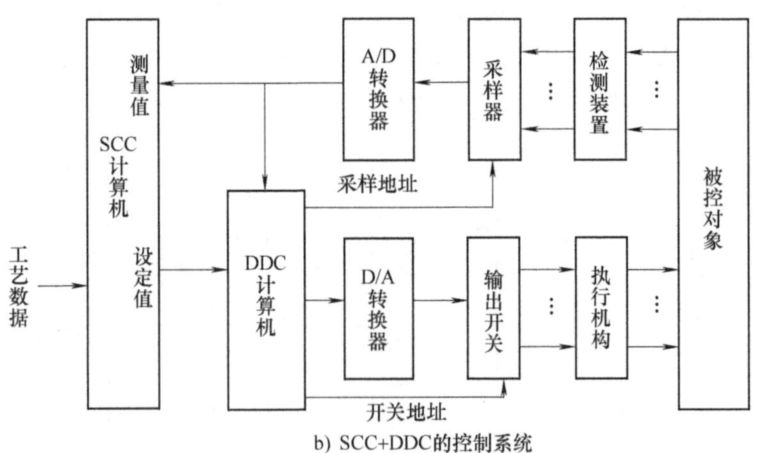

b) SCC+DDC的控制系统

图 1-6　监督计算机控制系统原理框图

1. SCC+模拟调节器的控制系统

如图 1-6a 所示，计算机系统对各个信号进行巡回检测，按给定的数学模型及工

艺信息计算出最佳给定值并送给模拟调节器，由模拟调节器与检测值进行比较并输出结果，然后输出到执行机构进行控制调节。当 SCC 计算机出现故障时，可由模拟调节器独立完成操作。

2. SCC+DDC 的控制系统

如图 1-6b 所示，该系统实际上是一个两级控制系统。SCC 计算机可完成顶级的最优化分析和计算，并给出最佳控制值送给 DDC 级执行控制过程。两级计算机之间通过通信接口进行信息联系。当 DDC 级计算机发生故障时，SCC 级计算机可以完成 DDC 的控制功能，使系统可靠性得到了提高。

1.4.4 集散控制系统

集散控制系统又称分布式控制系统（Distributed Control System，DCS），是一种分布式控制结构。采用分散控制、集中操作、分级管理、分而自治、综合协调的设计原则，把系统从下到上分为分散过程控制级、计算机监督控制级和综合信息管理级，形成分级分布式控制，其结构框图如图 1-7 所示。

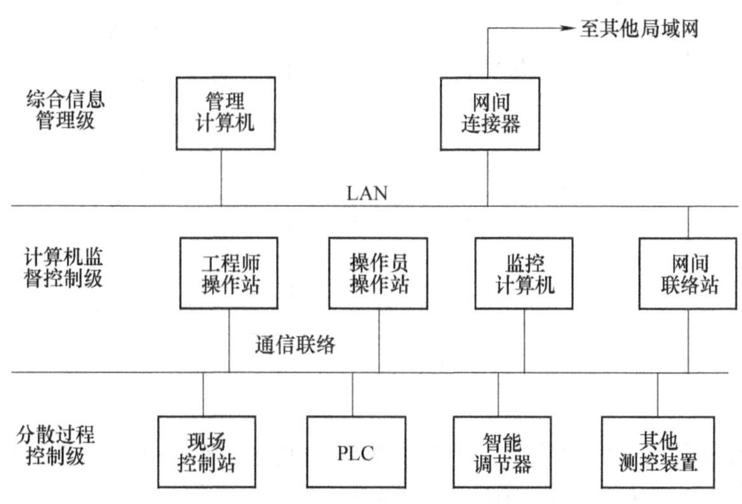

图 1-7 集散控制系统原理框图

分散过程控制级是 DCS 的基础，用于直接控制生产过程。它由各工作站组成，每一工作站分别完成数据采集、顺序控制或某一被控制量的闭环控制等。分散过程控制级采集到的数据供计算机监督控制级调用，各工作站接收计算机监督控制级发送的信息，并以此工作。可见，分散过程控制级基本上属于 DDC 系统的形式，但 DDC 系统的职能由各工作站分别完成。

计算机监督控制级的任务是对生产过程进行监控和操作。该级根据综合信息管理级的技术要求和通过分散过程控制级获得的生产过程的数据，对分散过程控制级进行最优控制。从计算机监督控制级能全面地反映各工作站的情况，提供充分的信息，因此本级的操作人员可以据此直接干预系统的运行。

综合信息管理级是整个系统的中枢，它根据计算机监督控制级提供的信息及生产任务的要求，编制全面反映整个系统工作情况的报表，审核控制方案，选择数学模型，

制定最优控制策略，并对下一级下达命令。

1.4.5 计算机集成制造系统

计算机集成制造系统（Computer Integrated Manufacturing System，CIMS）既能完成直接面向过程的控制和优化任务，还能完成整个生产过程的综合管理、指挥调度和经营管理的任务。计算机集成制造系统按其功能自下而上可以分成直接控制层、过程监控层、生产调度层、企业管理层和经营决策层。其结构框图如图 1-8 所示。

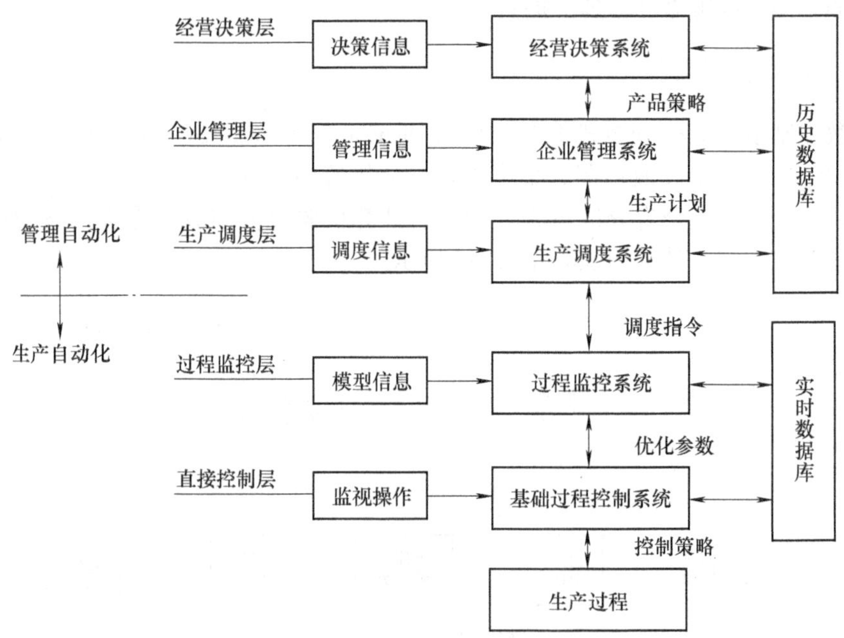

图 1-8 计算机集成制造系统结构框图

这类系统除了常见的过程直接控制、先进控制与过程优化控制功能以外，还具有生产管理、收集经济信息、计划调度和产品订货、销售、运输等非传统控制的各种功能。因此计算机集成制造系统所要解决的不仅是局部最优问题，而是一个工厂、一个企业乃至一个区域的总目标或总任务的全局多目标最优，即企业综合自动化问题。

1.4.6 现场总线控制系统

现场总线控制系统（Fieldbus Control System，FCS）是新一代分布式控制结构，是连接现场智能设备和自动化控制设备的双向串行、数字式、多节点通信网络，也被称为现场底层设备控制网络。它将“操作站—控制站—现场仪表”的结构模式改变为“工作站—现场总线智能仪表”二级结构模式，这样就可以将原 DCS 中处于控制室的控制模块、各种输入/输出模块置入测控现场，充分利用现场总线设备所具有的数字通信能力。安装于现场的测量变送器直接与阀门等执行机构进行信号传输，因而控制系统可以脱离位于控制室内的主计算机而工作，直接在现场完成测量与控制信号的传递，彻底实现了系统的分散控制。因此，既降低了成本又提高了可靠性，而且在统一的国际标准下可以实现真正的开放式互连系统结构。其结构框图如图1-9所示。

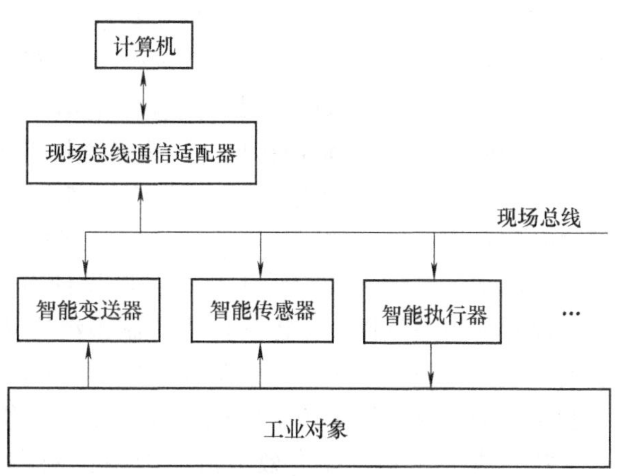

图1-9 现场总线控制系统结构框图

现场总线控制系统突破了DCS中通信由专用网络的封闭系统来实现所造成的缺陷，把基于封闭、专用的解决方案变成了基于公开化、标准化的解决方案，即可以把来自不同厂商而遵守同一协议规范的自动化设备，通过现场总线网络连接成系统，实现综合自动化的各种功能；同时把DCS集中与分散相结合的集散系统结构变成了新型全分布式结构，把控制功能彻底下放到现场，依靠现场智能设备本身便可实现基本控制功能。

现场总线控制系统既是一个开放通信网络，又是一种全分布控制系统。它作为智能设备的联系纽带，把挂接在总线上、作为网络节点的智能设备连接为网络系统，并进一步构成自动化系统，实现基本控制、补偿计算、参数修改、报警、显示、监控、优化及控管一体化的综合自动化功能，这是一项以智能传感器、控制、计算机、数字通信、网络为主要内容的综合技术。

1.4.7 嵌入式控制系统

嵌入式控制系统（Embedded Control System，ECS）是计算机技术、控制技术、通信技术、半导体技术、微电子技术、语音图像数据传输技术甚至传感器等先进技术和具体应用对象相结合后的更新换代产品，因此是技术密集、投资强度大、高度分散、不断创新的知识密集型系统，反映当代最新技术的先进水平。嵌入式系统不仅与一般的PC上的应用系统不同，而且针对不同的具体应用所设计的嵌入式系统之间差别也很大。嵌入式控制系统是面向特定应用而设计的，对功能、可靠性、成本、体积、功耗等进行严格要求的专用计算机控制系统，具有软件代码小、高度自动化、响应速度快等特点，特别适合于要求实时的和多任务的系统。其在兼容性方面要求不高，但是在大小、成本方面限制较多。为了方便使用，有些厂家将不同的典型配置做成系列模块，用户可以根据需要选购适当的模块，组成各种常用的应用系统。嵌入式控制系统虽然制作成本较高，但系统开发投入较低，应用也灵活。

1.5 计算机控制的发展

1.5.1 计算机控制技术及其发展

计算机控制技术是在计算机技术和自动控制技术基础上产生并发展起来的。计算机控制系统中获取信息、传递信息、加工信息、执行信息等过程都有相应的技术来实现，这些过程中的信息大部分由电子信号来表示，信息处理的工具是电子计算机。在这些过程用到的计算机控制技术包括控制用计算机技术、输入/输出接口与过程通道技

术、控制网络与数据通信技术、数字控制器设计与实现技术、控制系统的人机交互技术、控制系统的可靠性技术及计算机控制系统的设计技术等。

控制用计算机技术用于设计处理器基本系统的构建，程序的设计和调试，实时操作系统的应用；输入/输出接口与过程通道技术用于数据采集和处理，从被控对象到计算机之间的信号转换，执行机构的驱动；控制网络与数据通信技术用于各单元及各系统之间的数据通信；数字控制器设计与实现技术用于控制算法的设计和相应软件实现方法，其中控制算法的设计不仅与程序设计有关，而且还与自动控制理论密切相关，而商品化的组态软件、监控软件为控制系统应用程序的开发带来了极大方便；控制系统的人机交互技术用于解决控制系统与设计人员、管理人员以及操作人员的信息交互；控制系统的可靠性技术用于保证系统能在规定条件下最大限度地减少错误的出现，减少干扰造成的影响，能有效地进行故障诊断和快速地恢复系统，更好地完成规定的功能。

计算机控制技术是自动控制理论与计算机技术相结合的产物，它的发展离不开自动控制理论和计算机技术的发展。自动控制理论以及应用技术的发展与人类生产力水平的发展密切相关，它经历了从简单局部控制到复杂全局控制、从低级控制到高级智能控制的发展过程。

自动控制技术的初级阶段，以经典控制理论为代表，采用传递函数进行数学描述，以根轨迹法和频率法作为分析和综合系统的基本方法，以单输入/单输出的控制系统为主。

20 世纪 60 年代，进入“现代控制理论阶段”，以状态空间分析为基础对系统进行综合和分析，从单变量控制到多变量控制，从自动调节向最优控制，由线性系统向非线性系统发展。

之后，大系统理论、非线性系统、分布参数系统、随机控制以及容错控制、自适应控制、模糊控制、鲁棒控制、神经网络控制、专家控制等在理论上和实践中都得到了发展，将人工智能、控制理论和运筹学相结合的智能控制在解决许多复杂工业过程的控制中取得了成功。

计算机技术经历从电子管、晶体管到超大规模集成电路的发展，使得计算机的应用重点发生了改变，从早期以科学计算为主到后来的以信息处理为主。20 世纪 70 年代后，随着微处理器的问世，计算机在自动控制领域中得到了大量应用。尤其是工业用计算机，在采用了冗余技术、软硬件自诊断等措施后，其可靠性大大提高，工业生产自动控制进入计算机数字化时代。

进入 21 世纪后，计算机控制技术越来越成熟，应用越来越广泛，目前正朝着微型化、智能化、网络化和规范化方向发展。计算机控制技术的发展也必将进一步推动控制理论的发展和自动化水平的提高。

计算机控制技术除了与计算机技术和自动控制技术密切相关外，还与其他技术相互渗透和促进，如传感器技术、检测技术、微电子技术、电力电子技术、电机拖动技术、通信技术、自动识别技术、大数据技术等。因此，学习和掌握计算机控制技术，也需要了解和掌握与其相关的知识和技术。

1.5.2　计算机控制系统的发展

计算机控制系统的发展趋势

随着计算机开始应用于工业生产过程控制，控制理论与计算机技术相结合，产生了计算机控制系统，推进了自动控制系统的应用与发展。

计算机控制系统的发展过程，大致经历了试验阶段、实用普及阶段和分级控制阶段。1965年以前是计算机控制系统的试验阶段，这时的计算机控制系统能够完成计算机自动检测和数据处理，实现计算机监督控制和直接数字控制。随着小型计算机的出现，计算机控制系统进入了实用普及阶段。计算机在生产过程控制中的应用得到快速发展，但在这个阶段仍然主要是集中型的计算机控制系统。

随着计算机技术的发展，到了20世纪60年代后期，已出现专用于工业生产过程控制的小型计算机。20世纪70年代，由于微型计算机的出现，计算机控制系统从传统的集中控制系统改进为分布式控制系统。

在20世纪70年代末期到80年代初期，随着计算机技术和企业管理水平的提高，CIMS的实施开始提到日程上来，最初的开发应用比较集中于机械制造领域，主要解决机械制造离散型生产的自动化问题，接着逐渐推广到其他离散型生产领域。

到20世纪80年代中期，现场总线技术又逐渐发展起来。它是计算机控制、通信和电子技术等飞速发展的产物，是继集中式控制系统、分布式控制系统后的新一代控制系统。同时，随着微电子工艺水平的提高，集成电路制造商开始把嵌入式应用中所需要的微处理器、I/O接口、A/D转换、D/A转换、串行接口以及RAM、ROM等部件统统集成到一个VLSI中，从而制造出面向I/O设计的微控制器，也就是单片机，成为嵌入式计算机系统异军突起的一支新秀。其后发展的DSP产品则进一步提升了嵌入式计算机系统的技术水平，并迅速地渗入到消费电子、医用电子、智能控制、通信电子、仪器仪表、交通运输等各种领域。

20世纪90年代，在分布控制、柔性制造、数字化通信和信息家电等巨大需求的牵引下，嵌入式系统进一步加速发展。面向实时信号处理算法的DSP产品向着高速、高精度、低功耗发展。Texas推出的第三代DSP芯片TMS320C30，引导着微控制器向32位高速智能化发展。在应用方面，掌上电脑、手持PC、机顶盒技术相对成熟，发展也较为迅速。装载在汽车上的小型计算机，不但可以控制汽车内的各种设备（如音响等），还可以与GPS连接，从而自动操控汽车。在这一时期，现场总线控制技术的逐渐成熟、以太网技术的逐步普及、智能化与功能自治性的现场设备的广泛应用，使嵌入式控制器、智能现场测控仪表和传感器方便地接入现场总线和工业以太网络，直至与Internet相连。

进入21世纪，特别是随着人工智能、云计算、大数据与网络互联等高新技术在工业领域内的融合与应用，计算机控制系统迎来了新一轮变革。由于控制系统涵盖的范围越来越广泛，为了全面提升控制系统的性能，计算机控制系统向网络化、集成化、智能化、绿色化方向发展已成为必然趋势。

（1）网络化

随着计算机技术和网络技术的迅猛发展，各种层次的计算机网络在控制系统中的

应用越来越广泛，规模也越来越大，从而使传统意义上的回路控制系统所具有的特点在系统网络化过程中发生了根本变化，并最终逐步实现了控制系统的网络化。

现场级网络技术将所有的网络接口移到了各种仪表单元，从而使仪表单元均具有了直接的通信功能，使得网络延伸到控制系统的末梢。结合原有控制系统的网络结构，就能实现完成最基本控制任务的底层到完成优化调度工作的高层的网络优化连接。在网络化的计算机控制系统中，具体控制作用的实现不再限于传统意义上的控制系统，而是由各种仪表单元分别完成各自的工作，然后再通过网络进行彼此间的信息交换和组织，并相互协作，最终实现预定的控制任务。

随着云计算、机器学习和大数据等 IT 技术和工业控制领域 OT 技术的不断融合，工业互联网和智能制造已经成为未来工业生产的大势所趋。建设工业互联网是工业 4.0 与中国制造强国战略的共同的重要目标。工业互联网侧重的是上层生产数据的技术变革，即工业控制系统和云计算、大数据、人工智能等技术的融合，将工业控制系统的数据上载到工业云上，利用云进行数据挖掘和分析，从而优化生产的过程。工业互联网和智能制造赋予了未来制造更大的灵活性，小批量、多品种和可定制这些生产方式也逐渐成为了可能，这也要求现代生产制造的核心技术——工业自动化控制系统更灵活、更有扩展性。

（2）集成化

集成化，一是技术的集成，二是管理的集成，三是技术与管理的集成。技术的集成主要指现代技术的集成和加工技术的集成；管理的集成主要指企业的集成，包括企业内部的集成和企业外部的集成。控制系统集成化能进一步提高控制系统的整体性能，实现不同功能硬件的融合。

（3）智能化

智能化主要体现在以下几个方面。

1）采用智能传感器、智能变送器、智能控制器和智能执行机构等智能仪器仪表。智能仪器仪表具有自诊断的功能，容易在现场或控制室方便地调校，量程的范围可以很大，并能在恶劣的工业环境工作。

2）采用先进的智能控制算法。智能控制无须人的干预就能自主地驱动智能机器实现其目标。

3）采用管理、调度等优化软件包。

4）以数字化、柔性化及系统集成技术为核心，以大数据处理技术为支撑，通过工业化批量生产方式同样满足个性化需求。

（4）绿色化

绿色化技术从信息、电气技术与设备等方面出发，减少、消除自动化设备对人类的损害和环境的污染。主要内容包括信息安全保证与信息污染减少、电磁谐波抑制、洁净生产、人-机和谐、绿色制造等，这是全球可持续发展战略在自动化领域中的体现。

党的二十大报告提出：坚持把发展经济的着力点放在实体经济上，推进新型工业化，加快建设制造强国、质量强国、航天强国、交通强国、网络强国、数字中国。实施产业基础再造工程和重大技术装备攻关工程，支持专精特新企业发展，推动制造业高端化、智能化、绿色化发展。巩固优势产业领先地位，在关系安全发展的领域加快补齐短板，提升战略性资源供应保障能力。推动战略性新兴产业融合集群发展，构建

新一代信息技术、人工智能、生物技术、新能源、新材料、高端装备、绿色环保等一批新的增长引擎。构建优质高效的服务业新体系，推动现代服务业同先进制造业、现代农业深度融合。加快发展物联网，建设高效顺畅的流通体系，降低物流成本。加快发展数字经济，促进数字经济和实体经济深度融合，打造具有国际竞争力的数字产业集群。优化基础设施布局、结构、功能和系统集成，构建现代化基础设施体系。

1.5.3　计算机控制理论和新型控制策略

1. 计算机控制理论

计算机控制系统中包含数字环节，其中处理的信号是数字信号。如果同时考虑数字信号在时间上的离散和幅值上的量化效应，严格来讲，数字环节是时变非线性环节，因此要对它进行严格的分析是十分困难的。若忽略数字信号的量化效应，则可将计算机控制系统看成采样控制系统。在采样控制系统中，如果将其中的连续环节离散化，整个系统便成为纯粹的离散系统。因此，计算机控制系统理论主要包括离散系统理论、采样系统理论及数字系统理论。

（1）离散系统理论

离散系统理论主要指对离散系统进行分析和设计的各种方法的研究，主要包括以下几个方面。

1）差分方程及Z变换理论。利用差分方程、Z变换及脉冲传递函数等数学工具来分析离散系统的性能和稳定性。

2）常规设计方法。以脉冲传递函数作为数学模型对离散系统进行常规设计的各种方法的研究，如最少拍控制、数字PID控制、根轨迹法设计及参数寻优设计法等。

3）按极点配置的设计法。其中包括基于传递函数模型及基于状态空间模型的两种极点配置设计方法。

4）最优设计方法。包括基于传递函数模型及基于状态空间模型的两种设计方法。基于传递函数模型的最优设计包括最小方差控制和广义最小方差控制等内容。基于状态空间模型的最优设计包括线性二次型最优控制及状态的最优估计两个方面。

5）系统辨识及自适应控制。

（2）采样系统理论

采样系统理论除了包括离散系统理论外，还包括以下内容。

1）采样理论。它主要包括香农采样定理、采样频谱及混迭、采样信号的恢复及采样系统的结构图分析等。

2）连续模型及性能指标的离散化。为了使采样系统能变成纯粹的离散系统来进行分析和设计，需要将采样系统中的连续部分进行离散化。由于实际的控制对象是连续的，性能指标函数也常常以连续的形式给出，因此不但需要将连续环节的模型表示方式离散化，还要将连续的性能指标进行离散化。

3）性能指标函数的计算。控制系统中的控制对象是连续的，控制器是离散的，性能指标函数也常常以连续的形式给出。为了分析系统的性能，需要计算采样系统中连续的性能指标函数。

4）采样控制系统的仿真。

5）采样周期的选择。

（3）数字系统理论

数字系统理论除了包括离散系统和采样系统外，还包括数字信号的量化效应的研究，如量化误差、非线性特性的影响等，同时还包括数字控制器实现中的一些问题，如计算延时、控制算法编程等。

2. 新型控制策略

常规的、成熟的控制方法如最少拍控制、数字 PID 控制方法等在计算机控制系统中得到了广泛的应用，取得了较好的控制效果。但是这些控制方法存在一些局限性，比如这些方法有的要求被控对象是精确的、线性时不变系统，有的要求操作条件和运行环境是确定的、不变的等。而当被控对象的数学模型难以建立，且是较为复杂的时变非线性系统时，采用常规的控制方法就难以达到控制指标的要求，这时采用新型的控制策略是十分有效的。

智能控制技术的研究与应用是现代控制理论在深度和广度上的拓展。智能控制主要集中在高层组织控制，即要根据实时环境和影响因素等来进行变化与决策，从而解决现实问题。这往往都需要涉及信息融合与处理、规则知识的表达、自适应控制和推理决策等算法，由于这种方式模拟了人脑的思维过程，类似于具有了“智能”。智能控制与经典控制并不是完全独立的，它们相互包容、密切联系，常规控制方法常常也存在于智能控制系统中，用来解决智能控制系统中的“简单”问题，并不断拓展出新的解决方法来适应和处理更加复杂的问题。

智能控制的发展阶段与特征可概括为：提升应对变化能力，控制系统关键环节的智能化；具备学习能力，能够学习先进、跟随模仿（可学习、可训练）；具有泛化能力，能够举一反三、超越常识认知；具备演化、进化能力，能够发现问题并解决问题。

（1）鲁棒控制

控制系统的鲁棒性是指系统的某种性能或某个指标在某种扰动下保持不变的程度或对扰动不敏感的程度。其基本思想是在设计中设法使系统对模型的变化不敏感，使控制系统在模型误差扰动下仍能保持稳定，品质也保持在工程所能接受的范围内。鲁棒控制主要应用在飞行器、柔性结构、机器人等领域，在工业过程控制领域应用较少。

（2）模糊控制

在自动控制领域中，对于难以建立数学模型、非线性和大滞后的控制对象，模糊控制技术具有很好的适应性。模糊控制是以模糊集合论、模糊语言变量及模糊逻辑推理为基础的一种计算机数字控制。模糊控制系统的核心是模糊控制器的结构，包括模糊规则、合成推理算法及模糊决策的方法等因素，把人类各个科技专业领域的专家知识库构造的语言文字信息，转化为控制策略的一种系统推理方法，能够解决许多复杂而无法建立精确的数学模型系统控制问题。模糊控制是一种非线性控制，属于智能控制的范畴。

（3）预测控制

预测控制是一种基于模型又不过分依赖模型的控制策略，它的各种算法是建立在模型预测-滚动优化-反馈校正三条基本原理上的，其核心是在线优化。这种“边走边看”的滚动优化控制策略可以随时考虑模型失配、时变、非线性或其他不确定性干扰因素，及时进行弥补，减少偏差，以获得较好的综合控制质量。由于工业对象通常是

多输入、多输出的复杂关联系统，具有非线性、时变性、强耦合与不确定性等特点，难以得到精确的数学模型，采用预测控制会达到一个较好的控制效果。近来预测控制的控制思想和优良的控制效果在学术界和工业界越来越被重视。

（4）专家控制

专家控制系统是一种广泛应用于故障诊断、各种工业过程控制和工业设计的智能控制系统。它所研究的问题一般都具有不确定性，是以模仿人类智能为基础的。工程控制论与专家系统的结合，形成了专家控制系统。专家控制系统和模糊控制系统至少有一点是共同的，即两者都要建立人类经验和人类决策行为的模型。此外，两者都有知识库和推理机，而且其中大部分至今仍为基于规则的系统。因此，模糊逻辑控制器通常又称为模糊专家控制器。

（5）神经网络控制

神经网络控制是一种基本上不依赖于模型的控制方法。由于神经网络有很强的学习、自适应和处理非线性的能力，比较适用于那些具有不确定性或高度非线性的控制对象。神经网络具有并行机制、模式识别、记忆和自学习能力的特点，它能充分逼近任意复杂的非线性系统，能够学习与适应不确定系统的动态特性，有很强的鲁棒性和容错性等，因此，神经网络控制在控制领域有广泛的应用。

（6）学习控制系统

学习是人类的主要智能之一。用机器来代替人类从事体力和脑力劳动，就是用机器代替人的思维。学习控制系统是一个能在其运行过程中逐步获得被控对象及环境的非预知信息，积累控制经验，并在一定的评价标准下进行估值、分类、决策和不断改善系统品质的自动控制系统。随着深度学习算法研究的不断深入，其应用使控制系统具有更广泛的智能性。

（7）遗传算法

遗传算法是一种优化算法，是基于自然选择和基因遗传学原理的搜索算法，它将“适者生存”的进化理论引入串结构，并且在串之间进行有组织但又随机的信息交换。通过函数的优化进行相关的遗传算法，通过对迭代进化过程的探索，不断淘汰相关的适应性低的个体，实现最优的个体节点。遗传算法在自动控制中的应用主要是进行优化和学习，特别是将它与其他控制策略结合，能够获得较好的效果。

上述介绍的只是新型控制策略中比较典型的，具有代表性的。每个新型控制策略各有优缺点，通常通过将它们相互渗透，相互融合来达到更好的控制效果。

1.5.4　计算机控制系统的发展趋势

随着计算机控制技术、通信技术、电子技术和控制理论的发展，以及工业生产对控制系统提出的新要求，计算机控制系统也在不断发展，其发展趋势主要有以下几个方面。

1. 普及应用PLC，并向微型化、网络化和开放性方向发展

近年来，PLC的功能有了很大提高，它可以将顺序控制和过程控制结合起来，实现对生产过程的控制，并具有很高的可靠性，因而得到了广泛的使用。随着PLC控制

组态软件的进一步完善和发展，安装有 PLC 组态软件和 PC-based 控制的市场份额将逐步得到增长。当前，过程控制领域最大的发展趋势之一就是 Ethernet 技术的发展，而越来越多的 PLC 供应商也开始提供 Ethernet 接口。所以，PLC 未来发展的方向是微型化、网络化、PC 化和开放性。

2. 自动化仪器仪表向数字化、智能化、网络化和微型化方向发展

电子技术、计算机技术和网络技术发展很快，未来将不断产生高智能化的仪器仪表，实现仪器网络化、网络仪器与远程计算机控制系统。控制网络将向有线和无线相结合的方向发展，将计算机网络技术、无线传输技术和智能传感器技术有机地结合，产生基于无线技术的网络化智能传感器，使工业现场的数据能够通过无线的方式传输和共享。

3. 采用新型的 DCS 和 FCS

发展以位总线（Bitbus）、现场总线等先进网络通信技术为基础的 DCS 和 FCS 控制结构，并采用先进的控制策略，向低成本综合自动化系统的方向发展，实现计算机集成制造系统。特别是现场总线系统越来越受到人们的青睐，将成为今后计算机控制系统的发展方向。

4. 大力研究和发展先进的控制技术

模糊控制技术、神经网络控制技术、专家控制技术、预测控制技术、鲁棒控制技术等都已经成为先进控制技术的重要研究内容。但由于先进控制策略的复杂性，以及工业生产过程对控制系统不断提出新的要求，先进控制技术仍然是未来的一个重要研究方向。

5. 控制系统综合化

随着现代管理技术、制造技术、信息技术、自动化技术、系统工程技术的发展，综合自动化技术广泛地应用到工业过程，借助于计算机的硬件和软件技术，将企业生产全部过程中有关人、技术、经营管理三要素及其信息流、物流有机地集成并优化运行，为工业生产带来更大的经济效益。

由于控制系统涵盖的范围越来越广泛，伴随着人工智能、云计算、大数据与网络互联等高新技术在工业领域内的融合与应用，集成化、智能化、网络化已经成为计算机控制系统发展的必然趋势。近年来，中国政府大力发展“新基建”，工业互联网作为信息基础设施建设方向迎来发展新机遇，推进基于工业互联网的智能化控制系统的步伐正在加快。在新基建背景下，工业互联网作为新一代信息技术与制造业深度融合的产物，对工业未来发展会产生全方位、深层次、革命性的影响。

习题 1

1. 填空题

（1）自动控制系统有________和________两种结构。

（2）计算机控制系统的控制过程一般可归纳为________、________和________三个基本步骤。

（3）计算机控制系统由________和________两大部分组成。

（4）计算机控制系统输入通道分为________和________；输出通道分为________和________。

（5）计算机控制系统的软件通常由________和________组成。

2. 选择题

（1）计算机控制系统的“实时性”是指计算机控制系统应该在________时间内对外来事件做出反应的特性。

A. 限定的　　B. 固定的　　C. 零　　D. 随意的

（2）下列计算机控制系统中，属于单闭环控制系统的是________。

A. 集散控制系统　　B. 直接数字控制系统

C. 监督计算机控制系统　　D. 现场总线控制系统

（3）计算机监督控制系统中，SCC 计算机的作用是________。

A. 实现开环控制

B. 当 DDC 计算机出现故障时，SCC 计算机也无法工作

C. 按照一定的数学模型计算给定值并提供给 DDC 计算机

D. SCC 计算机与控制无关

（4）关于现场总线控制系统，下面说法中不正确的是________。

A. 只有同一家的 FCS 产品才能组成系统

B. FCS 具有“互操作性”

C. 采用全数字化信息传输

D. 可以和任何厂商生产的同一标准的系统、设备相连，进行信号传递和通信

（5）闭环控制系统是指________。

A. 系统中各个生产环节简单的首尾相接而形成的一个系统

B. 系统的输出量经反馈环节回到输入端，对控制产生影响

C. 不能自动消除被控参数与给定值之间的偏差的系统

D. 控制量只与控制算法和给定值有关

3. 简答题

（1）什么是计算机控制系统？它由哪几部分组成？

（2）计算机控制系统与连续控制系统的主要区别是什么？计算机控制系统有哪些优点？

（3）按照计算机控制系统实时性要求确定限定时间时，考虑的主要因素是什么？

（4）计算机控制系统有哪几类？各有什么优缺点？

（5）操作台一般包括哪几个组成部分？

（6）计算机控制系统中主要有哪几种控制器？各自有什么特点？

（7）计算机控制技术中目前新型控制策略有哪些？它们的特点是什么？

（8）计算机控制系统的主要发展趋势是什么？

（9）请收集有关资料，了解计算机控制技术近期的发展动向。

第2章 计算机控制系统中的过程通道

在计算机控制系统中，为了实现生产过程的控制，要将生产现场测得的信息通过传感器转换为电信号传递给计算机。计算机经过计算、处理后，将结果以数字量的形式输出，转换为适合于对生产过程进行控制的量，并将该控制量输出到执行器，由执行器对控制对象实施控制作用。

在计算机和生产过程之间，必须设置信息传递和转换的连接通道，该连接通道称为输入/输出通道。这里所说的输入/输出通道是相对于计算机而言的。信号由传感器经接口电路到计算机的整个信号路径为输入通道，由计算机经接口电路到执行器的整个信号路径为输出通道。输入/输出通道是由模拟量输入通道、模拟量输出通道、数字量输入通道和数字量输出通道组成。

本章主要介绍传感器与执行器、信号的采样与恢复、I/O 的编址方式与地址译码方法、模拟量输入/输出通道和数字量输入/输出通道。

2.1 传感器与执行器

2.1.1 传感器与变送器

1. 传感器

传感器是能感受规定的被测量并按照一定的规律转换成可用信号的器件或装置，通常由敏感元件和转换元件组成。传感器是计算机控制系统中获取外部信息的重要装置。

传感器的种类非常多，检测的物理量也非常广，但输出的信号以电量参数的形式为多，如电压、电流、电阻、电感、电容、频率等。

常用的传感器及其特点如表 2-1 所示。选用传感器的原则如下。

1）在测量精度、测量范围上符合要求。

2）传感器性能稳定、可靠、重复性好。

3）尽可能选择线性度好、线路简单、灵敏度高的传感器。

4）电源种类尽量少，电源电压尽量规范化。

表 2-1 常用的传感器及其特点

类型		输入/输出特性	说明
温度传感器	热敏开关	开关闭合，通-断输出	可适用于不同温度范围和具有通过电流的能力
	热电偶	低电阻（典型值 10Ω），电压输出，输出灵敏度数 μV/℃，非线性	尺寸小，温度范围宽，需要温度冷端补偿

（续）

类型		输入/输出特性	说明
温度传感器	热电阻	阻值随温度变化，正温度系数，典型的阻值 20Ω ~ 2kΩ，典型的灵敏度 0.1%/℃ ~0.66%/℃，线性度好	重复性好，在宽的温度范围内有良好的线性度，需用电桥等测量线路
	热敏电阻	阻值随温度变化，负温度系数，典型的阻值 50Ω ~ 1MΩ，灵敏度约 4%/℃，用线性网络时约 0.4%/℃	灵敏度高，阻值随温度呈指数函数的关系，采用线性化网络修正
压力传感器	可变电阻/电位器	输出量是电阻或电阻的比值，典型阻值为 500~5000Ω，灵敏度高	由于灵敏度高，容易形成高电平输出，需要激励电压或电流
	应变片	电阻变化（单片）或电压输出（压变桥），灵敏度低	输出电平低，需要激励电压或电流
	压电式	电荷输出器件，只响应交流和瞬态变化，典型的上限频率为 20~50kHz，典型的满量程输出 10^{-7}C（库仑）	仅响应交流信号或瞬态信号
流量传感器	以压力传感器为基础的流量传感器	参看压力传感器	压力传感器测量流量，借助于测量静态和流量引起的压力之间的差值 ΔP 或缩颈上的压力降低，特性是非线性的
	频率输出型（叶轮式、旋转式、涡轮式）	从输出的频率得到数字信号	某些传感器需要阻抗变换和/或电压放大、电平平移及缓冲级，然后信号才能利用
	以力为基础的流量传感器	典型的型式有应变电桥和电位器输出	参看压力和力传感器
	热式流量传感器	利用有源温度传感器测量由于流量引起的温度变化	参看温度传感器
液位传感器	浮标式	电阻或电位器输出，典型阻值为 100~2000Ω	能输出高电平，需要激励电压或电流
	热式	电阻性，典型阻抗为 500~2000Ω	自热式温度敏感元件（热敏电阻）用于检测断续电平变化。当液位降到遮不住热敏电阻时，会发生突然的电阻变化
	光学式	电阻性，典型的通断电阻为 100Ω~100MΩ	光的吸收或散射遮断光电子的通路
	压力式	参看压力传感器	测量密封罐上部空的部分和液体覆盖部分的压力差，从而得到液位的信息
	测力计式	用称重测量容器内重量，折算液位	参看力传感器

（续）

类型		输入/输出特性	说明
力传感器	金属应变片	电阻随应变而变化，测量线路通常用电桥，典型阻值为120～350Ω	应变信号微弱
	应变片电桥测力计	输出电压随应变变化，输出是线性的	信号微弱，需要激励电压或电流，典型的激励电压是5～15V
	半导体应变片	由单独的应变片组成电桥的形式，电压输出，非线性，并受温度影响大	较金属应变片的信号强，需要激励电压或电流
	压电式	电荷输出器件，见压力传感器	参看压力传感器

在控制系统中，对输出信号为开关信号、脉冲信号和数字量的传感器处理比较方便，而对于输出为模拟量的传感器，希望有规范的信号标准，一种做法是制定传感器的标准，另一种做法是通过专门的部件进行信号转换。前者典型的例子是热电阻和热电偶的工业标准。后者的实例就是采用变送器将来自传感器的信号转换为标准信号输出，以便各种仪表和计算机统一处理。

2. 变送器

变送器是从传感器发展而来的，能输出标准信号的传感器通常称为变送器。

变送器通用的标准信号为直流电流0～10mA或4～20mA，直流电压0～5V或1～5V。无论被测变量是哪种物理量，也不论测量范围如何，经过变送器之后都转换为标准信号。有了统一的信号形式和数值范围，就便于把各种变送器和其他仪表组成检测系统或调节系统。无论什么仪表或装置，只要有同样标准的接口电路，就可以从各种变送器获得被测变量的信息，这样，兼容性和互换性大为提高。在计算机控制系统中，如果条件许可，应尽量使用能输出标准信号的变送器。

3. 智能传感器

智能传感器是具有信息处理功能的传感器。智能传感器带有微处理器，具有采集、处理、交换信息的能力，是传感器集成化与微处理器相结合的产物。与一般传感器相比，智能传感器具有以下4个优点。

（1）提高了传感器的精度

智能传感器具有信息处理功能，通过软件技术可修正各种确定性系统误差（如传感器输入/输出的非线性误差、零点误差等），而且还可适当地补偿随机误差、降低噪声，大大提高了传感器精度。

（2）提高了传感器的可靠性

集成传感器系统小型化，消除了传统结构的某些不可靠因素，改善整个系统的抗干扰性能；同时它具有自诊断、在线校准和数据存储功能，具有良好的稳定性。

（3）提高了传感器的性价比

在相同精度的需求下，多功能智能式传感器与单一功能的普通传感器相比，性价

比明显提高，尤其是在采用较便宜的单片机后更为明显。

（4）促成了传感器多功能化

智能传感器可以实现多传感器多参数综合测量，通过编程扩大测量与使用范围；有一定的自适应能力，根据检测对象或条件的改变，相应地改变量程和输出数据的形式；具有数字通信接口功能，直接送入远程计算机进行处理；具有多种数据输出形式（如 RS232 串行输出，I/O 并行输出，IEEE-488 总线输出以及经 D/A 转换后的模拟量输出等），适配各种应用系统。

2.1.2　执行器及其分类

执行器在计算机控制系统中的作用是接收控制器输出的控制信号，改变被控参数的值，使生产过程按预定要求进行。在生产现场，执行器直接控制工艺介质，若选型或使用不当，将会影响控制质量。因此执行器的选择和使用是计算机控制系统设计必须考虑的重要问题之一。

执行器由执行机构和调节机构组成。执行机构是指根据控制器输出信号产生推力或位移的装置。调节机构是根据执行机构输出信号去改变能量或物料输送量等的装置。执行器按其使用能源形式可分为气动、电动和液动三大类。三类执行器的比较如表 2-2 所示。

表 2-2　三类执行器的比较

	气动执行器	电动执行器	液动执行器
构造	简单	复杂	简单
体积	中	小	大
配管配线	较复杂	简单	复杂
推力	中	小	大
动作滞后	大	小	小
维护检修	简单	复杂	简单
使用场合	适用于防火防爆	隔爆型适用于防火防爆	要注意火花
价格	低	高	高
频率响应	窄	宽	窄
温度影响	较小	较大	较大

气动执行器的动力源由压缩空气提供，其特点是结构简单、体积小、安全防爆，但控制精度低，噪声大。电动执行器的动力源由电动机或电磁机构提供，其特点是控制灵活、精度高，但有电磁干扰。液动执行器的动力源由液压马达提供，其特点是推力大、防爆性能好，但体积和重量大，现较少采用。

另外，还有各种有触点和无触点开关，实现开关动作。电磁阀作为一种开关阀在工业中被广泛地应用。

2.1.3 伺服电动机和步进电动机

伺服电动机和步进电动机都属于控制电机，它们都是计算机控制系统中常用的电动执行器。

1. 伺服电动机

伺服电动机又称执行电机，作为执行元件，可把输入的电压信号转换成电机轴上的角位移或角速度输出，实现对速度、位置的控制。

伺服电动机按照其使用的电源性质不同，分为直流伺服电动机和交流伺服电动机两大类。直流伺服电动机具有良好的调速性能、较大的起动转矩及快速响应等优点，首先在自动控制系统中得到广泛应用。交流伺服电动机结构简单、运行可靠、维护方便，多年来一直受到人们的重视。随着交流伺服驱动技术的不断完善和发展，其控制精度和质量不断提高，交流伺服电动机在工业上得到越来越广泛的应用。

2. 步进电动机

步进电动机又称脉冲电机，它可以将输入的脉冲电信号转变为角位移或直线位移，即给一个脉冲电信号，电动机就转动一个角度或前进一步。因而其轴上的转角或线位移与脉冲数成正比，或者说它的转速或线速度与脉冲频率成正比。通过改变脉冲频率的高低就可以在很大范围内调节电动机的转速，并能快速起动、制动和反转。步进电动机每转一周都有固定的步数，在不丢步的情况下运行，其步距误差不会长期积累，因此更适用于对位置的开环控制，使整个系统结构简单、运行可靠。当采用了速度和位置检测装置后，它也可用于闭环系统。步进电动机在数控机床、自动送料机、磁盘驱动器、打印机和绘图仪等装置中有广泛的应用。

步进电动机按照励磁方式分为反应式、永磁式和感应式。其中反应式步进电动机结构简单，生产成本低，步距角小，应用比较普遍。

3. 伺服电动机和步进电动机的比较

伺服电动机和步进电动机作为控制电机，有相似之处，也有不同之处。不同之处主要表现在以下几个方面。

（1）结构和工作原理

伺服电动机在驱动信号作用下是连续运动的，而步进电动机在驱动脉冲作用下，是按步进离散运动的。

（2）控制精度

伺服电动机的控制精度需要通过闭环的伺服系统来保证，而步进电动机是开环控制，在不失步的情况下可以保证规定的精度。

（3）矩频特性

伺服电动机输出力矩较大，转速较高，范围较宽，有较好的加速性能，能适应快速起停的控制。步进电动机的输出力矩随着转速的升高而下降，且在较高转速时会急剧下降，最高工作转速也较低。

（4）过载能力

伺服电动机具有较强的过载能力，可用于克服惯性负载在起动瞬间的惯性力矩。

而步进电动机一般不具有过载能力，过载后容易失步。

（5）成本

伺服电动机本身结构简单，在相同驱动功率的情况下比步进电动机的成本低，但为了保证控制精度和质量，需要配置数字式闭环伺服控制器，构成的伺服控制系统其成本会较高。

综上所述，伺服电动机及其构成的伺服系统，特别是交流伺服系统在许多性能方面都优于步进电动机。在控制性能要求不是很高的场合，可优先考虑步进电动机，而对于控制精度不高、成本较低的场合，可选择伺服电动机及其简单的开环控制驱动器。

2.2 信号的采样与恢复

2.2.1 信号的采样过程

1. 信号类型

在计算机控制系统中，常用的信号有三种类型。

（1）模拟信号

模拟信号是在时间和幅值上均连续取值而不发生突变的信号，一般用十进制数表示。这是控制对象需要的信号。

（2）离散模拟信号

离散模拟信号是在时间上不连续，而在幅值上连续取值的信号。这是在信号变换过程中需要的中间信号。

（3）数字（离散）信号

数字（离散）信号是在时间和幅值上均不连续取值的信号，通常用二进制代码形式表示。这是计算机需要的信号。

输入和输出计算机的信息转换如图 2-1 所示。

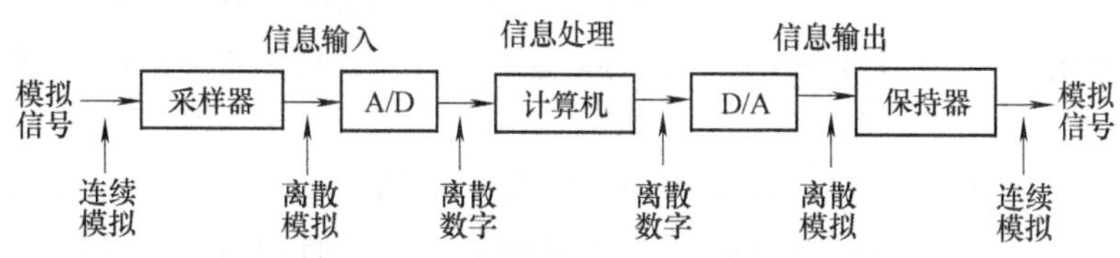

图 2-1 输入和输出计算机的信息转换

2. 采样过程及其数学描述

将模拟信号转换为离散模拟信号的过程称为采样过程，如图 2-2 所示。实现这个采样过程的装置称为采样器，又叫采样开关。采样器可以用一个按一定周期闭合的开关来表示，其采样周期为 T，每次闭合的持续时间为τ，如图 2-2b 所示。连续的输入模拟信号 $x(t)$（图 2-2a）经过采样器 S 后，变成离散的脉冲序列 $x^*(t)$，如图 2-2c 所示。在图 2-2c 中，每个脉冲的宽度为τ，幅度等于采样器闭合期间输入信号的瞬时值。$x^*(t)$ 只

在采样器闭合期间有值，而当采样器断开时，$x^*(t)=0$。显然，采样过程要丢失采样间隔之间的信息。

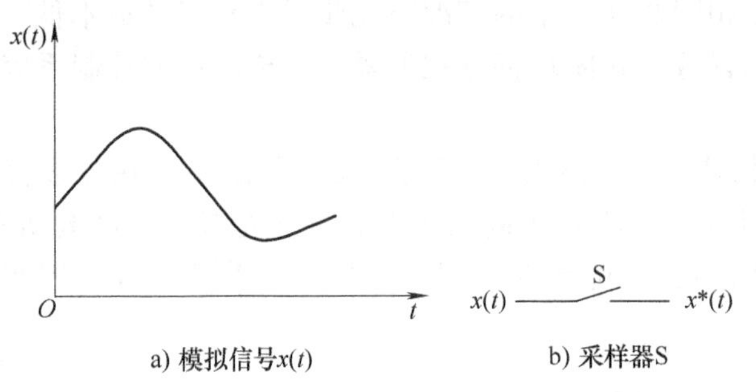

a) 模拟信号x(t)　b) 采样器S　c) 离散的脉冲序列x*(t)

图 2-2　模拟信号的采样过程

采样器的闭合时间τ通常远远小于采样周期 T，也远远小于被控对象连续部分的所有时间常数。在分析时，可以认为$\tau=0$。这样，采样器就相当于一个理想采样器，它等效于一个理想的单位脉冲序列发生器，能够产生以 T 为周期的单位脉冲序列 $\delta_T(t)$，其数学表达式为

$$\delta_T(t)=\sum_{k=-\infty}^{+\infty}\delta(t-kT) \tag{2-1}$$

式中　T——采样周期；

k——整数。

这样，理想采样器的输入信号 $x(t)$ 和采样器的输出信号 $x^*(t)$ 之间存在下面的关系：

$$x^*(t)=x(t)\delta_T(t)=x(t)\sum_{k=-\infty}^{+\infty}\delta(t-kT) \tag{2-2}$$

等价地，还可以写成

$$x^*(t)=\sum_{k=-\infty}^{+\infty}x(kT)\delta(t-kT) \tag{2-3}$$

在分析一个系统时，一般都是讨论零状态响应，控制作用也都是零时刻开始施加的，因此采样器的输入信号 $x(t)$ 在 $t<0$ 时为零。这时，式（2-1）~式（2-3）中的求和下限应该取零。

由于在整个控制过程中，采样周期一般是不变的，所以 $x^*(t)$ 也可以记为 $x(kT)$ 或简记为 $x(k)$。由上所述，在理想采样器的作用下，采样过程如图 2-3 所示。

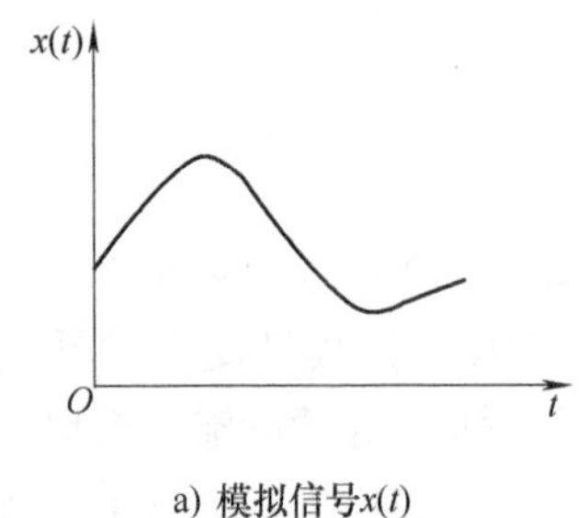

a) 模拟信号x(t)

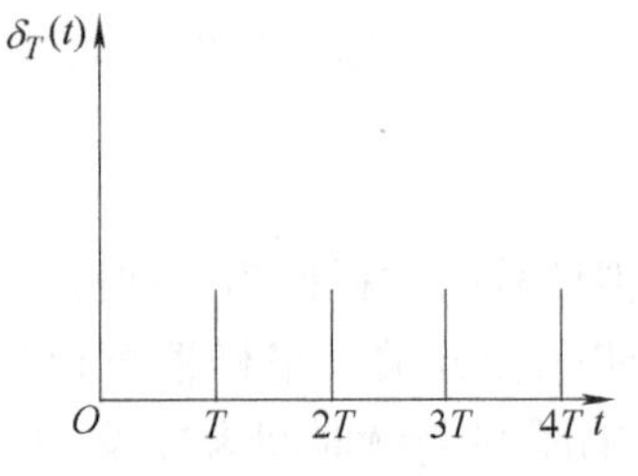

b) 理想采样器产生的单位脉冲序列$\delta_T(t)$

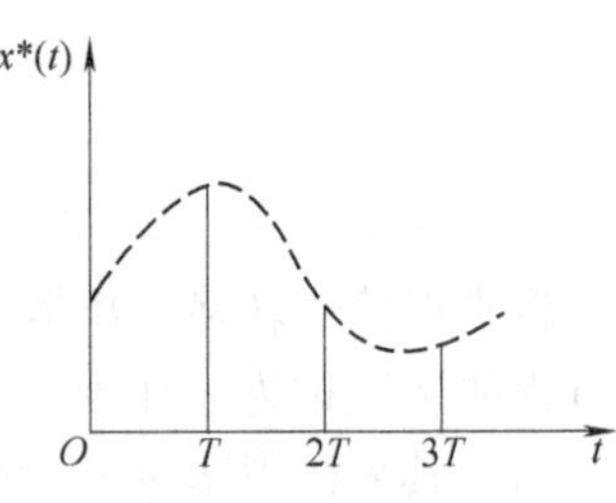

c) 离散的脉冲序列x*(t)

图 2-3　模拟信号的理想采样过程

图 2-3a 为输入的模拟信号；图 2-3b 为周期为 T 的单位脉冲序列；图 2-3c 为经采样后生成的离散脉冲序列。

2.2.2 采样定理

在计算机控制系统中对连续信号进行采样，是用抽取的离散信号序列代表相应的连续信号来参与控制运算，所以要求采样到的离散信号序列能够表达相应的连续信号的基本特征。这个问题和采样周期的选取有密切的关系。由图 2-3 可以直观地看出，如果采样周期越小（即采样频率越高），则只损失很少量的信息，离散信号 $x^*(t)$ 越接近连续信号 $x(t)$；反之，如果采样周期过大（采样频率过低），则损失了原来连续信号的大量信息，以至于 $x^*(t)$ 无法准确地反映 $x(t)$ 的特征。为使离散信号 $x^*(t)$ 能不失真地恢复为原来的连续信号 $x(t)$，对采样角频率 ω_s 有一定的要求，香农（Shannon）采样定理则定量地给出了采样角频率的选择原则。

采样定理：如果连续信号 $x(t)$ 具有有限频谱，其最高角频率为 ω_{max}，则对 $x(t)$ 进行周期采样且采样角频率 $\omega_s \geqslant 2\omega_{max}$ 时，连续信号 $x(t)$ 可以由采样信号 $x^*(t)$ 唯一确定，亦即可以从 $x^*(t)$ 不失真地恢复 $x(t)$。

为了便于理解采样定理，下面对其进行解释性说明。

对于信号 $x(t)$ 和 $x^*(t)$ 分别求出傅里叶变换以便得到频谱函数。设它们的傅里叶变换分别用 $X(\mathrm{j}\omega)$ 和 $X^*(\mathrm{j}\omega)$ 表示，则有

$$X(\mathrm{j}\omega) = \int_{-\infty}^{+\infty} x(t)\mathrm{e}^{-\mathrm{j}\omega t}\mathrm{d}t \tag{2-4}$$

$$X^*(\mathrm{j}\omega) = \int_{-\infty}^{+\infty} x^*(t)\mathrm{e}^{-\mathrm{j}\omega t}\mathrm{d}t \tag{2-5}$$

由于 $\delta_T(t)$ 是一个周期为 T 的周期函数，因此可以展开成如下的傅里叶级数形式：

$$\delta_T(t) = \sum_{k=-\infty}^{+\infty} c_k \mathrm{e}^{\mathrm{j}k\omega_s t} \tag{2-6}$$

式中 ω_s——采样角频率；

c_k——傅里叶系数，且有

$$c_k = \frac{1}{T}\int_{-\frac{T}{2}}^{\frac{T}{2}} \delta_T(t)\mathrm{e}^{-\mathrm{j}k\omega_s t}\mathrm{d}t = \frac{1}{T}\int_{0^-}^{0^+} \delta(t)\mathrm{e}^{-\mathrm{j}k\omega_s t}\mathrm{d}t = \frac{1}{T} \tag{2-7}$$

将式（2-7）代入式（2-6）得

$$\delta_T(t) = \frac{1}{T}\sum_{k=-\infty}^{+\infty} \mathrm{e}^{\mathrm{j}k\omega_s t} \tag{2-8}$$

再把式（2-8）代入式（2-2）得

$$x^*(t) = \frac{1}{T}\sum_{k=-\infty}^{+\infty} x(t)\mathrm{e}^{\mathrm{j}k\omega_s t} \tag{2-9}$$

$x^*(t)$ 的傅里叶变换为

$$F[x^*(t)] = F\left[\frac{1}{T}\sum_{k=-\infty}^{+\infty} x(t)\mathrm{e}^{\mathrm{j}k\omega_s t}\right] = \frac{1}{T}\sum_{k=-\infty}^{+\infty} F[x(t)\mathrm{e}^{\mathrm{j}k\omega_s t}] = \frac{1}{T}\sum_{k=-\infty}^{+\infty} X(\mathrm{j}\omega - \mathrm{j}k\omega_s)$$

所以

$$X^*(j\omega)=\frac{1}{T}\sum_{k=-\infty}^{+\infty}X(j\omega-jk\omega_s)$$
$$=\frac{1}{T}X(j\omega)+\frac{1}{T}X(j\omega-j\omega_s)+\cdots+\frac{1}{T}X(j\omega-jk\omega_s)+\cdots \tag{2-10}$$

连续信号 $x(t)$ 的频谱为 $|X(j\omega)|$，它是单一的连续频谱，如图 2-4 所示。而由式(2-10)给出的采样信号 $x^*(t)$ 的频谱 $|X^*(j\omega)|$ 则是以采样角频率 ω_s 为周期的无穷多个频谱之和，如图 2-5 所示。$k=0$ 时对应的频谱为采样频谱的主频谱，它包含了连续信号 $x(t)$ 的全部信息，其形状与连续频谱相同，但幅值是后者的 $1/T$，如图 2-5 曲线 1 所示。其余频谱是采样频谱的补分量，如图 2-5 曲线 2 所示。设 ω_{max} 为连续信号频谱中的最大角频率，则图 2-5 表示的是 $\omega_s>2\omega_{max}$ 的情况；如果 $\omega_s<2\omega_{max}$，则如图 2-6 所示，采样频谱中的补分量相互交叠，使采样器输出信号失真。

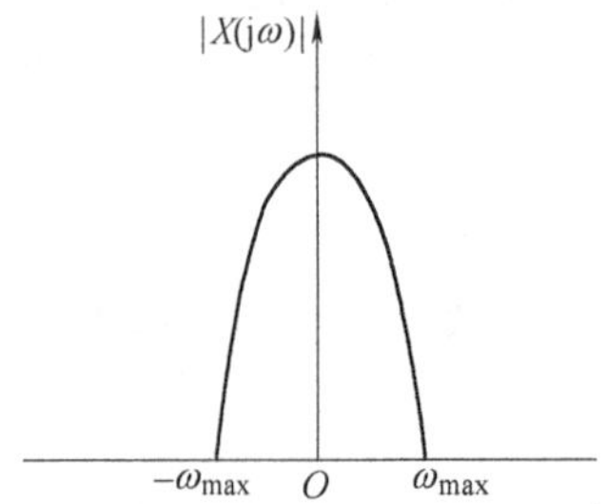

图 2-4 连续信号频谱

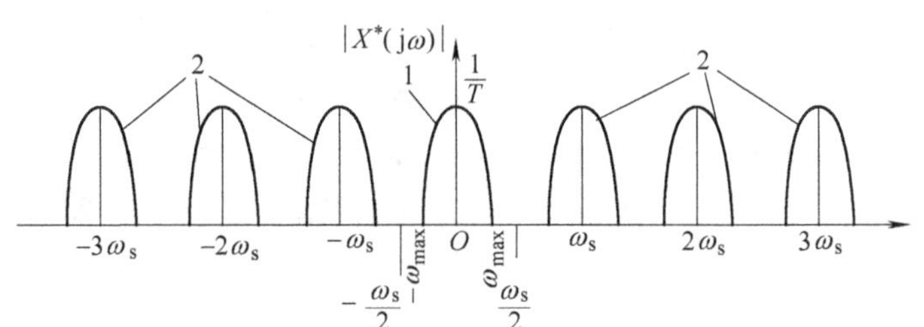

图 2-5 采样信号频谱（$\omega_s>2\omega_{max}$）

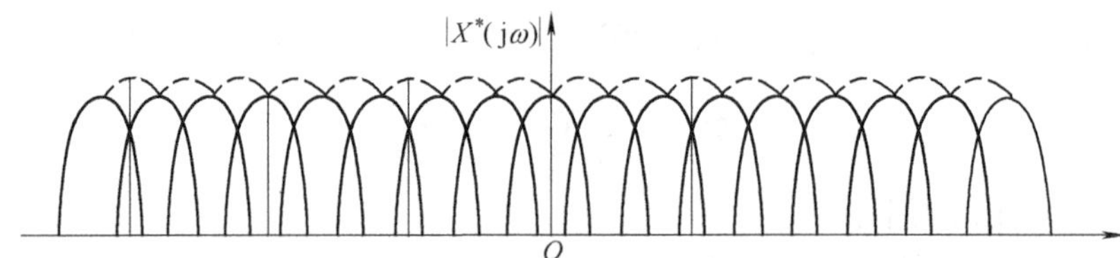

图 2-6 采样信号频谱（$\omega_s<2\omega_{max}$）

由以上分析可知，要想从采样信号 $x^*(t)$ 中不失真地恢复连续信号 $x(t)$，采样角频率 ω_s 必须满足

$$\omega_s\geqslant 2\omega_{max} \tag{2-11}$$

在计算机控制系统中，一般总是取 $\omega_s>2\omega_{max}$，而不取 ω_s 恰好等于 $2\omega_{max}$ 的情况。

在计算机控制系统中，连续信号通常是非周期性的，其频谱中的最高频率可能是无限的。为了避免频率混淆问题，可以在采样前对连续信号进行滤波，滤除其中频率高于$\omega_s/2$ 的分量，使其成为具有有限频谱的连续信号。另外，对于实际系统中的非周期的连续信号，其频谱幅值随着采样频率的增加会衰减得很小。因此，只要选择足够高的采样频率，频率混淆现象的影响就会很小以至于可以忽略不计，基本不影响控制性能。

2.2.3 信息的恢复过程和零阶保持器

为了实现对被控对象的有效控制，必须把离散信号恢复为连续信号。采样定理从理论上给出了从采样信号 $x^*(t)$ 恢复为原来连续信号 $x(t)$ 的条件。可以注意到，信号的恢复需要通过一个理想的低通滤波器滤除 $x^*(t)$ 中的高频分量，滤波器的输出就是原来的连续信号 $x(t)$ 。理想的低通滤波器在物理上是很难实现的，因此在工程上通常采用接近理想滤波器特性的零阶保持器来代替。

1. 零阶保持器

零阶保持器的作用是把采样时刻 kT 的采样值恒定不变地保持（外推）到 $(k+1)T$ 时刻，也就是说，在时间 $t \in (kT,(k+1)T)$ 区间内，它的输出量一直保持为 $x(kT)$ 这个值，从而使得两个采样点之间不为零值。这样，零阶保持器把离散信号恢复成了一个阶梯波形信号 $x_h(t)$ ，如图 2-7 所示。

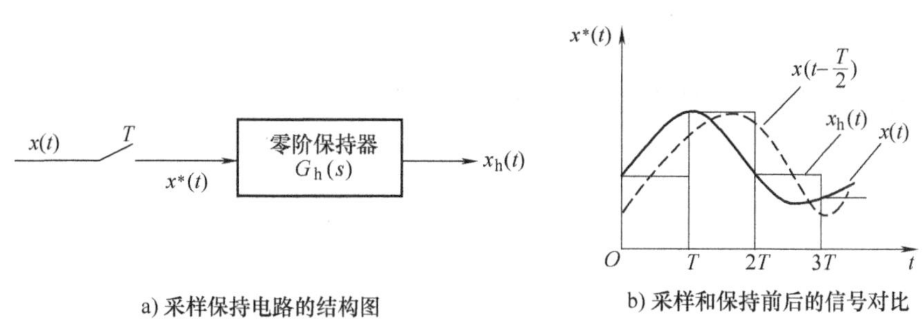

a) 采样保持电路的结构图　　b) 采样和保持前后的信号对比

图 2-7 采样和保持电路的结构及前后信号对比

如果取两个采样点的中点做平滑，平滑后的信号与原来连续信号 $x(t)$ 相比有 1/2 个采样周期的滞后，成为 $x\left(t-\frac{1}{2}T\right)$ ，如图 2-7b 所示。因此，无论采样周期 T 取多么小，经零阶保持器恢复的连续信号都是带有时间滞后的。一般情况下，采样周期 T 都很小，可以将这种滞后忽略。

2. 零阶保持器的数学模型

零阶保持器的输出信号 $x_h(t)$ 的数学描述可以写成

$$x_h(t)=\sum_{k=0}^{\infty} x(kT)\{1(t-kT)-1[t-(k+1)T]\} \tag{2-12}$$

它的拉普拉斯变换为

$$\begin{aligned} X_h(s) &= \sum_{k=0}^{\infty} x(kT)\mathrm{e}^{-kTs}\left(\frac{1-\mathrm{e}^{-Ts}}{s}\right) \\ &= X^*(s)\frac{1-\mathrm{e}^{-Ts}}{s} \end{aligned} \tag{2-13}$$

由此可以看出，零阶保持器的传递函数为

$$G_h(s)=\frac{X_h(s)}{X^*(s)}=\frac{1-e^{-Ts}}{s} \tag{2-14}$$

零阶保持器的频率特性为

$$\begin{aligned}G_h(j\omega)&=\frac{1-e^{-j\omega T}}{j\omega}=\frac{e^{-\frac{1}{2}j\omega T}(e^{\frac{1}{2}j\omega T}-e^{-\frac{1}{2}j\omega T})}{j\omega}\\&=T\frac{\sin(\omega T/2)}{\omega T/2}e^{-\frac{1}{2}j\omega T}\\&=\frac{2\pi}{\omega_s}\frac{\sin\frac{\pi\omega}{\omega_s}}{\frac{\pi\omega}{\omega_s}}e^{-j\frac{\pi\omega}{\omega_s}}\end{aligned} \tag{2-15}$$

式中，ω_s 为采样角频率，$\omega_s=2\pi f_s=\frac{2\pi}{T}$。

零阶保持器的频率特性曲线如图 2-8 所示。

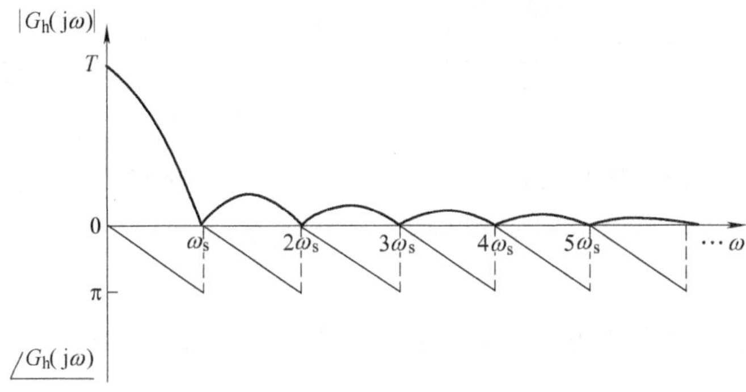

图 2-8　零阶保持器的频率特性

由图 2-8 可见，零阶保持器的幅度谱随着频率的增高而逐渐减小，这说明它确实是一个低通滤波器，但并不是一个理想的低通滤波器，高频分量仍能通过一部分。因此，经零阶保持器恢复的连续信号与原来的信号有一些差别。另外，信号通过零阶保持器之后会产生滞后相移，由图 2-7b 的虚线可见，$x_h(t)$ 比 $x(t)$ 平均滞后 $\pi/2$。采样周期越大，滞后越大，相当于引入一个纯滞后环节，这对闭环系统的稳定性是不利的。

3. 零阶保持器的实现

零阶保持器可以用无源网络来近似实现。如果将零阶保持器传递函数中的 e^{Ts} 展开成幂级数

$$e^{Ts}=1+Ts+\frac{1}{2!}T^2s^2+\cdots$$

取级数的前两项可得

$$G_h(s)=\frac{1-e^{-Ts}}{s}=\frac{1}{s}\left(1-\frac{1}{e^{Ts}}\right)\approx\frac{1}{s}\left(1-\frac{1}{1+Ts}\right)=\frac{T}{1+Ts} \tag{2-16}$$

式（2-16）可以用图 2-9 所示的 *RC* 无源网络来实现。

假如取级数的前 3 项，则

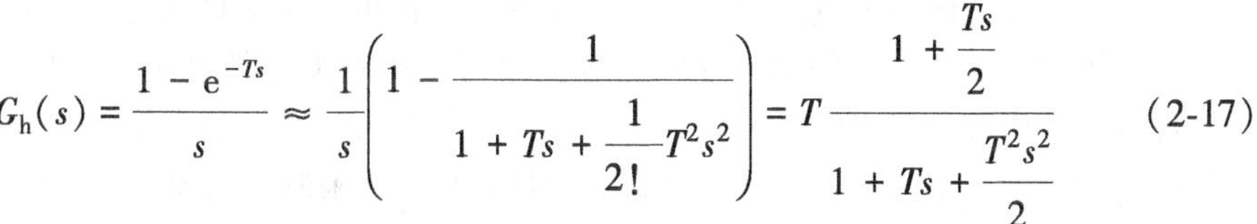

$$G_h(s)=\frac{1-e^{-Ts}}{s}\approx\frac{1}{s}\left(1-\frac{1}{1+Ts+\frac{1}{2!}T^2s^2}\right)=T\frac{1+\frac{Ts}{2}}{1+Ts+\frac{T^2s^2}{2}} \tag{2-17}$$

式（2-17）可以用图 2-10 所示的 *RLC* 无源网络来实现。

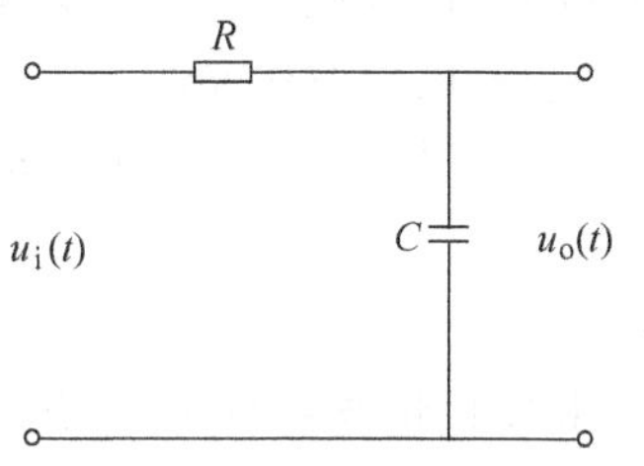

图 2-9 用 *RC* 无源网络近似零阶保持器

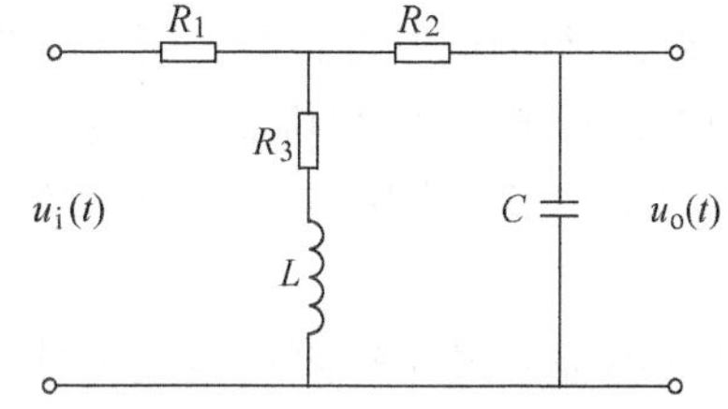

图 2-10 用 *RLC* 无源网络近似零阶保持器

2.3 I/O 编址方式与地址译码方法

接口（interface）泛指两个功能部件之间的连接。在计算机系统中，接口常指系统的核心部件 CPU 与其他外围电路的连接。I/O 接口是主机与被控对象进行信息交换的纽带，主机通过 I/O 接口与外部设备进行数据交换。I/O 接口的功能是负责实现 CPU 通过系统总线把 I/O 电路和外部设备联系在一起。端口（port）是 I/O 接口中供 CPU 直接存取访问的寄存器或某些特定的硬件电路。一个 I/O 接口一般包括若干个端口，有用于数据传输的数据端口、用于控制的命令端口、用于状态检测的端口等。

2.3.1 I/O 编址方式

CPU 和外部设备之间是通过 I/O 接口进行联系的，从而达到相互间传输信息的目的。每个 I/O 芯片上都有一个端口或几个端口，一个端口往往对应于芯片上的一个寄存器或一组寄存器。计算机系统要为每个端口分配一个地址，这个地址称为端口号。各个端口号和存储器单元地址一样，具有唯一性。外部设备都是通过读/写设备上的寄存器来进行的，外部设备寄存器也称为“I/O 端口”，而 I/O 端口有两种编址方式：统一编址方式和独立编址方式。

1. 统一编址方式

统一编址方式又称存储器映像编址方式或内存映射编址方式，外部设备结构中的 I/O 寄存器（即 I/O 端口）与主存单元一样看待，每个端口占用一个存储单元的地址，将主存的一部分划出来用作 I/O 地址空间。存储器和 I/O 端口共用统一的地址空间，当一个地址空间分配给 I/O 端口以后，存储器就不能再占有这一部分的地址空间。这种编址方式不区分存储器地址空间和 I/O 接口地址空间，把所有的 I/O 接口的端口都当作是存储器的一个单元对待，每个接口芯片都安排一个或几个与存储器统一编号的

地址号；也不设专门的输入/输出指令，所有传送和访问存储器的指令都可用来对 I/O 接口操作。

统一编址方式的主要优点是：访问内存的指令都可用于 I/O 操作，数据处理功能强；不需要专用的 I/O 指令，任何对存储器数据进行操作的指令都可用于 I/O 端口的数据操作，程序设计比较灵活；由于 I/O 端口的地址空间是内存空间的一部分，这样，I/O 端口的地址空间可大可小，从而使外部设备的数量几乎不受限制。其缺点是：I/O 端口占用了内存地址空间的一部分，影响了系统的内存容量；访问 I/O 端口也要同访问内存一样，进行 I/O 操作时，因 I/O 端口地址译码电路较复杂（内存的地址位数较多、地址编码较长），导致执行时间增加；因不用专门的 I/O 指令，程序中较难区分 I/O 操作。

例如，MCS-51 单片机就使用统一编址方式，每一接口芯片中的一个功能寄存器（端口）的地址就相当于一个 RAM 单元。

2. 独立编址方式

独立编址方式又称隔离编址方式或单独编址方式，I/O 地址与存储地址分开独立编址，I/O 端口地址不占用存储空间的地址范围，这样，在一个计算机系统中形成两个独立的地址空间，即存储器地址空间和 I/O 地址空间，CPU 也必须具有专用于输入/输出操作的指令（如 IN、OUT 等）和控制逻辑。这种编址方式是将存储器地址空间和 I/O 接口地址空间分开设置，互不影响，设有专门的输入指令和输出指令来完成 I/O 操作。

独立编址方式的主要优点是：I/O 端口地址不占用存储器空间，使用专门的 I/O 指令对端口进行操作，I/O 指令短，执行速度快，并且由于专门的 I/O 指令与存储器访问指令有明显的区别，使程序中 I/O 操作和存储器操作层次清晰，程序的可读性强；译码电路比较简单（因为 I/O 端口的地址空间一般比较小，所用地址线也比较少）。其缺点是：需设置专门的 I/O 指令和控制信号，从而增加了系统的开销，程序设计的灵活性相对差些。

例如，以 80X86 为 MPU 的 PC 系列机采用独立编址方式。

统一编址方式和独立编址方式的接口空间如图 2-11 所示。对于某一既定的系统，它要么是统一编址方式，要么是独立编址方式，具体采用哪一种编址方式取决于 CPU 的体系结构。在具体设计计算机控制系统时，设计 I/O 端口地址时首先应明确该系统采用何种编址方式，否则极易造成地址空间的冲突或浪费。

2.3.2　I/O 地址译码方法

在采用单片机作为控制器的应用系统中，常用的地址译码方法有两种：线选法和译码法，其中译码法又分为全译码法和部分译码法两种，下面分别予以介绍。

1. 线选法

若系统只扩展少量的 I/O 接口芯片或 RAM，可采用线选法。所谓线选法，即把单独的地址线（如 80C51 的 P2 口某一根线）接到外围芯片的片选端（一般低电平有效）上，只要该地址线为低电平，就选中该芯片。

（1）实现方法

1）字选：将 I/O 接口芯片或 RAM 芯片的全部地址线与系统地址总线的低位线一

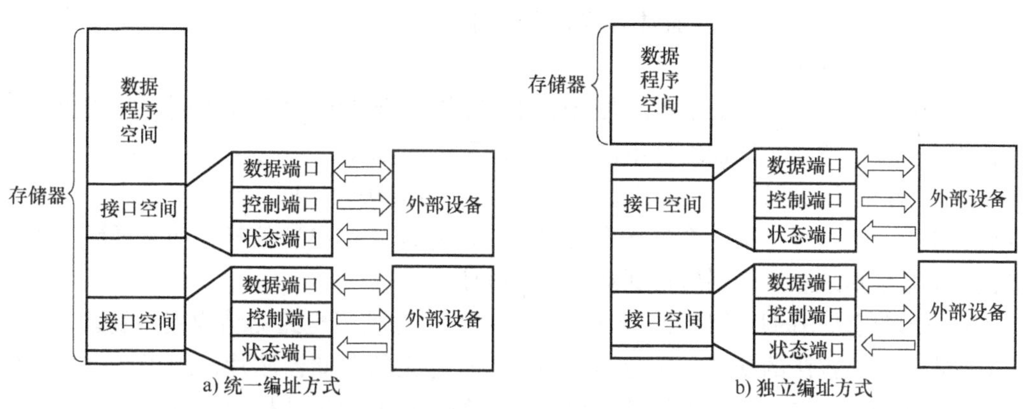

图 2-11 统一编址方式和独立编址方式

一对应相连，即可完成对片内某个端口或存储单元的地址选择。

2）片选：将字选后剩余的系统地址总线高位中的某一根直接用于连接某一 I/O 接口芯片或 RAM 芯片的片选信号线。

3）芯片地址确定方法：通常对该芯片未用到的地址线均设为“1”。

（2）线选法的特点

1）该法的最大优点是连线简便易行，不需要外加任何译码逻辑电路，在所连 I/O 接口芯片较少或存储容量较小的系统设计中可以采用此法。

2）由于每一芯片的片选均需占用一根地址线，也就是占用了一部分地址空间，这就造成了地址空间在大多数情况下是不连续的，有可能给存储器的操作带来不便。

3）在线选法中，还易产生地址重叠的问题。

4）应用线选法产生片选信号时，应注意在任意时刻系统中只能有一个片选信号有效，切不可使两个或以上的片选信号同时有效，否则将导致系统混乱而出现数据传输错误。

5）线选法虽连线简单，但当片选信号比可用地址线多时，该法便不宜使用。

2. 全译码法

对于 RAM 和 I/O 容量较大的应用系统，当芯片所需的片选信号多于可利用的地址线时，常采取全地址译码法。它将低位地址线作为芯片的片内地址（取外部电路中最大的地址线位数），用译码器对高位地址线进行译码，译出的信号作为片选线。例如，采用 74LS138 作为地址译码器时，如果译码器的输入端占用 3 根最高位地址线，则剩余的 13 根地址线可作为片内地址线，因此，译码器的 8 根输出线分别对应于一个 8KB 的地址空间。

（1）实现方法

1）字选：与线选法一样，将 I/O 接口芯片或存储器芯片的全部地址线与系统地址总线的低位线一一对应相连便可实现字选。

2）片选：每一芯片的片选信号均由该芯片字选后剩余的全部系统地址总线经地址译码电路（或译码器）译码而产生。

3）芯片地址确定方法：通常对该芯片未用的地址线均设为“0”。

（2）全译码法的特点

1）若系统有 N 根地址总线，则全译码法能提供全部的 2^N 个地址码，它避免了线选法的浪费地址空间、地址编号不连续及地址重叠等问题。

2）全译码法与线选法的区别在于产生片选信号方法的不同，线选法是将一根系统地址线作为一块芯片（或一个外部设备端口）的片选（选中）信号，而全译码法则是将若干根系统地址总线译码后得到某个片选信号。

3）全译码法中的片选信号需由译码电路产生，这使得电路的结构变得复杂，也增加了成本，这是该法的缺点。从应用层面，容量越大的存储器芯片，用于产生片选信号的地址线越少，电路也越为简单。而外部设备端口的地址选择信号的产生需用到全部的系统地址总线，连线多，电路较为复杂，当系统中的外部设备有多个时，这一问题显得更为突出。

4）在实际应用中，为了节省器件，使电路更为紧凑，可采用集成电路的快速译码器及少量的门电路，对若干个存储器芯片或外部设备端口统一译码。

5）采用全译码法时，当地址空间未用完时，可方便地对系统进行扩展。

3. 部分译码法

（1）实现方法

线选法的优点是连线简单，但缺点是浪费了较多的地址空间，而全译码法的优、缺点正好和其相反。在实际的计算机控制系统中，如果存储器芯片和外部设备端口不需使用全部的地址空间，则常常把两种译码方法结合起来使用，这样既节省了地址空间，又使电路连线较为简单。

部分译码法的具体做法如下。

1）字选：对存储器芯片或 I/O 接口芯片，仍是将其所有的地址线与系统地址总线的相应位直接连起来。

2）片选：对存储器芯片，其片选信号既不像片选法那样由一根地址线产生，也不像全译码法那样由全部的剩余高位地址线产生，而是由剩余地址线中的部分线产生。对外部设备端口而言也如此，常采用少数几根地址线为其选择地址。

3）芯片地址确定方法：通常对该芯片未用的地址线设为“0”。

（2）部分译码法的特点

1）部分译码法实际上是线选法和全译码法的折中方法，它是用全部可用于产生片选信号的地址线中的一部分线来译码产生片选信号，这样既避免了过多地址空间的浪费，又简化了电路连线。

2）使用多少根地址线完成片选信号的译码需根据系统的具体情况决定，在这一点上有较大的灵活性。

3）在部分译码法中，仍然存在地址空间浪费的问题，显然，产生片选信号所用的地址线越少，则地址空间浪费得越严重，在这一点上，I/O 端口表现得更为突出。系统设计人员应根据具体情况在连线简单和避免过多浪费地址号之间做出权衡。

2.4 模拟量输入通道

模拟量输入通道的任务是把被控对象的过程参数如温度、压力、流量、液位等模拟量信号转换成计算机可以接收的数字量信号。

2.4.1 模拟量输入通道的一般组成

根据应用要求的不同，模拟量输入通道可以有不同的结构形式。图 2-12 所示为模拟量输入通道的一般组成框图。

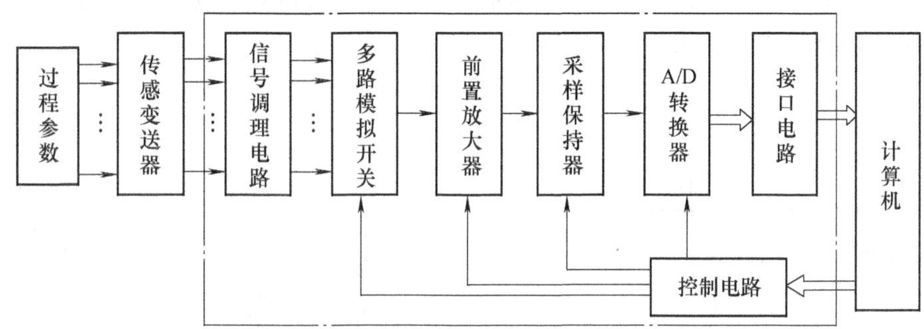

图 2-12 模拟量输入通道的组成框图

由图 2-12 可知，模拟量输入通道一般由信号调理电路、多路模拟开关、前置放大器、采样保持器和 A/D 转换器等组成。其中的核心部件是 A/D 转换器。

1. 信号调理电路

在计算机控制系统中，模拟量输入信号主要有传感器输出的信号和变送器输出的信号两类。因此，信号调理电路的设计主要是根据传感器输出的信号、变送器输出的信号及 A/D 转换器的具体情况而有所不同。

传感器输出的信号包括：

1）电压信号：一般为毫伏或微伏信号。

2）电阻信号：单位为欧姆（Ω），如热电阻（RTD）信号，通过电桥转换成毫伏信号。

3）电流信号：一般为毫安或微安信号。

变送器输出的信号包括：

1）电流信号：一般为 0~10mA（0~1.5kΩ 负载）或 4~20mA（0~500Ω 负载）。

2）电压信号：一般为 0~5V 或 1~5V 信号。

以上这些信号往往不能直接送入 A/D 转换器。对于较小的电压信号需要经过模拟量输入通道中的放大器放大后，变换成标准电压信号（如 0~5V，1~5V，0~10V，-5~+5V 等），再经滤波后才能送入 A/D 转换器。而对于电流信号应该通过 I/V（电流/电压）变换电路，将电流信号转换成标准电压信号，再经滤波后送入 A/D 转换器。

I/V 变换电路主要有两种形式：无源 I/V 变换电路和有源 I/V 变换电路。

(1) 无源 I/V 变换电路

无源 I/V 变换电路主要是利用无源器件电阻来实现的，在实际应用中需要加滤波和输出限幅等保护措施，如图 2-13 所示。图中，R_2 为精密电阻，通过此电阻可将电流信号转换为电压信号。当输入电流为 0~10mA 时，可取 $R_1=100\Omega$，$R_2=500\Omega$，这样输出的电压就为0~5V；当输入电流为 4~20mA 时，可取 $R_1=100\Omega$，$R_2=250\Omega$，这样输出的电压就为 1~5V。

(2) 有源 I/V 变换电路

有源 I/V 变换电路主要是由有源器件运算放大器和电阻、电容组成，如图 2-14 所示。利用同相放大电路，把电阻 R_1 上的输入电压变成标准输出电压。这里 R_1 应该取精密电阻。该放大电路的电压放大倍数为

$$A_v = 1 + \frac{R_4}{R_3} \tag{2-18}$$

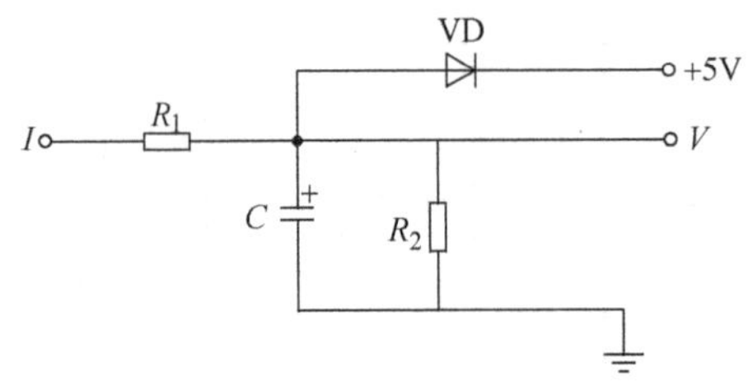

图 2-13　无源 I/V 变换电路

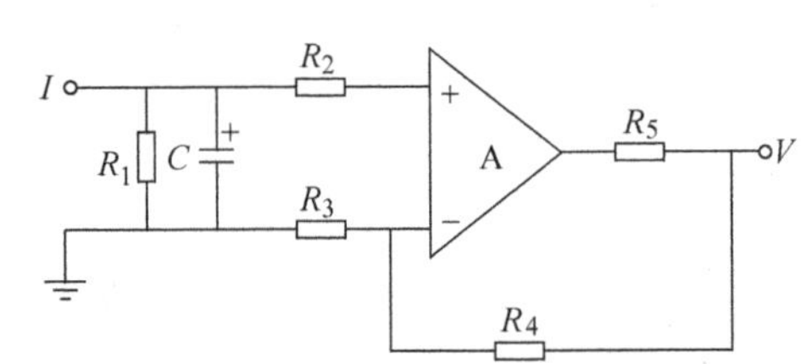

图 2-14　有源 I/V 变换电路

当输入电流为 0~10mA 时，可取 $R_1=200\Omega$，$R_3=100\text{k}\Omega$，$R_4=150\text{k}\Omega$，这样输出的电压就为 0~5V；当输入电流为 4~20mA 时，可取 $R_1=200\Omega$，$R_3=100\text{k}\Omega$，$R_4=25\text{k}\Omega$，这样输出的电压就为 1~5V。

RCV420 是美国 Burr-Brown 公司生产的精密电流环接收器芯片，用于将 4~20mA 输入电流信号转换为 0~5V 输出电压信号，具有很高的性价比。它包含一个高级运算放大器，一个片内精密电阻网络和一个精密 10V 电压基准。其总转换精度为 0.1%，共模抑制比可达 86dB，共模输入范围达±40V。RCV420 的功能框图如图 2-15 所示。

RCV420 的引脚排列如图 2-16 所示。

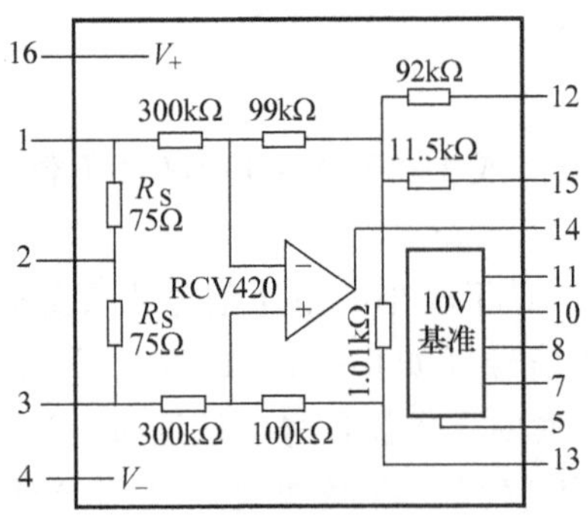

图 2-15　RCV420 的功能框图

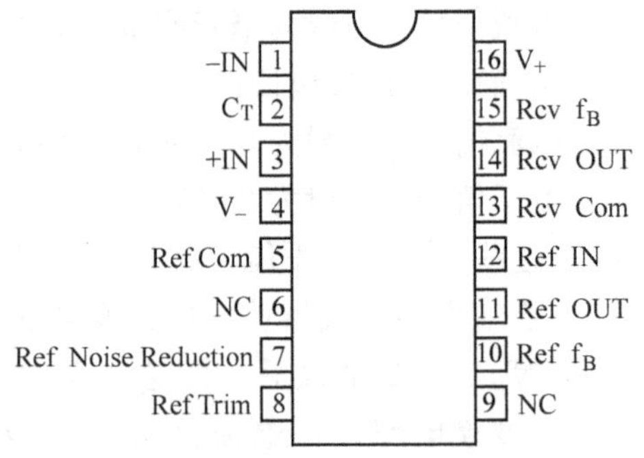

图 2-16　RCV420 的引脚排列

RCV420 芯片的各引脚功能如下：

+IN，-IN：正、负信号输入端。

C_T：输入中心抽头。

V_+，V_-：正、负电源端。

Ref Com：基准公共端。

NC：空端。

Ref Noise Reduction：基准降噪端。

Ref Trim：基准调整端。

Ref f_B：基准反馈端。

Ref IN，Ref OUT：基准输入、输出端。

Rcv Com：接收公共端。

Rcv OUT：接收输出端。

Rcv f_B：接收反馈端。

对于 4~20mA 的输入电流和 0~5V 的输出电压，要求电路的的传输阻抗为

$$\frac{V_{OUT}}{I_{IN}} = \frac{(5-0)\text{V}}{(20-4)\text{mA}} = 0.3125\text{V/mA}$$

为了得到期望的输出（输入 4mA 时，输出 0V；输入 20mA 时，输出 5V），运算放大器的输出必须有一个偏置电压为

$$V_{OS} = -4\text{mA} \times 0.3125\text{V/mA} = -1.25\text{V}$$

输入电流信号连接到+IN 或-IN 端，取决于信号的极性，并通过中间抽头 C_T 返回地。两个精密电阻 R_S 将输入电流信号经差分放大电路放大，转换成一个与之成正比的电压信号。运算放大电路的电压增益为

$$A_v = 5\text{V}/(16\text{mA} \times 75\Omega) = 4.1667$$

位于放大电路反馈通道中的 T 形网络节点用于产生所需要的-1.25V 偏置电压。

RCV420 电源和信号的基本接法如图 2-17 所示。

2. 多路模拟开关

在计算机控制系统中，往往是几路或十几路被测信号共用一个采样保持器及 A/D 转换器，而要实现这种设计，一般采用多路开关。当有多个输入信号需要检测时，利用多路开关可将各个输入信号依次地或随机地连接到公用放大器或 A/D 转换器上，实现对各个输入通道的分时控制。多路开关是用来切换模拟电压信号的关键元件。

尽管模拟开关种类很多，但其功能基本相同，只是在通道数、开关电阻、漏电流、输入电压及方向切换等性能参数上有所不同。多路模拟开关主要有 4 选 1、8 选 1、双 4 选 1、双 8 选 1 和 16 选 1 等，它们之间除通道和外部引脚排列有些不同，其电路结构、电源组成及工作原理基本相同。

常用的单端、双向 8 路模拟开关 CD4051 的引脚图如图 2-18 所示。当控制端 $\overline{\text{INH}}$ 为“1”时，8 个通道全部禁止；当控制端 $\overline{\text{INH}}$ 为“0”时，通过改变 3 根地址线 A、B、C 的值，就可以选通 8 个通道中的一个，其真值表如表 2-3 所示。

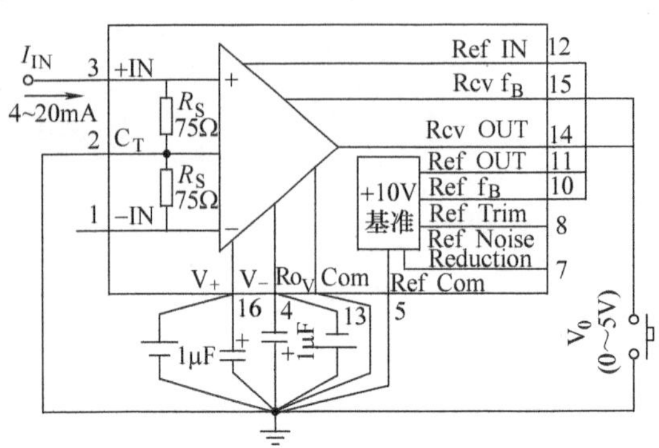

图 2-17　RCV420 电源和信号的基本接法

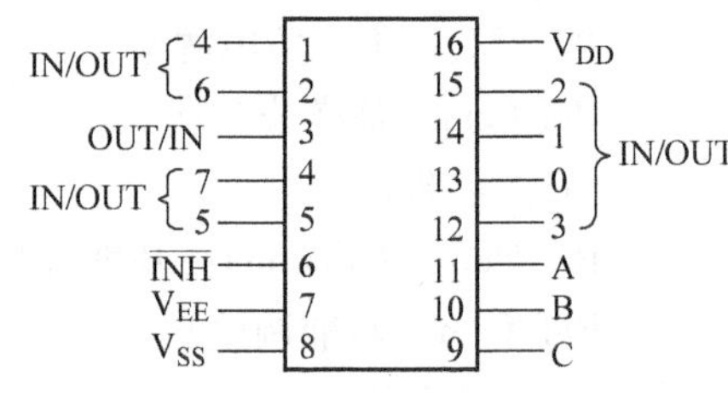

图 2-18　CD4051 的引脚图

表 2-3　CD4051 的真值表

$\overline{INH}$	C	B	A	选中通道号
0	0	0	0	0
0	0	0	1	1
0	0	1	0	2
0	0	1	1	3
0	1	0	0	4
0	1	0	1	5
0	1	1	0	6
0	1	1	1	7
1	×	×	×	无

V_{DD}为正电源，V_{EE}为负电源，V_{SS}为地，要求 $V_{DD}+|V_{EE}|\leqslant 18V$。例如，采用 CD4051 模拟开关切换 0~5V 电压信号时，电源可取为：$V_{DD}=+12V$，$V_{EE}=-5V$，$V_{SS}=0V$。

CD4051 可以完成 1 到 8 或 8 选 1 的数据传输。

在实际应用中，往往由于被测参数多，使用一个多路模拟开关不能满足通道数的要求。为此，可以把多路模拟开关进行扩展。比如，可以用两个 CD4051 扩展成 16 通道的多路模拟开关，如图 2-19 所示。

由图 2-19 可以看出，用一根地址线即可作为两个多路模拟开关的控制端的选择信号。当 $A_3=0$ 时，CD4051（1）工作，CD4051(2)不工作，此时，改变地址总线 A_2~A_0 的状态，即可选择 IN_0/OUT_0~IN_7/OUT_7 中的一个通道；当 $A_3=1$ 时，CD4051(1)不工作，CD4051(2)工作，此时，改变地址总线 A_2~A_0 的状态，即可选择 IN_8/OUT_8~IN_{15}/OUT_{15} 中的一个通道。其真值表如表 2-4 所示。

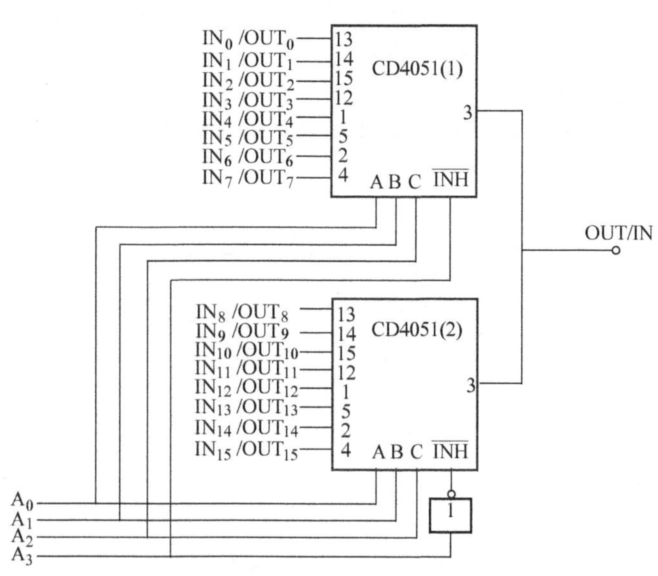

图 2-19 用两个 CD4051 扩展成 16 通道的多路模拟开关

表 2-4 控制通道的真值表

输入状态				选中通道号
A_3	A_2	A_1	A_0	
0	0	0	0	0
0	0	0	1	1
0	0	1	0	2
0	0	1	1	3
0	1	0	0	4
0	1	0	1	5
0	1	1	0	6
0	1	1	1	7
1	0	0	0	8
1	0	0	1	9
1	0	1	0	10
1	0	1	1	11
1	1	0	0	12
1	1	0	1	13
1	1	1	0	14
1	1	1	1	15

若需要通道数很多，计算机的地址线不够用时，可以通过译码器控制 CD4051 的控制端$\overline{\text{INH}}$，把多个 CD4051 芯片组合起来，构成多个通道的多路模拟开关。

3. 前置放大器

前置放大器的任务是将模拟小信号放大到 A/D 转换器的量程范围内（如 0~5V）。

它可以分为固定增益放大器和可变增益放大器两种，前者适用于信号范围固定的传感器，后者适用于信号范围不固定的传感器。

（1）固定增益放大器

固定增益放大器一般采用差动输入放大器，因其输入阻抗高，因而有着极强的抗共模干扰能力，如图 2-20 所示。

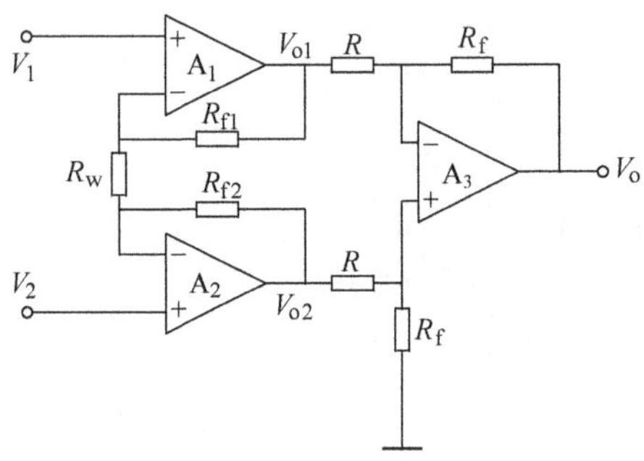

图 2-20　固定增益差动放大器

图中

$$V_{o1}=\left(1+\frac{R_{f1}}{R_w}\right)V_1-\frac{R_{f1}}{R_w}V_2 \tag{2-19}$$

$$V_{o2}=\left(1+\frac{R_{f2}}{R_w}\right)V_2-\frac{R_{f2}}{R_w}V_1 \tag{2-20}$$

$$V_o=\frac{R_f}{R}\left(1+\frac{R_{f1}+R_{f2}}{R_w}\right)(V_2-V_1) \tag{2-21}$$

所以其增益为

$$A_v=\frac{R_f}{R}\left(1+\frac{R_{f1}+R_{f2}}{R_w}\right) \tag{2-22}$$

（2）可变增益放大器

在计算机控制系统中，当多路输入信号的电平相差较悬殊时，采用固定增益放大器，就有可能使低电平信号测量精度降低，而高电平信号则可能超出 A/D 转换器的输入范围。而采用可变增益放大器，就可以使 A/D 转换器信号满量程达到均一化，以提高多路数据采集的精度。

常用的可变增益放大器有 AD526、AD625、PGA100、PGA102、PGA202/PGA203、LH0084 等。下面介绍 PGA202/PGA203 程控仪表放大器。

PGA202/PGA203 是 Burr-Brown 公司生产的程控仪表放大器。PGA202 的增益倍数为 1，10，100，1000；PGA203 的增益倍数为 1，2，4，8。当增益 $A<1000$ 时，增益误差为 0.05%~0.15%；当增益 $A=1000$ 时，增益误差为 0.08%~0.1%。电源供电范围为±6~±18V。共模抑制比为 80~94dB。PGA202/203 的内部结构如图 2-21 所示。PGA202/203 的引脚排列如图 2-22 所示。

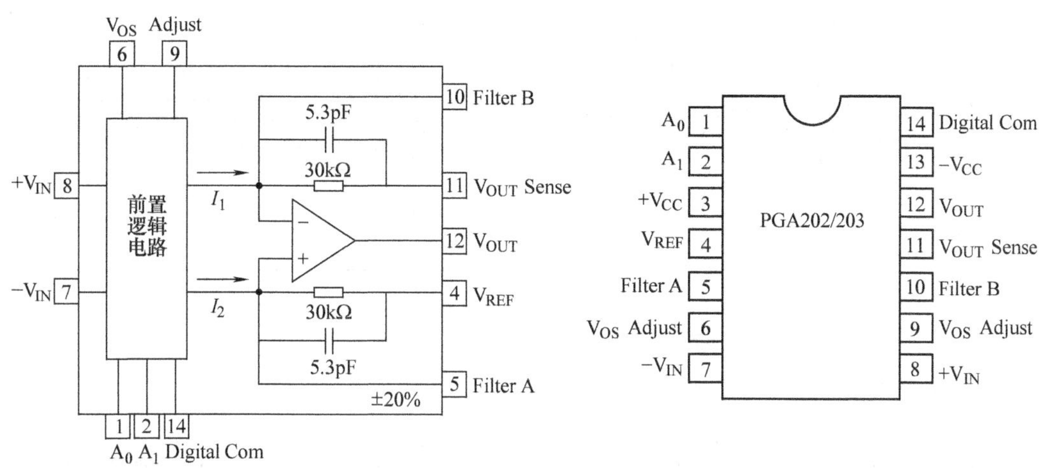

图 2-21 PGA202/203 的内部结构　　　　图 2-22 PGA202/203 的引脚排列

各引脚功能如下：

A_0、A_1：增益数字选择输入端。

$+V_{CC}$、$-V_{CC}$：正、负供电电源端。

V_{REF}：参考电压端。

Filter A、Filter B：输出滤波端，在该两端各连接一个电容，可获得不同的截止频率。

V_{OS} Adjust：偏置电压调整端。可用外接电阻调整放大器的偏差。

$+V_{IN}$、$-V_{IN}$：正、负信号输入端。

Digital Com：数字公共端。

V_{OUT} Sense：信号检测端。

V_{OUT}：信号输出端。

PGA202/203 的增益选择及增益误差如表 2-5 所示。把 PGA202 与 PGA203 级联使用可组成从 1～8000 倍的 16 种程控增益。PGA202/203 的增益控制输入端与 TTL、CMOS 电平兼容，可以直接和微处理器接口，应用非常方便。

表 2-5 PGA202/203 的增益选择及增益误差

增益选择输入端		PGA202		PGA203	
A_1	A_0	增　益	误　差	增　益	误　差
0	0	1	0.05%	1	0.05%
0	1	10	0.05%	2	0.05%
1	0	100	0.05%	4	0.05%
1	1	1000	0.05%	8	0.05%

如果需要另外的放大倍数，可以通过外接缓冲器及衰减电阻来获得，其接线如图 2-23所示，增益如表 2-6 所示。改变 R_1 与 R_2 的阻值比例，可获得不同的增益。

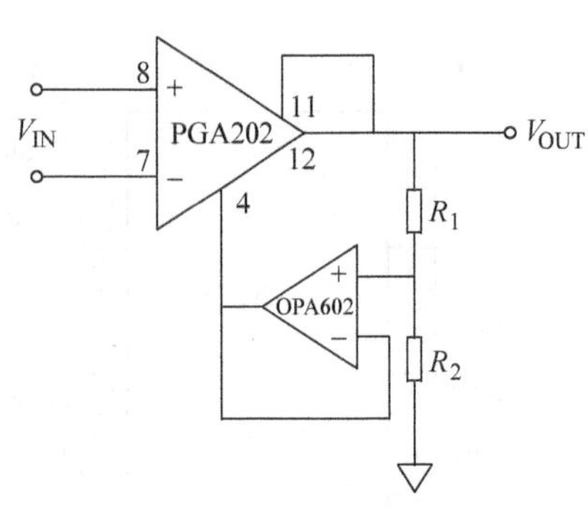

图 2-23 外接缓冲器及衰减电阻获得不同的增益

表 2-6 电阻 R_1、R_2 与增益的关系

增益	R_1/Ω	R_2/Ω
2	5k	5k
5	2k	8k
10	1k	9k

PGA202/203 的电源和信号的基本接法如图 2-24 所示。这种接法不需任何外部调整元件就能可靠地工作。但为了保证效果更好，应该在正、负电源供电端连接一个 1μF 的旁路电容到模拟地，且应尽可能靠近放大器的电源引脚，并按图中所示点接地。

4. 采样保持器

A/D 转换器需要一定的时间才能完成一次 A/D 转换，因此在进行 A/D 转换时间内，希望输入信号不再变化，以免造成转换误差。这样，就需要在 A/D 转换器之前加入采样保持器（Sample Hold，SH）。如果输入信号变化很慢（如温度信号）或者 A/D 转换时间较快，使得在 A/D 转换期间输入信号变化很小，在允许的 A/D 转换精度内，不必再选用采样保持器。

（1）采样保持器的工作原理

采样保持器主要由模拟开关、保持电容 C 和缓冲放大器组成，如图 2-25 所示。

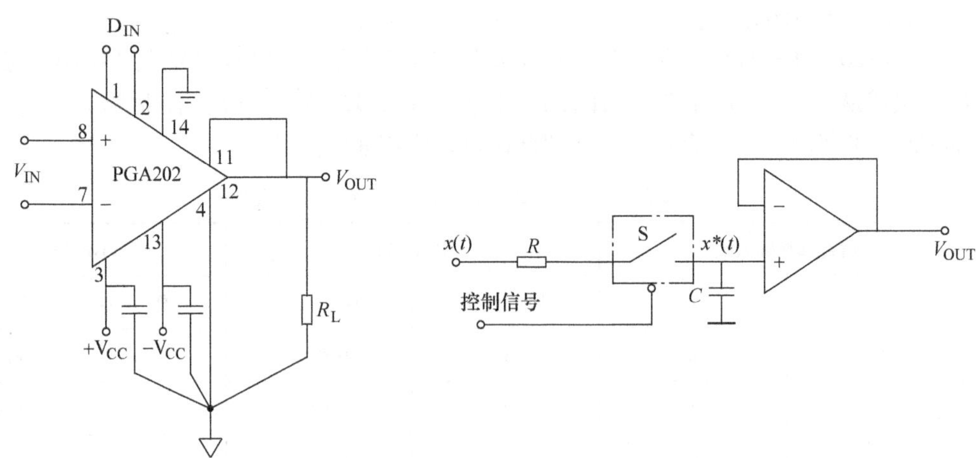

图 2-24 PGA202/203 的电源和信号的基本接法　　图 2-25 采样保持器的原理图

采样保持器有采样和保持两种工作状态。当控制信号为低电平时（采样状态），开关 S 闭合，输入信号通过电阻 R 向电容 C 快速充电，输出电压 V_{OUT} 随着输入信号变化。当控制信号为高电平时（保持状态），开关 S 断开，由于电容 C 此时无放电回路，在理

想情况下输出电压 V_{OUT} 的值等于电容 C 上的电压值。

在采样期间，不启动 A/D 转换器，一旦进入保持期间，立即启动 A/D 转换器，从而保证 A/D 转换的模拟输入电压恒定，提高了 A/D 转换的精度。

（2）常用的采样保持器

常用的采样保持器集成电路有 AD582、AD583、AD585、AD346、THS－0025、LF198/298/398 等。下面以 LF398 为例，介绍集成电路采样保持器的工作原理，其他的采样保持器的原理与其大致相同。

LF398 是一种反馈型采样保持器，也是较为通用的采样保持器。与 LF398 结构相同的还有 LF198、LF298 等，都是由场效应管构成，具有采样速率高、保持电压下降速度慢和精度高等优点。其采样时间小于 10μs，输入阻抗为 $10^{10}\Omega$，保持电容为 1μF 时，其下降速度为 5mV/min；双电源供电，电源范围宽，可以从±5～±18V，并可与 TTL、PMOS 和 CMOS 兼容。LF398 的组成原理图如图 2-26 所示。其引脚排列如图 2-27 所示。

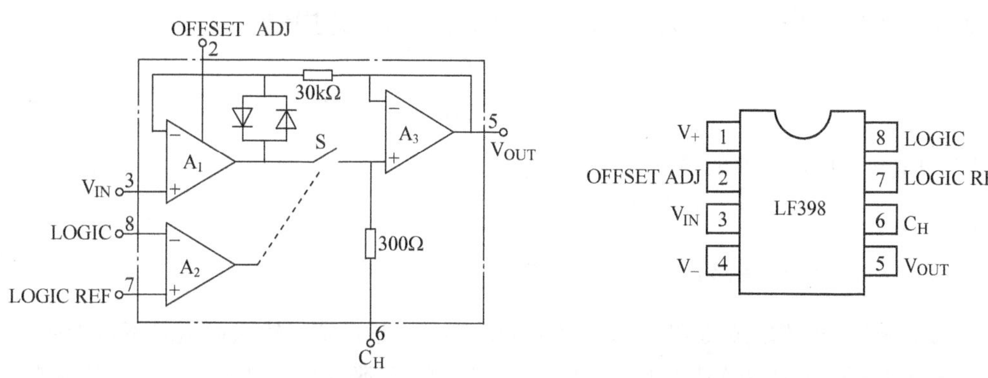

图 2-26 LF398 的组成原理图

图 2-27 LF398 的引脚排列图

各引脚功能如下：

V_+、V_-：正负电源电压输入引脚，输入范围为±5～±18V。

OFFSET ADJ：偏置调整引脚。可用外接电阻调整采样保持器的偏差。

V_{IN}：输入引脚。

V_{OUT}：输出引脚。

C_H：保持电容引脚。用来外接保持电容。

LOGIC REF：参考逻辑电平。

LOGIC：输入控制逻辑。

由图 2-26 可见，LF398 由输入缓冲级（A_1）、输出驱动级（A_3）和控制电路（A_2 和 S）组成。运算放大器 A_1 和 A_3 均接成电压跟随器形式。当输入控制逻辑电平高于参考逻辑电平时，A_2 输出一个低电平信号，驱动开关 S 闭合，此时输入信号经 A_1 后进入 A_3，A_3 的输出跟随输入电压变化，同时向保持电容充电；而当输入控制逻辑电平低于参考逻辑电平时，A_2 输出一个高电平信号使开关断开，以达到非采样时间内保持器仍保持原来输入的目的。因此，A_1 和 A_3 的作用主要是对保持电容输入和输出端进行阻抗变换，以提高采样保持器的性能。

LF398典型的电源和信号的接法如图2-28所示。只要改变输入控制逻辑电平，即可控制采样保持器的工作状态。当输入控制逻辑为高电平时，为采样状态，此时输出随着输入变化；当输入控制逻辑为低电平时，为保持状态，此时输出保持不变。保持电容 C_H 可选用漏电流较小的聚苯乙烯电容、云母电容或聚四氟乙烯电容。C_H 的数值直接影响采样时间及保持精度，为了提高精度，就需要增加保持电容 C_H 的容量，但 C_H 增大时又会使其采样时间加长。因此，当精度要求不高（±1%）而速度要求较高时，C_H 可小至100pF。当精度要求高（±0.01%）时，应取 C_H = 1000pF。当 $C_H \geq$ 400pF 时，采样时间 t_{AC} 与 C_H 由经验公式表述为

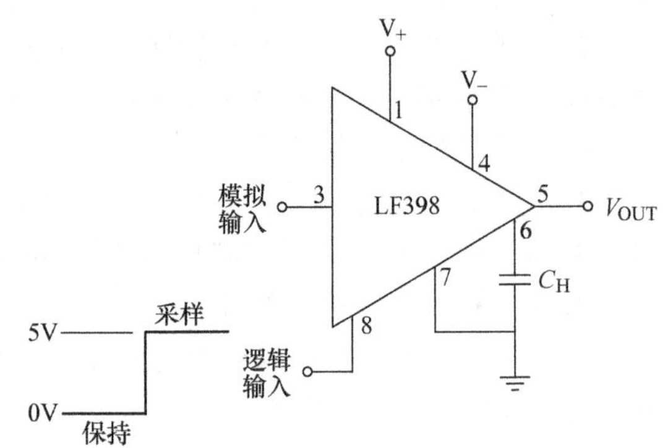

图2-28 LF398典型的电源和信号的接法

$$t_{AC} = \frac{C_H}{40} \tag{2-23}$$

式中 C_H——保持电容的容量，单位为μF；

t_{AC}——采样时间，单位为s。

2.4.2 A/D转换器接口逻辑设计要点

A/D转换器的作用就是把模拟量转换为数字量，是模拟量输入通道必不可少的器件。常用的A/D转换器从转换原理上可分为逐次逼近型、计数比较型和双积分型；从分辨率上可分为8位、12位、16位等。无论哪一种A/D转换器，将其与计算机接口连接时，都会遇到许多实际问题，比如：数字量输出信号的连接，A/D转换器的启动方式，转换结束信号的处理方式，时钟信号的连接。下面以A/D转换器与8位单片微型计算机的接口逻辑为例说明设计要点。

1. 数字量输出信号的连接

A/D转换器数字量输出引脚和8位单片微型计算机的连接方法与其内部结构有关。如果转换器的数据输出寄存器具有三态锁存功能，则A/D转换器的数字量输出引脚可直接接到CPU的数据总线上，转换结束，CPU可以直接读入数据。一般8位A/D转换器均属此类。而对于10位以上的A/D转换器，为了能和8位的CPU直接相连接，输出数据寄存器增加了读数据控制逻辑电路，把10位以上的数据分时读出。对于内部不包含读数据控制逻辑电路的A/D转换器，在和8位字长的CPU相连接时，应增设三态门对转换后数据进行锁存，以便控制10位以上的数据分两次进行读取。

2. A/D转换器的启动方式

任何一个A/D转换器都必须在外部启动信号的作用下才能开始工作，芯片不同，启动方式也不同，分脉冲启动和电平控制启动两种。

脉冲启动转换只需给A/D转换器的启动控制转换的输入引脚上加一个符合要求的

脉冲信号即可，如 ADC0809、ADC80、ADC1210 等均属此列。电平控制转换的 A/D 转换器，当把符合要求的电平加到控制转换输入引脚上时，立即开始转换，而且此电平应保持在转换的全过程中，否则将会中止转换的进行。因此，该电平一般需由 D 触发器锁存供给，如 AD570、AD571、AD574 等均是如此。

3. 转换结束信号的处理方式

当 A/D 转换器开始转换以后，需要经过一段时间，转换才能结束。当转换结束时，A/D 转换器芯片内部的转换结束触发器置位，并输出转换结束标志电平，以通知主机读取转换结果的数字量。

主机判断 A/D 转换结束的方法有 3 种：即中断、查询和延时方式。这 3 种方式的选择往往取决于 A/D 转换器的速度和应用系统总体设计要求以及程序的安排。

4. 时钟信号的连接

A/D 转换器的频率是决定其转换速度的基准。整个 A/D 转换过程都是在时钟作用下完成的。A/D 转换时钟的提供方法有两种，一种是由芯片内部提供，如 AD574；另一种是由外部时钟提供。外部时钟少数由单独的振荡器提供，更多的则是由 CPU 经时钟分频后，送至 A/D 转换器的时钟端。

2.4.3 典型 A/D 转换器与计算机的接口设计

1. 8 位 A/D 转换器与计算机的接口设计

为满足各种不同检测及控制任务，各研制机构生产了大量结构不同、性能各异的 A/D 转换器。现介绍几种典型的 A/D 转换器及其接口程序设计。

（1）8 位 A/D 转换器

1）8 通道 A/D 转换器 ADC0808/ADC0809：National Semiconductor 公司生产的 ADC0808/0809 是 8 位逐次逼近型 A/D 转换器。其分辨率是 8 位，两种芯片的外特性完全一样，采用 28 引脚双列直插式封装，不必进行零点和满度调整，功耗为 15mW。但两者的转换精度不同，ADC0808 的最大不可调误差小于±(1/2) LSB，ADC0809 的最大不可调误差小于±1LSB。

ADC0808/0809 的内部结构如图 2-29 所示。片内带有锁存功能的 8 路模拟多路开关，可对 8 路 0~5V 的输入模拟电压信号分时进行转换。片内有 256R 电阻 T 形网络、树状电子开关、逐次逼近寄存器（SAR)、控制与时序电路等。输出具有 TTL 三态锁存缓冲器，可直接连到计算机数据总线上。ADC0808/0809 的芯片引脚如图 2-30 所示。

引脚功能介绍如下：

IN_0~ IN_7：8 路模拟量输入端口，电压范围为 0~5V。

2^{-1}~2^{-8}：8 位数字量输出端口。

ADDA、ADDB、ADDC：8 路模拟开关的三位地址输入端，以选择对应的输入通道。ADDC 为高位，ADDA 为低位。

ALE：地址锁存允许信号输入端。高电平时，转换通道地址送入锁存器中，下降沿时将三位地址线 A、B、C 锁存到地址锁存器中。

START：启动控制输入端口。它与 ALE 可以连接在一起，当通过软件输入一个正脉冲，便立即启动 A/D 转换。

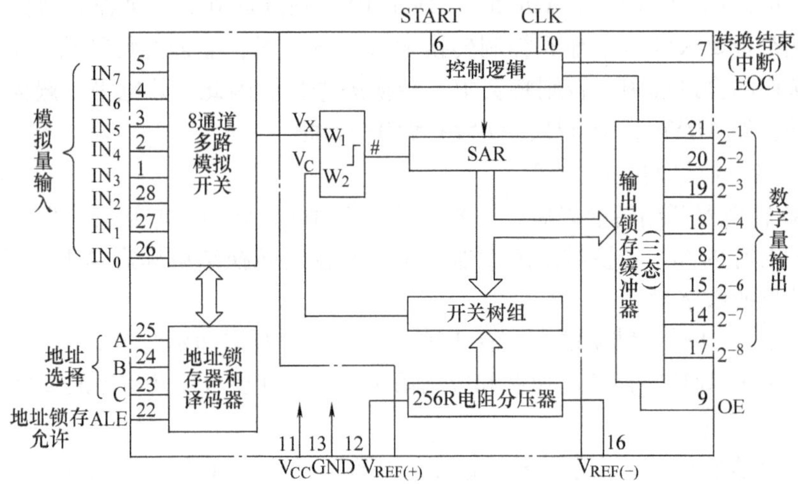

图 2-29　ADC0808/0809 内部结构框图

EOC：转换结束信号输出端。EOC = 0，说明 A/D 正在转换中；EOC = 1，说明 A/D 转换结束，同时把转换结果锁在输出锁存器中。

OE：输出允许控制端，高电平有效。在此端提供给一个有效信号则打开三态输出锁存缓冲器，把转换后的结果送至外部数据线。

$V_{REF(+)}$、$V_{REF(-)}$、V_{CC}、GND：$V_{REF(+)}$ 和 $V_{REF(-)}$ 为参考电压输入端；V_{CC}为主电源输入端，单一的+5V 供电；GND 为接地端。一般 $V_{REF(+)}$ 与 V_{CC}连接在一起，$V_{REF(-)}$ 与 GND 连接在一起。

CLK：时钟输入端。由于 ADC0808/0809 芯片内无时钟，所以必须靠外部提供时钟，外部时钟的频率范围为 10～1280kHz。

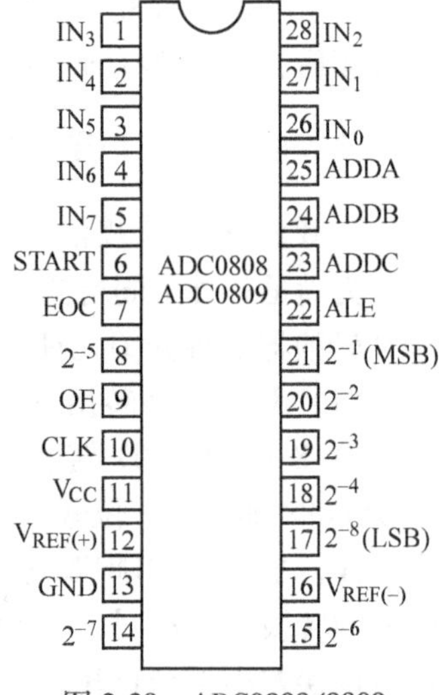

图 2-30　ADC0808/0809 引脚图

图 2-31 所示为 ADC0808/0809 的时序图。编程时需要注意，当输入时钟周期为 1μs 时，启动 ADC0808/0809 约 10μs 后，EOC 才变为低电平“0”，表示正在转换。

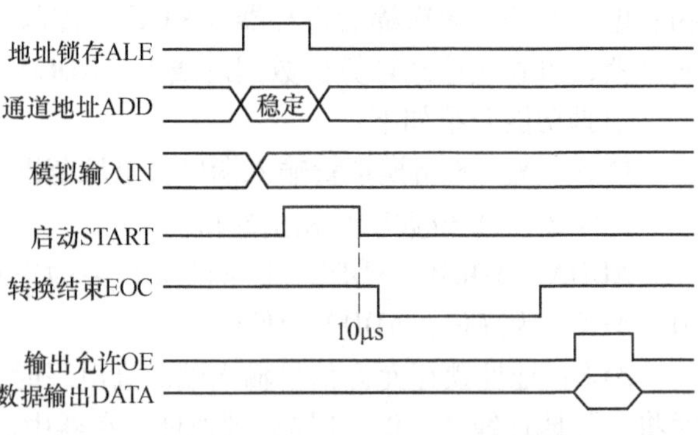

图 2-31　ADC0808/0809 时序图

2）16 通道 A/D 转换器 ADC0816/0817：ADC0816/0817 是 National Semiconductor 公司生产的 16 路 8 位 A/D 转换器。与 ADC0808/0809 相比，除模拟量输入通道数增加至 16 路、封装为 40 引脚外，其原理、性能结构基本相同。ADC0816 和 ADC0817 的主要区别

是：ADC0816 的最大不可调误差为±(1/2) LSB，精度高、价格也高；ADC0817 的最大不可调误差为±1LSB，价格低。

图 2-32 所示为 ADC0816/0817 的内部结构框图。图 2-33 所示为 ADC0816/0817 的引脚图。

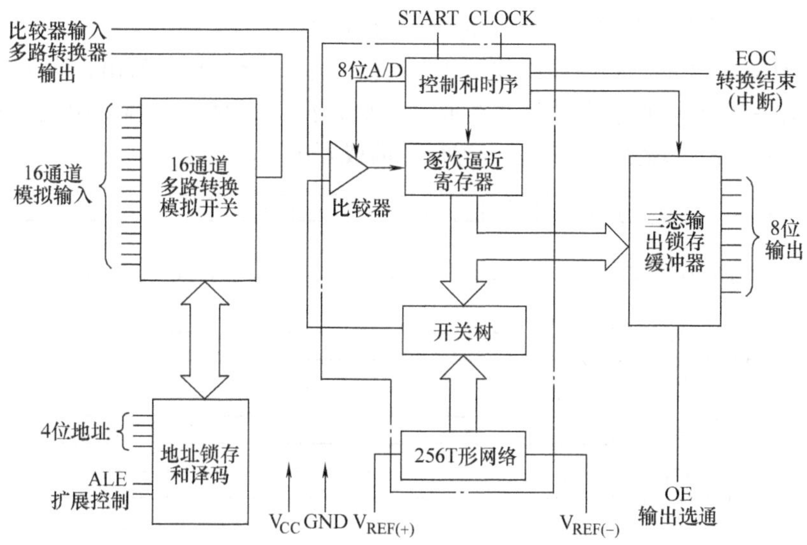

图 2-32 ADC0816/0817 内部结构框图

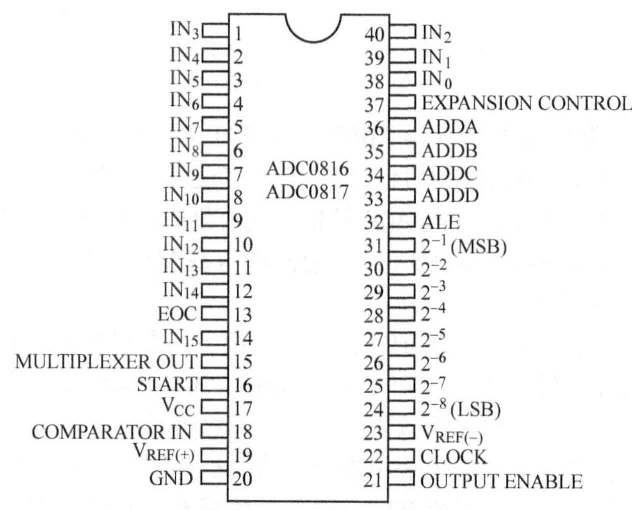

图 2-33 ADC0816/0817 的引脚图

ADC0816/0817 的引脚功能如下：

IN_0 ~ IN_{15}：16 路模拟量输入端。模拟量范围为 0~+5V。

ADDA、ADDB、ADDC、ADDD：通道选择输入端。ADDD 为高位，ADDA 为低位。

MULTIPLEXER OUT：多路开关输出端。

COMPARATOR IN：比较器输入端。若与 MULTIPLEXER OUT 相连，且扩展控制输入端为高电平，则不允许通路扩展。

EXPANSION CONTROL：通路扩展控制输入端。当其为低电平时，对 IN_0 ~ IN_{15} 的通路断开而对接在比较器输入端上的扩展通路输入的模拟量进行转换。

OUTPUT ENABLE：输出选通端。

其他引脚可参见 ADC0808/0809 相应引脚的说明。

ADC0816/0817 的工作时序图如图 2-34 所示。由时序图可以看出，当送入启动信号后，EOC 有一段高电平保持时间，表示上一次转换的结束，它容易引起误控。因此，在启动转换后应经一段延时时间后再进行查询或开中断。

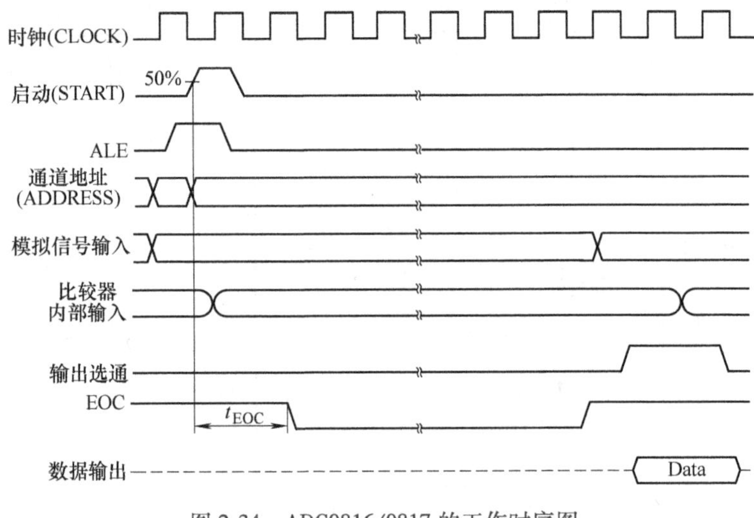

图 2-34 ADC0816/0817 的工作时序图

3）带仪器放大器的 A/D 转换器 AD670：AD670 是一个完整的 8 位逐次逼近型 A/D 转换器。经过传感器检测过来的信号，不必先经变送器将信号变成 0~5V 的统一电信号，而是可以直接输入 AD670 进行 A/D 转换。它由集成在片内的仪器放大器、D/A 转换器、比较器、逐次逼近寄存器（SAR）、精密电压基准和一个三态输出缓冲器组成，其电路原理图如图 2-35 所示。

由图 2-35 可以看到，AD670 的前置输入端增设了一个仪器放大器。放大器的两个输入端配有输入定标电阻，以适应器件的输入范围：0~255mV 或 0~2.55V 的变化。在上述输入范围内，信号可以单极性输入，也可以双极性输入。输入端电压的放大通过芯片上的仪器放大器来完成。前级采用差分电路，这样可以提高模拟量输入电路的抗干扰能力及共模抑制比。由于它所有的元件都被集成在芯片的内部，且出厂时已经校准，用户可以直接采用。但为了使其能在应用中获得更大的灵活性，对一些选件和连接方式应加以考虑。

AD670 的引脚排列如图 2-36 所示。

各引脚的功能如下：

DB_0 ~ DB_7：带锁存器的 8 位数字量输出端。可以与任何计算机的数据总线相连接。

STATUS：忙信号输出端。该信号作为 A/D 转换器的结束标志信号。当 STATUS = 1

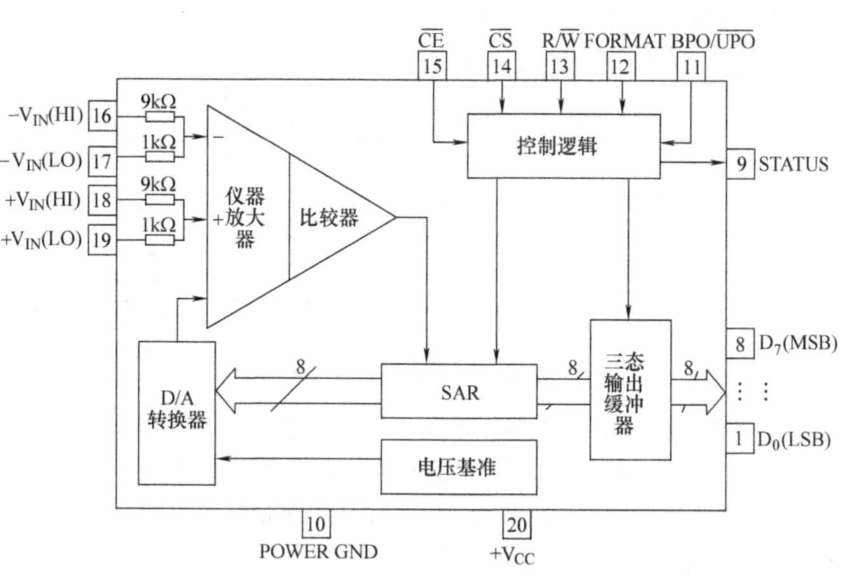

图 2-35　AD670 电路原理图

时，表示正在转换；当 STATUS=0 时，表示 A/D 转换已经完成。

$+V_{CC}$：A/D 转换的电源，一般接+5V。

GND：芯片地线。

$+V_{IN}$（LO）、$+V_{IN}$（HI）、$-V_{IN}$（LO）、$-V_{IN}$（HI）：仪器放大器的差动信号输入端。

$\overline{CS}$：片选信号，低电平有效。

$\overline{CE}$：芯片使能信号。不论芯片处于读周期还是写周期，该信号均为低电平有效。

$R/\overline{W}$：读/写信号。它与$\overline{CS}$和$\overline{CE}$共同作用完成启动 A/D 转换或读出 A/D 转换结果的控制。具体读/写控制的真值表如表 2-7 所示。

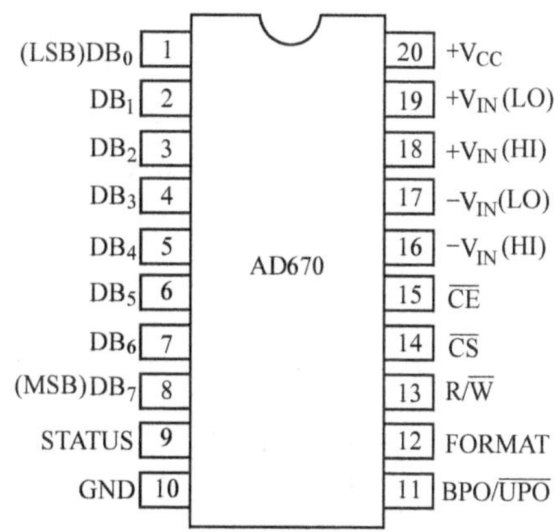

图 2-36　AD670 的引脚排列图

表 2-7　AD670 的读/写控制真值表

$R/\overline{W}$	$\overline{CS}$	$\overline{CE}$	操　作
0	0	0	写入（启动 A/D 转换）
1	0	0	读 A/D 输出数据
×	×	1	无
×	1	×	无

$BPO/\overline{UPO}$：单极性和双极性信号方式选择输入端。单极性输入时该引脚应接地；双极性输入时，该引脚应接高电平，一般接$+V_{CC}$。

FORMAT：输出数据格式控制引脚。它与 BPO/$\overline{\text{UPO}}$共同作用，可以实现 4 种数据输入/输出形式，具体真值表如表 2-8 所示。

表 2-8 AD670 的数据输入/输出形式真值表

BPO/$\overline{\text{UPO}}$	FORMAT	输入/输出形式
0	0	单极性/标准二进制码
1	0	双极性/偏移二进制码
0	1	单极性/2 的补码
1	1	双极性/2 的补码

AD670 的典型单极性输入连接如图 2-37 所示，典型双极性输入连接如图 2-38 所示。图 2-37a 和图 2-38a 都是输入较大的信号，存在较大的偏置电流，所以将 16 引脚和 18 引脚接地。图 2-37b 和图 2-38b 都是输入较小信号时的电路连接。

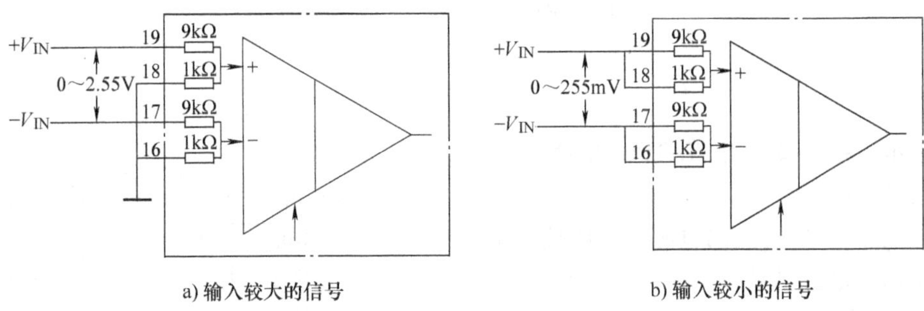

a) 输入较大的信号　　b) 输入较小的信号

图 2-37 单极性输入连接

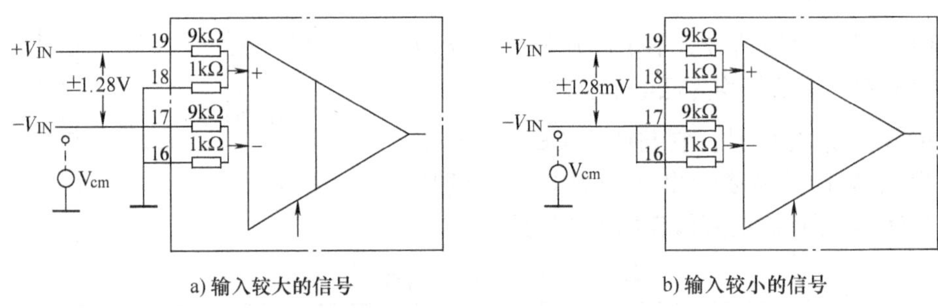

a) 输入较大的信号　　b) 输入较小的信号

图 2-38 双极性输入连接

（2）8 位 A/D 转换器的程序设计

A/D 转换器与单片机的硬件接口有 3 种方式：查询方式、延时方式和中断方式。

查询方式就是首先由 CPU 向 A/D 转换器发出启动脉冲，然后读取转换结束信号（如 ADC0809 的 EOC），根据转换结束信号的状态，判断 A/D 转换是否结束。如果结束，可以读取 A/D 转换结果，否则继续查询，直至 A/D 转换结束。采用查询方式时，转换结束引脚通常连接到数据线或 I/O 接口线上。这种方法程序设计比较简单，且可

靠性高，但实时性差。由于大多数控制系统对于这点时间都是允许的，所以，这种方法用得最多。

延时方式是向 A/D 转换器发出启动脉冲后，先进行软件延时。此延时时间取决于 A/D 转换器完成 A/D 转换所需要的时间（如 ADC0809 约为 100μs），经过延时后可读取数据。采用延时方式时，转换结束引脚悬空。在这种方式中，为了确保转换完成，必须把时间适当延长，因此，其速度比查询方式还慢，故应用较少。

中断方式是 CPU 启动 A/D 转换后即可转而处理其他的程序，一旦 A/D 转换结束，则由 A/D 转换器发出一转换结束信号向 CPU 申请中断，CPU 响应中断后，便读入数据。采用中断方式时，转换结束信号通常与计算机的外部中断引脚连接（如 80C51 的 $\overline{INT_0}$或$\overline{INT_1}$）。在中断方式中，CPU 与 A/D 转换器是并行工作的，因此，其工作效率高。在多回路数据采集系统中一般采用中断方式。

值得注意的是，尽管中断方式工作效率高，但是如果 A/D 转换的时间很短（如几到几十微秒），中断方式便失去了优越性。因为转去执行中断服务程序之前的断点保护以及现场保护都需要一些时间。所以在设计数据采集系统时，A/D 转换器究竟采用何种方式，应视具体情况，按总体要求而选择。

在设计 A/D 转换程序时，必须和硬件接口电路结合起来进行。下面结合实际例子介绍最常用的两种接口方式，即查询方式和中断方式。

1）ADC0808/0809 与 80C51 单片机的接口程序设计：图 2-39 所示为 ADC0808/0809 与 80C51 单片机的硬件接口的查询方式连接图。

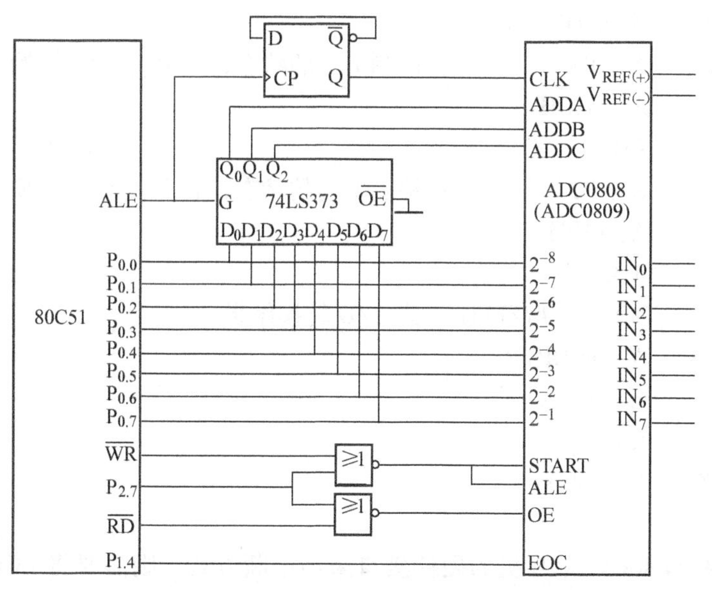

图 2-39　ADC0808/0809 查询方式硬件接口

A/D 转换器与计算机的接口设计实例

由于 ADC0808/0809 片内无时钟，所以利用 80C51 提供的地址锁存允许信号（ALE）经 D 触发器二分频后获得。由于 ALE 以 80C51 单片机的振荡频率的 1/6 固定速率输出，如果单片机时钟频率采用 12MHz，则 ALE 引脚的输出频率为 2MHz，再二分频

后为1000kHz，符合ADC0808/0809对时钟频率的要求。又由于ADC0808/0809具有输出三态锁存器，故其8位数据输出引脚直接与数据总线相连。地址选通输入端A、B、C分别与地址总线的低三位A_0、A_1、A_2相连，以选通IN_0～IN_7中的一个通道。将$P_{2.7}$作为片选信号，在启动A/D转换时，由单片机的写信号$\overline{WR}$和$P_{2.7}$控制ADC的地址锁存和转换启动。由于ALE和START连在一起，因此ADC0808/0809在锁存通道地址的同时也启动转换。在读取转换结果时，用单片机的读信号$\overline{RD}$和$P_{2.7}$引脚经一级或非门后，产生的正脉冲作为OE信号，用以打开三态输出锁存器。由图2-39可知，$P_{2.7}$与ADC0808/0809的ALE、START和OE之间有如下关系：

$$ALE = START = \overline{\overline{WR} + P_{2.7}}$$

$$OE = \overline{\overline{RD} + P_{2.7}}$$

可见在软件编写时，应令$P_{2.7}=0$；A_0、A_1、A_2给出被选择的模拟通道的地址；执行一条输出指令，启动A/D转换；执行一条输入指令，读取A/D转换结果。

下面的程序是采用查询方式，将ADC0809的IN_4通道模拟量进行5次转换，转换结果存入单片机内部RAM40H为首地址的存储单元中的程序清单。

```
AD:     MOV     R0，#40H       ；存储单元首地址
        MOV     R1，#05H       ；转换次数
        MOV     P1，#0FFH      ；P1 口写1（准输入口）
AD0:    MOV     DPTR，#7FFCH   ；送ADC0809口地址，且指向通道4
        MOVX    @DPTR，A
AD1:    MOV     A，P1          ；检测P1.4的状态，若P1.4=0，开始转换
        ANL     A，#10H
        JNZ     AD1
AD2:    MOV     A，P1          ；检测P1.4的状态，若P1.4=1，转换结束
        ANL     A，#10H
        JZ      AD2
        MOV     DPTR，#7FFFH   ；读A/D转换结果
        MOVX    A，@DPTR
        MOV     @R0，A
        INC     R0
        DJNZ    R1，AD0
        RET
```

如果ADC0808/0809与80C51单片机的硬件接口采用中断方式，则需要将EOC引脚与单片机的外部中断引脚连接，图2-40所示为中断方式连接图。

在图2-40中，由于ADC0808/0809正在转换时EOC=0，转换结束时EOC=1，而如果设单片机的外部中断0为下降沿触发，则EOC需要经过反相器后连接$\overline{INT_0}$。图中采用$P_{2.5}$和$\overline{WR}$启动A/D转换器，因而其端口地址为DFFFH，在单片机的振荡频率不太高的情况下，若ALE引脚的输出频率范围满足ADC0808/0809的要求，可以直接作

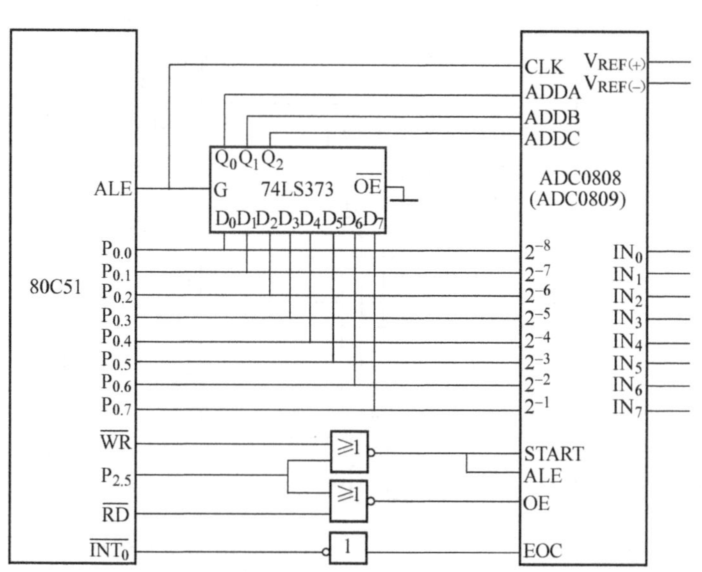

图 2-40 ADC0808/0809 中断方式硬件接口

为 ADC0808/0809 的时钟输入。下面程序是采用中断方式，对 IN_1 通道进行转换后，读取转换后的数字量的程序段。

```
INTADC：  SETB   IT0              ；选择INT0为边沿触发方式
          SETB   EA               ；开中断INT0
          SETB   EX0
          MOV    DPTR，#0DFF9H    ；端口地址送 DPTR，选择 1 通道输入
          MOVX   @DPTR，A         ；启动转换
          …
ADINT0：  …
          MOV    DPTR，#0DFF9H    ；端口地址送 DPTR
          MOVX   A，@DPTR         ；读取从 IN1 输入的转换结果存入 50H
          MOV    50H，A
          MOVX   @DPTR，A         ；再次启动 A/D 转换
          RETI                    ；返回
```

2）ADC0816/0817 与 80C51 单片机的接口程序设计：由于 ADC0816/0817 具有三态输出的数据锁存器，故可与单片机直接接口。图 2-41 是 ADC0816/0817 与 80C51 单片机的一种典型的接口逻辑。图中，ADC0816/0817 的多路开关输出端接比较器的输入端，通路扩展控制端接+5V，这样就是 16 路模拟输入而不再扩展外部通路了。由于 ADC0816/0817 与 ADC0808/0809 芯片工作原理相似，所以电路连接也相似。

图 2-41 可以用在一个 16 路的数据循环采集系统中。下面的程序可以实现对 16 路模拟输入量依次采样 256 个点，并存放在外部存储单元的 7000H～7FFFH 单元中。7000H～70FFH 为 IN_0 通道的采样数据缓冲区，7100H～71FFH 为通道 IN_1 采样数据缓冲区，依次

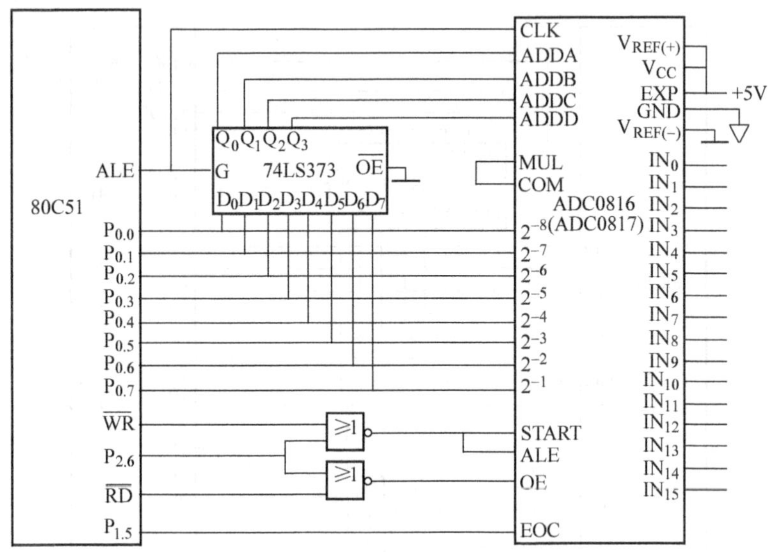

图 2-41 ADC0816/0817 与 80C51 单片机的硬件接口

类推。按图 2-41，输入通道地址依 IN_0 ~ IN_{15}顺序为 BFF0H ~ BFFFH。程序清单如下：

```
START:   MOV    R0, #00H        ; 建立 RAM 缓冲区地址指针
         MOV    P2, #70H
         MOV    R3, #0FFH       ; 置采样次数计数器初值
         MOV    R4, #00H
         MOV    R6, #10H        ; 设通道计数器初值
         MOV    P1, #0FFH       ; P1 口为准输入口
         MOV    DPTR, #0BFF0H   ; 通道地址寄存器设初值
AGAIN:   MOVX   @DPTR, A        ; 启动 A/D 转换
LOOP0:   JB     P1.5, LOOP0
LOOP1:   JNB    P1.5, LOOP1     ; 等待 A/D 转换
         MOVX   A, @DPTR        ; 读 A/D 转换结果
         MOVX   @R0, A          ; 存入 RAM 单元
         INC    DPTR            ; 修改通道号
         INC    P2              ; 修改 RAM 地址
         DJNZ   R6, AGAIN       ; 判断通道计数器是否为“0”
         DJNZ   R3, DONE        ; 判断采样次数计数器是否为“0”
         RET
DONE:    INC    R4
         MOV    P2, #70H
         MOV    A, R4
         MOV    R0, A
         MOV    R6, #10H
         AJMP   AGAIN
```

需要说明一点，就是 ADC0816/0817 的模拟量输入通道还可以扩展，即输入信号调节电路可直接接在“比较器输入 COM”和“多路转换器输出 MUL”之间，通过模拟量输入通道扩展控制端 EXP 进行模拟量输入通道的扩展控制。当 EXP 为低电平时，IN_0~IN_{15}输入通道在内部断开，而对比较器与多路转换器端输入的模拟量进行转换。如果在此输入端再扩展多路模拟开关，输入通路就可以任意扩充。上面介绍的接口电路，因不需要输入通道扩展，此时将多路转换器输出 MUL 和比较器输入 COM 直接相连，输入模拟通道扩展控制端 EXP 接高电平或悬空。

对于其他的 8 位 A/D 转换器与单片机的接口程序设计，与上面介绍的都大同小异，这里不再赘述。

2. 高于 8 位的 A/D 转换器与计算机的接口设计

在一些要求精度较高的计算机控制系统中，8 位的 A/D 转换器不能满足要求，而是需要更多位数的 A/D 转换器，如 10 位、12 位和 16 位等。下面介绍高于 8 位的 A/D 转换器及其接口程序设计。

（1）高于 8 位的 A/D 转换器

1）10 位 A/D 转换器 AD571：AD571 是美国模拟器件公司（Analog Devices）生产的 10 位逐次逼近型单片集成 A/D 转换器。它自带三态缓冲器，采用并行接口，可以方便地与计算机接口。由于 AD571 内置基准电压源及时钟发生器，这使它能在不需要任何外部电路和时钟信号的情况下完成一切 A/D 转换功能。

其转换时间为 15~40μs，一般典型值为 25μs。其单极性供电电压为+5V 和-15V，双极性供电电压为+15V 和-15V。模拟输入信号的范围，单极性为 0~10V，双极性为-5~+5V。

图 2-42 所示为 AD571 的内部结构框图。由图可以看出，AD571 将 D/A 转换电路、参考电压、时钟脉冲发生电路、比较器、逐次逼近寄存器及输出缓冲器集成在一个芯片上。

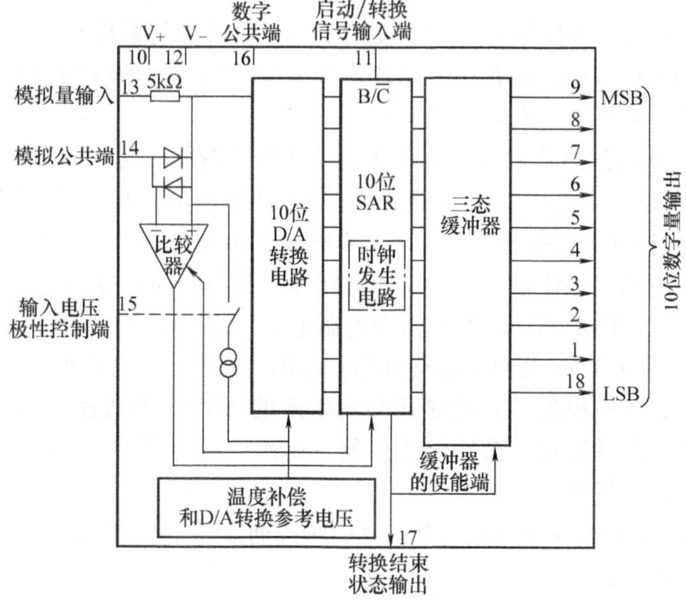

图 2-42 AD571 的内部结构框图

AD571 为 18 引脚双列直插式封装，其引脚排列如图 2-43 所示。

各引脚功能如下：

$\overline{DR}$（DATA READY）：转换结束信号输出端。当其为低电平时表示转换结束，数据有效。

$B/\overline{C}$（BLANK/CONVERT/CONTROL）：启动转换信号输入端。当其为高电平时，为转换做好准备；当其为低电平时，输出呈高阻抗悬浮状态并开始转换。一旦转换结束，便置$\overline{DR}$端为低电平，CPU 即可读取数据。

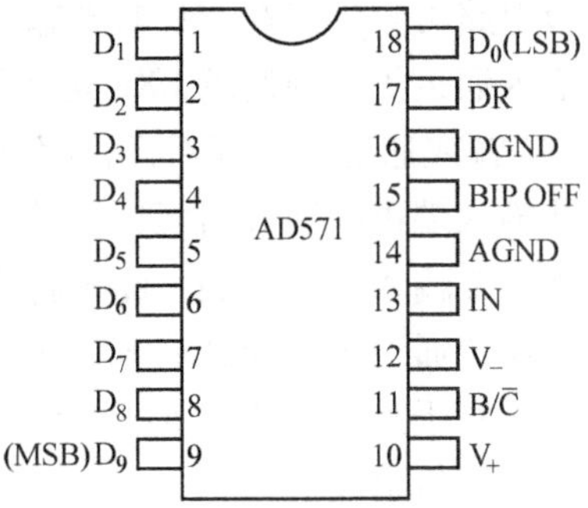

信号	引脚	引脚	信号
D_1	1	18	D_0(LSB)
D_2	2	17	$\overline{DR}$
D_3	3	16	DGND
D_4	4	15	BIP OFF
D_5	5	14	AGND
D_6	6	13	IN
D_7	7	12	V_-
D_8	8	11	$B/\overline{C}$
(MSB)D_9	9	10	V_+

AD571

图 2-43　AD571 引脚排列图

IN：模拟信号输入端。

AGND：模拟地。

DGND：数字地。

BIP OFF（BIPOLAR OFFSET CONTROL）：输入电压极性控制端。单极性输入时，该端接地；双极性输入时，该端接高电平。

V_+、V_-：分别为工作电源电压输入端。

D_0 ~ D_9：10 位数据输出端。

AD571 的时序图如图 2-44 所示。由图可以看出，当 $B/\overline{C}$ 端输入高电平时，输入模拟信号，$\overline{DR}$被置成高电平，打开三态缓冲器，为转换做好准备。此时也是最低功耗状态，典型值是 150mW。当 $B/\overline{C}$ 输入低电平时，开始转换，但此时$\overline{DR}$和数据线的状态不变。转换结束后，$\overline{DR}$变为低电平 500ns 以后，数据可以输出，完成一个转换过程。当 $B/\overline{C}$ 再次输入高电平 1.5μs 后，$\overline{DR}$又变为高电平，三态缓冲器打开，当 $B/\overline{C}$ 再次输入低电平时，开始新的转换。$B/\overline{C}$ 的最小脉冲宽度（$B/\overline{C}$ 变为高电平起到开始新的转换的时间）需要 2μs。如果在转换期间内 $B/\overline{C}$ 变为低电平，转换将被停止，并且$\overline{DR}$和数据线的状态不变。如果在转换期间有一个脉宽为 2μs 或更长时间的脉冲输入到 $B/\overline{C}$ 端，本次转换将被清除，开始下一次新的转换。

2）12 位 A/D 转换器 AD574：AD574 是美国模拟器件公司（Analog Devices）推出的单片高速 12 位逐次逼近型 A/D 转换器，转换时间<25μs。自带三态缓冲器，可以直接与 8 位或 16 位的计算机相连，且能与 CMOS 及 TTL 电平兼容。由于 AD574 内置基准电压源及时钟发生器，这使它在不需要任何外部电路和时钟信号的情况下完成一切 A/D 转换功能。可以采用±12V 和±15V 两种电源电压，应用非常方便。

图 2-45 所示为 AD574 的内部结构框图。由图可以看出，它由两部分组成，即模拟芯片和数字芯片，其中模拟芯片就是该公司生产的 AD565 型快速 12 位单片集成 D/A 转换器芯片。数字芯片则包括高性能比较器、逐次逼近寄存器、时钟电路、逻辑控制电路以及三态输出数据锁存器等。

AD574 为 28 引脚双列直插式封装，其引脚排列如图 2-46 所示。

各引脚功能如下：

V_L：数字逻辑部分电源+5V。

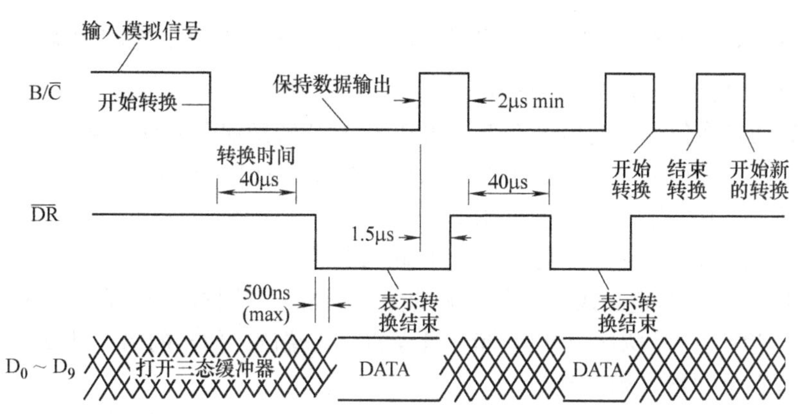

图 2-44 AD571 的时序图

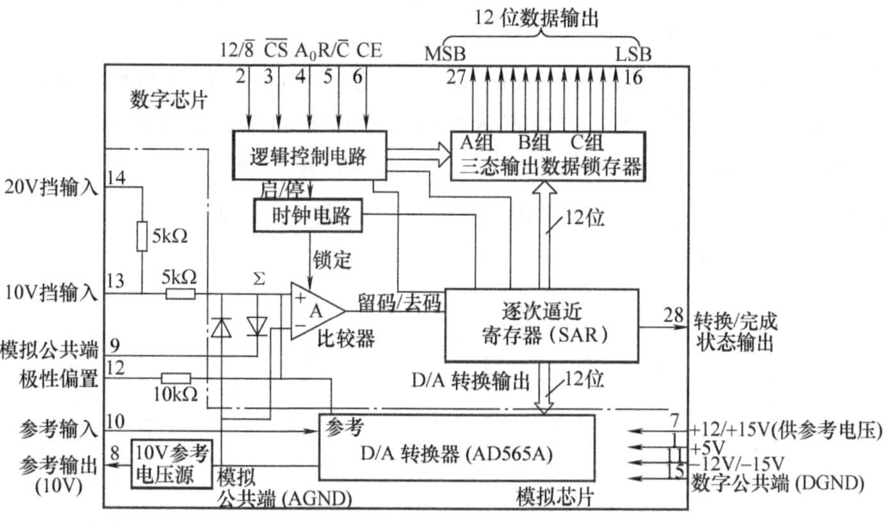

图 2-45 AD574 的内部结构框图

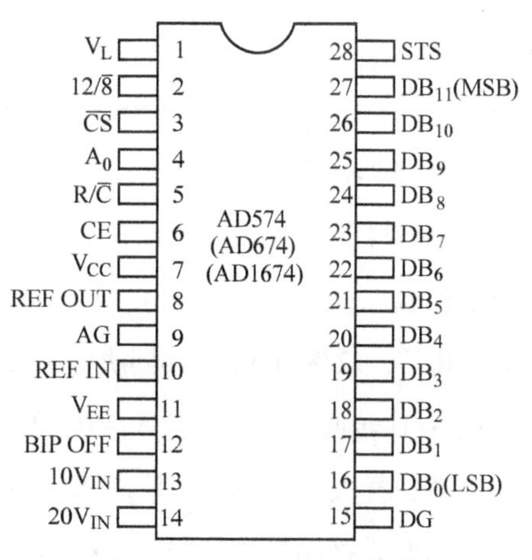

图 2-46 AD574 引脚排列

12/$\overline{8}$：数据输出格式选择信号引脚。当 12/$\overline{8}$=1(+5V) 时，双字节输出，即 12 条数据线同时有效输出；当 12/$\overline{8}$=0 (0V) 时，为单字节输出，即只有高 8 位或低 4 位有效。

$\overline{CS}$：片选信号端，低电平有效。

A_0：字节选择控制线。在转换期间：当 A_0=0 时，AD574 进行全 12 位转换。在读出期间：当 A_0=0 时，高 8 位数据有效；当 A_0=1 时，低 4 位数据有效，中间 4 位为“0”，高 4 位为三态。因此当采用两次读出 12 位数据时，应遵循左对齐原则。

$R/\overline{C}$：读数据/转换控制信号。当 $R/\overline{C}=1$ 时，ADC 转换结果的数据允许被读取；当 $R/\overline{C}=0$ 时，则允许启动 A/D 转换。

CE：启动转换信号，高电平有效。可作为 A/D 转换启动或读数据的信号。

V_{CC}、V_{EE}：模拟部分供电的正电源和负电源，为±12V 或±15V。

REF OUT：10V 内部参考电压输出端。

REF IN：内部解码网络所需参考电压输入端。

BIP OFF：补偿调整。接至正负可调的分压网络，以调整 ADC 输出的零点。

$10V_{IN}$、$20V_{IN}$：模拟量 10V 及 20V 量程的输入端口，信号的另一端接至 AG 引脚。

DG：数字公共端（数字地）。

AG：模拟公共端（模拟地）。它是 AD574 的内部参考点，必须与系统的模拟参考点相连。为了在高数字噪声含量的环境中从 AD574 获得高精度的性能，AG 和 DG 在封装时已连接在一起，在某些情况下，AG 可在最方便的地方与参考点相连。

$DB_0 \sim DB_{11}$：数字量输出。

STS：输出状态信号引脚。转换开始时，STS 达到高电平，转换过程中保持高电平。转换完成时返回到低电平。STS 可作为状态信息被 CPU 查询，也可以用它的下降沿向 CPU 发中断申请，通知 A/D 转换已完成，CPU 可以读取转换结果。

AD574 的工作状态由 CE、$\overline{CS}$、$R/\overline{C}$、$12/\overline{8}$、A_0 共 5 个控制信号决定，这些控制信号的组合控制功能如表 2-9 所示。

表 2-9 AD574 控制信号功能组合表

CE	$\overline{CS}$	$R/\overline{C}$	$12/\overline{8}$	A_0	工作状态
0	×	×	×	×	禁止
×	1	×	×	×	禁止
1	0	0	×	0	启动 12 位转换
1	0	0	×	1	启动 8 位转换
1	0	1	接 1 脚（+5V）	×	12 位并行输出有效
1	0	1	接地	0	高 8 位并行输出有效
1	0	1	接地	1	低 4 位加上尾随 4 个 0 有效

由表 2-9 可以看出：

AD574 是否处于工作状态是由 CE 和 $\overline{CS}$ 共同决定的。当 CE＝1 且 $\overline{CS}=0$ 时，芯片处于工作状态；CE＝0 或 $\overline{CS}=1$ 则芯片不能工作。

$R/\overline{C}$、$12/\overline{8}$ 和 A_0 端共同决定 AD574 的读数据/转换控制格式。当 $R/\overline{C}=0$ 时，则允许启动 A/D 转换。此时，若 $A_0=0$，则不管 $12/\overline{8}$ 为何状态，都按照完整的 12 位 A/D 转换方式启动；若 $A_0=1$，则不管 $12/\overline{8}$ 为何状态，都按照 8 位 A/D 转换方式启动。当 $R/\overline{C}=1$ 时，ADC 转换结果的数据允许被读取。此时，若 $12/\overline{8}=1$，则不管 A_0 为何状态，都以 12 位并行方式输出；若 $12/\overline{8}=0$，则对应 8 位双字节输出。其中 $A_0=0$ 时输出高 8 位，

$A_0=1$时输出低4位，并以4个0补足尾随的4位。

必须指出，$12/\overline{8}$端与TTL电平不兼容，故只能通过布线接至+5V或0V上。另外，A_0在数据输出期间不能变化。

如果要求AD574以独立方式工作，只要将CE、$12/\overline{8}$端接入+5V，$\overline{CS}$和A_0接至0V，将$R/\overline{C}$作为数据读出和数据转换启动控制。当$R/\overline{C}=1$时，数据输出端出现被转换后的数据，当$R/\overline{C}=0$时，即启动一次A/D转换。在延时0.5μs后STS=1，表示转换正在进行。经过一次转换周期T_c（典型值为25μs）后，STS跳回低电平，表示A/D转换完毕，可以从数据输出端读取新的数据。

启动AD574转换的时序图和AD574的读周期时序图分别如图2-47和图2-48所示。

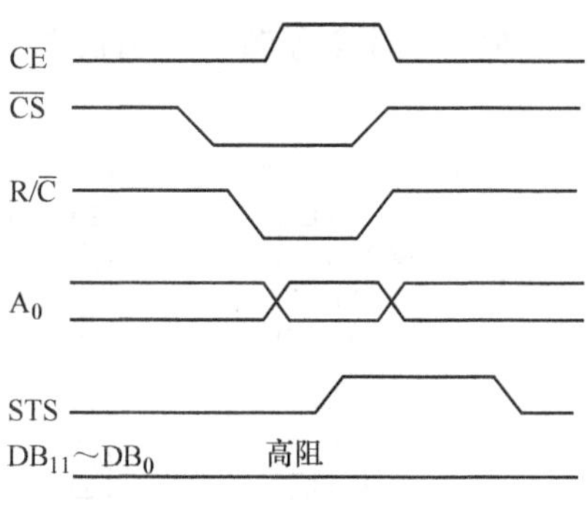

图2-47　AD574启动转换时序图

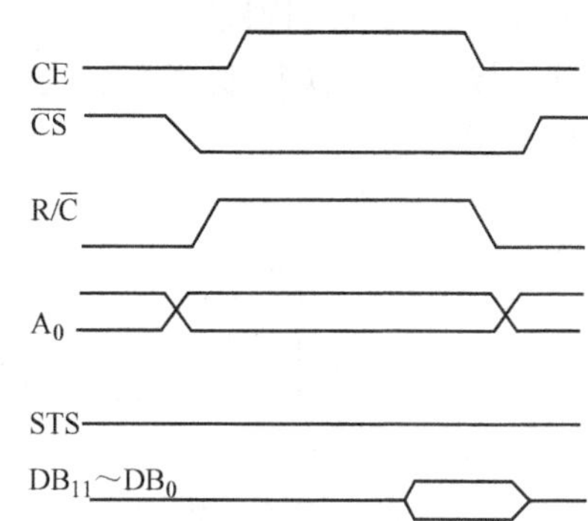

图2-48　AD574读周期时序图

由图2-47和图2-48可见，只有在CE=1和$\overline{CS}=0$时才启动转换，在启动信号有效前，$R/\overline{C}$必须为低电平，否则将产生读取数据的操作。

AD574有单极性和双极性两种模拟信号转换方式，这主要通过改变AD574引脚8、10、12的外接电路来实现。图2-49a所示为单极性转换电路，可实现输入信号0～10V或0～20V的转换。其系统模拟信号的地线应与引脚9相连，使其地线的接触电阻尽可能小。图2-49b为双极性转换电路，可实现输入信号-5～+5V或-10～+10V的转换。

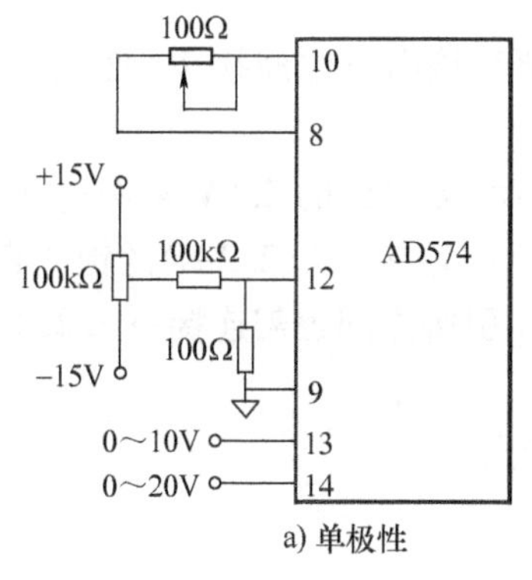

a) 单极性

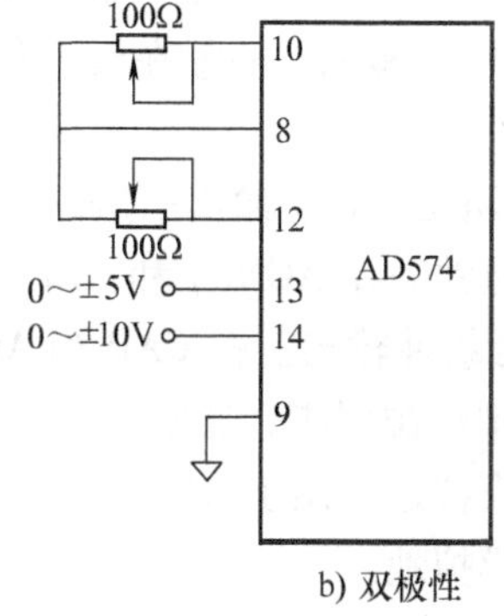

b) 双极性

图2-49　AD574转换电路

3）16位A/D转换器AD976：AD976是AD公司生产的高速、低功耗16位A/D转换器，采用单5V电源供电，最大功耗仅为100mW；可选内部或外部的2.5V参考电源；带有高速并行接口；最高采样速率可达每秒100×10^3点（即100ksps），同型号的AD976A的采样速率可达每秒200×10^3点（即200ksps）；精度高，具有16位分辨率，其最大积分非线性误差仅为2LSB，并可做到16位不失码；带有片上时钟。它是采用电荷重分布技术的逐次逼近型A/D转换器，其结构比传统逼近型A/D转换器简单。由于电容网络直接使用电荷作为转换参量，而且这些电容已经达到了采样电容的作用，因而不必另加采样保持器。特别是由于使用电容网络代替电阻网络，消除了电阻网络中因温度变化及激光修调不当所引起的线性误差。AD976的内部校准功能可在用户不做任何调整的情况下，消除芯片内部的零位误差和由于电容不匹配造成的误差。

AD976的内部结构框图如图2-50所示。该芯片内含逐次逼近型开关电容式ADC、高速并行接口、转换控制逻辑、内部校准电路及2.5V内部参考源。其引脚排列如图2-51所示。

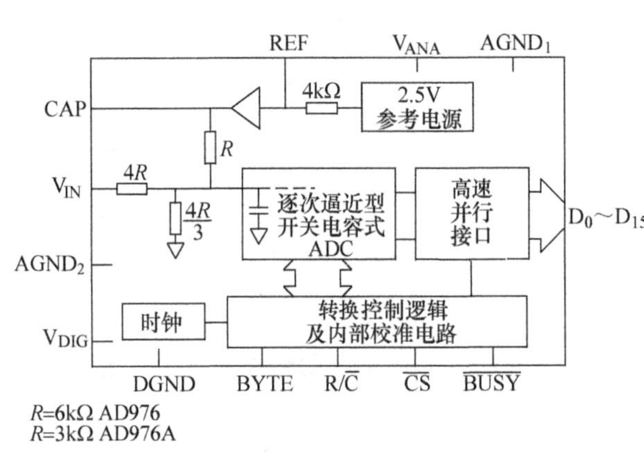

图2-50　AD976的内部结构框图

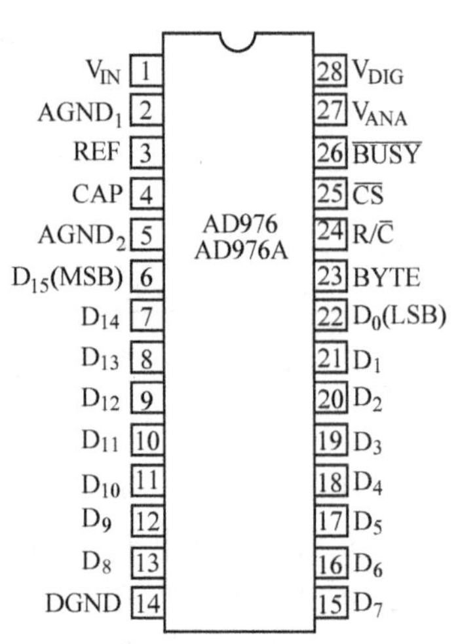

图2-51　AD976的引脚排列图

各引脚功能如下：

$D_0 \sim D_{15}$：16位数据转换结果输出引脚。

V_{IN}：模拟电压输入。一般在模拟信号源和该引脚之间接200Ω的电阻，输入电压范围为±10V。

REF：参考电压输入/输出引脚。该引脚可接内部的2.5V参考电压，也可选用外部的参考源。通常需在$AGND_1$和REF引脚之间连接一个2.2μF的钽电容。

CAP：参考缓冲输出。在CAP和$AGND_2$引脚之间也需连接一2.2μF的钽电容。

V_{ANA}：模拟电源引脚，通常接+5V。

$AGND_1$：模拟地，用于REF引脚的参考点。

$AGND_2$：模拟地。

V_{DIG}：数字电源引脚，通常接+5V。

DGND：数字地。

R/$\overline{C}$：读/转换输入引脚。当$\overline{CS}$引脚为低电平时，可在 R/$\overline{C}$ 引脚的下降沿使内部采样保持器进入保持状态并启动一次转换。

$\overline{CS}$：片选信号输入。当 R/$\overline{C}$ 引脚为低电平时，可在$\overline{CS}$引脚的下降沿启动一次转换；当 R/$\overline{C}$ 引脚为高电平时，在$\overline{CS}$引脚的下降沿输出数据位有效；当$\overline{CS}$引脚为高电平时，输出数据位将呈高阻状态。

$\overline{BUSY}$：状态输出。从转换开始直到转换结束并且数据被锁存到输出寄存器中该引脚始终为低电平，当$\overline{BUSY}$变为高电平时，才可以读出数据。

BYTE：字节选择引脚。BYTE 为低电平时，6~13 引脚上的数据为高字节，15~22 引脚上的数据为低字节；当 BYTE 为高电平时，6~13 引脚上的数据为低字节，15~22 引脚上的数据为高字节。

AD976 有两种转换模式，第一种转换模式的时序如图 2-52 所示。在这一模式中，$\overline{CS}$引脚固定为低电平，转换时序由 R/$\overline{C}$ 信号的负跳变控制，该信号脉冲宽度至少应为 50ns。当 R/$\overline{C}$ 变为低电平并延迟 t_3 后，$\overline{BUSY}$信号将变为低电平直到转换完成，这段时间最长需要 83ns（t_4）。转换结束后，移位寄存器中的数据将被新的二进制补码数据所更新。该模式下的采样速率可由 R/$\overline{C}$ 信号的负脉冲间隔来决定，即图 2-52 中的 t_{13}。

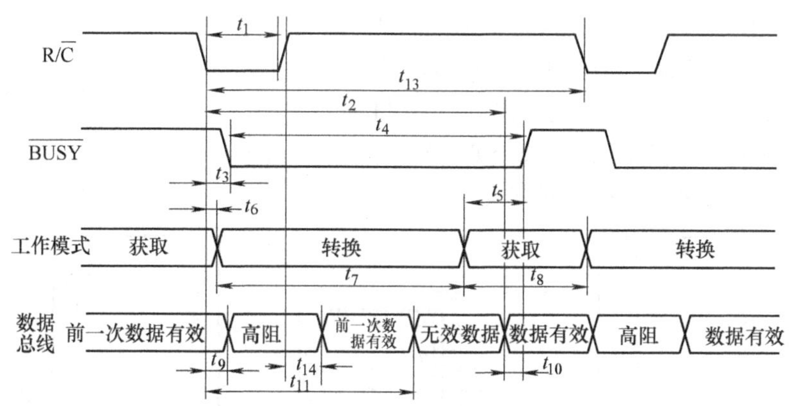

图 2-52　$\overline{CS}$信号固定为低电平时的转换时序

第二种转换模式的时序如图 2-53 所示。该模式通过 R/$\overline{C}$ 信号来控制转换及输出数据的读出过程。在这一模式中，R/$\overline{C}$ 信号的下降沿必须比$\overline{CS}$脉冲（脉冲宽度 50ns）至少提前 10ns 送到 A/D 转换器的输入引脚，一旦这两个负脉冲到来，并延迟 t_3 后，$\overline{BUSY}$信号将变为低电平直到转换完成，同时将在最多 8μs（100ksps 时）后将$\overline{BUSY}$信号返回高电平，这时，转换结果在 D_0~D_{15}上的数据有效。

AD976 典型的模拟信号输入方式如图 2-54 所示。

（2）高于 8 位 A/D 转换器的程序设计

随着位数的不同，A/D 转换器与计算机数据线的连接方式及程序设计也有所不同。对于高于 8 位的 A/D 转换器，如 10 位、12 位、16 位等，当其与 8 位的 CPU 接口连接

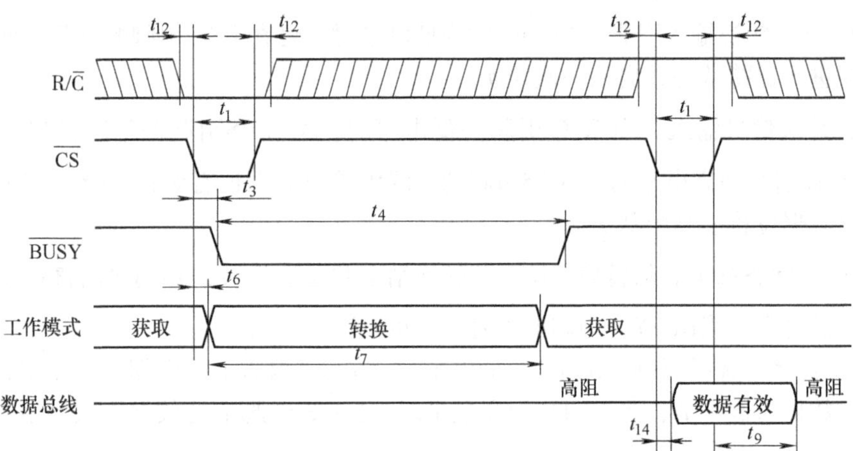

图 2-53 利用 R/$\overline{C}$ 信号控制转换和读操作的时序

时，数据的传送需分步进行。数据的分割形式有左对齐和右对齐两种格式（具体情况依 A/D 转换器的不同而不同），这时，应分步读出。在分步读取数字量时，需要提供不同的地址信号。

下面以 AD574A 为例，介绍高于 8 位的 A/D 转换器与 8 位 CPU 的接口及其程序设计方法。

图 2-55 所示为 AD574A 与 80C51 单片机的接口电路。图中将转换结束状态线 STS 与单片机的 $P_{1.1}$ 相连，故该接口采用查询方式。

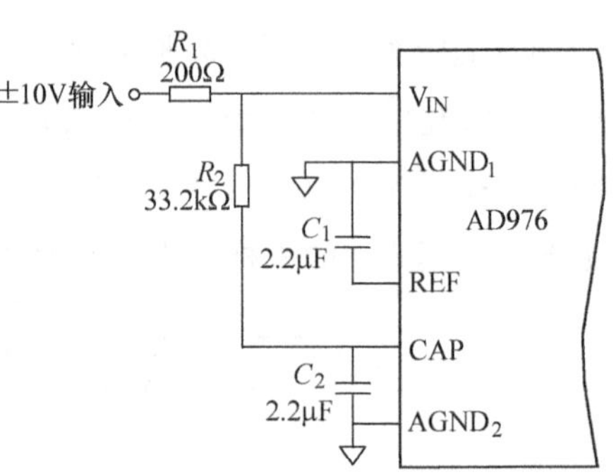

图 2-54 AD976 的模拟信号输入方式

12 位 A/D 转换器与计算机的接口设计实例

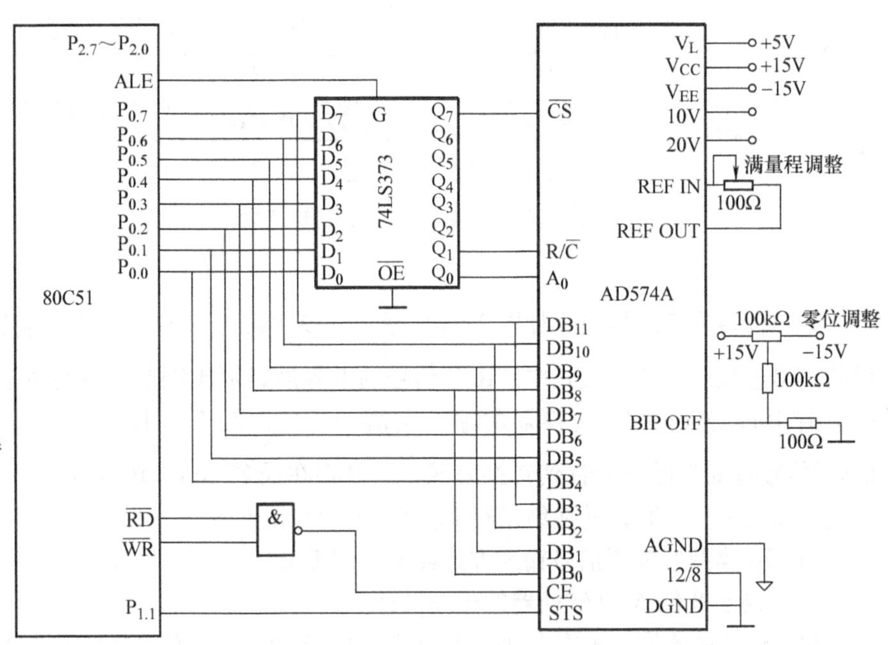

图 2-55 AD574A 与 80C51 单片机的接口电路

由于 AD574A 片内有时钟，故无须外加时钟信号。由于 AD574A 内部含有三态锁存器，故可直接与单片机数据总线接口。AD574A 是 12 位向左对齐输出格式，所以将低 4 位$DB_3 \sim DB_0$接到 $DB_{11} \sim DB_8$，第一次读出高 8 位 $DB_{11} \sim DB_4$，第二次读出低 4 位，此时 $DB_7 \sim DB_4$ 为 0000。AD574A 共有 5 根控制逻辑线，用来完成寻址、启动和读出功能，具体说明如下：

1）由于数据格式选择端 $12/\overline{8}$永为低电平（接地），所以该电路分两次读出数据。

2）启动 A/D 和读取转换结果，用 CE、$\overline{CS}$和 $R/\overline{C}$三个引脚控制，所以不论在读状态还是处于写状态，CE 均为 1；$R/\overline{C}$控制端由 $P_{0.1}$来控制。综上所述可知，当 $P_{0.1}=0$ 时，启动 A/D 转换，而当 $P_{0.1}=1$ 时，则读取 A/D 转换数据。

3）字节控制端 A_0 由 $P_{0.0}$位控制。在转换过程中，$A_0=0$，按 12 位转换。读数时，$P_{0.0}=0$，则读取高 8 位数据；$P_{0.0}=1$，则读取低 4 位数据。

图 2-55 所示的接口电路中，片选信号由 $P_{0.7}$控制。由于图中高 8 位地址 $P_{2.7} \sim P_{2.0}$ 未使用，故只使用低 8 位地址，采用寄存器寻址方式。设启动 AD574A 的地址是 7CH，读取高 8 位数据的地址为 7EH，读取低 4 位数据的地址为 7FH。查询方式 A/D 转换程序如下：

```
        ORG     0200H
ATOD:   MOV     DPTR, #9000H      ; 设置数据地址指针
        MOV     P1, #0FFH         ; P1 口为准输入口
        MOV     R0, #7CH          ; 设置启动 A/D 转换的地址
        MOVX    @R0, A            ; 启动 A/D 转换
LOOP:   JB      P1.1, LOOP        ; 检查 A/D 转换是否结束?
        INC     R0
        INC     R0
        MOVX    A, @R0            ; 读取高 8 位数据
        MOVX    @DPTR, A          ; 存高 8 位数据
        INC     R0                ; 求低 4 位数据的地址
        INC     DPTR              ; 求存放低 4 位数据的 RAM 单元地址
        MOVX    A, @R0            ; 读取低 4 位数据
        MOVX    @DPTR, A          ; 存低 4 位数据
HERE:   AJMP    HERE
```

在上面的程序中，如果将 JB P1.1，LOOP 改为 ACALL 30μs（延时子程序），即变成延时方式的 A/D 转换程序。注意，这时图 2-55 中的 STS 线可不接。可见延时方法虽然实时性比中断方式略差一点，但其线路连接较为简单。

2.5　模拟量输出通道

模拟量输出通道的任务是把计算机输出的数字量信号转换成模拟电压或电流信号，以便去驱动相应的执行机构，达到控制的目的。这个任务主要是由 D/A 转换器来完成的。对该通道的要求，除了可靠性、满足一定的精度外，输出还必须具有保持的功能，

以保证被控对象可靠地工作。

2.5.1 模拟量输出通道的结构形式

模拟量输出通道一般是由接口电路、数/模转换器和电压/电流变换器构成的。其核心是数/模转换器，简称 D/A 转换器或称 DAC。通常也把模拟量输出通道简称为 D/A 通道。

当模拟量输出通道为单路时，其结构简单，但在计算机控制系统中，通常采用多路模拟量输出通道。

多路模拟量输出通道的结构形式主要取决于输出保持器的构成方式。输出保持器的作用主要是在新的控制信号到来之前，使本次控制信号维持不变。保持器一般有数字保持方案和模拟保持方案两种，这就决定了模拟量输出通道的两种基本结构形式。

1. 一个通道设置一片 D/A 转换器

在这种结构形式下，计算机与通道之间通过独立的接口缓冲传送信息，这是一种数字保持方案。它的优点是转换速度快，工作可靠，即使某一路 D/A 转换器发生故障，也不影响其他通道的工作。其缺点是使用了较多的 D/A 转换器，使得这种结构的价格很高。但随着大规模集成电路技术的发展，这个缺点正在逐步得到克服，这种方案较容易实现。一个通道设置一片 D/A 转换器的结构形式如图 2-56 所示。

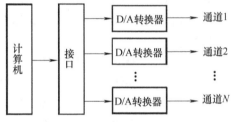

图 2-56 一个通道设置一片 D/A 转换器的结构形式

2. 多个通道共用一片 D/A 转换器

这种结构形式由于共用一片 D/A 转换器，因此必须在计算机控制下分时工作，即依次把 D/A 转换器转换成的模拟电压（或电流），通过多路开关传送给输出采样保持器。这种结构形式的优点是节省了 D/A 转换器，但因为分时工作，只适用于通道数量多且速率要求不高的场合。它还要使用多路开关，且要求输出采样保持器的保持时间与采样时间之比较大，这种方案工作可靠性较差。共用 D/A 转换器的结构形式如图 2-57 所示。

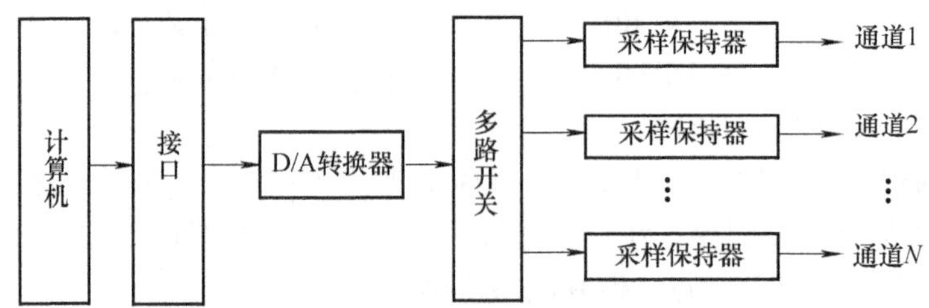

图 2-57 共用 D/A 转换器的结构形式

2.5.2 D/A 转换器的结构特性与应用特性

D/A 转换器就是一种把数字信号转换为模拟电信号的器件，是模拟量输出通道必

不可少的器件。D/A 转换器与计算机的连接方式有 3 种：直接连接、采用可编程并行接口和采用锁存器连接。具体采用哪种接口方式，应根据 D/A 转换器的结构特性与应用特性来选择。下面介绍 D/A 转换器的主要结构特性和应用特性。

1. 数字输入特性

数字输入特性包括接收数的码制、数据格式以及逻辑电平等。批量生产的 D/A 转换芯片一般都只能接收自然二进制数字代码。因此，当输入数字代码为其他形式时，应外接适当的偏置电路后才能被接收。多数 D/A 转换器都接收并行码，但对于有些芯片内部配置有移位寄存器的 D/A 转换器也可以接收串行码输入。对于不同的 D/A 转换器，输入逻辑电平要求不同。对于固定阈值电平的 D/A 转换器一般只能和 TTL 或低压 CMOS 电路相连，而有些逻辑电平可以改变的 D/A 转换器可以满足与 TTL、高低压 CMOS、PMOS 等各种器件直接连接的要求。具体情况读者可查阅用户使用手册。

2. 模拟输出特性

多数 D/A 转换器属于电流输出型器件，也有少数属于电压输出型器件。对于电流输出型器件，手册上通常给出的是输入参考电压及参考电阻之下的满码（全 1）输出电流 I_0 和最大输出短路电流。对于输出特性具有电流源性质的 D/A 转换器，还给出了输出电压允许范围，它是用来表示由输出电路（包括简单电阻负载或者运算放大器电路）造成的输出端电压的可变动范围。只要输出端的电压小于输出电压允许范围，输出电流和输入数字之间保持正确的转换关系，而与输出的电压大小无关。对于输出特性为非电流源特性的 D/A 转换器，电流输出端应保持公共端电位或虚地，否则将破坏其转换关系。

3. 锁存特性

D/A 转换器对数字量输入是否具有锁存功能将直接影响与 CPU 的接口设计。如果 D/A 转换器没有输入锁存器，通过 CPU 数据总线传送数字量时，必须采用锁存器连接，否则只能通过具有输出锁存功能的可编程并行 I/O 接口给 D/A 转换器送入数字量，但目前这种 D/A 转换器较少使用。

4. 参考电压源

参考电压源是唯一影响 D/A 转换器输出结果的模拟参量。选用内部带有低漂移、精密参考电压源的 D/A 转换器不仅能保证有较好的转换精度，而且可以简化接口电路。

2.5.3 D/A 转换器与计算机的接口设计

1. 8 位 D/A 转换器与计算机的接口设计

D/A 转换器的种类很多，功能各异，比如分辨率有 8 位、10 位、12 位和 16 位等。下面先介绍 8 位 D/A 转换器及其与计算机的接口程序设计。

（1）8 位 D/A 转换器

1）普通型 D/A 转换器 DAC0832：DAC0832 是美国国家半导体公司（National Semiconductor Corporation）生产的 8 位 D/A 转换集成芯片，能完成数字量输入、模拟量（电流）输出的转换。单电源供电，从 5～15V 均可正常工作，基准电压的范围为 ±10V，电流建立时间为 1μs，CMOS 工艺，低功耗 20mW。它具有价格低廉、接口简

单、转换控制容易等优点，在单片机应用系统中得到了广泛的应用。

DAC0832 的原理框图如图 2-58 所示。由图可以看出，DAC0832 由 8 位数据锁存器、8 位 DAC 寄存器、8 位 D/A 转换电路及转换控制电路构成。

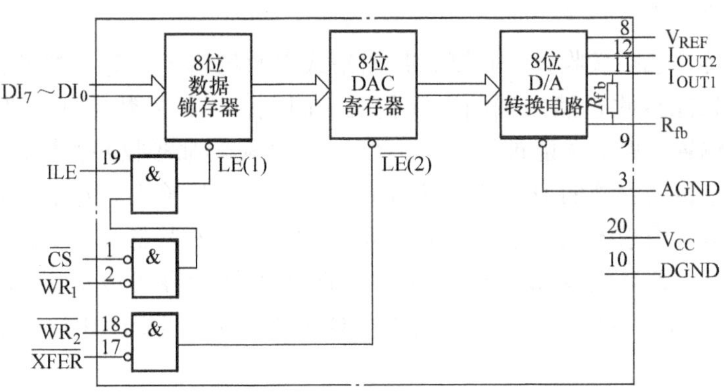

图 2-58 DAC0832 的原理框图

在图 2-58 中，$\overline{LE}(1)$为锁存器命令，由原理框图可知，当 ILE = 1、$\overline{CS}$ = $\overline{WR_1}$ = 0 时，$\overline{LE}(1)$= 1，8 位数据锁存器的输出状态随着输入数据的状态变化，否则$\overline{LE}(1)$= 0，数据被锁存。$\overline{LE}(2)$为寄存器命令，当$\overline{WR_2}$ = 0 和$\overline{XFER}$ = 0 时，$\overline{LE}(2)$ = 1，DAC 寄存器的输出状态随着数据锁存器的输出状态变化，进行 D/A 转换，否则$\overline{LE}(2)$ = 0，停止 D/A 转换。

由此可见，可以通过对控制引脚的不同设置而决定是采用双缓冲方式（两级输入锁存）、单缓冲方式（两级同时输入锁存或只用一级输入锁存，另一级始终直通），还是完全接成直通的形式。

DAC0832 采用 20 引脚双列直插式封装，具体引脚排列图如图 2-59 所示。

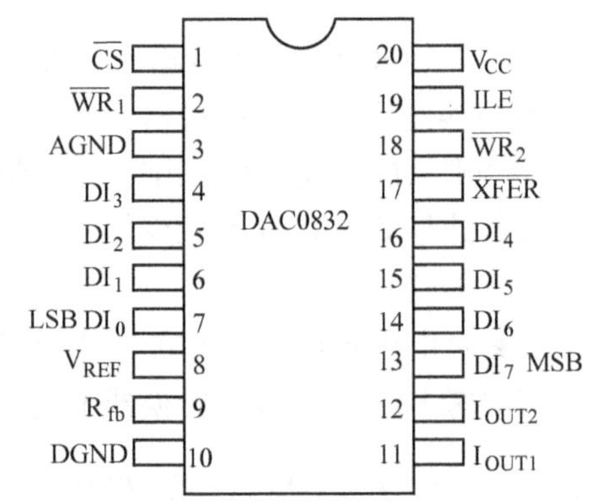

图 2-59 DAC0832 的引脚排列图

DAC0832 的各个引脚功能如下：

DI_0 ~ DI_7：8 位数据输入线。

ILE：数据锁存允许信号，高电平有效。

$\overline{CS}$：数据锁存器选择信号，也称片选信号，低电平有效。它与 ILE 信号结合可对$\overline{WR_1}$ 信号是否起作用进行控制。

$\overline{WR_1}$：数据锁存器的写选通信号，低电平有效。当$\overline{WR_1}$ 为低电平时，将输入数据传送到数据锁存器；当$\overline{WR_1}$ 为高电平时，数据锁存器中的数据被锁存。在$\overline{WR_1}$ 有效时，且必须$\overline{CS}$和 ILE 同时有效时，才能将数据锁存器中的数据进行更新。

$\overline{XFER}$：数据传送信号，低电平有效。

$\overline{WR_2}$：DAC 寄存器的写选通信号，低电平有效，用以将锁存于数据锁存器中的数

据传送到 DAC 寄存器中并进行 D/A 转换。$\overline{WR_2}$ 有效时，且必须$\overline{XFER}$有效时，数据锁存器中的数据被传送到 DAC 寄存器并经 D/A 转换电路转换为模拟量。

I_{OUT1}：电流输出引脚 1，随 DAC 寄存器的内容线性变化。当 DAC 寄存器输入全为 1 时，输出电流最大；当 DAC 寄存器输入全为 0 时，输出电流为 0。

I_{OUT2}：电流输出引脚 2，与 I_{OUT1} 电流互补输出，即 $I_{OUT1}+I_{OUT2}=$常数。

R_{fb}：反馈电阻连接端。由于片内已具有反馈电阻，故可以和外接运算放大器直接相连。该运算放大器是将 D/A 芯片电流输出转换为电压输出 V_{OUT}。

V_{REF}：基准电源输入引脚。该引脚把一个外部标准电压源与内部 T 形网络相接。外接电压源的稳定精度直接影响 D/A 转换精度，所以要求 V_{REF} 精度应尽可能高一些，范围为$-10\sim+10$V。

V_{CC}：电源电压输入端，范围为 5~15V。

DGND：数字地。

AGND：模拟地。模拟量电路的接地端始终与数字电路接地端相连。

DAC0832 是电流型输出器件，它不能直接带动负载，所以需要在其电流输出端加上运算放大器，将电流输出线性地转换成电压输出。根据运算放大器和 DAC0832 的连接方法不同，可以分为单极性输出和双极性输出两种。

单极性输出：只要在其电流输出端加上一级电压运算放大器即可满足输出电压的要求，但需要将 I_{OUT2} 端接地。图 2-60 所示为单极性电压输出电路。

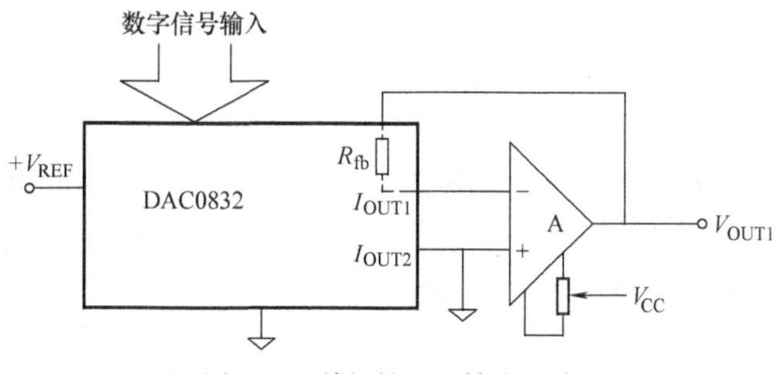

图 2-60 单极性电压输出电路

图 2-60 中，DAC0832 的电流输出端 I_{OUT1} 接至运算放大器的反相输入端。故输出电压 V_{OUT} 与参考电压 V_{REF} 极性反相。其输出电压为

$$V_{OUT1}=-I_{OUT1}R_{fb} \tag{2-24}$$

或者为

$$V_{OUT1}=-V_{REF}\frac{D}{256} \tag{2-25}$$

由此，8 位单极性电压输出采用二进制代码时，输入数字量与输出电压之间的对应关系如表 2-10所示。

表 2-10 单极性电压输出时输入数字量与输出电压之间的对应关系

数字量 MSB　　　　LSB	模 拟 量
1 1 1 1 1 1 1 1	$-V_{REF}\times\frac{255}{256}$

（续）

数字量 MSB　　　　LSB	模拟量
1 0 0 0 0 0 0 0	$-V_{REF}\times\frac{128}{256}$
0 0 0 0 0 0 0 0	$-V_{REF}\times\frac{0}{256}$

双极性输出：只要在单极性电压输出的基础上再加上一级运算放大器，并配以相关的电阻网络，就可以构成双极性电压输出。如图 2-61 所示。

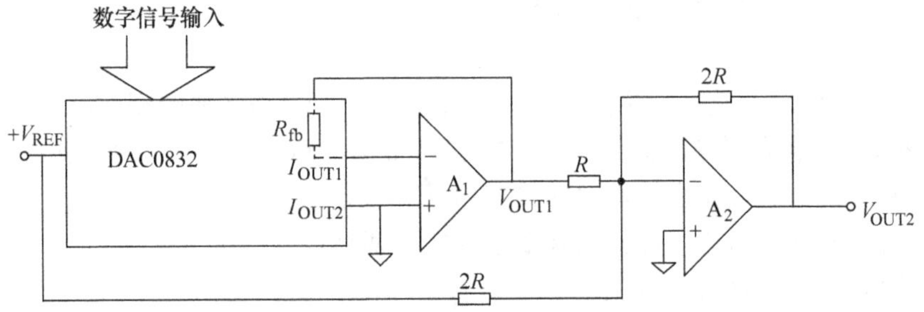

图 2-61　双极性电压输出电路

在图 2-61 中，运算放大器 A_2 构成的是反相求和电路，其输出 V_{OUT2} 为

$$V_{OUT2} = -2V_{OUT1} - V_{REF} \tag{2-26}$$

将式（2-25）代入式（2-26）得

$$V_{OUT2} = V_{REF}\frac{D-128}{128} \tag{2-27}$$

设

$$1LSB = \frac{|V_{REF}|}{128} \tag{2-28}$$

由此，采用偏移二进制代码的双极性电压输出时，数字量与模拟量之间的关系如表 2-11 所示。

表 2-11　双极性电压输出时数字量与模拟量之间的关系

输入数字量	输出模拟量	
MSB　　　　LSB	$+V_{REF}$	$-V_{REF}$
1 1 1 1 1 1 1 1	$V_{REF}-1LSB$	$-\lvert V_{REF}\rvert+1LSB$
1 1 0 0 0 0 0 0	$V_{REF}/2$	$-\lvert V_{REF}\rvert/2$
1 0 0 0 0 0 0 0	0	0

（续）

输入数字量	输出模拟量	
0 1 1 1 1 1 1 1	-1LSB	+1LSB
0 0 1 1 1 1 1 1	$-\frac{V_{REF}}{2}-1LSB$	$\frac{\|V_{REF}\|}{2}+1LSB$
0 0 0 0 0 0 0 0	$-V_{REF}$	$\|V_{REF}\|$

2）电压输出型 D/A 转换器 AD558：AD558 是美国模拟器件公司生产的完备的 8 位电压输出型 D/A 转换器。其内部结构原理图如图 2-62 所示。它片内含有输出缓冲放大器，通过改变输出电路的连接方式可选择两种输出电压，即 0~2.56V 和0~10V。单 5~15V 电源供电，功耗为 75mW，转换时间 3μs。内置高精度的基准电压源，它的数据输出及控制逻辑与微处理器总线完全兼容，故能直接与 8 位或 16 位微处理器接口，所以应用简单、方便。

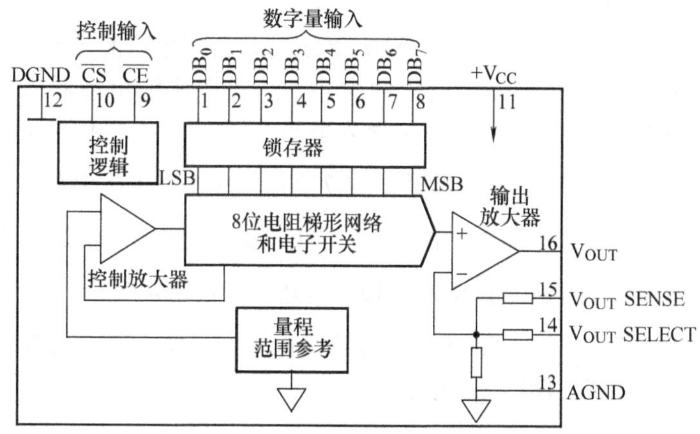

图 2-62　AD558 的内部结构原理图

AD558 的引脚排列如图 2-63 所示。

AD558 的各引脚功能如下：

DB_0 ~ DB_7：8 位数据输入。

$\overline{CE}$：芯片允许信号，低电平有效，一般和计算机的$\overline{WR}$相连。

$\overline{CS}$：片选信号，低电平有效。

$+V_{CC}$：供电电源，5~15V。

DGND：数字地。

AGND：模拟地。

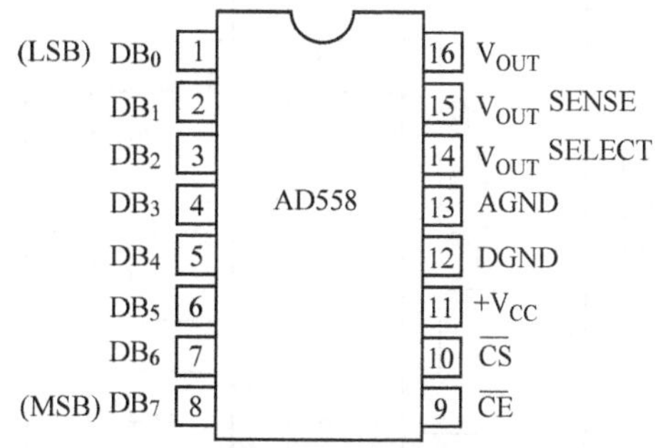

图 2-63　AD558 的引脚排列图

V_{OUT}SELECT：输出量程选择端。如果该引脚和 AGND 相连，则输出电压为 0~10V，如果和 V_{OUT}SENSE 相连，则输出电压为 0~2.56V。量程转换如图 2-64 所示。其中 0~2.56V 输出量程供电电源电压范围为 4.5~16.5V（见图 2-64a）；0~10V 输出量程供电电源电压范围为11.4~16.5V（见图 2-64b）。

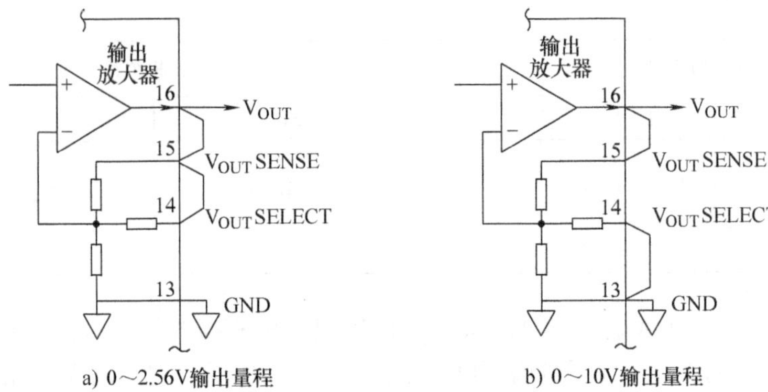

图 2-64　输出量程转换连接图

V_{OUT}SENSE：输出运算放大器检测引脚。特殊用途时可接补偿电阻以提供大的驱动电流。

V_{OUT}：运算放大器电压输出引脚。

3）多通道 D/A 转换器 AD7226：AD7226 是 AD 公司生产的带有输出放大器的 4 通道的 8 位 D/A 转换器，最小分辨电压约为 4mV，是电压输出型器件，其原理框图如图 2-65所示。由图可以看出，其内部包含 4 个锁存器、4 个 D/A 转换器和 4 个输出放大器，组成 4 路完整的 D/A 转换通道。AD7226 有一条写入控制线$\overline{WR}$，两条地址线 A_0、A_1，通过地址线可以选择不同的 D/A 转换通道。当$\overline{WR}$信号为低电平时，被选中的 D/A 转换通道中的锁存器被选中，其输出跟随输入数字量变化。在$\overline{WR}$上升沿到来之际，数据被锁存在锁存器中。当$\overline{WR}$信号变为高电平时，锁存器中的数据被输出。

AD7226 的引脚排列如图 2-66 所示。

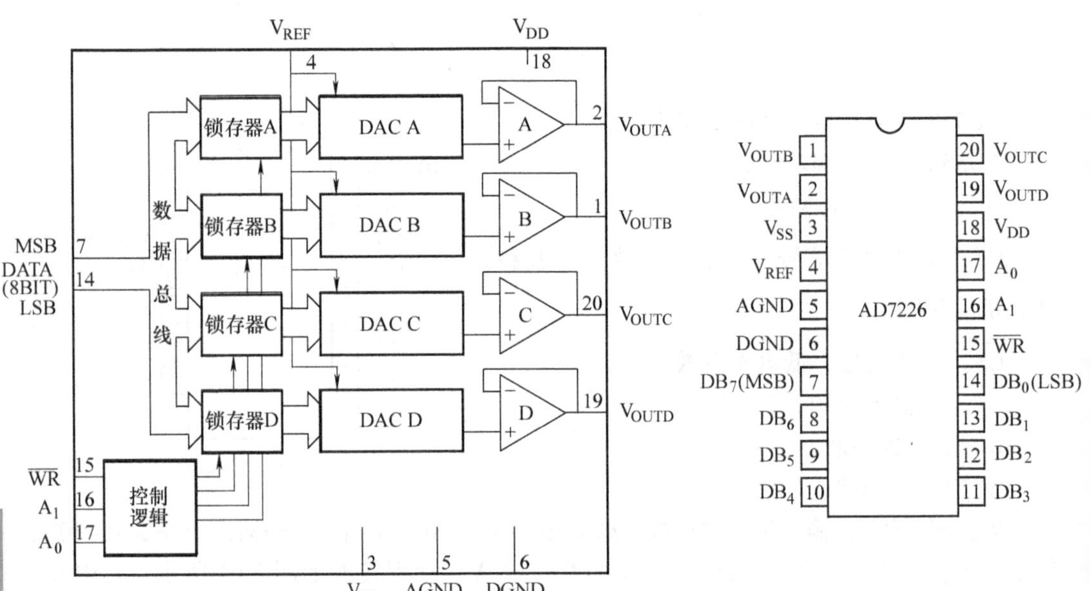

图 2-65　AD7226 的原理框图

图 2-66　AD7226 的引脚排列图

各引脚功能如下：

$DB_0 \sim DB_7$：8 位数据输入。

AGND、DGND：模拟地和数字地，通常连接在一起。

V_{DD}、V_{SS}、V_{REF}：正、负电源和参考电压。当 AD7226 采用双电源供电时，V_{DD}的范围是 11.4~16.5V，$V_{SS}=(-5\pm0.5)V$，$V_{REF}=+2V\sim(V_{DD}-4V)$；当采用单电源供电时，$V_{DD}$的范围是（15±0.75）V，$V_{SS}$=AGND=DGND=0V，$V_{REF}$的最大值为 10V。

V_{OUTA}、V_{OUTB}、V_{OUTC}、V_{OUTD}：4 个通道的电压输出端，其电压输出范围为±5V。

A_1、A_0：通道选择地址线。当 A_1、A_0 取不同值时，对不同的通道进行操作，具体对应关系如表 2-12 所示。

表 2-12　AD7226 的真值表

AD7226 控制输入			操　作
$\overline{WR}$	A_1	A_0	
1	×	×	无操作，器件未选中
0	0	0	DAC A 传输
↑	0	0	DAC A 锁存
0	0	1	DAC B 传输
↑	0	1	DAC B 锁存
0	1	0	DAC C 传输
↑	1	0	DAC C 锁存
0	1	1	DAC D 传输
↑	1	1	DAC D 锁存

AD7226 的每一个通道都可以单独用来提供单极性或双极性的输出。V_{OUTA}、V_{OUTB}、V_{OUTC}、V_{OUTD}是 4 个通道的单极性电压输出端，单极性输出时输入的数字量与模拟量输出的对应关系如表 2-13 所示；要获得双极性的输出必须外加运算放大器和偏移电阻，输出电压的范围取决于参考电压的大小。图 2-67 是在单电源供电情况下的双极性输出电路图，要注意偏移电阻的阻值匹配，此时输入的数字量与模拟量输出之间的对应关系如表 2-14 所示。

表 2-13　单极性输出时输入的数字量与模拟量输出的对应关系

输入的数字量 MSB　　　　LSB	模拟量输出
1 1 1 1 1 1 1 1	$V_{REF}\left(\frac{255}{256}\right)$
1 0 0 0 0 0 0 1	$V_{REF}\left(\frac{129}{256}\right)$
1 0 0 0 0 0 0 0	$V_{REF}\left(\frac{128}{256}\right)=\frac{V_{REF}}{2}$

（续）

输入的数字量 MSB　　　　LSB	模拟量输出
0 1 1 1 1 1 1 1	$V_{REF}\left(\frac{127}{256}\right)$
0 0 0 0 0 0 0 1	$V_{REF}\left(\frac{1}{256}\right)$
0 0 0 0 0 0 0 0	0V

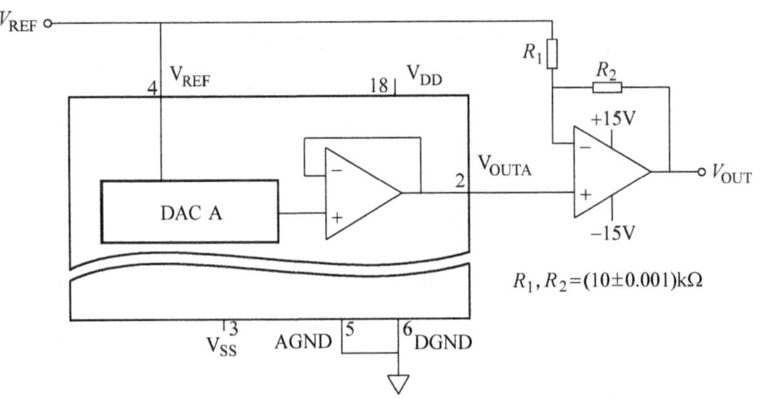

图 2-67　在单电源供电情况下的双极性输出电路图

表 2-14　双极性输出时输入的数字量与模拟量输出的对应关系

输入的数字量 MSB　　　　LSB	模拟量输出
1 1 1 1 1 1 1 1	$+V_{REF}\left(\frac{127}{128}\right)$
1 0 0 0 0 0 0 1	$+V_{REF}\left(\frac{1}{128}\right)$
1 0 0 0 0 0 0 0	0V
0 1 1 1 1 1 1 1	$-V_{REF}\left(\frac{1}{128}\right)$
0 0 0 0 0 0 0 1	$-V_{REF}\left(\frac{127}{128}\right)$
0 0 0 0 0 0 0 0	$-V_{REF}$

（2）8 位 D/A 转换器的程序设计

由于各种 D/A 转换器的结构不同、性能各异，因此它们与计算机接口的连接方法也不尽相同，但仍有相似之处，比如数字量输入、模拟量输出、外部控制信号的连接

方式道理相通。其中模拟量的输出形式前已叙述，下面介绍数字量输入与外部控制信号的连接方式。

1）数字量输入端的连接。D/A 转换器的数字量输入端与计算机的接口主要考虑两方面的问题：一是位数，若采用 8 位计算机，则 8 位 D/A 转换器的数字量输入端和 CPU 的数据线对应相连即可，若 D/A 转换器是高于 8 位的，则要考虑将数据分批传送，且需要将待传送的数据事先按照要求的格式排列好；二是考虑 D/A 转换器内部是否具有输入锁存器，若有输入锁存器，则可以直接和 CPU 的数据线相连，若没有，则必须在 CPU 和 D/A 转换器之间加上锁存器。

2）外部控制信号的连接。外部控制信号主要是片选信号、写信号、启动信号、电源和参考电压等。片选信号主要是由地址线或地址译码器提供；写信号多由计算机的 $\overline{WR}$ 信号提供；启动信号一般是地址线或地址译码器的输出线与写信号共同作用；电源和参考电压要根据 D/A 转换器芯片的要求加上适当的电压。对于 8 位 D/A 转换器，其控制方式可以是双缓冲、单缓冲方式。此时，D/A 转换器的工作情况不仅取决于上述信号，而且还与其内部各输入寄存器的地址状态有关。有时为方便起见，也接成直通方式（将各控制信号接地或接+5V）。

D/A 转换器与计算机的接口设计实例

下面举例说明 8 位 D/A 转换器与计算机的接口及程序设计方法。

图 2-68 所示为 DAC0832 与 80C51 单片机的双缓冲方式接口电路。由于 DAC0832 内部有锁存器，所以不需其他接口芯片，便可与 80C51 数据总线相连，亦不需保持器，只要没有新的数据输入，它将保持原来的输出值。为了得到双缓冲控制形式，用 $P_{2.6}$ 控制 $\overline{CS}$，用 $P_{2.7}$ 控制 $\overline{XFER}$，$\overline{WR}$ 同时控制 $\overline{WR_1}$ 和 $\overline{WR_2}$，输出锁存允许 ILE 接高电平。这样第一级数据锁存器的地址为 BFFFH，第二级 DAC 寄存器的地址为 7FFFH。可以看出数字量的输入锁存和 D/A 转换输出是分两步完成的。该接口电路采用单极性输出方式，参考电压 $V_{REF}=-5V$，若想输出电压 $V_{OUT}=2.5V$，则按照式（2-25）可知，对应的输入数字量应为 80H。实现输出 2.5V 电压的程序如下：

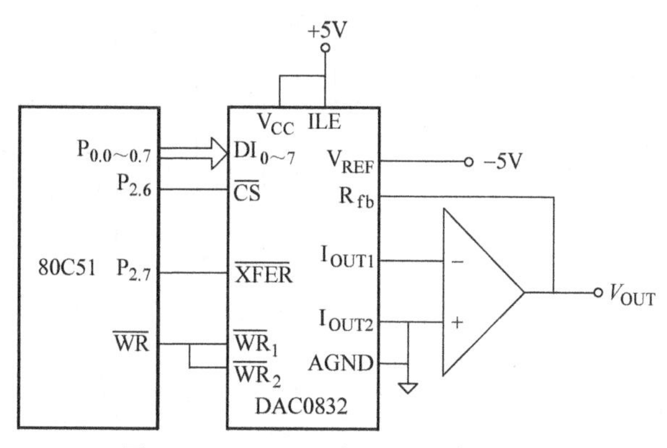

图 2-68　DAC0832 与 80C51 单片机的双缓冲方式接口电路

```
START:  MOV   A, #80H          ; 待转换的数字量
        MOV   DPTR, #0BFFFH    ; 将数字量送入数据锁存器
        MOVX  @DPTR, A
        MOV   DPTR, #7FFFH     ; 将输入数字量送入 DAC 寄存器
        MOVX  @DPTR, A         ; 完成 D/A 转换
```

如果有多路 D/A 转换器接口，要求同步进行 D/A 转换输出时，必须采用双缓冲同步方式的接口电路，电路如图 2-69 所示。由图可以看出，CPU 的数据总线分时地

向两路 D/A 转换器输入要转换的数字量并锁存在各自的数据锁存器中，然后 CPU 对两个 D/A 转换器发出控制信号，使两个 D/A 转换器数据锁存器中的数据送入 DAC 寄存器，实现同步输出。

完成两路 D/A 转换器的同步输出的程序如下：

```
START:  MOV   DPTR, #0DFFFH     ; 指向 DAC0832 (1)
        MOV   A, #DATA1         ; #DATA1 送入 DAC0832 (1) 的数据锁存器
        MOVX  @DPTR, A
        MOV   DPTR, #0BFFFH     ; 指向 DAC0832 (2)
        MOV   A, #DATA2         ; #DATA2 送入 DAC0832 (2) 的数据锁存器
        MOVX  @DPTR, A
        MOV   DPTR, #7FFFH      ; DAC0832 (1) 和 DAC0832 (2) 同时完成
        MOVX  @DPTR, A          ; D/A 转换
```

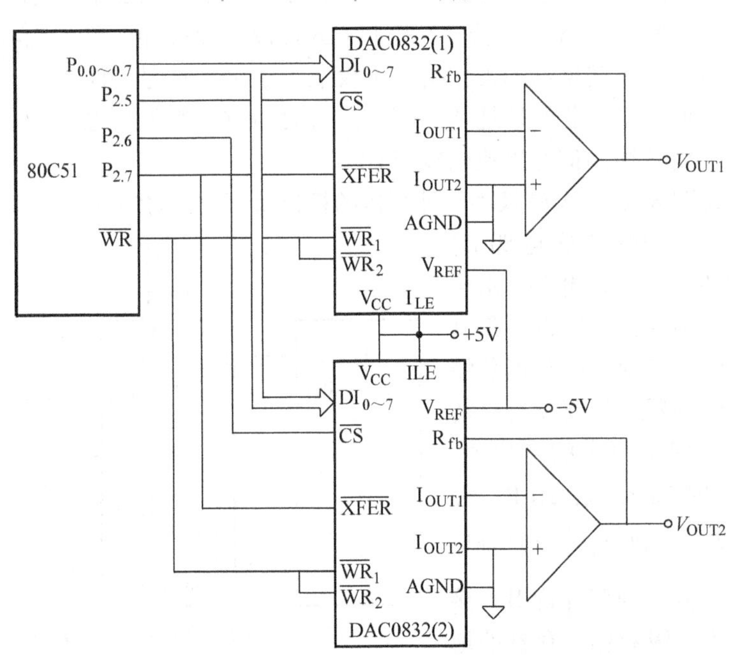

图 2-69 两路 D/A 转换器要求同步转换输出的接口电路

若应用系统中只有一路 D/A 转换器或虽然是多路转换，但并不要求同步输出时，则可以采用单缓冲方式接口电路，如图 2-70 所示。图中 DAC0832 的$\overline{CS}$和$\overline{XFER}$都与地址线 $P_{2.5}$ 相连，当地址线选通 DAC0832 后，只要输出 $\overline{WR}$ 控制信号，DAC0832 就能一步完成数字量的输入锁存和 D/A 转换输出。

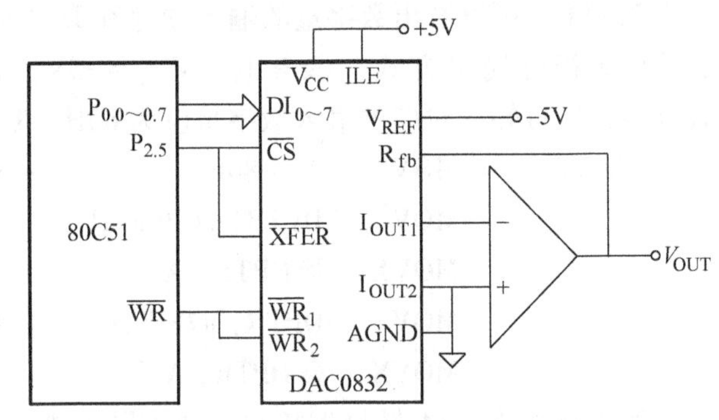

图 2-70 DAC0832 采用单缓冲方式接口电路

执行下面的几条指令就能完成一次 D/A 转换：

```
MOV     DPTR, #0DFFFH        ; 指向 DAC0832
MOV     A, #DATA             ; 数字量先装入累加器 A
MOVX    @DPTR, A             ; 完成一次 D/A 输入与转换
```

2. 高于 8 位 D/A 转换器与计算机的接口设计

（1）高于 8 位的 D/A 转换器

1）12 位 D/A 转换器 DAC1208。DAC1208 系列 D/A 转换器有 DAC1208、DAC1209、DAC1210 三种芯片类型，是与微处理器完全兼容的 12 位 D/A 转换器。其功耗低，输出电流稳定时间为 1μs，参考电压范围为 -10～+10V，单工作电源范围为 5～15V，转换精度较高，价格低廉，接口简单。

DAC1208 的内部结构框图如图 2-71 所示，其结构与 DAC0832 相似，只不过是把 8 位部件换成了 12 位的部件。输入锁存器由 8 位寄存器和 4 位寄存器组成，以便和 8 位的 CPU 连接，实现数字信号转换为模拟信号。内部还有 12 位 DAC 寄存器，12 位乘法 DAC。DAC1208 也是采用双缓冲器结构，$\overline{LE}$(1) 为 8 位输入锁存器命令，$\overline{LE}$(2) 为 4 位输入锁存器命令。当它们为高电平 1 时，输入锁存器的输出随着输入数据的状态变化；当它们为低电平时，数据锁存。$\overline{LE}$(3) 为 12 位 DAC 寄存器命令，当它为高电平时，12 位 DAC 寄存器的输出状态随着输入锁存器的状态而变化，进行 D/A 转换，否则为低电平时，停止 D/A 转换。由于 DAC1208 是 12 位数据总线，对于 8 位单片机分两次从 CPU 送出，只可连接成双缓冲器方式。数据的操作必须分为三步进行，首先将高 8 位数据写入 8 位输入锁存器，然后将低 4 位数据写入 4 位输入锁存器，最后将 12 位数据从输入锁存器中写入 12 位 DAC 寄存器，将 12 位转换数据送往 DAC1208 接口电路进行 D/A 转换。

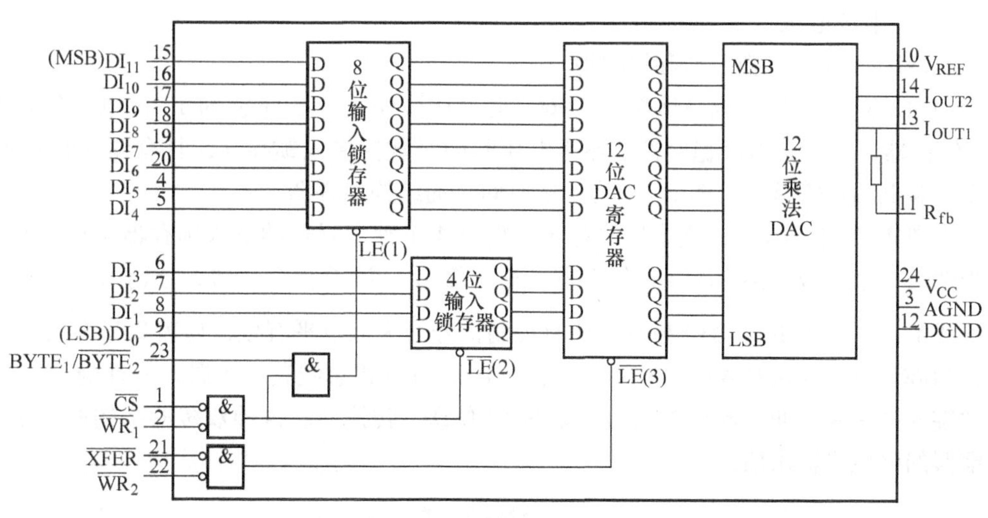

图 2-71　DAC1208 的内部结构框图

DAC1208 的引脚排列如图 2-72 所示。

各引脚功能如下：

$\overline{CS}$：片选信号，低电平有效。

$\overline{WR_1}$：写信号，低电平有效。

$\overline{WR_2}$：辅助写信号，低电平有效。该信号与$\overline{XFER}$相结合来控制 DAC 寄存器的工作状态。当$\overline{XFER}$和$\overline{WR_2}$同时为低电平时，DAC 寄存器的输出状态随着输入锁存器的状态而改变；当$\overline{WR_2}$为高电平时，DAC 寄存器中的数据被锁存起来。

$\overline{XFER}$：传送控制信号，低电平有效。用于将输入锁存器中的 12 位数据送至 DAC 寄存器。

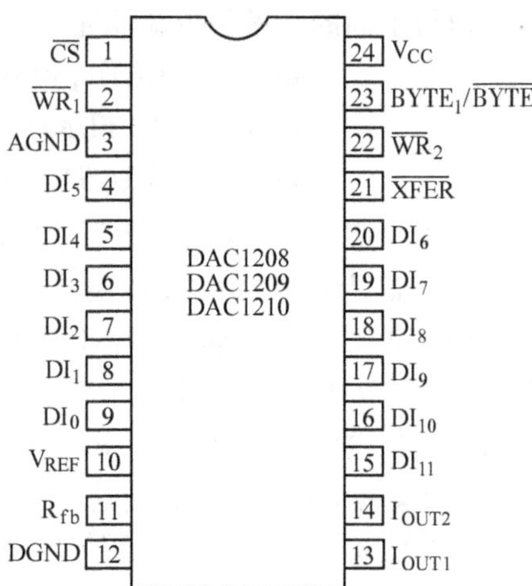

图 2-72 DAC1208 的引脚排列

$BYTE_1/\overline{BYTE_2}$：字节顺序控制信号。当$\overline{CS}$和$\overline{WR_1}$同时为低电平时，若该信号为高电平，则 8 位和 4 位输入锁存器的输出随着输入数据变化；若该信号为低电平，则 8 位输入锁存器处于锁存状态，而 4 位输入锁存器的输出随着输入数据变化。

$DI_0 \sim DI_{11}$：12 位数据输入。

I_{OUT1}：D/A 转换器电流输出 1。当 DAC 寄存器全 1 时，输出电流最大，全 0 时，输出为 0。

I_{OUT2}：D/A 转换器电流输出 2。$I_{OUT1} + I_{OUT2}$ = 常数。

R_{fb}：反馈电阻输入。

V_{REF}：参考电压输入。

V_{CC}：电源电压。

DGND、AGND：数字地和模拟地。

2）12 位 D/A 转换器 AD667。AD667 是 AD 公司生产的完整的 12 位电压输出型 D/A转换器，片内含有高稳定性的参考电压和两级数据输入锁存器，具有建立时间短、精度高和低功耗等特点。图 2-73 所示为 AD667 的结构原理图。

由图 2-73 可以看出，该芯片的总线逻辑由 4 个独立寻址的输入锁存器组成。它们分为两级，第一级包括 3 个 4 位锁存器，第二级为 1 个 12 位锁存器，分别由 AD667 的地址线$A_3 \sim A_0$及片选信号$\overline{CS}$控制，所有控制信号均为低电平有效，如表 2-15 所示。这样，AD667 可以直接从 4 位、8 位、12 位、16 位计算机总线获得数据。一旦全 12 位数据被装入第一级，便一起被置入第二级的 12 位D/A转换器。这种双缓冲结构避免了产生虚假的模拟量输出值。

表 2-15 AD667 的真值表

$\overline{CS}$	A_3 A_2 A_1 A_0	操 作
1	× × × ×	无操作
×	1 1 1 1	无操作

（续）

$\overline{CS}$	A_3 A_2 A_1 A_0	操作
0	1 1 1 0	选通第一级低四位锁存器
0	1 1 0 1	选通第一级中四位锁存器
0	1 0 1 1	选通第一级高四位锁存器
0	0 1 1 1	从第一级向第二级置数
0	0 0 0 0	所有锁存器均为传输状态

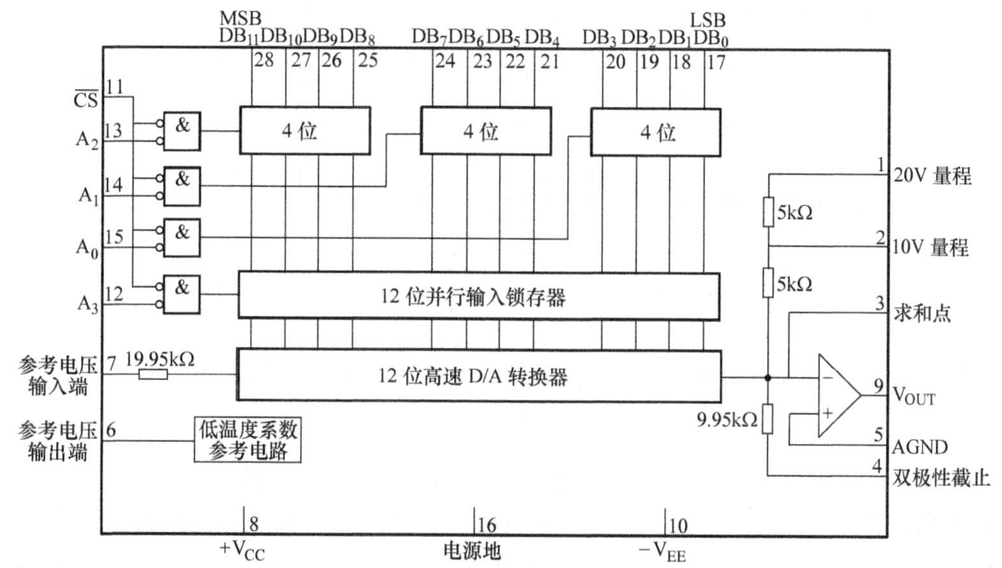

图 2-73 AD667 的结构原理图

通过对 AD667 内部的刻度电阻采取不同的连接方式，可以得到双极性输出电压范围分别为±10V、±5V、±2.5V，单极性输出电压范围为 0~5V 或 0~10V。各种输出电压范围的电路连接情况如表 2-16 所示。图 2-74 为单极性输出的电路连接方式。

表 2-16 不同输出电压范围的电路连接情况

输出电压范围	输入数字信号代码	连接引脚 9 到	连接引脚 1 到	连接引脚 2 到	连接引脚 4 到
±10V	偏移二进制码	1	9	NC（空）	6（通过 50Ω 电阻或 100Ω 可调电阻）
±5V	偏移二进制码	1 和 2	2 和 9	1 和 9	6（通过 50Ω 电阻或 100Ω 可调电阻）
±2.5V	偏移二进制码	2	3	9	6（通过 50Ω 电阻或 100Ω 可调电阻）
0~10V	二进制码	1 和 2	2 和 9	1 和 9	5（或如图 2-74 所示的连接方式）
0~5V	二进制码	2	3	9	5（或如图 2-74 所示的连接方式）

（2）高于 8 位的 D/A 转换器的程序设计

高于 8 位的 D/A 转换器与计算机接口时，若 D/A 转换器输入数字量的位数小于计算机的数据线位数，则可以采用双缓冲方式、单缓冲方式或直通方式；但若大于计算

机的数据线位数时，则必须采用双缓冲方式。下面通过介绍 DAC1208 与 8 位 80C51 单片机的接口设计来说明高于 8 位的 D/A 转换器的程序设计。

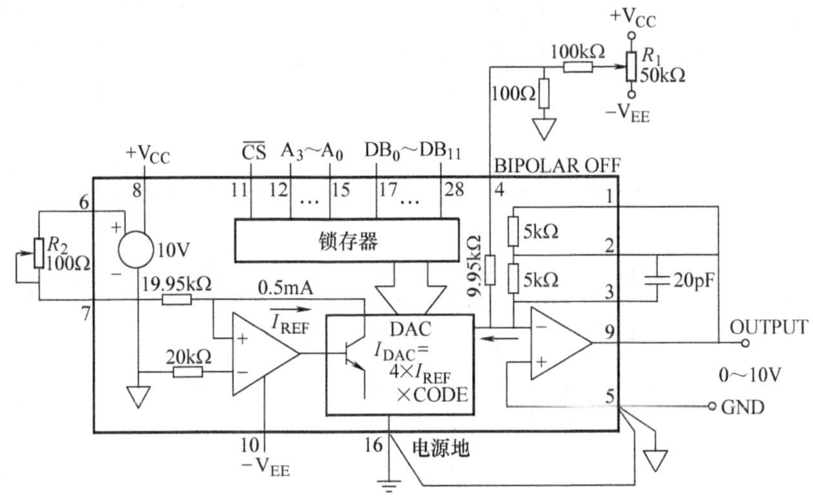

图 2-74　0~10V 单极性电压输出

DAC1208 与计算机的接口设计最重要的是 DAC1208 的输入控制线。$\overline{CS}$和$\overline{WR_1}$ 用来控制输入锁存器，$\overline{XFER}$和$\overline{WR_2}$ 用来控制 12 位 DAC 寄存器。但是为了区分 8 位输入锁存器和 4 位输入锁存器，增加了一条控制线 $BYTE_1/\overline{BYTE_2}$。当该信号为 1 时，选中 8 位输入锁存器，为 0 时则选中 4 位输入锁存器。有了这条控制线，两个输入锁存器可以接同一条译码器输出（接至$\overline{CS}$端）。实际上，在 $BYTE_1/\overline{BYTE_2}=1$ 时，两个输入锁存器都被选中，而在 $BYTE_1/\overline{BYTE_2}=0$ 时，只选中 4 位的输入锁存器。这样就可以用一条地址线来控制 $BYTE_1/\overline{BYTE_2}$，用两条译码器输出线控制$\overline{CS}$和$\overline{XFER}$。

图 2-75 所示为 80C51 单片机与 DAC1208 的接口电路。图中 DAC1208 的 $BYTE_1/\overline{BYTE_2}$ 与单片机的 $P_{0.0}$相连，所以，DAC1208 的高 8 位输入锁存器的地址为 2001H，低 4 位输入锁存器的地址为 2000H，而 DAC 寄存器的地址为 4000H。因为 DAC1208 内部没有参考电源，所以外接高精度集成稳压器 AD581，其输出稳定电压为 10V，作为 DAC1208 的基准源。模拟电压输出接为双极性，其中 RP_1 为调满量程电位器，RP_2 为调零电位器。

由于 80C51 单片机为 8 位机，所以这里 DAC1208 采用双缓冲工作方式。在送入数据时，要先送入高 8 位数据 $DI_{11}\sim DI_4$，再送入低 4 位数据 $DI_3\sim DI_0$，而不能按照相反的顺序送入。这是因为在输入 8 位数据时，4 位输入锁存器也是打开的，如果先送低 4 位数据，后送入高 8 位数据，结果就会不正确。在 12 位数据分别正确地送入两个输入锁存器后，再打开 DAC 寄存器，就可以把 12 位数据送入 12 位 D/A 转换器去转换。

设 12 位数字量存放在内部 RAM 的 DIGIT 和 DIGIT+1 单元中。高 8 位数据存放在 DIGIT 单元，低 4 位数据存放在 DIGIT+1 单元的低 4 位中。将 12 位数据送入 DAC1208 进行 D/A 转换的程序如下：

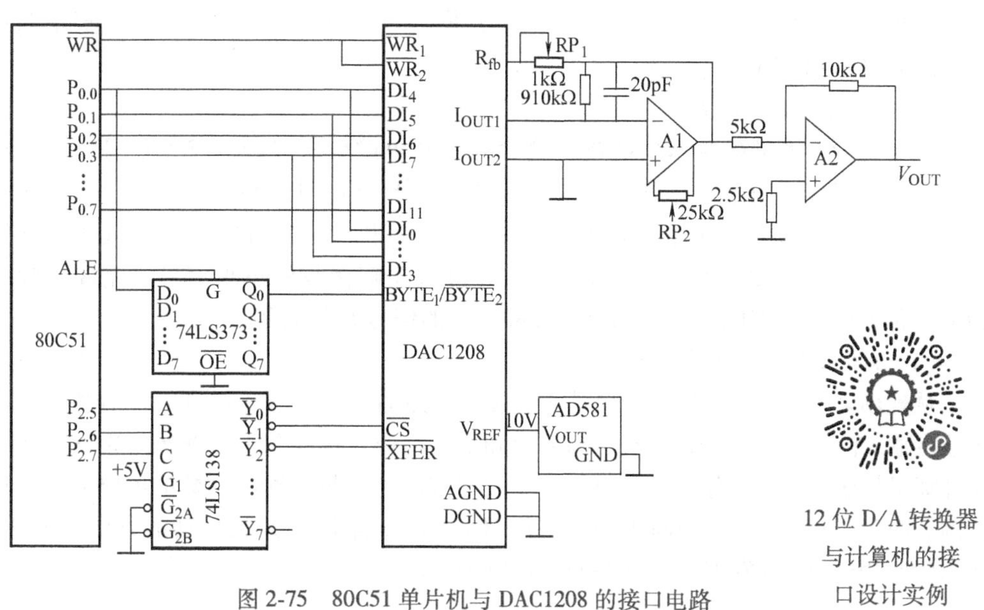

图 2-75 80C51 单片机与 DAC1208 的接口电路

12 位 D/A 转换器与计算机的接口设计实例

```
MOV     DPTR, #2001H      ; 8 位输入锁存器地址
MOV     R1, #DIGIT        ; 高 8 位数据地址
MOV     A, @R1            ; 取出高 8 位数据
MOVX    @DPTR, A          ; 高 8 位数据送 DAC1208
MOV     DPTR, #2000H      ; 4 位输入锁存器地址
INC     R1                ; 求出 4 位数据地址
MOV     A, @R1            ; 取出低 4 位数据
MOVX    @DPTR, A          ; 低 4 位数据送入 DAC1208
MOV     DPTR, #4000H      ; DAC 寄存器地址
MOVX    @DPTR, A          ; 完成 12 位 D/A 转换
```

2.6 数字量输入/输出通道

2.6.1 数字量输入通道

数字量输入通道将现场开关信号转换成计算机需要的电平信号，以二进制数字量的形式输入计算机，计算机通过输入接口电路读取状态信息。数字量输入通道一般由数字量输入接口电路和输入信号调理电路组成。

1. 数字量输入接口电路

数字量输入接口电路一般由三态缓冲器和地址译码器组成，如图 2-76 所示。图中开关输入信号 $S_0 \sim S_7$ 接到缓冲器 74LS244 的输入端，当 CPU 执

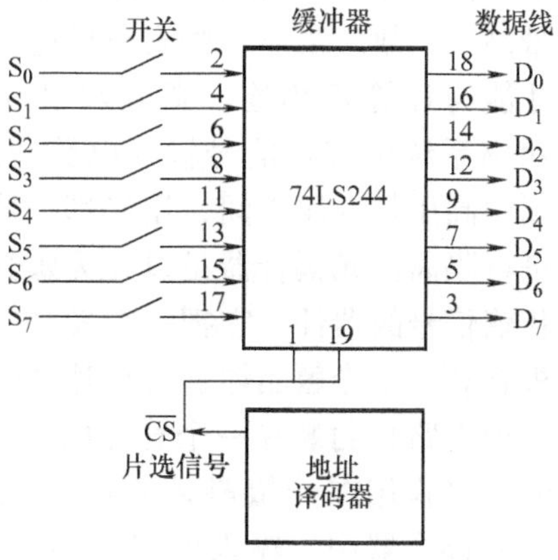

图 2-76 数字量输入接口电路

行输入指令时，地址译码器产生片选信号，将 $S_0 \sim S_7$ 的状态信号送到数据线 $D_0 \sim D_7$ 上，然后再送到 CPU 中。

2. 输入信号调理电路

数字量输入通道的基本功能就是接收外部装置或生产过程的状态信号。这些状态信号的形式可能是电压、电流、开关的触点，因此容易引起瞬时高电压、过电压、接触抖动等现象。为了将外部开关量信号输入到计算机中，必须将现场输入的状态信号经转换、保护、滤波、隔离等措施转换成计算机能够接收的逻辑信号，完成这些功能的电路称为信号调理电路。下面介绍几种常用的信号调理电路。

（1）小功率输入调理电路

从现场来的二进制数字量一般是通过接点电路输入的。图 2-77 所示为开关、继电器等接点输入信号的电路。它将接点的接通和断开动作转换成 TTL 电平或 CMOS 电平，再与计算机相连。为了消除接点的抖动，一般都应加入有较长时间常数的电路来消除这种振荡。图 2-77a 所示为一种简单的、采用 RC 滤波电路消除开关抖动的方法。图 2-77b 所示为常用的 RS 触发器消除开关两次反跳的方法。

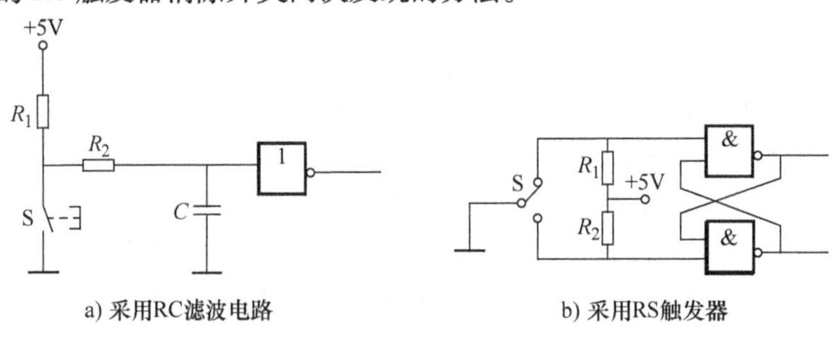

图 2-77 小功率输入调理电路

（2）大功率输入调理电路

在大功率系统中，需要从电磁离合器等大功率器件的接点输入信号。在这种情况下，为了使接点工作可靠，接点两端至少要加 24V 以上的直流电压。因为直流电压的响应速度快，不易产生干扰（可利用阻尼二极管消除干扰），电路又简单，因而被广泛采用。但是这种电路，由于带高压，故应采取一些安全措施后才能与计算机相连。图 2-78 为大功率系统中接点信号输入电路图。图中高压与低压之间，用光耦合器进行隔离。光耦合器是以光为媒介传输信号的器件，它把一个发光二极管和一个光敏晶体管（或达林顿光敏电路）封装在一个管壳内，发光二极管加上正向输入电压信号（>1.1V）即发光。光作用在光敏晶体管的基极，产生基极光电流使晶体管导通，输出电信号。在光耦合器中，输入电路与输出电路是绝缘的，一个光耦合器可以完成一路开关

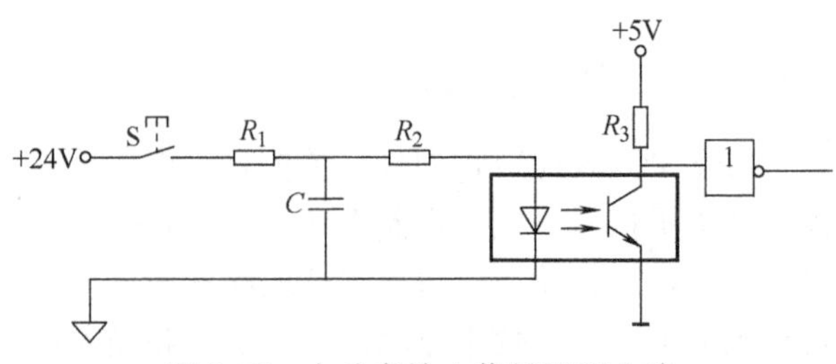

图 2-78 大功率输入信号调理电路

量的隔离。

（3）交流输入信号检测电路

交流输入信号检测电路如图 2-79 所示。图中 L_1、L_2 为电感，一般取 1000μH，RV_1 为压敏电阻，当交流输入为 110V 时，RV_1 取 270V；当交流输入为 220V 时，RV_1 取 470V。R_1 取 510kΩ/0.5W，R_2 取 20kΩ/3W 电阻，R_3 取 2.4kΩ/0.25W 电阻，R_4 取 100Ω/0.25W 电阻，电容 C_1 取 10μF/25V，光耦合器 OP 可取 TLP620 或 PS2505-1。L、N 为交流输入端。当 S 按钮按下时，输出为 0；当 S 按钮未按下时，输出为 1。

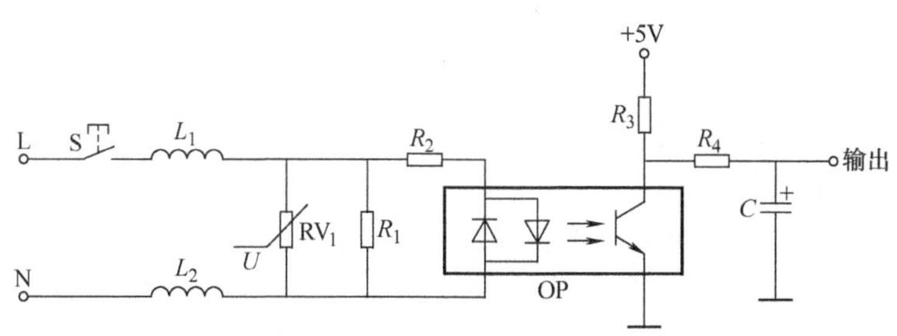

图 2-79 交流输入信号检测电路

2.6.2 数字量输出通道

数字量输出通道将计算机的数字输出转换成现场各种开关设备所需求的信号。数字量输出通道一般由数字量输出接口电路和输出信号驱动电路构成。

1. 数字量输出接口电路

数字量输出接口电路包括输出锁存器和地址译码器，如图 2-80 所示。数据线 D_0 ~ D_7 接到输出锁存器 74LS273 的输入端，当 CPU 执行输出指令时，地址译码器产生写数据信号，将 D_0 ~ D_7 状态信号送到锁存器的输出端 Q_0 ~ Q_7 上，再经输出驱动电路送到开关器件。

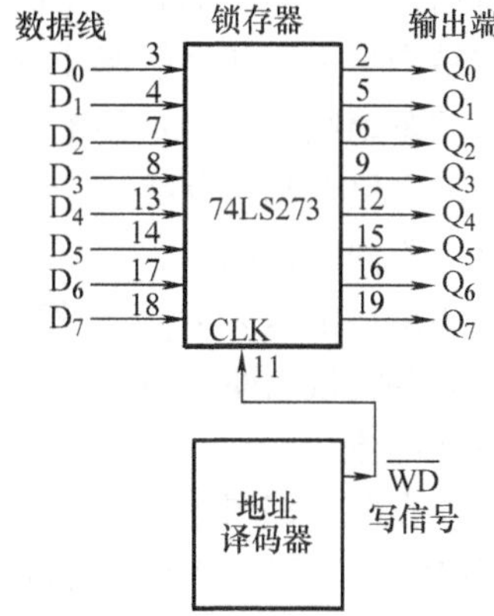

图 2-80 数字量输出接口电路

2. 输出信号驱动电路

要把计算机输出的微弱数字信号转换成能对生产过程进行控制的驱动信号，在输出通道中需要输出驱动电路。下面介绍几种常用的输出驱动电路。

（1）低电压开关量信号输出技术

对于低电压情况下开关量控制输出，可采用晶体管、OC 门或运放等方式，如驱动低压电磁阀、指示灯、直流电动机等，如图 2-81 所示。需注意的是，在使用 OC 门时，由于其为集电极开路输出，在其输出为“高”电平状态时，实质只是一种高阻状态，必须外接上拉电阻，此时的输出驱动电流主要由 V_C 提供，只能直流驱动并且 OC 门的驱动电流一般不大，在几十毫安量级，如果驱动设备所需驱动电流较大，则可采用晶体管输出方式，如图 2-82 所示。

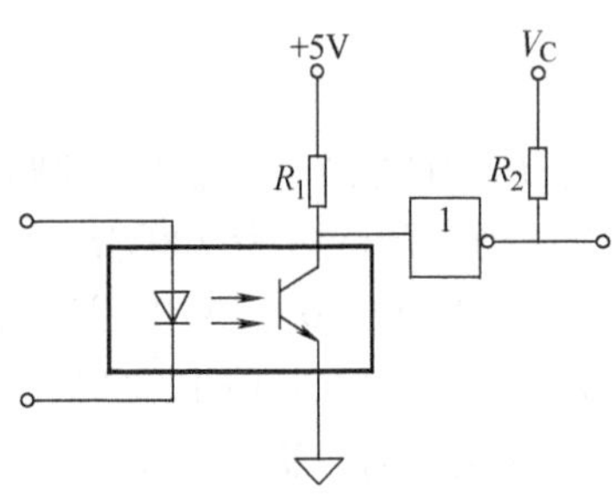

图 2-81 低压开关量输出

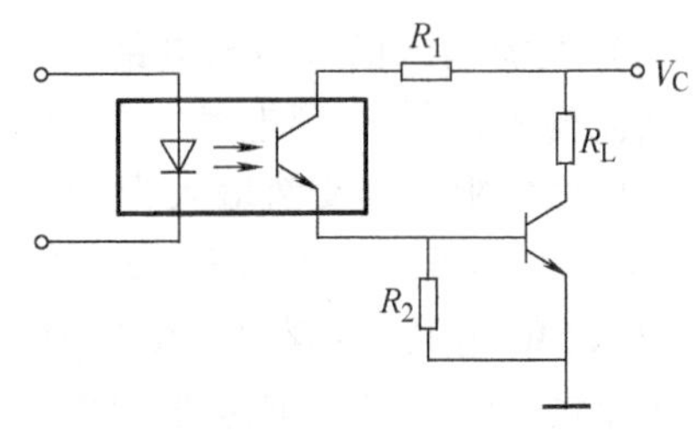

图 2-82 晶体管输出驱动

(2) 继电器输出接口技术

继电器方式的开关量输出，是常用的一种输出方式。一般在驱动大型设备时，往往利用继电器作为控制系统输出到输出驱动级之间的第一级执行机构。通过第一级继电器输出，可以完成从低压直流到高压交流的过渡。如图 2-83所示，在经光电隔离后，直流部分给继电器供电，而其输出部分则可直接与220V 市电相接。

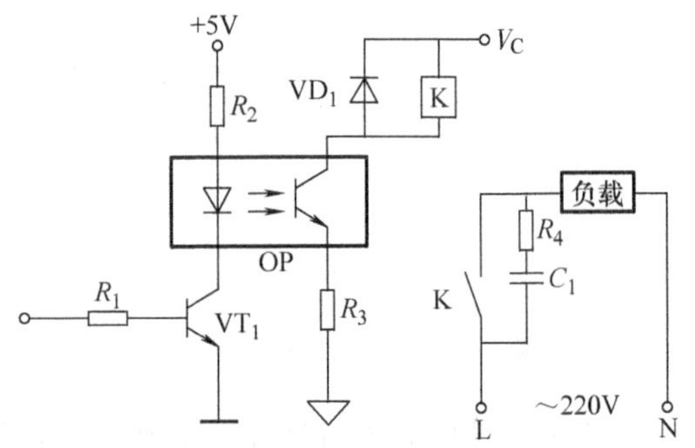

图 2-83 继电器输出电路

继电器输出也可用于低压场合，与晶体管等低压输出驱动器相比，继电器输出时输入端与输出端有一定的隔离功能，但由于采用电磁吸合方式，在开关瞬间，触点容易产生火花从而引起干扰；对于交流高压等场合使用，触点也容易氧化。由于继电器的驱动线圈有一定的电感，在关断瞬间可能会产生较大的电压，因此在对继电器的驱动电路上常常反接一个保护二极管用于反向放电。

不同的继电器，允许驱动电流也不一样，在电路设计时可适当加一限流电阻，如图 2-83中的电阻 R_3。当然，在该图中是用达林顿输出的光耦合器直接驱动继电器，而在某些需较大驱动电流的场合，则可在光耦合器与继电器之间再接一级晶体管以增加驱动电流。

在图 2-83 中，VT_1 可取 9013 晶体管，OP 光耦合器可取达林顿输出的 4N29 或 TIL13。加 VD_1 二极管的目的是消除继电器线圈产生的反电动势，R_4、C_1 为灭弧电路。

(3) 固态继电器输出接口

固态继电器（Solid State Releys，SSR）的输入控制电流小，用 TTL、HTL、CMOS 等集成电路或加简单的辅助电路即可直接驱动，因此适宜于在计算机测控系统中作为输出通道的控制元件；其输出利用晶体管或晶闸管驱动，无触点。与普通的电磁式继电器和磁力开关相比，其具有无机械噪声、无抖动和回跳、开关速度快、体积小、重量轻、寿命长、工作可靠等特点，并且耐冲击、抗潮湿、抗腐蚀，因此在计算机测控等领域中，已逐渐取代传统的电磁式继电器和磁力开关作为开关量输出控制元件。

固态继电器按其负载类型分类，可分为直流型（DC—SSR）和交流型（AC—SSR）两类。

1）直流型SSR。直流型SSR主要应用于直流大功率控制场合。它可分为三端型和二端型，其中二端型是近年来发展起来的多用途开关。这种SSR的电气原理图如图2-84所示。输入端为一光耦合器，因此可用OC门或晶体管直接驱动，驱动电流一般小于15mA，输入电压为4~32V，因此在电路设计时可选用适当的电压和限流电阻R；输出端为晶体管输出，输出断态电流一般小于5mA，输出工作电压30~180V（5V开始工作），开关时间小于200μs，绝缘度为7500V/s。因此，在具体选用时可根据不同需要，选用合适的类型。图2-85为一典型接线图，此处所接为感性负载，对一般电阻型负载，可直接加负载设备。

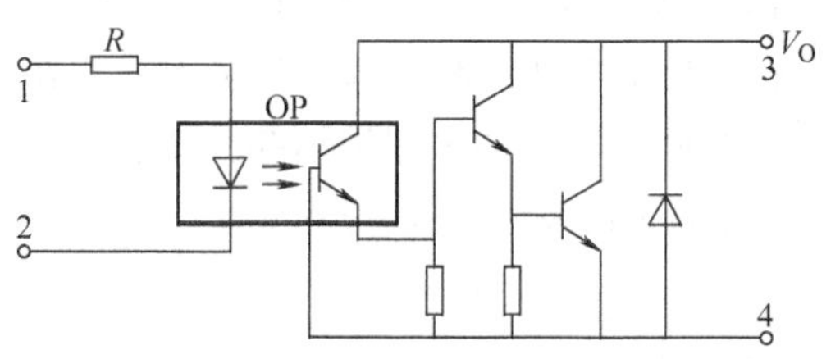

图2-84 直流型SSR电气原理图

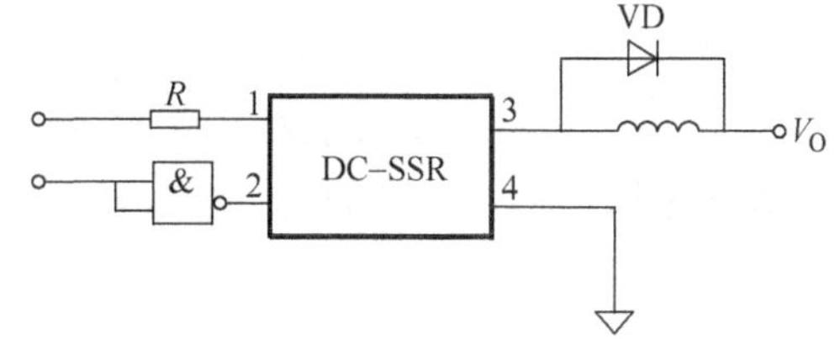

图2-85 直流型SSR典型接线图

2）交流型SSR。交流型SSR用于交流大功率驱动场合。它可分为过零型和移相型两类，用双向晶闸管作为开关器件，其电气原理图如图2-86所示。对于非过零型SSR，在输入信号时，不管负载电源电压相位如何，负载端立即导通。过零型SSR必须在负载电源电压接近零且输入控制信号有效时，输出端负载电源才导通；而当输入端的控制电压撤消后，流过双向晶闸管负载为零才关断。

对于交流型SSR，其输入电压为4~32V，开关时间小于200μs，输入电流小于500mA，因此对其驱动可加接一晶体管直接驱动。输出工作电压为交流，可用于380V、220V等市电场合。输出断态电流一般小于10mA。

由于采用电子开关（晶闸管）作为开关器件，存在通态压降和断态漏电流。SSR的通态压降一般小于2V，断态漏电流通常为5~10mA，因此在使用中要考虑这两项参数，否则在控制小功率执行器件时容易产生误动作。

在电路设计时，一般应让SSR的开关电流至少为断态电流的10倍。负载电流若低于该值，则应并联电阻R，以提高开关电流，如图2-87所示。当使用感性负载时，也可采用这种方法，以避免误动作。

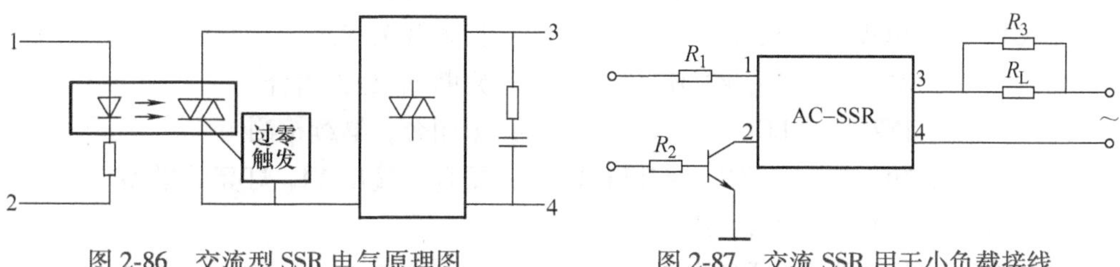

图2-86 交流型SSR电气原理图

图2-87 交流SSR用于小负载接线

根据上面的有关双向晶闸管的分析可知，SSR的输出端必须加接压敏电阻等过压吸收元件，其电压的选择可取电源有效值的1.6~1.9倍。市场上也可直接买到适用于

380V 或 220V 等交流负载的 SSR。

在具体进行电路设计时，可根据需要选择固态继电器的类型和参数，在参数选择时尤其要注意其输入电流和输出负载的驱动能力。

2.6.3　数字量输入/输出通道设计

实验：按键控制指示灯点亮、闪烁

图 2-88 所示为数字量输入/输出电路原理图。图中单片机 80C51 的 P_1 口作为输入口，8 个开关 S_0 ~ S_7 的状态转换为 TTL 电平后送入 P_1 口。当开关为闭合状态时，输入为低电平，若为断开状态则输入为高电平，其中 *RC* 电路为输入信号调理电路。输出控制信号由 $P_{2.7}$ 和 $\overline{WR}$ 相或而得到，当或门输出为低电平时，将 P_0 口的数据输入到 74LS273 中；当或门输出为上升沿时，P_0 口的数据被锁存，其输出控制着发光二极管 VL_0 ~ VL_7。当某线输出低电平时，该线上的发光二极管点亮。

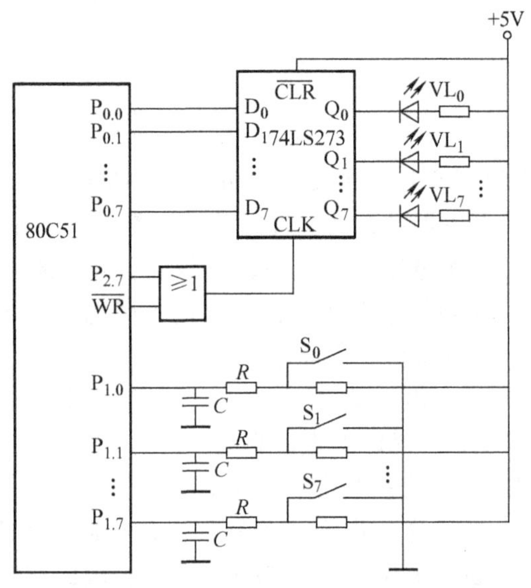

图 2-88　数字量输入/输出电路原理图

对于图 2-88，若要实现的功能是开关 S_0 闭合，发光二极管 VL_0 就发光，则程序段如下：

```
        MOV     P1, #0FFH       ; P1 为准输入口
LOOP:   MOV     A, P1           ; 读入开关状态
        ANL     A , #01H        ; 判断 S0 是否闭合
        JNZ     LOOP            ; 未闭合，继续检测
        MOV     DPTR , #7FFFH   ; 闭合，输出 VL0 灯亮的模型
        MOV     A , #0FEH
        MOVX    @DPTR , A
```

在计算机控制系统中，常以步进电动机作为执行机构驱动被控对象。图 2-89 所示是一个数字量输入/输出通道的应用实例，用单片机实现对步进电动机的正反转控制。

开关 S 接到+5V 时，电动机正转，当开关 S 接地时，电动机反转。S 与 P2.7 相连，单片机根据 P2.7 电平的高低，从 P1.0~P1.2 输出三相步进电动机的控制字（数字量），输出的控制量经 7404 缓冲及直流 SSR 驱动送到步进电动机 A、B、C 三相，使步进电动机旋转。下面是步进电动机单三拍工作方式下走 N 步的程序。

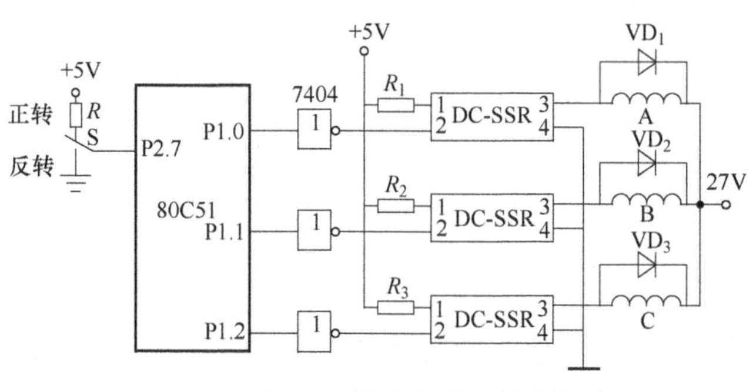

图 2-89　步进电动机的计算机控制电路

步进电动机的控制实例-原理讲解

步进电动机的控制实例-实例演示

```
RUN1:    MOV     A, #N            ; 步进电动机步数为 N
         MOV     P2, #0FFH        ; P2 口作为准输入口
         MOV     A, P2
         JNB     ACC.7, LOOP2     ; P2.7=0 反转，转 LOOP2
LOOP1:   MOV     P1, #01H         ; P2.7=1 正转，输出第一拍
         MOV     A, P2
         ACALL DELAY              ; 延时
         DEC     A                ; A=0，转 DONE
         JZ      DONE
         MOV     P1, #02H         ; 输出第二拍
         ACALL DELAY
         DEC     A                ; A=0，转 DONE
         JZ      DONE
         MOV     P1, #04H         ; 输出第三拍
         ACALL DELAY
         DEC     A                ; A=0，转 DONE
         JNZ     LOOP1
         AJMP    DONE
LOOP2:   MOV     P1, #01H         ; 反转，输出第一拍
         ACALL DELAY
         DEC     A                ; A=0，转 DONE
         JZ      DONE
         MOV     P1, #04H         ; 输出第二拍
         ACALL DELAY
         DEC     A                ; A=0，转 DONE
```

```
            JZ      DONE
            MOV     P1, #02H        ; 输出第三拍
            ACALL DELAY
            DEC     A               ; A=0, 转 DONE
            JNZ     LOOP2
DONE:       …
DELAY:      …
```

习题2

1. 填空题

(1) 要想从采样信号 $x^*(t)$ 中不失真地恢复连续信号 $x(t)$，采样角频率 ω_s 必须满足________。

(2) 模拟量输入通道一般由________、________、________、________和________组成。

(3) 多路开关的作用是________。

(4) A/D 转换器的启动方式分________和________启动。

(5) 主机判断 A/D 转换结束的方法有三种：________方式、________方式和________方式。

(6) A/D 转换器与单片机的硬件接口有三种方式，分别为________方式、________方式和________方式。

(7) DAC0832 有________、________、________三种工作方式，________和________两种输出方式。

2. 选择题

(1) CD4051 的 $\overline{\text{INH}}$ 接低电平时，若 C、B、A 端依次接 110B，则被选通的通道是________。

A. IN/OUT6 通道　　B. IN/OUT3 通道　　C. IN/OUT5 通道　　D. 无通道选中

(2) 下列器件中作为可变增益放大器的是________。

A. RCV420　　B. CD4051　　C. PGA202　　D. LF398

(3) 采用 ADC0809 构成模拟量输入通道，ADC0809 在其中所起的作用是________。

A. 多路开关

B. 模拟量到数字量的转换和多路开关

C. 采样保持器

D. 数字量到模拟量的转换和采样保持器

(4) 关于 ADC0809 中 EOC 信号的描述，不正确的是________。

A. EOC 由低电平变为高电平，说明转换已经结束

B. EOC 呈低电平，说明转换正在进行

C. EOC 由低电平变为高电平，可以向 CPU 申请中断

D. EOC 呈高电平，说明可以读出数据

(5) 若 AD574 采用双极性转换电路，则从引脚 $10V_{IN}$ 输入的模拟量范围是________。

A. −5~+5V　B. 0~+10V　C. 0~+5V　D. −10~+10V

(6) 若 D/A 转换器的位数多于微处理器的位数时，则 D/A 转换器必须采用________。

A. 直通方式　B. 单缓冲方式

C. 双缓冲方式　D. 单极性输出方式

(7) 采样保持器的逻辑端接+5V，输入端从 2V 变至 2.5V，输出端为________。

A. 从 2V 变至 2.5V　B. 从 2V 变至 2.5V 并保持不变

C. 维持在 2.5V　D. 快速升至 2.5V 并保持不变

(8) DAC0832 的 V_{REF} 端接 +5V，I_{OUT1} 端接运算放大器的异名端，输入为 10000000B，输出为________。

A. +5V　B. −5V　C. +2.5V　D. −2.5V

3. 简答题

(1) 简述传感器和变送器的异同。

(2) 变送器输出的信号通常为多少?

(3) 试比较伺服电动机和步进电动机的特点。

(4) 什么是采样或采样过程?

(5) 在计算机控制系统中，常用的信号有哪三种类型?

(6) 简述采样定理。

(7) 写出零阶保持器的传递函数。

(8) I/O 编址方式有几种? 各有什么优缺点?

(9) 在数据采集系统中，是否所有的输入通道都需要加采样保持器? 为什么?

(10) 简述模拟量输入通道各组成部分的作用。

(11) 计算机控制系统中的 I/O 通道包含哪几个?

(12) A/D 转换器的结束信号 (设为 EOC) 有什么作用? 根据该信号在 I/O 控制中的连接方式，A/D 转换器有几种控制方式? 它们各在接口电路和程序设计上有什么特点?

(13) 数字量输入通道中常用的信号调理电路有哪些?

(14) 数字量输出通道中常用的信号驱动电路有哪些?

4. 设计题

(1) 试用 CD4051 设计扩展 32 通道多路模拟开关，要求画出电路图并说明其工作原理。

(2) 电路如图 2-70 所示，设计出能产生三角波和梯形波的程序。

(3) 电路如图 2-90 所示，完成下列各题。

1) 该图中 DAC0832 采用哪种工作方式?

2) 该图中 DAC0832 采用哪种输出方式?

3) 编写程序实现如图 2-91 所示的输出波形。

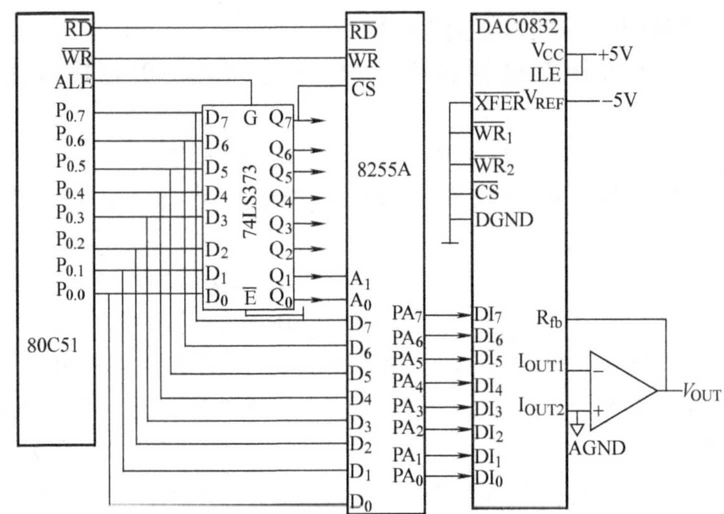

图 2-90　DAC0832 与单片机的连接图

（4）在图 2-90 中，若将参考电压 V_{REF}改为−10V，试编程实现输出的上限为 8.5V、下限为 1.5V 的上升沿锯齿波。

（5）某 A/D 转换电路如图 2-92 所示，完成下列问题。

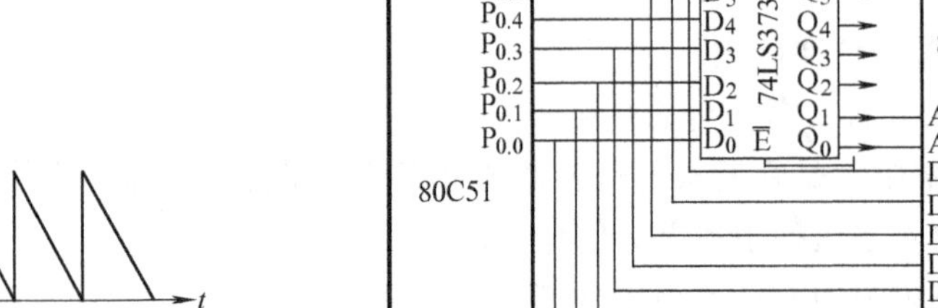

图 2-91　输出波形

图 2-92　A/D 转换器与单片机的连接图

1）试写出 8255A 的口地址。

2）该电路采用什么控制方式?

3）编程对 ADC0809 的 IN_0 通道模拟量进行转换 1 次，转换结果存入单片机内部 RAM60H 存储单元中。

4）图中 ADC0809 的模拟量电压输入范围是多少?

5）若想对 IN_7 通道模拟量进行转换，则需要 CBA 为何值?

（6）将图 2-92 改成中断控制方式，在电路上作何改动？对上题中的 3）题重新编写程序。

（7）在图 2-88 中，设开关 S_0 ~ S_7 与发光二极管 VL_0 ~ VL_7 是一一对应的。编程实现当开关 S_0 ~ S_7 中的一个或几个闭合时，使对应的发光二极管发光。

第3章

数据处理与人机交互技术

在计算机控制系统中，为了使计算机能够得到尽量真实的采样数据，一般都需要经过滤波。信号经计算机数据处理后，一方面要送去显示，另一方面要进行报警处理，以便操作人员及时采取相应的措施。操作人员还可以通过系统显示的内容及时掌握生产情况，并通过键盘输入数据或命令，对计算机进行人工干预。本章介绍这些常用的数字滤波、线性化处理、标度变换、越限报警、键盘和显示接口技术等。

3.1 数字滤波

来自传感器或变送器的有用信号中，往往混杂了各种频率的干扰信号。为了抑制这些干扰信号，通常在信号入口处接入 *RC* 低通滤波器。*RC* 滤波器能抑制高频干扰信号，但对低频干扰信号的滤波效果较差。而数字滤波器可以对极低频干扰信号进行滤波，以弥补 *RC* 滤波器的不足。另外，它还具有某些特殊的滤波功能。

所谓数字滤波，就是在计算机中用某种计算方法对输入的信号进行数字处理，以便减少干扰在有用信号中的比重，提高信号的真实性。这种滤波方法不需要增加硬件设备，只需根据预定的滤波算法编制相应的程序即可达到信号滤波的目的。

数字滤波可以对各种干扰信号，甚至极低频率的信号进行滤波。数字滤波由于稳定性高，滤波参数修改也方便，一种滤波子程序可以被各控制回路调用，因此得到广泛的应用。

本节讨论几种常用的数字滤波方法：程序判断滤波、算术平均值滤波、加权平均值滤波、中值滤波、去极值平均滤波、滑动平均滤波、低通数字滤波和复合滤波。

3.1.1 程序判断滤波

程序判断滤波的方法，是根据生产经验，确定出两次采样输入信号可能出现的最大偏差 ΔY。若超过此偏差值，则表明该输入信号是干扰信号，应该去掉；如小于此偏差值，可将信号作为本次采样值。

当采样信号由于随机干扰，如大功率用电设备的起动或停止造成电流的尖峰干扰或误检测，以及变送器不稳定而引起的严重失真等，使得采样数据偏离实际值太远，可采用程序判断滤波。程序判断滤波可分为两种，即限幅滤波和限速滤波。

1. 限幅滤波

限幅滤波的作用是把两次相邻的采样值相减，求出其增量（以绝对值表示），然后与两次采样允许的最大差值（由被控对象的实际情况决定）ΔY 进行比较。若小于或等于 ΔY，则取本次采样值；若大于 ΔY，则仍取上次采样值作为本次采样值，即：

当 $|Y(n)-Y(n-1)|\leqslant \Delta Y$ 时，则取 $Y(n)=Y(n)$，取本次采样值

当 $|Y(n)-Y(n-1)|>\Delta Y$ 时，则取 $Y(n)=Y(n-1)$，取上次采样值 (3-1)

式中 $Y(n)$——第 n 次采样值；

$Y(n-1)$——第 $n-1$ 次采样值；

ΔY——相邻两次采样值所允许的最大偏差，它的大小取决于采样周期 T 及被测参数 Y 应有的正常变化率。

因此，一定要按照实际情况来确定 ΔY，否则非但达不到滤波效果，反而会降低控制品质。ΔY 通常可根据经验数据获得，必要时，也可由实验得出。其程序流程图如图 3-1 所示。

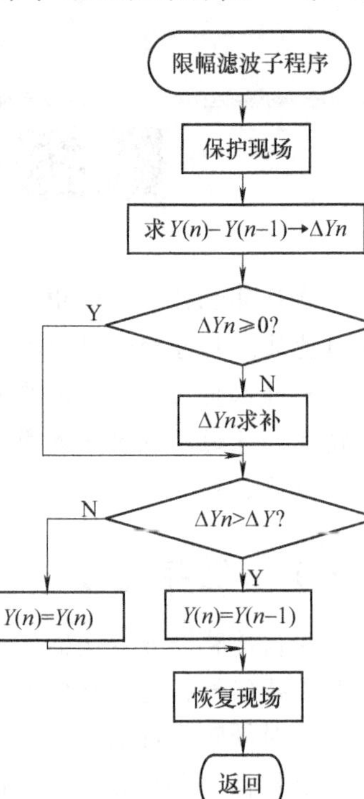

图 3-1 限幅滤波子程序流程图

设 ΔY 存放在 LIMIT 单元，两次采样值 $Y(n-1)$、$Y(n)$ 存放在 DATA1、DATA2 中，滤波结果存放在 DATA 单元中，限幅滤波程序如下：

```
            PUSH  PSW          ; 保护现场
            PUSH  A
            CLR   C            ; 进位标志位清零
            MOV   DATA, DATA1
            MOV   A, DATA2
            SUBB  A, DATA      ; 求Y(n) - Y(n-1)
            JNC   COMPARE      ; 如果Y(n) - Y(n - 1) ≥ 0, 转 COMPARE
            CPL   A            ; 如果Y(n) - Y(n - 1) < 0, 求补
            INC   A
COMPARE:    CLR   C
            SUBB  A, LIMIT     ; |Y(n) - Y(n - 1)| 和ΔY比较
            JC    OVER         ; 如果 |Y(n) - Y(n - 1)| ≤ΔY, DATA2→DATA
            MOV   DATA, DATA1  ; 如果 |Y(n) - Y(n - 1)| >ΔY, DATA1→DATA
OVER:       POP   A            ; 恢复现场
            POP   PSW
            RET                ; 返回
    LIMIT   EQU   30H
    DATA1   EQU   31H
    DATA2   EQU   32H
    DATA    EQU   33H
```

该程序所处理的数据是 8 位，如果位数不够，稍加扩展即可。

限幅滤波能有效地克服因偶然因素引起的脉冲干扰，但无法抑制周期性的干扰且平滑度差。

2. 限速滤波

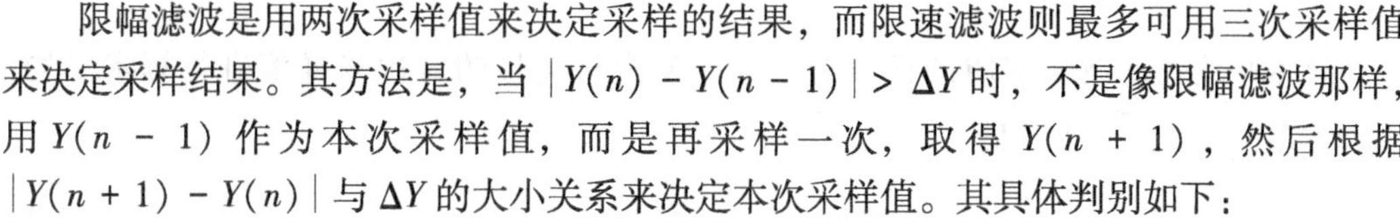

限幅滤波是用两次采样值来决定采样的结果，而限速滤波则最多可用三次采样值来决定采样结果。其方法是，当 $|Y(n)-Y(n-1)|>\Delta Y$ 时，不是像限幅滤波那样，用 $Y(n-1)$ 作为本次采样值，而是再采样一次，取得 $Y(n+1)$，然后根据 $|Y(n+1)-Y(n)|$ 与 ΔY 的大小关系来决定本次采样值。其具体判别如下：

设顺序采样时刻 t_{n-1}、t_n、t_{n+1} 所采集的参数分别为 $Y(n-1)$、$Y(n)$、$Y(n+1)$，那么

$$\begin{cases}\text{当}|Y(n)-Y(n-1)|\leqslant \Delta Y\text{时，则}Y(n)\text{输入计算机}\\ \text{当}|Y(n)-Y(n-1)|>\Delta Y\text{时，则}Y(n)\text{不采用，但仍保留，继续采样取得}Y(n+1)\\ \text{当}|Y(n+1)-Y(n)|\leqslant \Delta Y\text{时，则}Y(n+1)\text{输入计算机}\\ \text{当}|Y(n+1)-Y(n)|>\Delta Y\text{时，则取}\dfrac{Y(n)+Y(n+1)}{2}\text{输入计算机}\end{cases} \tag{3-2}$$

限速滤波是一种折衷的方法，既照顾了采样的实时性，又顾及了采样值变化的连续性。但这种方法也有明显的缺点：第一是 ΔY 的确定不够灵活，必须根据现场的情况不断更换新值；第二是不能反映采样点数 $n>3$ 时各采样数值受干扰情况。因此，它的应用受到一定的限制。在实际使用中，可用 $[|Y(n-1)-Y(n)|+|Y(n)-Y(n+1)|]/2$ 取代 ΔY，这样也可基本保持限速滤波的特性，虽增加一步运算，但灵活性大为提高。其程序流程图如图 3-2 所示，程序清单与限幅滤波类似，稍加修改即可。

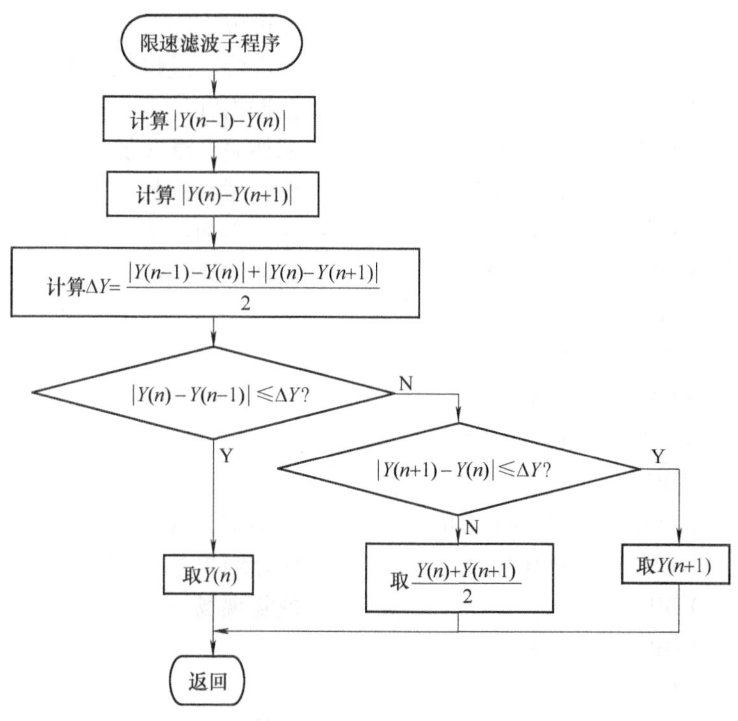

图 3-2　限速滤波子程序流程图

3.1.2 算术平均值滤波

算术平均值滤波的实质即把一个采样周期内对信号的 n 次采样值进行算术平均，作为本次的输出 $\overline{Y}(n)$，即

$$\overline{Y}(n)=\frac{1}{n}\sum_{i=1}^{n}Y(i) \tag{3-3}$$

n 值决定了信号平滑度和灵敏度。随着 n 的增大，平滑度提高，灵敏度降低。应视具体情况选取 n，以便得到满意的滤波效果。为方便求平均值，n 值一般取 4、8、16 之类的 2 的整数幂，以使用移位来代替除法。通常流量信号取 12 项，压力信号取 6 项，温度、成分等缓慢变化的信号取 2 项甚至不平均。

设 8 次采样值依次存放在以 DIGIT 为首地址的连续单元中，求出平均值后，结果保留在 SAMP 单元中。计算的中间结果存放在 FLAG 和 TEMP 单元中，程序清单如下：

```
            PUSH    PSW             ; 现场保护
            PUSH    A
            MOV     FLAG, #00H      ; 进位位清零
            MOV     R0, #DIGIT      ; 设置数据存储区首址
            MOV     R7, #08H        ; 设置采样数据个数
            CLR     A               ; 清累加器
LOOP:       ADD     A, @R0          ; 两数相加
            JNC     NEXT            ; 无进位，转 NEXT
            INC     FLAG            ; 有进位，进位位加 1
NEXT:       INC     R0              ; 数据指针加 1
            DJNZ    R7, LOOP        ; 未加完，继续加
            MOV     R7, #03H        ; 设置循环次数
DIVIDE:     MOV     TEMP, A         ; 保存累加器中的内容
            MOV     A, FLAG         ; 累加结果除 2
            CLR     C
            RRC     A
            MOV     FLAG, A
            MOV     A, TEMP
            RRC     A
            DJNZ    R7, DIVIDE      ; 未结束，继续执行
            MOV     SAMP, A         ; 保存结果至 SAMP 中
            POP     A               ; 恢复现场
            POP     PSW
            RET
```

算术平均值滤波主要用于对压力、流量等周期脉动的采样值进行平滑加工，但对偶然出现的脉冲性干扰的平滑作用尚不理想，因而它不适用于脉冲性干扰比较严重的场合。另外该滤波方法比较浪费内存。

算术平均值滤波法存在前面所说的平滑度和灵敏度之间的矛盾。采样次数太少，平滑度差；次数太多，灵敏度下降，对参数的变化趋势不敏感。为协调两者关系，可采用加权平均值滤波。

3.1.3　加权平均值滤波

由上面的表达式可以看出，算术平均值滤波法对每次采样值给出相同的加权系数，即 $1/n$。实际上某些场合需要增加新采样值在平均值中的比重，可采用加权平均值滤波法，滤波公式为

$$\overline{Y} = \sum_{i=1}^{n} k_i Y_i = k_1 Y_1 + k_2 Y_2 + \cdots + k_n Y_n \tag{3-4}$$

式中，k_1，k_2，…，k_n为加权系数，体现了各次采样值在平均值中所占的比例，它们都为大于 0 的常数项，且满足

$$\sum_{i=1}^{n} k_i = 1 \tag{3-5}$$

一般采样次数越靠后，取的比例越大，这样可增加新的采样值在平均值中的比例。这种滤波方法可以根据需要突出信号的某一部分，抑制信号的另一部分，适用于纯滞后较大的被控对象。

3.1.4　中值滤波

所谓中值滤波是对某一参数连续采样 n 次（一般 n 取奇数），然后把 n 次的采样值从小到大或从大到小排队，再取中间值作为本次采样值。

中值滤波程序设计的实质是：首先把 n 个采样值从小到大或从大到小进行排队，然后再取中间值。n 个数据按大小顺序排队的具体做法是两两进行比较，设 R1 为存放数据区首地址，先将((R1))与((R1)+1)进行比较，若是((R1))<((R1)+1)则不交换存放位置，否则将两数位置对调。继而再取((R1)+1)与((R1)+2)比较，判断方法亦然，直到最大数沉底为止。然后再重新进行比较，把次大值放到 $n-1$ 位，如此做下去，则可将 n 个数从小到大顺序排列。设采样值从 8 位 A/D 转换器输入 5 次，存放在 SAMP 为首地址的内存单元中，其程序流程图如图3-3所示，与其对应的程序清单如下。

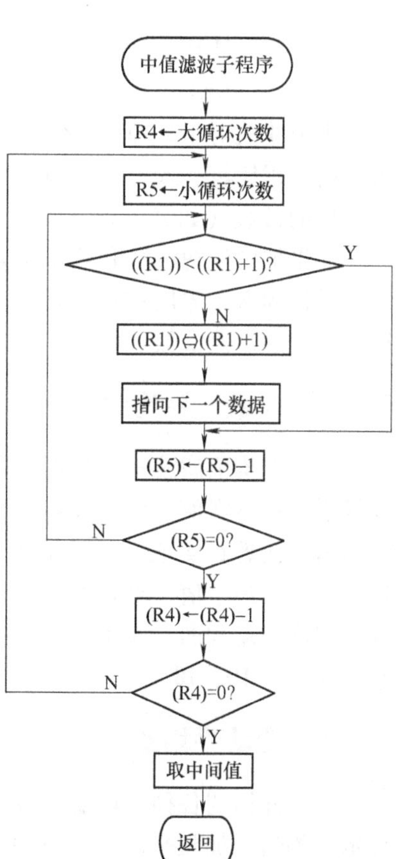

图 3-3　中值滤波程序流程图

```
        ORG     8000H
INTER:  MOV     R4, #04H        ; 置大循环次数
SORT:   MOV     A, R4           ; 小循环次数→R5
```

```
        MOV     R5, A
        MOV     R1, #SAMP       ; 采样数据存放首地址→R1
LOOP:   MOV     A, @R1          ; 比较
        INC     R1
        MOV     R2, A
        CLR     C
        SUBB    A, @R1
        MOV     A, R2
        JC      DONE
        MOV     A, @R1          ; ((R1))←→((R1)+1)
        DEC     R1
        XCH     A, @R1
        INC     R1
        MOV     @R1, A
DONE:   DJNZ    R5, LOOP        ; R5≠0, 小循环继续进行
        DJNZ    R4, SORT        ; R4≠0, 大循环继续进行
        INC     R1
        MOV     @R1, A
        RET
```

中值滤波对于去掉由于偶然因素引起的波动或采样器不稳定而造成的误差所引起的脉动干扰比较有效。若变量变化比较缓慢，采用中值滤波效果比较好，但对快速变化过程的参数（如流量），则不宜采用。一般 n 取 3~5 次。

如果把中值滤波法和算术平均值滤波法结合起来使用，则滤波效果会更好。即在每个采样周期，先用中值滤波法得到 n 个滤波值，再对这 n 个滤波值进行算术平均，得到可用的被测参数。

3.1.5 去极值平均滤波

算术平均值滤波不能将明显的脉冲干扰消除，只是将其影响削弱。因明显干扰使采样值远离真实值，可比较容易地将其剔除，不参加平均值计算，从而使平均滤波的输出值更接近真实值。去极值平均滤波的算法是：连续采样 n 次，去掉一个最大值，再去掉一个最小值，求余下 $n-2$ 个采样值的平均值。根据上述思想可做出去极值平均滤波程序的流程图，如图 3-4 所示。为使平均滤波方便，$n-2$ 应为 2、4、8、16，故 n 常取 4、6、10、18。

3.1.6 滑动平均滤波

以上介绍的各种平均滤波算法有一个共同点，即都需连续采样 n 个数据，然后求算术平均值或加权平均值。这种方法适合有脉动干扰的场合。但由于必须采样 n 次，需要时间较长，故检测速度慢。为了克服这一缺点，可采用滑动平均滤波法。滑动平均滤波法把 n 个测量数据看成一个队列，队列的长度固定为 n，每进行一次新的采样，

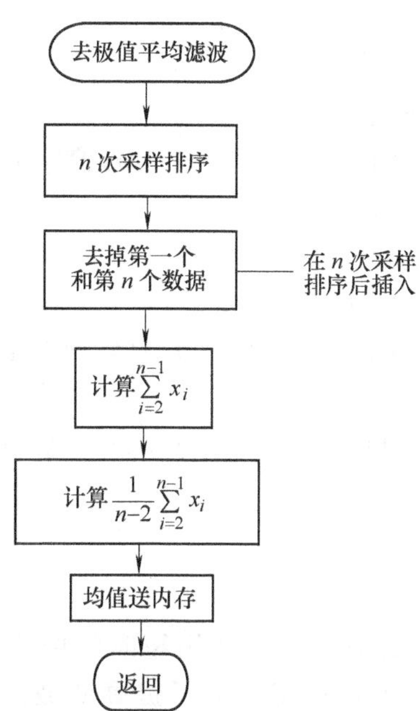

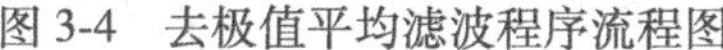

图 3-4　去极值平均滤波程序流程图

把测量结果放入队尾，而去掉原来队首的一个数据，这样在队列中始终有 n 个“最新”的数据。然后把队列中的 n 个数据进行算术平均运算，就可获得新的滤波结果。

滑动平均滤波对周期性干扰有良好的抑制作用，平滑度高，灵敏度低，但对偶然出现的脉冲性干扰的抑制作用差，不易消除由于脉冲干扰引起的采样值的偏差，因此它不适用于脉冲干扰比较严重的场合，而适用于高频振荡系统。通过观察不同 n 值下滑动平均的输出响应来选取 n 值，以便既少占用时间，又能达到最好滤波效果。通常对流量信号 n 取 12，压力信号 n 取 4，液面参数 n 取 4~12，温度信号 n 取 1~4。

假定 n 个双字节型采样值，40H 单元为采样队列内存单元首地址，n 个采样值之和不大于 16 位。新的采样值存于 3EH、3FH 单元，滤波值存于 60H、61H 单元。FARFIL 为算术平均滤波程序。程序清单为：

```
        MOV     R2, #N-1        ; 采样个数
        MOV     R0, #42H        ; 队列单元首地址
        MOV     R1, #43H
LOOP:   MOV     A, @R0          ; 移动低字节
        DEC     R0
        DEC     R0
        MOV     @R0, A
        MOV     A, R0           ; 修改低字节地址
        ADD     A, #04H
        MOV     R0, A
        MOV     A, @R1          ; 移动高字节
```

```
        DEC     R1
        DEC     R1
        MOV     @R1, A
        MOV     A, R1           ; 修改高字节地址
        ADD     A, #04H
        MOV     R1, A
        DJNZ    R2, LOOP
        MOV     @R0, 3EH        ; 存新的采样值
        MOV     @R1, 3FH
        ACALL   FARFIL          ; 求算术平均值
        RET
```

3.1.7 低通数字滤波

对于变化过程比较缓慢的随机变量采用短时间内连续采样，然后求平均值的方法进行滤波，其效果往往不够理想。为了提高滤波效果，可以仿照模拟系统 *RC* 低通滤波器的方法，将普通硬件 *RC* 低通滤波器的微分方程用差分方程来表示，便可以用软件算法来模拟硬件滤波器的功能。*RC* 低通滤波器如图 3-5 所示。

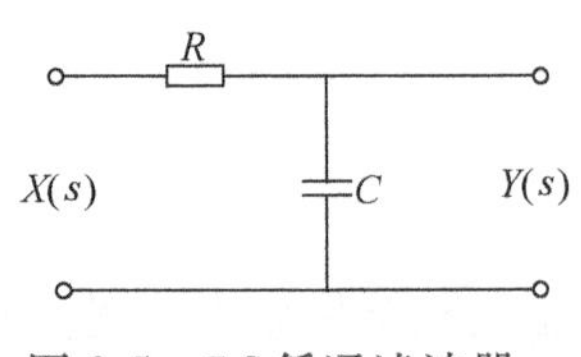

图 3-5　*RC* 低通滤波器

由图 3-5 可以写出模拟低通滤波器的传递函数为

$$G(s)=\frac{Y(s)}{X(s)}=\frac{1}{\tau s+1} \tag{3-6}$$

式中　τ——*RC* 低通滤波器的时间常数，$\tau=RC$。

由式（3-6）可以看出，*RC* 低通滤波器实际上是一个一阶滞后滤波系统。

将式（3-6）离散后，可得

$$Y(n)=(1-\alpha)Y(n-1)+\alpha X(n) \tag{3-7}$$

式中　$X(n)$——本次采样值；

$Y(n-1)$——上次的滤波输出值；

α——滤波系数，且

$$\alpha=1-e^{-T/\tau}$$

τ——*RC* 低通滤波器时间常数，$\tau=RC$；

T——采样周期；

$Y(n)$——本次滤波的输出值。

由式（3-7）可以看出，本次滤波的输出值主要取决于上次滤波的输出值（注意，不是上次的采样值，这和加权平均滤波是有本质区别的），本次采样值对滤波输出的贡献是比较小的，但多少有些修正作用。这种算法便模拟了具有较大惯性的低通滤波功能。

低通数字滤波适用于高频和低频的干扰信号。

3.1.8　复合滤波

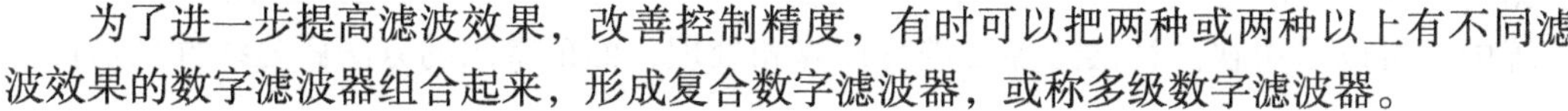

为了进一步提高滤波效果，改善控制精度，有时可以把两种或两种以上有不同滤波效果的数字滤波器组合起来，形成复合数字滤波器，或称多级数字滤波器。

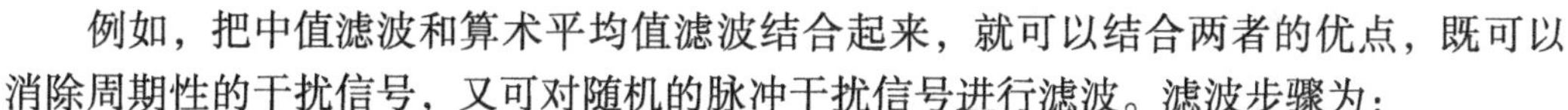

例如，把中值滤波和算术平均值滤波结合起来，就可以结合两者的优点，既可以消除周期性的干扰信号，又可对随机的脉冲干扰信号进行滤波。滤波步骤为：

1）把 n 次采样值按照从大到小或者从小到大的顺序排列。

2）采用中值滤波，去掉最大值和最小值。

3）对其余的 $n-2$ 个采样值取算术平均值，作为滤波的输出值。

其滤波算式可用式（3-8）表示。如果把 n 次采样值已经按照从小到大的顺序排列了，并且依次为 Y_1，Y_2，…，Y_n，则滤波输出值为

$$\bar{Y}=\frac{1}{n-2}\sum_{i=2}^{n-1}Y_i \tag{3-8}$$

此外，也可以采用多重滤波的方法，把多个滤波器串联起来，前一个数字滤波器的输出作为后一个数字滤波器的输入。比如可以把两个低通滤波器串联起来，形成双重滤波，这样滤波效果会更好些。其滤波算式可以采用迭代方法求出。

由式（3-7）可知：

第一级滤波输出为

$$Y(n)=(1-\alpha)Y(n-1)+\alpha X(n) \tag{3-9}$$

第二级滤波输出为

$$Z(n)=(1-\alpha)Z(n-1)+\alpha Y(n) \tag{3-10}$$

将式（3-9）代入式（3-10）得

$$Z(n)=(1-\alpha)Z(n-1)+\alpha(1-\alpha)Y(n-1)+\alpha^2X(n) \tag{3-11}$$

由式（3-10）可以求出

$$\alpha Y(n)=Z(n)-(1-\alpha)Z(n-1) \tag{3-12}$$

再用 $n-1$ 代替 n，可得

$$\alpha Y(n-1)=Z(n-1)-(1-\alpha)Z(n-2) \tag{3-13}$$

将式（3-13）代入式（3-11），就得到两级数字滤波算式

$$Z(n)=2(1-\alpha)Z(n-1)-(1-\alpha)^2Z(n-2)+\alpha^2X(n) \tag{3-14}$$

以上讨论了 8 种数字滤波方法，在实际应用中究竟选择哪种滤波方法，应根据实际情况来确定。

3.2　线性化处理

在数据处理系统中，一般总希望系统的输出与输入为简单的线性关系，特别是当用仪表检测和显示某个物理量时，如果是线性关系就能得到均匀的刻度，这样不仅读起来清楚方便，而且使仪表在整个刻度范围内灵敏度一致，从而便于读数以及对系统进行处理。但在实际工程应用中，计算机从模拟量输入通道得到的有关现场信号与该信号所代表的物理量之间经常存在着非线性关系。比如热电阻或热电偶与温度的关系就是非线性的；在流量测量中，流经孔板的差压信号与流量之间为平方根关系，也是

非线性的。为了保证这些参数能够按线性输出，必须进行非线性补偿，将输出信号与被测物理量之间的非线性关系补偿为线性关系，这也称为线性化处理。在计算机控制系统中，可以采用软件补偿的办法进行计算和处理，而最常用的方法就是线性插值法。

3.2.1 线性插值法

线性插值法的实质是找出一种简单的、便于计算处理的近似表达式代替非线性参数，用这种方法得到的公式叫作插值公式。

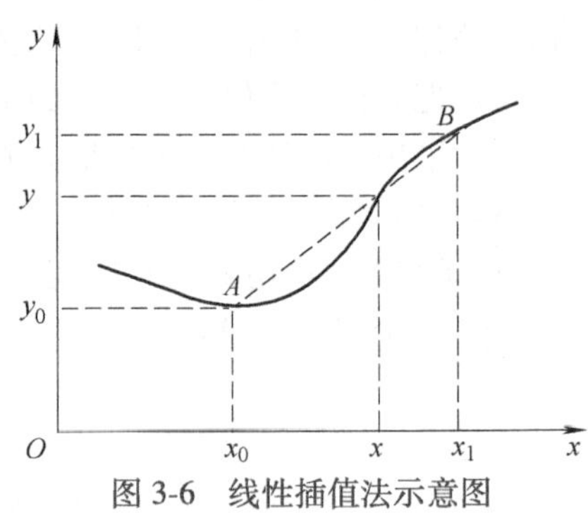

图 3-6 线性插值法示意图

假设变量 y 和自变量 x 的关系如图 3-6 所示，可知$y=f(x)$关系是非线性的，为了使问题简化，可以把该曲线按一定要求分成若干段，然后把相邻两点之间的曲线用直线近似，这样可以利用线性方法求出输入值 x 所对应的输出值。已知 y 在点 x_0 和 x_1 的对应值分别为 y_0 和 y_1，现用直线 AB 代替弧线 AB，由此可得直线方程 $y(x)=ax+b$。

根据插值条件，应满足

$$\begin{cases} y_0=ax_0+b \\ y_1=ax_1+b \end{cases}$$

解方程组可求出直线方程的参数 a 和 b。由此可得直线方程的表达式为

$$y=\frac{y_1-y_0}{x_1-x_0}(x-x_0)+y_0=k(x-x_0)+y_0 \tag{3-15}$$

式中 k——直线的斜率，$k=\frac{y_1-y_0}{x_1-x_0}$。

由图 3-6 可以看出，插值点 x_0 和 x_1 之间的距离越小，那么在一定区间内 $y(x)$ 与 $f(x)$之间的误差越小。在实际应用中，为了提高精度，经常采用折线来代替曲线，此方法称为分段插值法。

3.2.2 分段插值算法程序的设计方法

分段插值法的基本思想是将被逼近的函数（或测量结果）根据变化情况分成几段，为了提高精度及缩短运算时间，各段可根据精度要求采用不同的逼近公式。最常用的是线性插值和抛物线插值。在这种情况下，分段插值的分段点选取可按实际曲线的情况灵活决定。

分段插值法程序设计的步骤如下：

1）用实验法测量出传感器的变化曲线，$y=f(x)$（或各插值节点的值（x_i，y_i），$i=0$，1，2，…，n）。

2）将上述曲线进行分段，选择各插值基点。有两种分段方法。

① 等距分段法。这种方法即沿 x 轴等距离地选取插值基点。这种方法的主要优点是使 $x_{i+1}-x_i$ 为常数，从而简化计算过程。但是，当函数的曲率或斜率变化比较大时，将会产生一定的误差。要想减小误差，必须把基点分得很细，但这样势必占用更多的

内存，并使计算机的成本加大。

② 非等距分段法。这种方法是根据函数曲线形状的曲率大小来修正插值点间的距离。曲率变化大的部位，插值距离取小一点。也可以使常用刻度范围的插值范围取小一点，而在曲线平缓和非常用刻度区域的距离取大一点。

3）根据各插值基点（x_i，y_i）的值，使用相应的插值公式，求出模拟 $y=f(x)$ 的近似表达式 $P_n(x)$。

4）根据 $P_n(x)$ 编写出应用程序。

3.3　标度变换

在计算机控制系统中，生产中的各个参数都有着不同的数值和量纲，如测温元件用热电偶或热电阻，温度单位为℃。热电偶输出的热电动势信号也各不相同，如铂铑-铂热电偶在1600℃时，其热电动势为16.771mV，而镍铬-镍硅热电偶在1200℃时，其热电动势为48.828mV。又如测量压力用的弹性元件膜片、膜盒以及弹簧管等，其压力范围从几帕到几十兆帕。而测量流量则用节流装置，其单位为立方米/小时（m^3/h）等。所有这些参数都经过变送器转换成A/D转换器所能接收的0~5V统一电压信号，又由A/D转换器转换成00H~FFH（8位）的数字量。为进一步显示、记录、打印以及报警等，必须把这些数字量转换成不同的单位，以便操作人员对生产过程进行监视和管理，这就是所谓的标度变换。标度变换有各种不同的类型，它取决于被测参数测量传感器的类型，设计时应根据实际情况选择适当的标度变换方法。

3.3.1　线性参数标度变换

所谓线性参数，指一次仪表测量值与A/D转换的结果具有线性关系，或者说一次仪表是线性刻度的。其标度变换公式为

$$A_x = A_0 + (A_m - A_0)\frac{N_x - N_0}{N_m - N_0} \tag{3-16}$$

式中　A_0——一次测量仪表的下限；

A_m——一次测量仪表的上限；

A_x——实际测量值（工程量）；

N_0——仪表下限对应的数字量；

N_m——仪表上限对应的数字量；

N_x——测量值所对应的数字量。

其中 A_0，A_m，N_0，N_m 对于某一个固定的被测参数来说是常数，不同的参数有不同的值。为使程序简单，一般使被测参数的起点 A_0（输入信号为0）所对应的A/D输出值为0，即 $N_0=0$，这样上式可化作

$$A_x = \frac{N_x}{N_m}(A_m - A_0) + A_0 \tag{3-17}$$

比如某热处理炉温度测量仪表的量程为200~1000℃，采用8位A/D转换器，在某一时刻计算机采样并经数字滤波后的数字量为0CDH，设仪表量程为线性的，可以按照

上述方法求出此时温度值，计算过程如下：

由前叙述可知：$A_0 = 200℃$，$A_m = 1000℃$，$N_x = 0CDH = (205)_D$，$N_m = 0FFH = (255)_D$，根据式（3-17）可得此时温度为

$$A_x = \frac{N_x}{N_m}(A_m - A_0) + A_0 = \frac{205}{255}(1000 - 200)℃ + 200℃ = 843℃$$

有时，工程量的实际值还需经过一次变换。如电压测量值是电压互感器的二次侧的电压，则其一次侧的电压还有一个互感器的电压比问题，这时式（3-17）应再乘上一个比例系数，即

$$A_x = k\left[\frac{N_x}{N_m}(A_m - A_0) + A_0\right] \tag{3-18}$$

在计算机控制系统中，为了实现上述转换，可把它设计成专门的子程序，把各个不同参数所对应的 A_0，A_m，N_0，N_m 存放在存储器中，然后当某一参数要进行标度变换时，只要调用标度变换子程序即可。

3.3.2 非线性参数标度变换

有些传感器测出的数据与实际的参数之间是非线性关系，这时需要重新建立标度变换公式。比如在过程控制中，最常见的非线性关系是差压变送器信号 ΔP 与流量 Q 的关系

$$Q = k\sqrt{\Delta P} \tag{3-19}$$

式中 Q——流量；

k——流量系数，与流体的性质及节流装置的尺寸有关；

ΔP——节流装置前后的差压。

据此，可得测量流量时的标度变换式为

$$\frac{Q_x - Q_0}{Q_m - Q_0} = \frac{k\sqrt{N_x} - k\sqrt{N_0}}{k\sqrt{N_m} - k\sqrt{N_0}}$$

整理得

$$Q_x = \frac{\sqrt{N_x} - \sqrt{N_0}}{\sqrt{N_m} - \sqrt{N_0}}(Q_m - Q_0) + Q_0 \tag{3-20}$$

式中 Q_0——流量仪表的下限值；

Q_m——流量仪表的上限值；

Q_x——被测量的流量值；

N_0——差压变送器下限所对应的数字量；

N_m——差压变送器上限所对应的数字量；

N_x——差压变送器所测得的差压值（数字量）。

对于流量测量仪表，一般下限取0，此时 $Q_0=0$，$N_0=0$，故式（3-20）变为

$$Q_x = Q_m\frac{\sqrt{N_x}}{\sqrt{N_m}} \tag{3-21}$$

3.4　越限报警

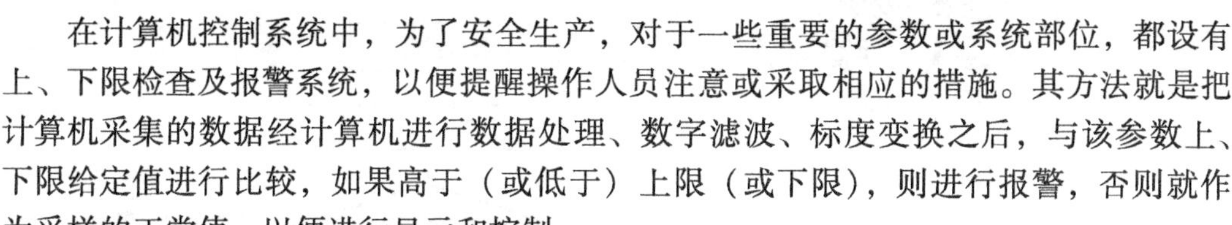

在计算机控制系统中，为了安全生产，对于一些重要的参数或系统部位，都设有上、下限检查及报警系统，以便提醒操作人员注意或采取相应的措施。其方法就是把计算机采集的数据经计算机进行数据处理、数字滤波、标度变换之后，与该参数上、下限给定值进行比较，如果高于（或低于）上限（或下限），则进行报警，否则就作为采样的正常值，以便进行显示和控制。

报警系统一般为声光报警信号。灯光多采用发光二极管（LED）或白炽灯光等；声响则多为电铃、电笛、语音芯片等。有些地方也采用闪光报警的方法，即使报警的灯光或声音按一定的频率闪烁（或发声）。在某些系统中，还需要增加功能，如带有打印输出、记下报警的参数和时间等，并能自动进行处理，如自动切换到手动、切断阀门或自动拨出电话号码等。

实验：越限声光报警

报警程序的设计方法主要有两种。一种是软件报警，这种方法的基本做法是把被测参数如温度、压力、流量、速度、成分等参数，经传感器、变送器、A/D 转换器送入计算机后，再与规定的上、下限值进行比较，根据比较的结果进行报警或处理，整个过程都由软件实现。另一种是直接报警，基本做法是被测参数与给定值的比较在传感器中进行，如果被测参数超过给定值，就会通过硬件向 CPU 提出中断请求，CPU 响应中断后，会产生报警信号。比如：利用行程开关控制小车的行程位置，当小车达到极限位置时，行程开关闭合，此时可向 CPU 提出中断请求。CPU 响应中断后，执行中断处理子程序，产生报警信号或停止小车行进。

不论是软件报警，还是直接报警，程序设计思路是相同的，都需要经过以下 3 个步骤：

1）对被测参数进行采样。

2）将采样值与给定值的上、下限值进行比较。

3）根据比较结果执行相应的报警处理程序。

下面分别举例介绍这两种报警程序的设计。

3.4.1　软件报警程序设计

假设被测参数的采样值为 U_x，设定该参数的上、下限值分别为 U_{max}、U_{min}。要求若被测参数 $U_x > U_{max}$时，则上限报警；若被测参数 $U_x < U_{min}$时，则下限报警。为此设计的报警电路如图 3-7 所示。

当参数正常时，绿灯亮。若超过上限或低于下限值，将发出声光报警。由于参数位都接有反相器，所以当某位为“1”时，该位的灯亮。

本程序的设计思想是设置一个报警模型标志单元 ALARM，然后把参数的采样值分别与上、下限值进行比较。若某一位需要报警，则将相应位置“1”，否则，清“0”。待参数判断完后，看报警模型标志单元 ALARM 的内容是否为 00H。如果为 00H，说明参数正常，使绿灯发光；如果不为 00H，则说明参数越限，输出报警模型。其程序流程图如图 3-8 所示。

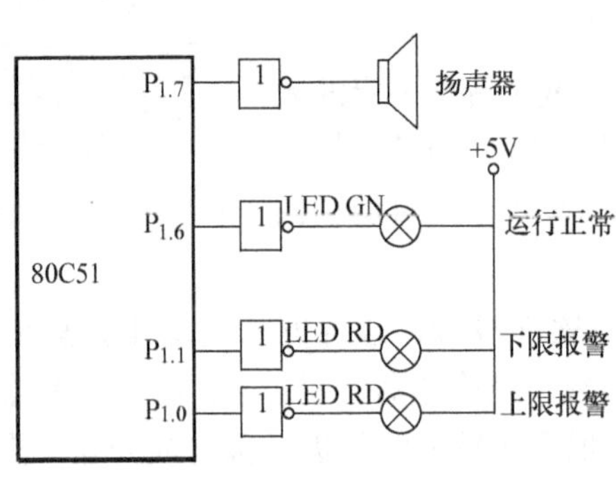

图 3-7　报警电路图

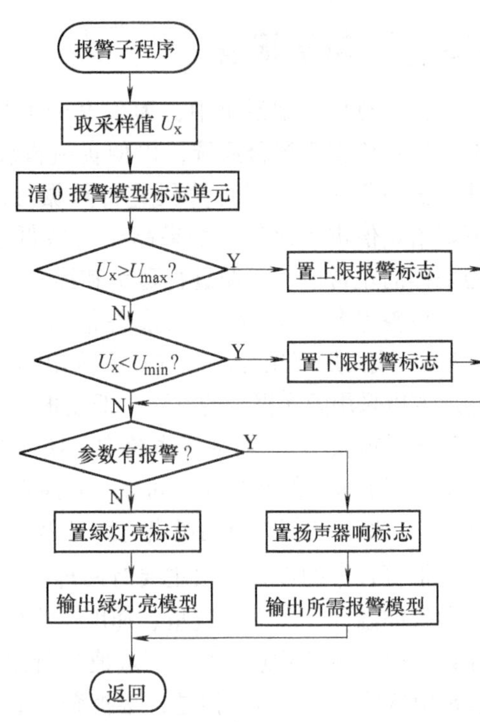

图 3-8　软件报警程序流程图

设采样值存放在 SAMP 单元中，报警上限值存放在 30H 单元中，下限值存放在 31H 单元中，报警标志单元为 ALARM。根据图 3-8 写出软件报警程序如下：

```
         ORG    8000H
ALARMP:  MOV    DPTR, #SAMP          ; 采样值存放地址→DPTR
         MOVX   A, @DPTR             ; 取采样值 Ux
         MOV    ALARM, #00H          ; 报警模型单元清 0
ALARM0:  CJNE   A, 30H, AA           ; Ux>Umax吗
ALARM1:  CJNE   A, 31H, BB           ; Ux<Umin吗
DONE:    MOV    A, #00H              ; 判断是否有参数报警
         CJNE   A, ALARM, CC         ; 若有，转 CC
         SETB   06H                  ; 无须报警，输出绿灯亮模型
DONE1:   MOV    A, ALARM
         MOV    P1, A
         RET
CC:      SETB   07H                  ; 置电笛响标志位
         AJMP   DONE1
SAMP     EQU    8100H
ALARM    EQU    20H
AA:      JNC    AOUT1                ; Ux>Umax，转 AOUT1
         AJMP   ALARM1
```

```
BB:      JC      AOUT2        ; Ux< Umin，转 AOUT2
         AJMP    DONE
AOUT1:   SETB    00H          ; 置 Ux 超上限报警标志
         AJMP    DONE
AOUT2:   SETB    01H          ; 置 Ux 越下限报警标志
         AJMP    DONE
```

3.4.2　直接报警程序设计

某些根据开关量状态进行报警的系统，为了使系统简化，可以不用上面介绍的软件报警方法，而是采用直接报警方法。这种报警方法的前提条件是被测参数与给定值的比较是在传感器中进行的。当检测值超过上限或低于下限时，节点开关闭合，从而产生报警信号。直接报警系统的电路如图3-9所示。

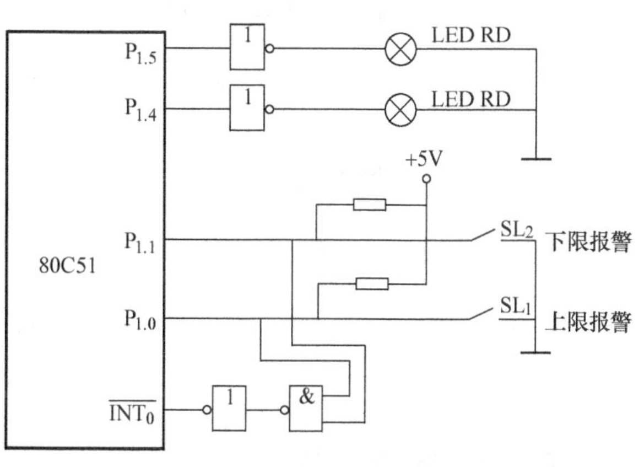

图 3-9　硬件直接报警系统原理图

在图 3-9 中，SL_1 和 SL_2 分别为被测参数的上、下限报警节点。当被测参数处于正常范围时，$P_{1.0}$和 $P_{1.1}$均为高电平；当参数超过上限或低于下限时，其中的一个节点就会闭合，这样$\overline{INT_0}$就会由高电平变为低电平，向 CPU 发出中断请求。CPU 响应中断后，读入报警状态 $P_{1.0}$和 $P_{1.1}$，然后从 $P_{1.4}$和 $P_{1.5}$输出报警信号，完成越限报警。具体报警程序如下：

直接报警设计

```
         ORG     0000H
         AJMP    MAIN         ; 上电自动转向主程序
         ORG     0003H        ; 外部中断方式 0 入口地址
         AJMP    ALARM
         ORG     0200H
MAIN:    SETB    IT0          ; 选择边沿触发方式
         SETB    EX0          ; 允许外部中断 0
         SETB    EA           ; CPU 允许中断
HERE:    SJMP    HERE         ; 模拟主程序
         ORG     0220H
ALARM:   MOV     A, #0FFH     ; 设 P1 口为输入口
         MOV     P1, A
         MOV     A, P1        ; 取报警状态
         SWAP    A            ; ACC.7～ACC.4 与 ACC.3～ACC.0 交换
         MOV     P1, A        ; 输出报警信号
         RETI
```

在实际的控制系统中，往往为了避免测量值在极限值附近摆动造成频繁报警，可以在上、下限附近设定一个回差带，如图 3-10 所示。H 是上限带，L 是下限带。规定只有当被测量值越过 A 点时，才认为越过上限，测量值穿越 H 带区，下降到 B 点以下才认为是复限。同样道理，测量值在 L 带区内摆动均不作超越下限处理，只有它回到 D 点之上时，才作越下限后复位处理。这样就避免了频繁的报警和复限。具体上、下限带宽的选择应根据被测参数的具体情况来决定。

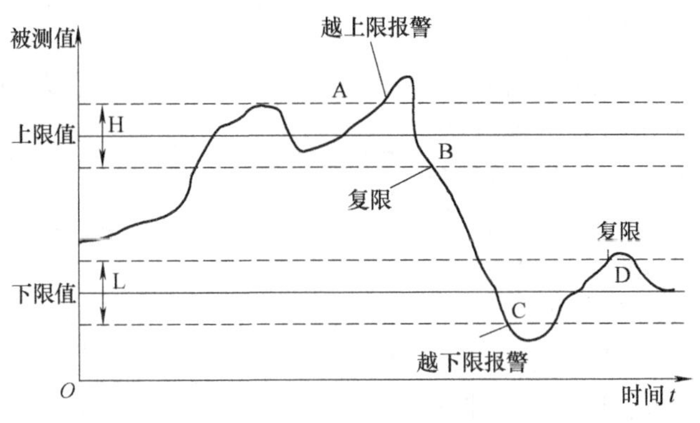

图 3-10 上、下限设置回差带

3.5 键盘接口技术

键盘是计算机应用系统的重要组成部分，对于一些人工干预的计算机控制系统来说，键盘就成为人机联系的必要手段。因此，任何一个人工可干预的计算机开发或应用系统必须配置键盘输入设备。这样，人们就可以随时将程序、数据或随机命令输入到计算机中。

键盘一般包括数字键（0~9）、字母键（A~Z）和功能键（启、停等），每个键具体含义的解释和执行，由输入字符的接收分析和执行程序来完成。本节将叙述键盘的工作原理，键盘按键的识别过程及识别方法，键盘与计算机的接口技术与编程方法。

3.5.1 键盘的组成、特点及消除抖动的措施

1. 键盘的组成及特点

键盘实际上是一组按键开关的集合，其中一个按键就是一个开关量输入装置。一个按键的闭合与否，取决于机械开关的通、断状态，反映在电压上就是高、低电平，如图 3-11 所示。当按键 S 未按下时，$V_A=1$，为高电平；当按键 S 按下时，$V_A=0$，为低电平。也就是说，当 $V_A=1$ 时，表示按键未被按下，当 $V_A=0$ 时，表示按键被按下。因此，可以通过高、低电平的检测，便可确定按键是否被按下。

由于机械触点的弹性作用，一个按键开关在闭合或断开时不会马上稳定下来，会有瞬间的抖动，具体波形如图 3-12 所示，抖动时间的长短由按键的机械特性决定，一般为 5~10ms。为了能使键盘给系统提供准确的数据和命令，必须设法消除抖动。

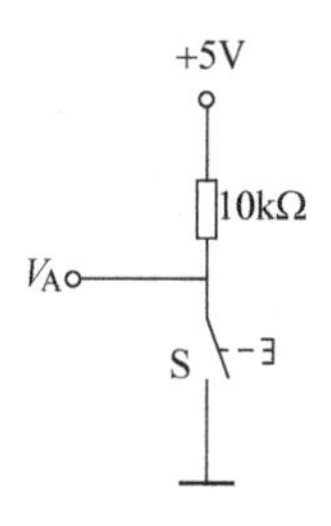

图 3-11 按键电路

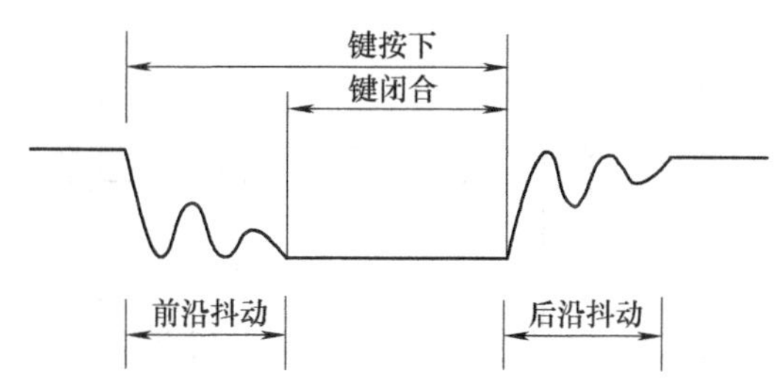

图 3-12 按键抖动波形

2. 消除按键抖动的措施

消除按键抖动的措施有两种：硬件方法和软件方法。

（1）硬件方法

采用 *RC* 滤波消抖电路或 RS 双稳态消抖电路，如图 3-13 所示。

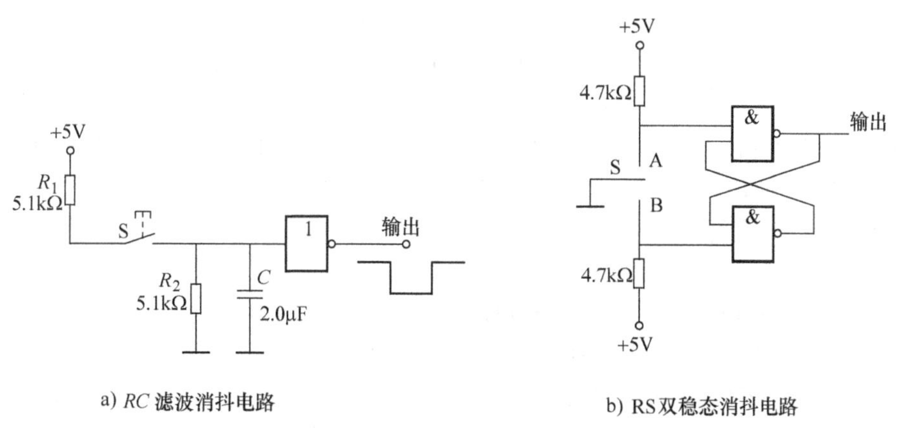

图 3-13 硬件消抖电路

（2）软件方法

当按键数量较多时，硬件消抖将无法胜任。在这种情况下，可以采用软件的方法进行消抖。在第一次检测到有按键闭合时，首先执行一段延时 10ms 的子程序，然后再确认该按键电平是否仍保持闭合状态电平，如果保持闭合状态电平则确认为真正有按键按下，从而消除了抖动的影响。

3.5.2 独立式按键接口技术

对于具有少量功能键的系统，多采用独立式按键。所谓独立式按键，就是每个按键各接一根输入线，各个按键的工作状态互不影响。因此，通过检测输入线的电平状态可以很容易判断哪个按键被按下了。

图 3-14 所示为利用 8255A 可编程并行接口扩展的独立式按键电路。当某一按键未被按下时，对应位应为 1；当按键按下时，对应位应为 0。因此，用位检测可以识别按键的工作状态。

独立式按键查询方式

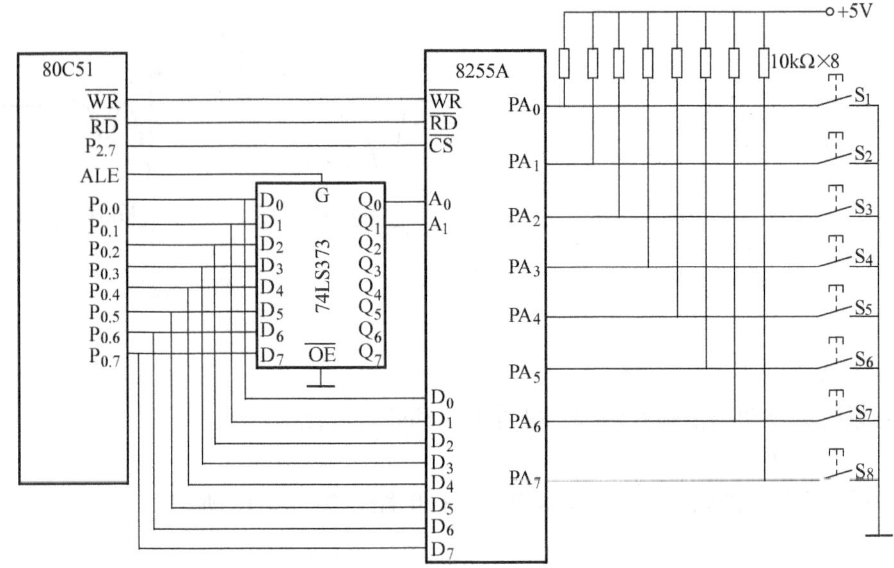

图 3-14 利用 8255A 可编程并行接口扩展的独立式按键

由图 3-14 可知，8255A 的口地址为：PA 口地址为 7FFCH、PB 口地址为 7FFDH、PC 口地址为 7FFEH、控制口地址为 7FFFH。按照该图的连接方式，需要采用查询方式编程，程序清单如下：

```
          ORG     3000H
          MOV     DPTR, #7FFFH        ；8255A 初始化
          MOV     A, #90H
          MOVX    @DPTR, A
KBSPR:    ACALL   KEY                 ；读键的状态
          JZ      DONE                ；若无按键闭合，转 DONE
          ACALL   DL10ms              ；若有键按下，延时 10ms 以防抖动
          ACALL   KEY                 ；重读键的状态
          JZ      DONE                ；若无按键闭合，转 DONE
          JB      ACC.0, S1           ；转 S1 键处理
          JB      ACC.1, S2           ；转 S2 键处理
          JB      ACC.2, S3           ；转 S3 键处理
          JB      ACC.3, S4           ；转 S4 键处理
          JB      ACC.4, S5           ；转 S5 键处理
          JB      ACC.5, S6           ；转 S6 键处理
          JB      ACC.6, S7           ；转 S7 键处理
          JB      ACC.7, S8           ；转 S8 键处理
DONE:     RET
KEY:      MOV     DPTR, #7FFCH        ；判断有无按键闭合
          MOVX    A, @DPTR
```

```
        CPL     A                   ；若（A）=0，则无按键闭合
        RET
DL10ms: MOV     R5，#14H            ；延时10ms子程序
DL:     MOV     R6，#0FFH
DL0:    DJNZ    R6，DL0
        DJNZ    R5，DL
        RET
S1:     S1键处理
S2:     S2键处理
          ⋮
```

独立式键盘与计算机的接口也可以采用中断方式，如图3-15所示。在没有按键闭合时，$\overline{INT_0}$为高电平，一旦有一个按键闭合，$\overline{INT_0}$为低电平，向CPU申请中断。CPU响应中断后，再查询是哪一个按键闭合，进而处理相应的键功能。将上面的程序稍作改动即可形成中断子程序。

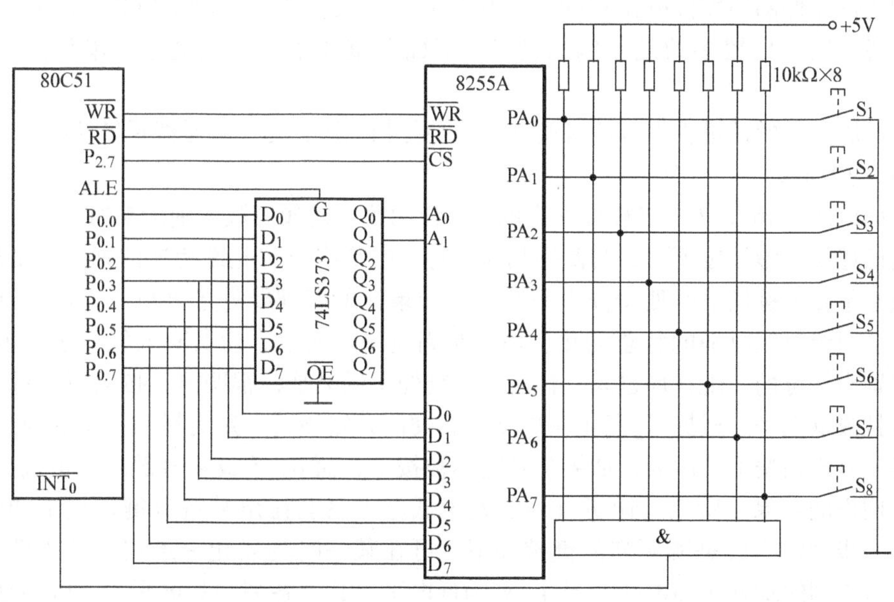

图3-15　独立式键盘的中断接口方式

如果不采用8255A并行接口，而是直接将按键与80C51的I/O口线相连或利用三态缓冲器均可实现独立式键盘的设计。

3.5.3　矩阵式键盘接口技术

1. 矩阵式键盘工作原理

矩阵式键盘适用于按键数量较多的场合。它由行线和列线组成，按键位于行、列线的交叉点上，行、列线分别连接到按键开关的两端。行线通过上拉电阻接到+5V上，如图3-16所示。平时无按键动作时，行线处于高电平状态，而当有按键按下时，行线

电平状态将由与此行线相连的列线电平决定。列线电平如果为低，则行线电平为低；列线电平如果为高，则行线电平亦为高。这一点是识别矩阵键盘按键是否被按下的关键所在。由于矩阵键盘中行、列线为多键共用，各按键均影响该键所在行和列的电平，因此各按键彼此将相互发生影响，所以必须将行、列线信号配合起来并作适当的处理，才能确定闭合键的位置。一个 3×3 的行、列结构可以构成一个有 9 个按键的键盘，同理，一个 4×4 的行、列结构可以构成一个含有 16 个按键的键盘，如图 3-16 所示，依此类推。

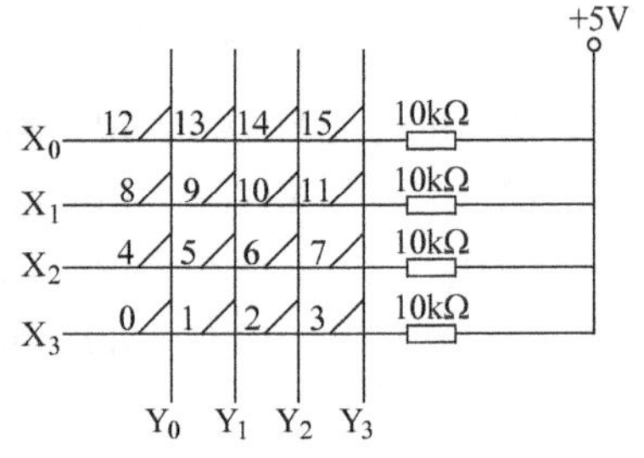

图 3-16　矩阵式键盘结构

2. 按键的识别方法

按键识别就是判断闭合键的键代码（或称键号）。常用的方法有两种：一种是用硬件电路来识别，称为编码键盘；另一种是利用软件方法来识别，称为非编码键盘。在编码键盘中设有硬件检测电路，以确定哪一个按键闭合，并产生该键的代码。非编码键盘则是依靠外部的硬件电路和软件来判别哪一个按键闭合。对于单片机的开发应用系统来说，用得比较多的是非编码键盘。下面着重介绍非编码键盘与单片机的连接方法。

非编码键盘的按键识别方法有两种：一种是扫描法；另一种是线反转法。

（1）扫描法

下面以图 3-16 中 7 号键被按下为例，来说明此键是如何被识别出来的。

前已述及，键被按下时，与此键相连的行线电平将由与此键相连的列线电平决定。而行线电平在无键按下时处于高电平状态，如果让所有列线处于高电平，那么键按下与否不会引起行线电平的状态变化，始终是高电平。所以，让所有列线处于高电平是无法识别出按键的。现在反过来，让所有列线处于低电平，很明显，按键所在行 X_2 电平将被拉成低电平。根据 X_2 行电平的变化，便能判定该行一定有键被按下，但还不能确定是 7 号键被按下。因为，如果 7 号键不被按下，而 6、5 或 4 号键之一被按下，均会产生同样的效果。所以，让所有列线处于低电平只能得出某行有键被按下的结论。为了进一步判定到底是哪一列的键被按下，可在某一时刻只让一条列线处于低电平，而其余所有列线均处于高电平。当 Y_0 列为低电平，其余各列为高电平时，因为是 7 号键被按下，所以 X_2 行仍处于高电平状态；当 Y_1 列为低电平，而其余各列为高电平时，同样会发现 X_2 行仍处于高电平状态；直到让 Y_3 列为低电平，其余各列为高电平时，因为是 7 号键被按下，所以 X_2 行的电平将由高电平转换到 Y_3 列所处的低电平，据此，确定 X_2 行 Y_3 列交叉点处的按键即 7 号键被按下。

根据上面的分析，很容易得出矩阵键盘按键的识别方法。此方法分两步进行：第一步，识别键盘有无键被按下；第二步，如果有键被按下，识别出具体的按键。

识别键盘有无键被按下的方法是：让所有列线均置为零电平，检查各行线电平是否有变化。如果有变化，则说明有键被按下，如果没有变化，则说明无键被按下（实际编程时应考虑按键抖动的影响，通常采用软件延时的方法进行消抖处理）。

识别具体按键的方法是（亦称之为扫描法）：逐列置零电平，其余各列置为高电

平，检查各行线电平的变化。如果某行电平由高电平变为零电平，则可确定此行此列交叉点处的按键被按下。

(2) 线反转法

扫描法要逐列扫描查询，当被按下的键处于最后一列时，则要经过多次扫描才能最后获得此按键所在的行与列的值。而线反转法则显得很简单，无论被按的键是处于第1列或是最后一列，均只需经过两步便能获得此按键所在的行与列的值。

第一步：将行线编程为输入线，列线编程为输出线，并使输出线输出为全零电平，则行线中电平由高到低所在行为按键所在行。

第二步：同第一步完全相反，将行线编程为输出线，列线编程为输入线，并使输出线输出为全零电平，则列线中电平由高到低所在列为按键所在列。

综合一、二两步的结果，可确定按键所在行和列，从而识别出所按的键。

线反转法的原理如图3-17所示。图中用一个8位I/O口构成一个4×4的矩阵键盘，采用查询方式进行工作。假设7号键被按下，那么第一步即在$P_{1.0}$~$P_{1.3}$输出全为0，然后，读入$P_{1.4}$~$P_{1.7}$位的状态，结果$P_{1.5}=0$，而$P_{1.4}$、$P_{1.6}$和$P_{1.7}$均为1，因此，X_1行出现电平的变化，说明X_1行有键按下；第二步让$P_{1.4}$~$P_{1.7}$输出全为0，然后，读入$P_{1.0}$~$P_{1.3}$位，结果$P_{1.3}=0$，而$P_{1.0}$、$P_{1.1}$和$P_{1.2}$均为1，因此Y_3列出现电平的变化，说明Y_3列有键按下。综合一、二两步，即X_1行Y_3列按键被按下，此按键即是7号键。因此线反转法非常简单实用。当然实际编程中也应考虑采用软件延时进行消抖处理。

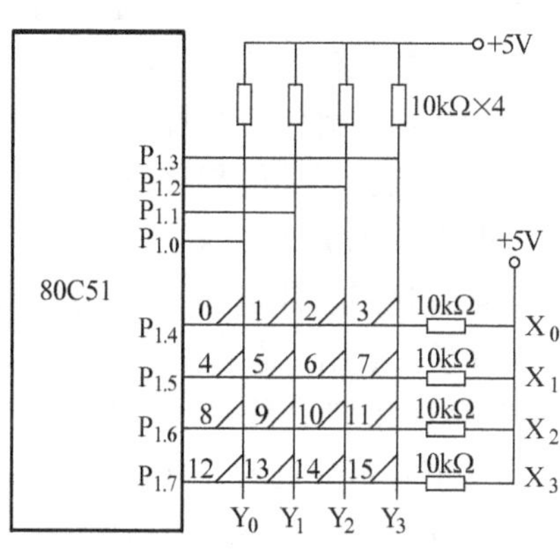

图3-17　线反转法原理图

3. 键盘工作方式

计算机应用系统中，键盘扫描只是CPU的工作内容之一。CPU在忙于各项工作任务时，如何兼顾键盘的输入，取决于键盘的工作方式。键盘工作方式的选取应根据实际应用系统中CPU工作的忙、闲情况而定。其原则是既要保证能及时响应按键操作，又要不过多占用CPU的工作时间。通常，键盘工作方式有3种，即编程扫描、定时扫描和中断扫描。

(1) 编程扫描法

所谓编程扫描就是CPU对键盘的扫描采取程序控制方式，一旦进入键扫描状态，则反复地扫描键盘，等待用户从键盘上输入命令或数据。而在执行键入命令或处理键入数据过程中，CPU将不再响应键入要求，直到CPU返回重新扫描键盘为止。

(2) 定时扫描法

定时扫描工作方式就是CPU每隔一定的时间（如10ms）对键盘扫描一遍。当发现有键按下时，便进行读入键盘操作，以求出键值，并分别进行处理。定时时间间隔由单片机内部定时器/计数器来完成，这样可以减少计算机扫描键盘的时间，以减少CPU的开销。具体做法是，当定时时间到，定时器便自动输出一脉冲信号，使CPU转去执

行扫描程序。但有一点需要指出，即采用定时扫描法时，必须在其初始化程序中，对定时器写入相应的命令，使之能定时产生中断，以完成定时扫描的任务。

（3）中断扫描法

不管是编程扫描法还是定时扫描法，均占用 CPU 的大量时间。无论有没有输入操作，CPU 总要在一定的时间内进行扫描，这对于计算机控制系统来说是很不利的。为了更进一步节省 CPU 的时间，还可采用中断扫描法。这种方法的实质是，当没有键入操作时，CPU 不对键盘进行扫描，以节省出大量的时间对系统进行监控和数据处理。一旦键盘有输入，则向 CPU 申请中断。CPU 响应中断后，即转到相应的中断服务程序，对键盘进行扫描，以便判别键盘上闭合键的键号，并作出相应的处理。

综上所述，对键盘所做的工作分为 3 个层次：

第 1 层：监视键盘的输入。体现在键盘的工作方式上就是：①编程扫描工作方式；②定时扫描工作方式；③中断扫描工作方式。

第 2 层：确定具体按键。体现在按键的识别方法上就是：①扫描法；②线反转法。

第 3 层：键功能程序执行。

4. 键盘接口及编程方法

可直接用单片机的 I/O 口线，或用并行接口芯片（如 8255A、8155/8156 等）扩展 I/O 口线，或用三态缓冲锁存器扩展 I/O 口线组成矩阵式键盘接口。另外还可以用串行端口 RXD 和 TXD 线扩展矩阵式键盘的扫描线，或用译码器扩展扫描线，扩展的目的就是为了节省单片机的 I/O 口线。

图 3-18 为一个 4×8 矩阵式键盘通过 8255A 扩展 I/O 口与 80C51 单片机的接口电路原理图。80C51 与 8255A 的连接方式参见图 3-14。键盘采用编程扫描方式工作，8255A 的 PA 口为输出口，控制键盘的列线的电位，8255A 的 PC 口作为输入口，称为键输入口。

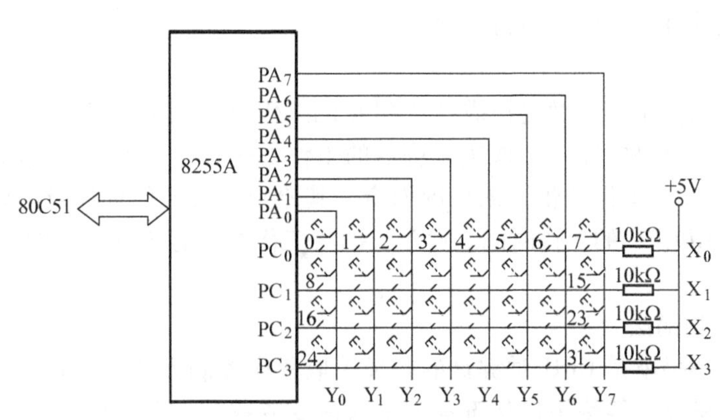

图 3-18　8255A 扩展 I/O 口组成的 4×8 矩阵式键盘

在图 3-18 中，8255A 的 PA、PB、PC 口地址分别为：7FFCH、7FFDH、7FFEH，控制口地址为 7FFFH。当 PA 口工作于方式 0 输出，PC 口低 4 位工作于方式 0 输入时，方式命令控制字可设为 89H，下面介绍编程扫描工作方式的工作过程及键盘扫描子

程序。

键盘扫描子程序完成如下4个功能。

（1）判断键盘上有无键闭合

其方法为扫描口 $PA_0 \sim PA_7$ 输出全“0”，读PC口的状态。若 $PC_0 \sim PC_3$ 为全“1”（键盘上行线全为高电平），则说明键盘上无键闭合；若不全为“1”，则说明键盘上有键闭合。

（2）消除按键机械抖动

其方法为检测到键盘上有键闭合后，用软件延时一段时间再检测键盘的状态，如果仍有键闭合，则认为键盘上有一个键处于稳定闭合期，否则认为是按键抖动。

（3）判别闭合键的键号

其方法为对键盘的列线进行扫描。扫描口 $PA_0 \sim PA_7$ 依次输出一列为低电平，相应地顺次读出PC口的状态，若 $PC_0 \sim PC_3$ 为全“1”，则列线输出为“0”的这一列上没有键闭合，否则这一列上有键闭合。闭合键的键号等于为低电平的列号加上为低电平的行的首键号。例如：PA口的输出为11111101时，读出 $PC_3 \sim PC_0$ 为1101，则 X_1 行 Y_1 列相交的键处于闭合状态，X_1 行的首键号为8，Y_1 列的列号为1，闭合键的键号为

$$N=行首键号+列号=8+1=9$$

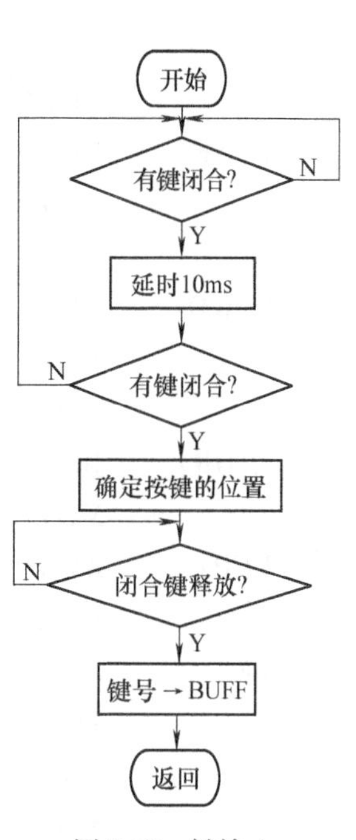

图3-19　键输入程序框图

（4）使CPU对键的一次闭合仅作一次处理

其方法是等待按键释放之后，再进行按键功能的处理。

对于图3-18所示键盘接口电路，键输入子程序的框图如图3-19所示。

下面为键输入程序的清单，从该程序返回后输入键的键号在BUFF单元中。

```
          ORG    5000H
PROG:     MOV    DPTR, #7FFFH    ; 8255A初始化
          MOV    A, #89H         ; 89H=10001001B
          MOVX   @DPTR, A
KEY1:     ACALL  KS1             ; 判断有无键闭合
          JNZ    LK1             ; (A)≠0, 说明有键闭合
          AJMP   KEY1            ; (A)=0, 说明无键闭合
LK1:      ACALL  DL10ms          ; 延时10ms（消抖）
          ACALL  KS1             ; 再次判断有无键闭合
          JNZ    LK2             ; (A)≠0, 有键闭合，转LK2
          AJMP   KEY1            ; 继续查询
LK2:      MOV    R2, #0FEH       ; 扫描模式→R2
          MOV    R4, #00H        ; R4为列计数器
LK4:      MOV    DPTR, #7FFCH    ; 扫描模式→8255PA口
```

```
        MOV    A, R2
        MOVX   @DPTR, A
        INC    DPTR
        INC    DPTR
        MOVX   A, @DPTR      ; 读8255PC口
        JB     ACC.0, LONE   ; ACC.0=1，说明0行无键闭合，转判第1行
        MOV    A, #00H       ; 0行有键闭合，首键号0→A
        AJMP   LKP
LONE:   JB     ACC.1, LTWO
        MOV    A, #08H       ; 1行有键闭合，首键号8→A
        AJMP   LKP
LTWO:   JB     ACC.2, LTHR
        MOV    A, #10H       ; 2行有键闭合，首键号16→A
        AJMP   LKP
LTHR:   JB     ACC.3, NEXT   ; 转判下一列
        MOV    A, #18H       ; 3行有键闭合，首键号24→A
LKP:    ADD    A, R4         ; 键号=列号+行首键号
        PUSH   A
LK3:    ACALL  KS1           ; 判断键是否释放
        JNZ    LK3           ; 直到A=0，键释放
        POP    A
        MOV    BUFF, A       ; 存键值（如：以备显示）
        AJMP   KND
NEXT:   INC    R4            ; 列计数器加1
        MOV    A, R2         ; 判断是否扫描到最后一列
        JNB    ACC.7, KND
        RL     A             ; A7←A0←A7
        MOV    R2, A
        AJMP   LK4
KND:    AJMP   KEY1
KS1:    MOV    DPTR, #7FFCH  ; 全0→扫描口PA
        MOV    A, #00H
        MOVX   @DPTR, A
        INC    DPTR
        INC    DPTR
        MOVX   A, @DPTR      ; 读键入状态PC0~3
        CPL    A
        ANL    A, #0FH       ; 屏蔽高4位（若(A)=0，说明键没闭合）
        RET
```

```
DL10ms:  MOV   R5, #14H
DL:      MOV   R6, #0FFH
DL0:     DJNZ  R6, DL0
         DJNZ  R5, DL
         RET
```

中断方式接口电路可以仿照图 3-15 画出。

总之，不论独立式键盘，还是矩阵式键盘，具体采用哪种接口方式，还要看控制系统的具体情况而定。

3.5.4　双功能键的设计及重键处理技术

1. 双功能键的设计

在计算机控制系统中，人们为了简化硬件电路，缩小整个系统的规模，都希望设置尽可能少量的按键，来实现较多的控制功能，此时就应考虑双功能键的设计。

解决双功能键的办法，可以用设置上/下档开关的措施来实现。如图 3-20 所示。当上/下档键控制开关处于上档时，按键为上档功能；当此控制开关处于下档时，按键为下档功能。

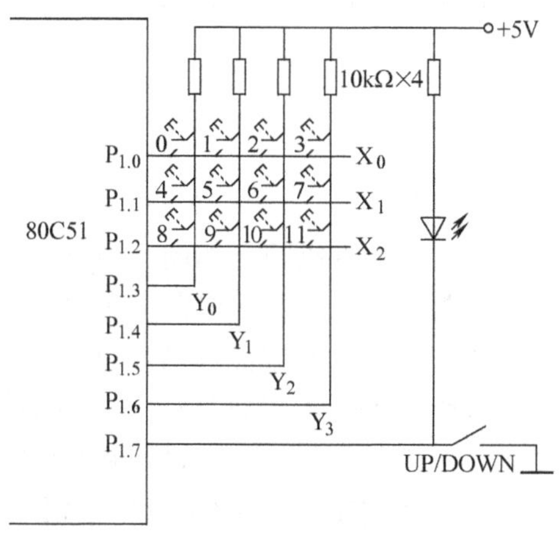

图 3-20　双功能键原理图

在编程时，键盘扫描子程序应不断测试 $P_{1.7}$ 口线的电平状态，根据此电平状态的高低，赋予同一个键两个不同的键码，从而由不同的键码转入不同的键功能子程序。或者同一个键只赋予一个键码，但根据上/下档标志，相应转入上/下档功能子程序。

2. 重键处理技术

在实际按键操作中，总是难免同时或先后按下两个或两个以上的键，这时就需确认哪个按键是有效的，对此可采取如下的一些策略。

当发现有按键按下时，可以用扫描法进行按键定位，则所有的行（或列）均应扫描一次，这时就可以确定按下的是单键或多键，同时确定出各按键的具体位置，然后可以采取相应的措施：

1）如果是单键，则以此键为准，其后（指等待此键释放的过程中）其他的任何按键均无效。

2）如果是多键，则可以有 3 种处理方法，即：

① 可视此次按键操作无效（通常应鸣响以示告警）。

② 可视多键都有效，按扫描顺序，将识别出的按键依次存入缓冲区中以待处理。

③ 不断对按键进行定位处理，或者只令最先释放的按键有效，或者只令最后释放的按键有效。

对按键究竟如何处理，完全由设计者本人决定。不过毕竟单片机系统资源有限，通常总是采取单键按下有效，多键同时按下无效的策略（此处指的单键、多键是 10ms 延时去抖后，第一次扫描定位的结果）。

3.6 显示接口技术

显示器是计算机系统开发时使用的主要设备之一，它可将计算机的运算结果、中间结果、存储器地址以及存储器、寄存器中的内容显示出来，从而实现人机对话。目前，由半导体发光二极管组成的数码显示器，简称 LED，是最常用的输出显示设备。它以价廉、可靠、耐用，对电流、电压要求低等优点，在计算机应用系统中获得广泛的应用。液晶显示是一种极低功耗的显示器件，已广泛地应用于生产和生活的各个领域，大有取代 LED 显示器的趋势。

3.6.1 LED 显示器接口技术

1. LED 数码显示器结构与原理

LED 数码显示器是由发光二极管组成的，如图 3-21 所示。只要使不同段的发光二极管发光，即可改变所显示的数字和字母。比如在图 3-21c 中，a、b、c、d、g 各段的发光二极管发光，即可显示“3”。LED 数码显示器根据其内部发光二极管的连接方法不同，分为共阴极和共阳极两种。共阴极 LED 数码显示器的发光二极管的阴极连接在一起，通常此公共阴极接地。当某个发光二极管的阳极为高电平时，发光二极管点亮，相应的段被显示，如图 3-21a 所示。同样，共阳极 LED 数码显示器的发光二极管的阳极连接在一起，通常此公共阳极接正电压。当某个发光二极管的阴极接低电平时，发光二极管被点亮，相应的段被显示，如图 3-21b 所示。

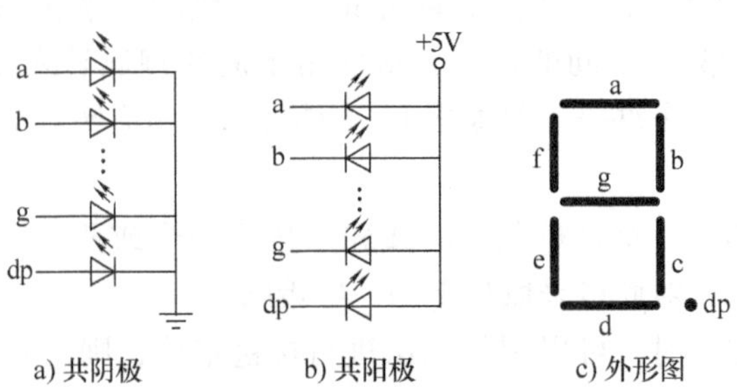

图 3-21 LED 数码管的结构及外形图

LED 数码显示管中的 dp 显示段用来显示小数点。LED 中每一段二极管与数据线的对应关系如下：

数据线：　D_7　D_6　D_5　D_4　D_3　D_2　D_1　D_0

LED 段：　dp　g　f　e　d　c　b　a

这样，共阴极和共阳极 LED 数码显示器的字型码如表 3-1 所示。

表 3-1　LED 数码显示器字型码

显示字符	共阴极接法	共阳极接法	显示字符	共阴极接法	共阳极接法
0	3FH	C0H	C	39H	C6H
1	06H	F9H	D	5EH	A1H
2	5BH	A4H	E	79H	86H
3	4FH	B0H	F	71H	8EH
4	66H	99H	P	73H	8CH
5	6DH	92H	U	3EH	C1H
6	7DH	82H	Γ	31H	CEH
7	07H	F8H	Y	6EH	91H
8	7FH	80H	H	76H	89H
9	6FH	90H	L	38H	C7H
A	77H	88H	“灭”	00H	FFH
B	7CH	83H	…	…	…

2. LED 数码显示器的显示方式

由 N 片 LED 数码显示器可拼接成 N 位 LED 显示器。图 3-22 是 4 位共阴极 LED 显示器的结构原理图。从图中可以看出，4 位 LED 显示器有 4 根位选线和 8×4 根段选线。N 位 LED 显示器有 N 根位选线和 8×N 根段选线。段选线控制显示字符的字型，而位选线则控制显示位的亮、暗。根据位选线和段选线的连接方法不同，显示方式也不同。LED 显示器有静态显示和动态显示两种显示方式。

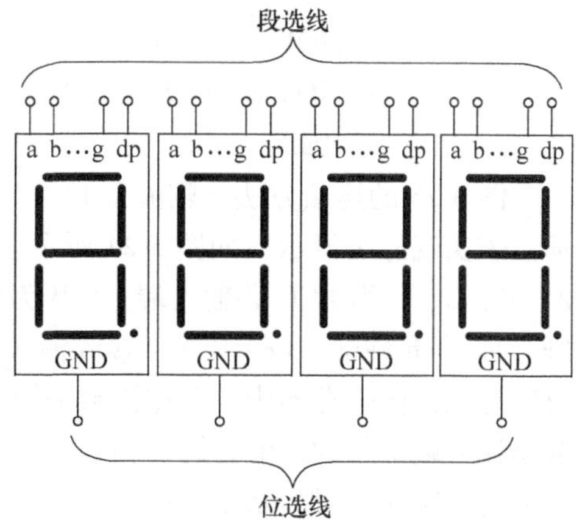

图 3-22　4 位显示器的构成

（1）静态显示方式

所谓静态显示方式，是由单片机一次输出显示后，就能保持该显示结果，直到下次送新的显示字型码为止。LED 工作于静态显示方式时，各位的共阴极（或共阳极）连接在一起并接地（或接+5V）；每位的段选线分别与一个 8 位的锁存输出相连。静态显示方式中，由于显示器中的各位相互独立，故在同一时间里，每一位显示的字符可以各不相同。这种显示方式的优点是显示器的亮度都较高，占用机时少，显示可靠，编程容易，管理也简单，因而在工业过程控制中得到了广泛的应用。这种显示方式的缺点是使用元件多，且线路比较复杂，因而成本比

较高。

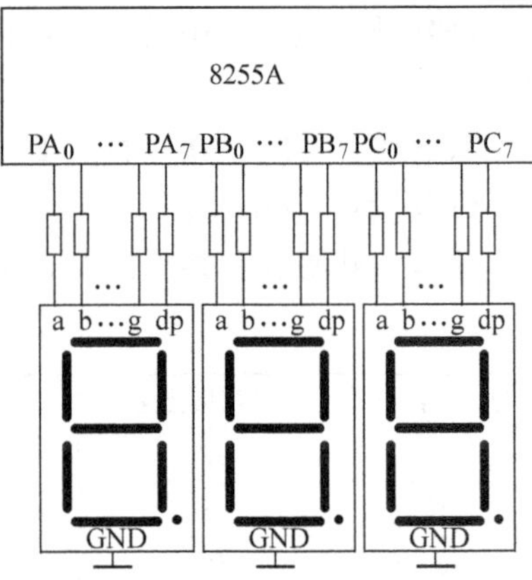

图 3-23　三位静态显示器接口

图 3-23 给出了用 8255A 的三个口控制三位 LED 数码显示器的接口电路。由于 8255A 的 PC、PB、PA 均具有锁存功能，所以程序中只要将相应的字形数据（常称之为段数据）写入 8255A 的 PA、PB、PC 口，显示器就显示出三位字符。假设 8255A 的控制口地址为 7FFFH；PC、PB、PA 三个口地址分别为 7FFEH、7FFDH、7FFCH；PC、PB、PA 口均为输出口，则 8255A 的方式控制字为 80H。实现 PA 口显示“0”，PB 口显示“1”，PC 口显示“2”的程序如下：

LED 数码显示器静态显示

```
        ORG     2000H
DISP_1: MOV     DPTR, #7FFFH        ; 8255 初始化
        MOV     A, #80H
        MOVX    @DPTR, A
        MOV     DPTR, #7FFCH        ; PA 口显示“0”
        MOV     A, #3FH
        MOVX    @DPTR, A
        INC     DPTR                ; PB 口显示“1”
        MOV     A, #06H
        MOVX    @DPTR, A
        INC     DPTR                ; PC 口显示“2”
        MOV     A, #5BH
        MOVX    @DPTR, A
        RET
```

图 3-23 的连接方法比较浪费 I/O 口线，为此，还可以利用 BCD-7 段锁存/译码/驱动器来实现静态显示，如图 3-24 所示。其中 MC14513 为 BCD-7 段锁存/译码/驱动器；A、B、C、D 为 BCD 码输入端；RBI 为高位零消隐输入端；RBO 为高位零消隐输出端；LE 为锁存允许端，LE=0 时，接收输入数据，在 LE 的上升沿将数据输入端输入的 BCD 码锁存在片内寄存器中，并将该数据译码后显示出来，LE 为高电平时，显示的数不受数据输入端信号的影响，即保持不变。本电路可以实现对高位零进行自动消隐。当三位数均为零时，只显示个位的零，而十位和百位的零不显示。$P_{1.0}$~$P_{1.3}$输出显示数字的 BCD 码，$P_{1.4}$~$P_{1.6}$产生 BCD 码输入锁存信号。当 BCD 码被锁存后，经 7 段译码，相应位将产生出应有的显示。此三位静态显示器能显示 0~999 之间的任何数。使该显示器显示 456 的程序如下：

```
        ORG     3F00H
DISP_2: MOV     A, #04H     ; 数 4 送 A
        MOV     P1, A       ; 写入 P1 口
        SETB    P1.4        ; 锁存入 MC14513（1）中，百位显示 4
```

```
MOV   A, #15H    ; 数5送A
MOV   P1, A      ; 写入P1口
SETB  P1.5       ; 锁存入MC14513（2）中，十位显示5
MOV   A, #36H    ; 数6送A
MOV   P1, A      ; 写入P1口
SETB  P1.6       ; 锁存入MC14513（3）中，个位显示6
RET
```

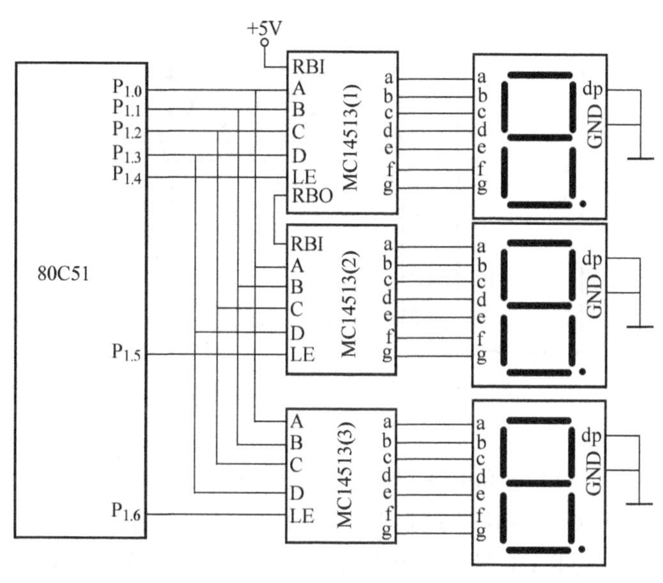

图 3-24 利用 MC14513 的三位静态显示电路

如果显示器位数增多，则静态显示方式将无法适应。因此在显示位数较多的情况下，一般都采用动态显示方式。

（2）动态显示方式

所谓动态显示，就是单片机定时地对显示器件扫描。在这种方法中，显示器件分时工作，每次只能有一个器件显示，而其他各位熄灭，但由于人眼有视觉暂留现象，只要每位显示间隔足够短，则可造成多位同时亮的假象，达到显示的目的。

实验：LED 数码显示器动态显示

动态显示方式的优点是使用硬件少，因而价格低。但它占用机时长，只要单片机不执行显示程序，就立刻停止显示。由此可见，这种显示方式将使计算机的开销增大。

图 3-25 所示为利用 8255A 扩展的 4 位 LED 动态显示器接口电路。图中将所有位的段选线相应地并联在一起，PB 口作为段数据口，经同相驱动器后接显示器的各个极，形成段选线的多路复用，而 $PA_3 \sim PA_0$ 作为扫描口线，经反相驱动器 75452 接显示器公共阴极。在每一时刻使 $PA_3 \sim PA_0$ 中有一位为高电平，即 4 位显示器中仅有一位公共阴极为低电平，其他位为高电平，同时段选线上输出相应位要显示字符的字型码。这样同一时刻，4 位 LED 中只有选通的那一位显示出字符，而其他位则是熄灭的。同样，

在下一时刻，只让下一位的位选线处于选通状态，而其他各位的位选线处于关闭状态，同时，在段选线上输出相应位将要显示字符的字型码。如此循环下去，就可以使4位显示出将要显示的字符。

4位LED数码显示器动态显示

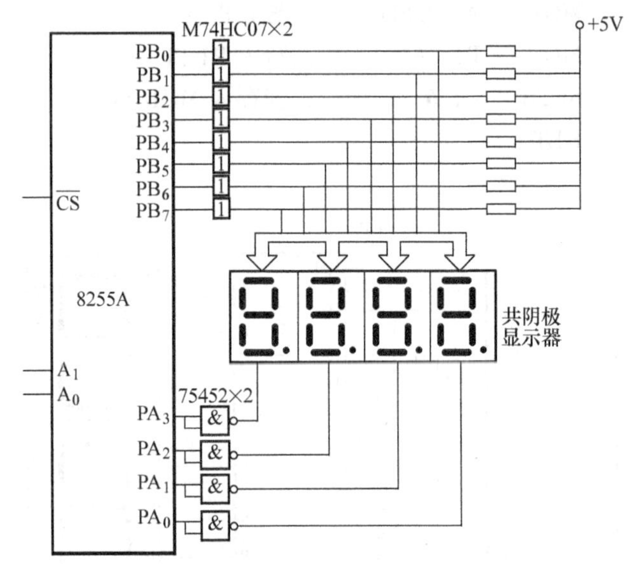

图3-25 4位LED动态显示器接口电路

假设图3-25中8255A与80C51的连接情况同图3-14所示，则8255A的口地址分别为：PA口地址为7FFCH、PB口地址为7FFDH、PC口地址为7FFEH、控制口地址为7FFFH。现在80C51的RAM存储器中设置4个显示缓冲单元77H~7AH，分别存放4位显示器的显示数据，则动态显示程序如下：

```
        ORG     3000H
DISP:   MOV     DPTR, #7FFFH    ; 8255初始化
        MOV     A, #80H         ; PA、PB口均为方式0输出
        MOVX    @DPTR, A
DIR:    MOV     R0, #77H        ; 置缓冲器指针初值
        MOV     R3, #08H        ; 置扫描模式初值，位选码指向最左边
                                  一位
        MOV     A, R3
LD0:    MOV     DPTR, #7FFCH    ; 模式送到8255的PA口
        MOVX    @DPTR, A
        MOV     A, @R0          ; 取显示数据
        MOV     DPTR, #DSEG0    ; 获得要显示数据的代码
        MOVC    A, @A+DPTR
        MOV     DPTR, #7FFDH    ; 把显示数据代码送到PB口
        MOVX    @DPTR, A
        ACALL   DL1             ; 延时1ms
```

```
        MOV     A, R3
        JB      ACC.0, LD1          ; 判断是否显示到第4位
        INC     R0                  ; 指向下一个缓冲区
        RR      A                   ; 将A的内容右移一位，显示下一位
        MOV     R3, A
        AJMP    LD0
LD1:    RET
DSEG0:  DB      3FH, 06H, 5BH, 4FH, 66H, 6DH    ; 段数据表
DSEG1:  DB      7DH, 07H, 7FH, 6FH, 77H, 7CH
DSEG2:  DB      39H, 5EH, 79H, 71H, 73H, 3EH
DSEG3:  DB      31H, 6EH, 1CH, 23H, 40H, 03H
DSEG4:  DB      18H, 00H
DL1:    MOV     R7, #02H                        ; 延时子程序
DL:     MOV     R6, #0FFH
DL6:    DJNZ    R6, DL6
        DJNZ    R7, DL
        RET
```

动态显示电路还可以直接用80C51的I/O口线，或用串行端口RXD和TXD线扩展LED显示器接口，也可以采用硬件译码显示器接口来扩展。比如图3-26为采用BCD-7段译码驱动器MC14558构成的8位动态LED显示器。图中MC14558为BCD-7段译码驱动器，其中，A、B、C、D为BCD码输入端，a、b、c、d、e、f、g为显示器段输出端。$P_{1.0}$~$P_{1.3}$输出段数据的BCD码，经MC14558译码出的字型码由a、b、c、d、e、f、g输出到七段LED显示器中。$P_{1.4}$~$P_{1.6}$经74LS138译码器得到8根位选线分别连接LED的接地端，以控制各位的选通。$P_{1.7}$与74LS138的G_1端相连，当$P_{1.7}=1$时，8位显示器显示；当$P_{1.7}=0$时，8位显示器熄灭。如果要显示小数点，可再增加一根口线与LED的dp相连。

8位LED数码显示器动态显示

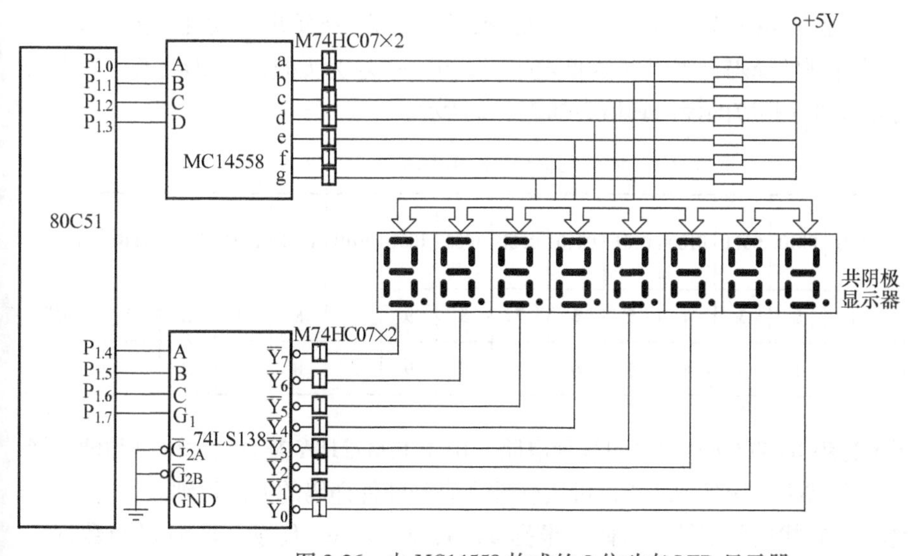

图3-26　由MC14558构成的8位动态LED显示器

需要说明的是，MC14558 和 74LS138 均不带有锁存功能，若用于静态显示，需要增加锁存器。

（3）软件、硬件译码显示器接口

随着集成电路的发展，现在已经生产出锁存/译码/驱动器为一体，并能同时供多位 LED 显示的芯片。比如：INTEL SIL 公司生产的 CMOS 8 位的可驱动共阴极 LED 的驱动器 ICM7218A，内设两种 7 段译码器（十六进制译码器及 BCD 码译码器）及 8 字节静态 RAM（可存放显示数据），能在多位扫描电路的控制下实现 8 位 LED 显示。ICM7218A 的引脚排列如图 3-27 所示。

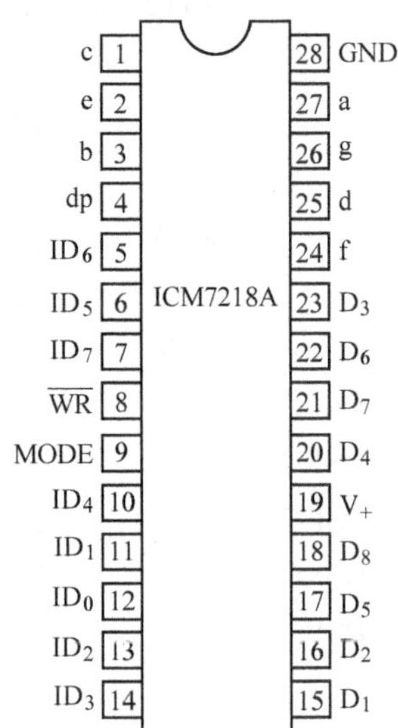

图 3-27 ICM7218A 的引脚排列

各引脚功能如下：

a、b、c、d、e、f、g、dp：8 段驱动器。

$D_1 \sim D_8$：8 位驱动器。

$\overline{WR}$：低电平有效，将输入数据写入 RAM 中。

MODE：低电平时，输入数据；高电平时，输入控制字。

ID_7：数据传送标志位。$ID_7=1$ 时，表明后面输入数据；$ID_7=0$ 时，表明后面不输入数据。

ID_6：译码方式标志位。$ID_6=1$ 时，进行十六进制译码；$ID_6=0$ 时，进行 BCD 译码。

ID_5：硬件和软件译码选择端。$ID_5=0$ 时，由 ICM7218A 内部完成硬件译码；$ID_5=1$ 时，由软件完成译码，输入的 8 位数据直接控制 8 个段的显示，格式如下：

ID_7 ID_6 ID_5 ID_4 ID_3 ID_2 ID_1 ID_0

$\overline{dp}$ a b c e g f d

某位置 1，则相应此位的段被点亮。但 dp 不同，当此位置置 0 时，小数点被点亮。

ID_4：关闭信号。$ID_4=0$ 时，关闭晶振、译码和显示；$ID_4=1$ 时，正常工作。

上述 $ID_4 \sim ID_6$ 是在 MODE 为高电平时的功能，即控制字所实现的功能，此时 $ID_3 \sim ID_0$ 无效。如果进行硬件译码且 MODE 为低电平时，$ID_7 \sim ID_4$ 为无效，而 $ID_3 \sim ID_0$ 为十六进制或 BCD 码输入值，相应的译码真值表如表 3-2 所示。

表 3-2 ICM7218A 的译码真值表

$ID_0 \sim ID_3$ 二进制	0000	0001	0010	0011	0100	0101	0110	0111	1000	1001	1010	1011	1100	1101	1110	1111
BCD 码	0	1	2	3	4	5	6	7	8	9	–	E	H	L	P	“灭”
十六进制码	0	1	1	3	4	5	6	7	8	9	A	B	C	D	E	F

图 3-28 所示为用 ICM7218A 构成的显示电路。由于 ICM7218A 兼有软件译码和硬件译码功能，如果想显示数字“97843210”，可用软件译码和硬件译码的方法得到。

1）软件译码。先找出各字符的编码。根据 a、b、c、d、e、f、g、dp 各段与数据位

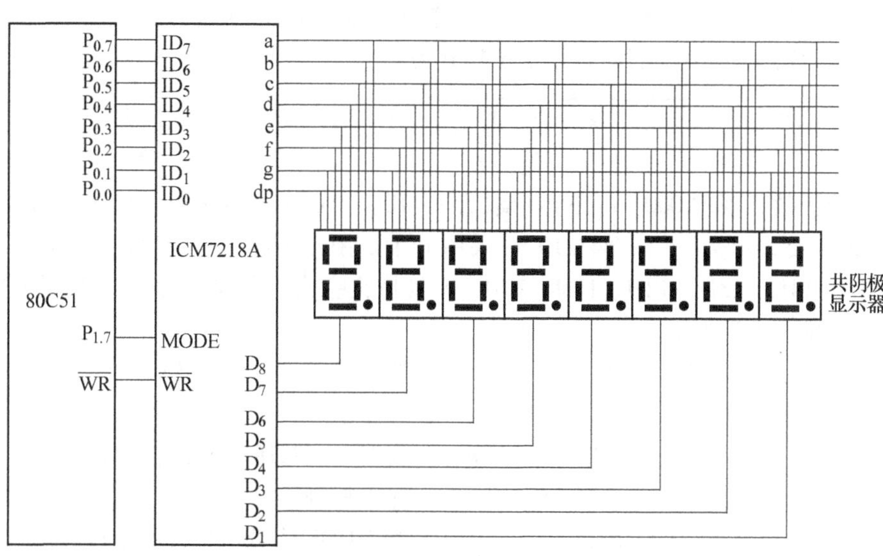

图 3-28　用 ICM7218A 构成的显示电路

的对应关系，可得 97843210 的各位编码分别为：F7H、F0H、FFH、B6H、F5H、EDH、B0H、FBH，并且存入 80C51 内部 RAM 的 60H~67H 单元中。需要说明的是，ICM7218A 在其内部计数器控制下，显示数据和相应的位信号依次出现在输出口上，驱动 LED 数码管显示。显示数据命令和显示控制字命令是靠 MODE 端口区别的。所以，该器件在显示方式上仍然是循环扫描式的。设显示器最左边一位为第 1 位，R0 为显示数据单元地址，起始单元为 60H，R2 为显示的位数，则程序如下：

```
DISSOFT:    SETB    P1.7            ; 置 MODE 为高电平，准备写控制字
            MOV     A, #0B0H        ; 控制字为 B0H
            MOV     DPTR, #0200H    ; 设置 ICM7218A 的工作地址
            MOVX    @DPTR, A        ; 输出控制字
            CLR     P1.7            ; 置 MODE 为低电平，准备写数据
            ACALL   DISPLAY8        ; 显示 8 位数据
            RET
DISPLAY8:   MOV     R0, #60H        ; 显示数据首地址
            MOV     R2, #08H        ; 共显示 8 位
            MOV     DPTR, #0200H
AGAIN:      MOV     A, @R0          ; 取出显示数据
            MOVX    @DPTR, A        ; 输出数据
            INC     R0              ; 指向下一位
            DJNZ    R2, AGAIN       ; 8 位未显示完，继续
            RET
```

由于 ICM7218A 本身没有工作地址，其选通是由 MODE 和 $\overline{\text{WR}}$ 共同完成的，所以只需用 MOVX @DPTR，A 指令就可以向 ICM7218A 中写数据或命令。但为了安全起见，DPTR

中应指定某一具体地址单元，以免与其他工作单元冲突而改写这些单元中的数据。

2）硬件译码。采用硬件译码的数据格式为

×	×	×	$\overline{dp}$	ID_3	ID_2	ID_1	ID_0

高3位无效，现取000，$\overline{dp}$不显示取为1，$ID_3 \sim ID_0$ 为4位编码，具体编码情况参见表3-2。那么要显示数字“97843210”，采用BCD编码，则各位数据对应的编码为19H、17H、18H、14H、13H、12H、11H、10H，并且将这些编码存放于内部RAM的60H为首地址的单元中，编程如下：

```
DISHARD:  SETB   P1.7          ；置MODE为1，准备写控制字
          MOV    A，#90H       ；控制字
          MOV    DPTR，#0200H  ；设置ICM7218A的工作地址
          MOVX   @DPTR，A      ；输出控制字
          CLR    P1.7          ；置MODE为低电平，准备写数据
          ACALL  DISPLAY8      ；显示8位数据
          RET
```

3.6.2 LCD显示器接口技术

1. LCD显示器的工作原理

LCD（液晶显示器）是一种借助外界光线照射液晶材料而实现显示的被动显示器件，结构原理图如图3-29所示。

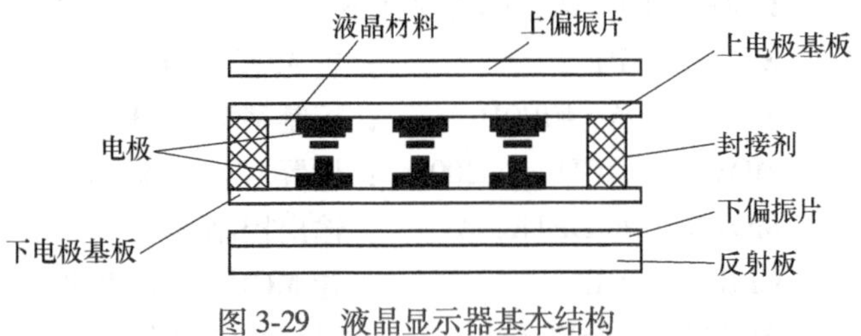

图3-29　液晶显示器基本结构

液晶显示器是在平整度很好的玻璃面上喷上二氧化锡透明导电层形成电极，在上、下导电层之间注入液晶材料密封而成的。若在液晶屏正面电极的某点和背电极间加上适当大小的电压，则该点所夹持的液晶便产生“散射效应”，并显示出点阵。根据需要，可将电极做成各种文字、数字或点阵，就可以获得所需的各种显示。

2. LCD显示器的驱动方式

LCD显示器分为段式和点阵式两种，对于数字显示为主的仪器仪表，一般适宜于采用段式液晶显示器，所以本节重点介绍段式LCD的接口技术。

与LED相似，段式LCD也有七段（或八段）显示结构，不同之处就是LCD的每个字形段要由频率为几十赫兹到数百赫兹的节拍方波信号驱动，该方波信号加到LCD的公共电极和段驱动器的节拍信号输入端。

液晶显示器的驱动方式由电极引线的选择方式确定。因此，在选择好液晶显示器后，

用户无法改变驱动方式。液晶显示器的驱动方式一般有静态驱动和时分割驱动两种。

在静态显示方式中，某个液晶显示字段上两个电极的电压相位相同时，两电极的相对电压为零，该字段不显示；当此字段上两个电极的电压相位相反时，两电极的相对电压为两倍幅值方波电压，该字段呈黑色显示。图 3-30 所示为静态驱动回路及波形，其中，a 分图为驱动回路，b 分图为真值表，c 分图为波形图。

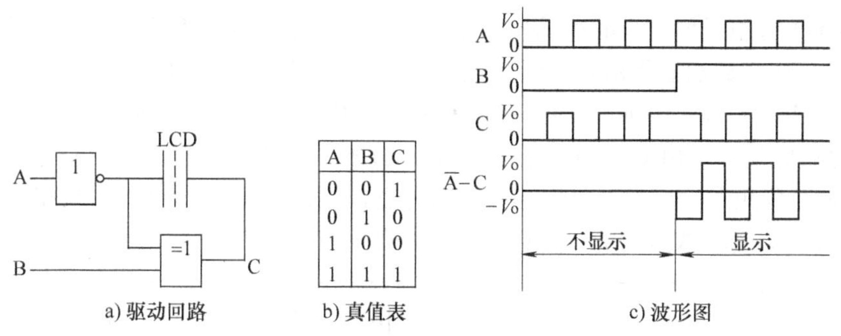

图 3-30　静态驱动回路及波形

当显示字段增多时，为了减少引出线和驱动回路数，必须采用时分割驱动法。时分割驱动方式通常采用电压平均化法，其占空比有 1/2，1/8，1/11，1/16，1/32，1/64 等；偏压有 1/2，1/3，1/4，1/5，1/7，1/9 等。

3. LCD 显示器的接口设计

液晶显示驱动器有一位和多位之分。常用的一位液晶显示驱动器有 MC14543、CD4543、CD4056 等；多位液晶显示驱动器有 ICM7211 等；专门用于小数点驱动的有 CD4054。下面以 CD4543 为例介绍 LCD 的显示接口技术。

CD4543 是液晶显示器的驱动接口电路，具有 BCD 七段锁存/译码/驱动的功能。CD4543 的引脚排列如图 3-31 所示。

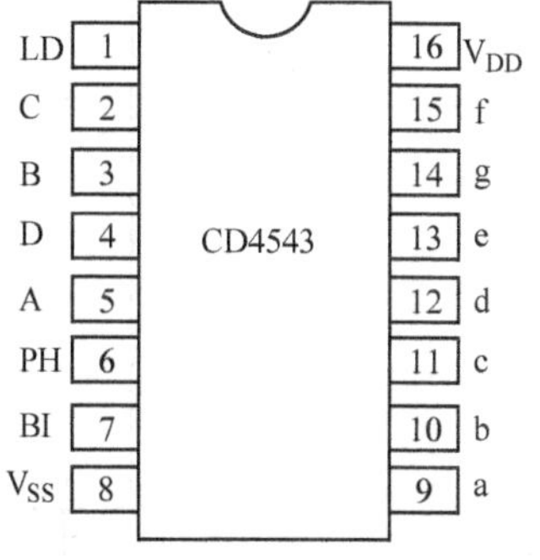

图 3-31　CD4543 引脚排列

各引脚功能如下：

LD：锁存使能信号。高电平有效，下降沿低电平锁存数据。LD 的脉冲宽度不小于 400ns。

PH：显示方式控制端。驱动 LED 显示器时，驱动共阴极 LED 时，PH 接低电平，驱动共阳极 LED 时，PH 接高电平；驱动 LCD 显示器时，PH 端接显示方波信号，频率范围为 32～200Hz。

BI：消隐控制端，高电平有效。

D～A：BCD 码输入端。

V_{DD}：正电源。

V_{SS}：接地端。

a～g：LCD 七段码输出。

其真值表如表 3-3 所示。

表 3-3 CD4543 的真值表

BI	LD	DCBA	显示
1	×	×	全熄
0	1	0~9	0~9
0	1	A~F	全熄
0	0	×	不变

CD4543 适用于位数少的液晶显示器件，图 3-32 是用 CD4543 构成的四位液晶显示驱动电路。LCD 显示器采用四位液晶显示器 4N07，它的工作电压为 3~6V，工作频率为 50~200Hz。每片 CD4543 驱动一位 LCD，其 BCD 码输入端由 80C51 的 $P_{1.0}$~$P_{1.3}$控制，锁存使能端分别由 $P_{1.4}$~$P_{1.7}$控制，显示方式控制端 PH 的方波信号由 80C51 单片机的 ALE 经分频器后提供，该方波信号同时也提供给 LCD 显示器的公共端 COM。由于 CD4543 没有驱动小数点功能，所以只能显示数字 0~9。

LCD 显示器的
接口设计

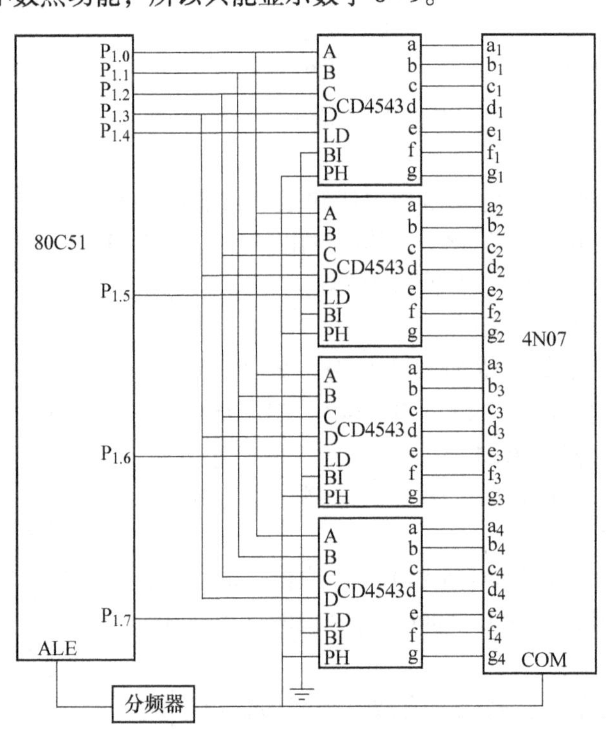

图 3-32 用 CD4543 构成的四位静态 LCD
显示接口电路

设 LCD 显示器的最上端对应显示缓冲区的最高位，即显示顺序从左至右。R2 中存放锁存控制字，80C51 的内部 RAM 的 50H、51H 单元为显示缓冲区，依次存放四个要显示数字的 BCD 码，则显示子程序如下：

```
DISPLCD:    MOV     R0, #50H        ; R0 指向显示缓冲区的最高位
            MOV     R2, #10H        ; 设定最高位锁存控制标志字
DISP1:      MOV     A, @R0          ; 取要显示的 BCD 码
            ANL     A, #0F0H        ; 保留最高位 BCD 码
```

```
SWAP  A             ; 交换高、低字节
ORL   A, R2         ; 加上锁存控制位
MOV   P1, A         ; 送入 CD4543
ANL   P1, #0FH      ; 置所有 CD4543 为锁存状态
MOV   A, R2         ; 求出下一位锁存控制标志字
RL    A
MOV   R2, A
MOV   A, @R0        ; 取要显示的下一个 BCD 码
ANL   A, #0FH       ; 保留次高位 BCD 码
ORL   A, R2
MOV   P1, A
ANL   P1, #0FH      ; 置所有 CD4543 为锁存状态
INC   R0
MOV   A, R2         ; 求出下一位锁存控制标志字
RL    A
MOV   R2, A
JNB   ACC.0, DISP1  ; 未完成四位则继续
RET
```

习题3

1. 填空题

（1）在加权平均值滤波公式中，所有加权系数的和应为________。

（2）所谓中值滤波是对某一参数连续采样 n 次（一般 n 取奇数），然后把 n 次的采样值从小到大或从大到小排队，再取________作为本次采样值。

（3）报警程序的设计方法主要有两种，一种是________，另一种是________。

（4）常用的非编码键盘的按键识别方法有两种，一种是________，另一种是________。

（5）键盘的工作方式有 3 种，分别是________、________和________。

（6）LED 显示器的显示方式有两种，分别是________和________。

（7）液晶显示器的驱动方式一般有________驱动和________驱动两种。

2. 选择题

（1）在计算机控制系统中，采集到的信号中常常掺杂有干扰信号，________来提高信号的真实性。

A. 只需通过数字滤波程序　　B. 可以通过数字滤波程序或模拟滤波电路

C. 只需 *RC* 滤波电路　　D. 可以通过数字滤波程序和模拟滤波电路

（2）能有效地克服因偶然因素引起的波动干扰的是________。

A. 算术平均值滤波　　B. 中值滤波

C. 滑动平均值滤波　　D. 加权平均值滤波

（3）下面关于标度变换的说法正确的是________。

A. 标度变换就是把数字量转换成与工程量相关的模拟量

B. 标度变换就是把模拟量转换成十进制工程量

C. 标度变换就是把数字量转换成人们所熟悉的十进制工程量

D. 标度变换就是把模拟量转换成数字量

（4）完整的键功能处理程序应包括________。

A. 计算键值　　B. 按键值转向相应的功能程序

C. 计算键值并转向相应的功能程序　　D. 判断是否有键按下

（5）当键盘与单片机间通过$\overline{INT_0}$中断引脚接口时，中断服务程序的入口地址是2000H，只有________才能正常工作。

A. 把 2000H 存入 0003H　　B. 把 AJMP 2000H 的机器码存入 0003H

C. 把 2000H 存入 000BH　　D. 把 AJMP 2000H 的机器码存入 000BH

（6）采用共阳极 LED 多位数码管显示时，________。

A. 位选线为低电平，段选线为高电平

B. 位选线为高电平，段选线为低电平

C. 位选线和段选线均为高电平

D. 位选线和段选线均为低电平

（7）无论动态显示还是静态显示都需要进行译码，即将________。

A. 十进制数译成二进制数　　B. 十进制数译成八进制数

C. 十进制数译成十六进制数　　D. 十进制数译成七段显示码

（8）采用一片 8255A 作为 LED 数码管的接口，工作于动态显示方式时，最多可连接________个 LED。

A. 1　　B. 3　　C. 8　　D. 16

（9）LCD 显示的关键技术是解决驱动问题，正确的做法是________。

A. 采用固定的交流电压驱动　　B. 采用固定的交变电压驱动

C. 采用直流电压驱动　　D. 采用交变电压驱动

3. 简答题

（1）常用的数字滤波方法有几种？说出它们各自的适用场合。

（2）在程序判断滤波方法中，ΔY 如何确定？其值越大越好吗？

（3）分段插值法在选取插值基点时，有几种分段方法？它们是如何选取基点的？

（4）标度变换在工程上有什么意义？在什么情况下使用标度变换程序？

（5）说明报警程序的设计方法，并简述之。

（6）键盘为什么要防止抖动？在计算机控制系统中如何实现防抖？

（7）LED 显示器的显示方法有几种？各有什么特点？简述其工作原理。

（8）LCD 与 LED 显示器件的主要区别是什么？LCD 显示器件为什么不能采用直流驱动？

4. 设计题

（1）试设计一个 4×4=16 的矩阵式键盘，其中 0~9 为数字键，A~F 为功能键，采用查询方式，设计一个接口电路，并编写扫描程序。

（2）若将上题改为中断方式，设计接口电路，并编写程序。

（3）若有一个4位LED显示器，试编写高位0不显示的处理程序。假设4位数放于DATA开始的4个单元中，低位在前。

（4）某压力测量仪表的量程为200～1200Pa，经8位A/D转换后对应的数字量为00H～FFH，试编写一个标度变换程序，使其能对该测量值进行标度变换。

（5）利用80C51单片机设计一个声光报警电路。要求在正常工作时，绿色指示灯亮；出现异常情况时，红色指示灯亮，同时喇叭发出报警声。画出硬件原理图并编写程序。

5. 计算题

（1）某梯度炉温度变化范围为0～1600℃，经温度变送器输出电压为1～5V，再经ADC0809转换，ADC0809的输入范围为0～5V。试计算当采样值为9BH时，所对应的梯度炉温度是多少?

（2）某压力测量仪表的量程为400～1200Pa，采用12位A/D转换器，设某采样周期计算机经采样及数字滤波后的数字量为ABH，求此时的压力值。

第4章 计算机控制系统特性分析

通常，当离散控制系统中的离散信号是脉冲序列形式时，称为采样控制系统或脉冲控制系统；而当离散控制系统中的离散信号是数码序列形式时，称为数字控制系统或计算机控制系统。在理想采样及忽略量化误差情况下，计算机控制系统近似于采样控制系统，将它们统称为离散控制系统，这样可以使得计算机控制系统同采样控制系统的分析与综合在理论上统一起来。

计算机控制系统特性分析是从给定的计算机控制系统数学模型出发，对计算机控制系统在稳定性、准确性、快速性等方面的特性进行分析。通过分析，一是了解计算机控制系统在稳定性、准确性、快速性等方面的技术性能，用以定量评价相应控制系统性能的优劣，更重要的是，建立计算机控制系统特性或性能指标与计算机控制系统数学模型的结构及其参数之间的定性和定量关系，用以指导计算机控制系统的设计。与连续控制系统相同，计算机控制系统的设计也是与系统分析密不可分的，一种好的系统设计方法和理论总是以有效的系统分析方法和理论为基础的。

本章主要研究计算机控制系统特性分析的问题。首先介绍离散系统与计算机控制系统的关系，然后研究计算机控制系统稳定性、稳态误差、动态性能的分析与综合方法。

4.1 离散系统

离散时间系统简称离散系统，简单地说就是其输入和输出信号均为离散信号的物理系统。

基于工程实践的需要，作为分析与设计离散系统的基础理论，离散系统控制理论的发展非常迅速。离散系统与连续系统相比，既有本质上的不同，又有分析研究方面的相似性。利用 Z 变换法研究离散系统，可以把连续系统中的许多概念和方法，推广应用于离散系统。

离散控制系统与连续控制系统在数学分析工具、稳定性、动态特性、静态特性、校正与综合等方面都具有一定的联系和区别，许多结论都具有相类同的形式，在学习时要注意对照和比较，特别要注意它们不同的地方。表 4-1 列出了线性连续控制系统与线性离散控制系统的分析方法对照表。

表 4-1 分析方法对照表

线性连续控制系统	线性离散控制系统
微分方程	差分方程
拉普拉斯变换	Z 变换

（续）

线性连续控制系统	线性离散控制系统
传递函数	脉冲传递函数
状态方程	离散状态方程

在进行连续控制系统的分析与设计时，要研究判断所设计的系统是否稳定，并计算有多大的稳定裕量以及怎样满足暂态指标的要求和稳态控制精度。同样，在离散控制系统中也存在稳定性、动态响应和稳态误差等方面的分析，这也是本章所要讨论和解决的问题。

4.1.1 采样控制系统

根据采样器在系统中所处的位置不同，可以构成各种采样控制系统。用得最多的是偏差采样控制的闭环采样系统，其典型结构图如图 4-1 所示。图中，S 为采样开关，$G_h(s)$ 为保持器的传递函数，$W_d(s)$ 为被控对象的传递函数，$H(s)$ 为测量元件的传递函数。

1. 信号采样

如图 4-1 所示，在采样控制系统中，把连续信号转变为脉冲序列的过程是采样过程。用 T 表示采样周期，单位为秒（s）。$f_s=1/T$ 表示采样频率，单位为 1/秒（1/s）；$\omega_s=2\pi f_s=2\pi/T$ 表示采样角频率，单位为弧度/秒（rad/s）。在实际应用中，采样开关多为电子开关，闭合时间极短，采样持续时间 τ 远小于采样周期 T，也远小于系统连续部分的最大时间常数。为了简化分析，可将采样过程理想化：认为 τ 趋于零，其采样瞬时的脉冲强度等于相应采样瞬时偏差信号 $e(t)$ 的幅值，理想采样开关输出的采样信号为脉冲序列 $e^*(t)$，$e^*(t)$ 在时间上是断续的，而在幅值上是连续的，是离散的模拟信号。

2. 信号恢复

如图 4-1 所示，在采样控制系统中，把脉冲序列转变为连续信号的过程是信号恢复。实现恢复过程的装置是保持器。因为采样器输出的是脉冲序列 $e^*(t)$，如果直接加到连续系统上，则 $e^*(t)$ 中的高频分量会给系统中的连续部分引入噪声，影响控制质量，严重时还会加剧机械部件的磨损。因此，需要在采样器后面串联一个保持器，以使脉冲序列 $e^*(t)$ 复原成连续信号，再加到系统的连续部分。最简单的保持器是零阶保持器，它将脉冲序列 $e^*(t)$ 复现为阶梯信号 $e_h(t)$。当采样频率足够高时，$e_h(t)$ 接近于连续信号 $e(t)$。

4.1.2 数字控制系统

由于计算机科学与技术的迅速发展，以数字计算机为控制器的数字控制系统以其独特的优势在许多场合取代了模拟控制器。数字控制系统具有一系列的优越性，因此得到了广泛的应用。

数字控制系统也称计算机控制系统，其典型原理图如图 4-2 所示。它由工作于离散状态下的数字控制器（计算机）$D(z)$、工作于连续状态下的被控对象 $W_d(s)$ 和测量元

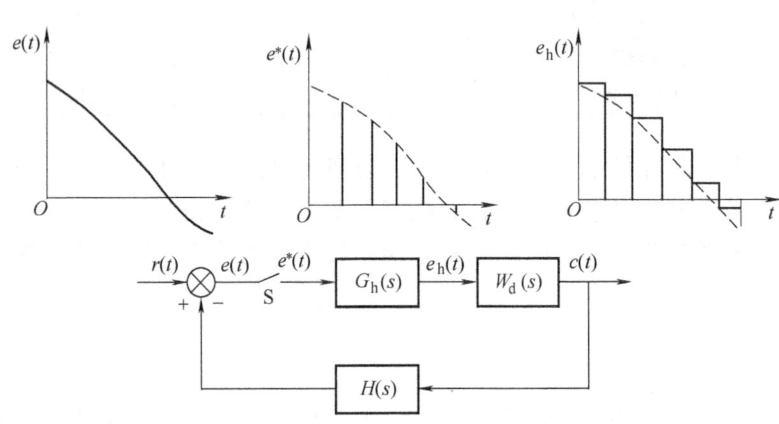

图 4-1 采样系统典型结构图

件 $H(s)$ 组成。在每个采样周期中，计算机先对连续信号进行采样编码（即 A/D 转换），然后按控制算法进行数码运算，最后将计算结果通过 D/A 转换器转换成连续信号控制被控对象。因此，A/D 转换器和 D/A 转换器是计算机控制系统中的两个重要环节。

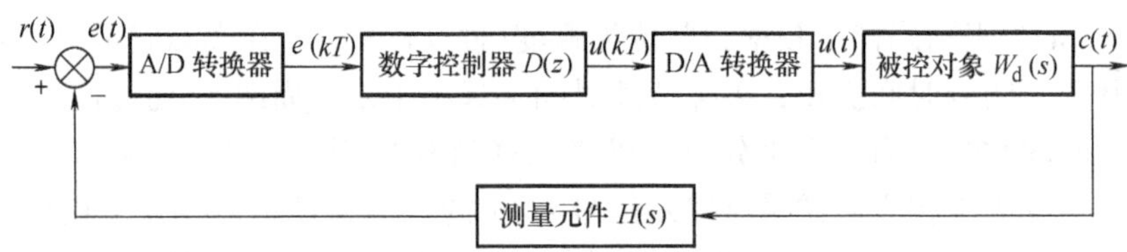

图 4-2 计算机控制系统典型原理图

1. A/D 转换器

A/D 转换器是把连续的模拟信号转换为离散数字信号的装置。A/D 转换包括两个过程：一是采样过程，即每隔 T 秒对连续信号 $e(t)$ 进行一次采样，得到采样信号 $e^*(t)$，如图 4-3 所示；二是量化过程，在计算机中，任何数值都用二进制表示，因此，幅值上连续的离散信号 $e^*(t)$ 必须经过编码表示成最小二进制数的整数倍，成为离散数字信号 $e(kT)$，才能进行运算。数字计算机中的离散数字信号 $e(kT)$ 不仅在时间上是断续的，而且在幅值上也是按最小量化单位 q 断续取值的。

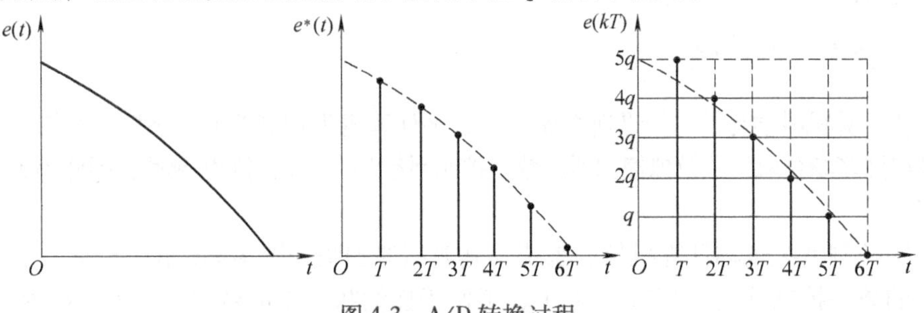

图 4-3 A/D 转换过程

2. D/A 转换器

D/A 转换器是把离散的数字信号转换为连续模拟信号的装置。D/A 转换也有两个过程：一是解码过程，把离散数字信号 $u(kT)$ 转换为离散的模拟信号 $u^*(t)$；二是复现过程，经过保持器将离散模拟信号复现为连续模拟信号 $u(t)$，如图 4-4 所示。

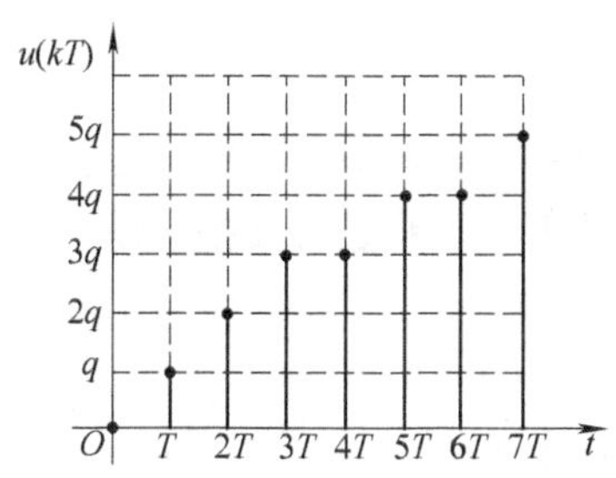

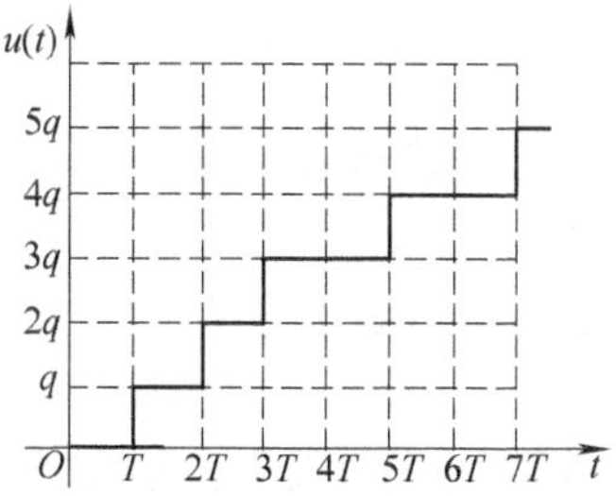

图 4-4　D/A 转换过程

4.1.3　计算机控制系统与采样控制系统的关系

通常，A/D 转换器有足够的字长来表示数码，则量化单位 q 足够小。例如，字长为 16 位的 A/D 转换器，若输入模拟量的最大幅值为 5V，则量化单位 $q=\frac{5\text{V}}{65536}=0.0763\text{mV}$，故由量化引起的幅值的断续性（即量化误差）可以忽略。此外，若认为采样编码过程瞬时完成，并用理想脉冲来等效代替数字信号，则 A/D 转换器就可以用一个每隔 T 秒瞬时闭合一次的理想采样开关 S 来表示。同理，将数字量转换为模拟量的 D/A 转换器可以用保持器取代，其传递函数为 $G_h(s)$。这样，计算机控制系统等效于采样控制系统（统称离散系统），可用图 4-5 所示的等效结构图表示。

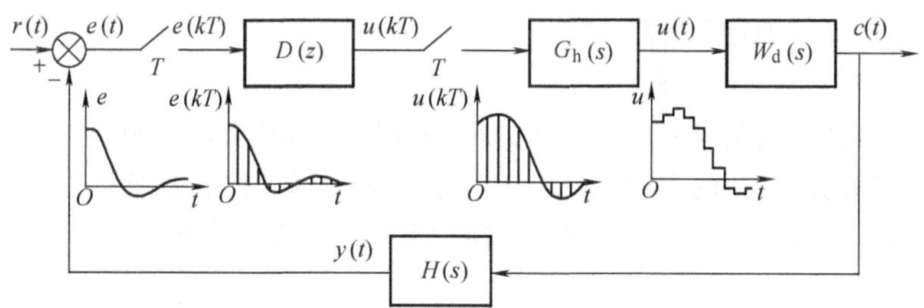

图 4-5　计算机控制系统的等效结构图

4.1.4　离散控制系统的特点

信号采样后，采样点间信息会丢失，而且采样信号经保持器输出后会有一定的延迟。所以，与连续系统相比，在确定的条件下，离散控制系统的性能会有所降低。然而数字化带来的好处显而易见，离散控制系统较之相应的连续系统具有以下优点：

1）由数字计算机构成的数字控制器，控制规律由软件实现，因此，与连续式控制

装置相比，控制规律修改调整方便，控制灵活。

2）数字信号的传递可以有效地抑制噪声，从而提高了系统的抗干扰能力。

3）可以采用高灵敏度的控制元件，提高系统的控制精度。

4）可用一台计算机分时控制若干个系统，提高设备的利用率，经济性好。

4.1.5 离散系统的分类

在数学上，离散系统可以抽象为一种由系统的离散输入信号 $x(k)$ 到系统的离散输出 $y(k)(k=0,\ \pm1,\ \pm2,\ \cdots)$ 的数学变换或映射。若将这种变换或映射以符号 $T[\cdot]$ 表示，则离散系统可表示为

$$y(k)=T[x(k)] \tag{4-1}$$

离散系统可用框图表示，如图 4-6 所示。其中 $x(k)$ 和 $y(k)$ 分别表示系统的输入和输出在 kT 时刻的数值。

图 4-6 离散系统框图

1. 线性离散系统

如果离散系统的输入信号到输出信号的变换关系满足比例叠加定理，即当输入信号为 $x(k)=ax_1(k)+bx_2(k)$ 时，其中 a，b 为任意常数，系统相应的输出信号可表示为

$$y(k)=T[x(k)]=aT[x_1(k)]+bT[x_2(k)] \tag{4-2}$$

则该系统就称为线性离散系统。若不满足比例叠加定理，就是非线性离散系统。

2. 时不变离散系统

它是指由输入信号到输出信号之间的变换关系不随时间变化而变化的离散系统，即时不变离散系统应满足如下关系，若 $y(k)=T[x(k)]$，那么当系统输入信号为 $x(k-n)$ 时，则相应的输出信号为

$$y(k-n)=T[x(k-n)],\quad n=0,\ \pm1,\ \pm2,\ \cdots \tag{4-3}$$

时不变离散系统又称为定常离散系统。

3. 线性时不变（定常）离散系统

它是指系统的输入信号到输出信号之间的变换关系既满足比例叠加定理，同时其变换关系又不随时间变化的离散系统。工程上许多计算机控制系统可以近似为线性时不变离散系统来处理。本章论述仅限于线性时不变（定常）离散系统。

4.2 计算机控制系统的稳定性分析

一个控制系统稳定，是它能正常工作的前提条件。分析或设计一个控制系统，稳定性历来是首要问题。计算机控制系统稳定性分析，其实质就是离散系统稳定性分析问题。无论连续系统还是离散系统，稳定的含义都是指在有界输入作用下，系统的输出也是有界的。连续系统的稳定性分析是在 S 平面进行的，离散系统的稳定性分析则是在 Z 平面进行的。

如果有一个线性定常系统是稳定的，那么它的微分方程的解必须是收敛和有界的。在分析连续系统的稳定性时，主要是根据系统传递函数的极点是否都分布在 S 平面的左半平面。如果有极点出现在 S 平面右半平面，则系统不稳定。所以 S 平面的虚轴是连

续系统稳定与不稳定的分界线。描述离散系统的数学模型是脉冲传递函数，其变量为 z，而 z 与 s 之间具有指数关系，即 $z=e^{Ts}$，如果将 S 平面按这个指数关系映射到 Z 平面，即找出 S 平面的虚轴及稳定区域（S 左半平面）在 Z 平面上的映像，那么，就可很容易地获得离散系统稳定的充分必要条件。

4.2.1　Z 变换与拉普拉斯变换的对比

拉普拉斯（拉氏）变换应用于连续系统，而 Z 变换则应用于离散系统。Z 变换是对连续信号的采样序列进行变换，因此 Z 变换与其原函数并非一一对应，只是与采样序列对应。所以，不同的原函数可能会有相同的 Z 变换式。

拉氏变换的存在条件是式（4-4）的绝对积分收敛

$$\int_0^{\infty} |x(t)e^{-\sigma t}|dt < \infty \tag{4-4}$$

对于 Z 变换而言，通常，Z 变换的定义

$$X(z)=\sum_{k=-\infty}^{+\infty} x(k)z^{-k} \tag{4-5}$$

称为双边 Z 变换。

若表达为

$$X(z)=\sum_{k=0}^{+\infty} x(k)z^{-k} \tag{4-6}$$

则称为单边 Z 变换。

如果将 z 写成 $z=re^{j\omega T}$，$r=|z|$，则双边 Z 变换式就可写成

$$X(z)=\sum_{k=-\infty}^{+\infty} x(k)r^{-k}e^{-jk\omega T} \tag{4-7}$$

显然，级数收敛的条件是式（4-7）绝对可和。即

$$\sum_{k=-\infty}^{+\infty} |x(k)r^{-k}| < +\infty \tag{4-8}$$

若 $x(k)$ 的 Z 变换满足式（4-8），则 Z 变换一致收敛，即 $x(k)$ 的 Z 变换存在。

对于大多数工程问题，Z 变换是单边的，且 $X(z)$ 是有理函数，这样，Z 变换的收敛区间就与 $X(z)$ 的零极点分布有关。比如序列

$$x(k)=a^k u(k)$$

其 Z 变换是

$$X(z)=\sum_{k=0}^{+\infty} a^k z^{-k}=\sum_{k=0}^{+\infty}(az^{-1})^k$$

当 $|z|=r>|a|$ 时，级数收敛，故

$$X(z)=\frac{1}{1-az^{-1}}=\frac{z}{z-a}$$

$X(z)$ 的零点是 $z=0$，极点是 $z=a$，其收敛区如图 4-7 所示。

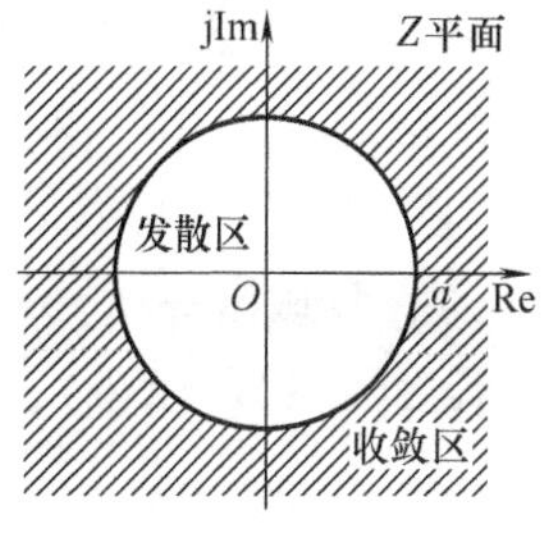

图 4-7　Z 变换的收敛区间

4.2.2　Z 变换的主要性质和定理

Z 变换的性质和定理与拉氏变换的性质和定理有许多相似之处。下面介绍几种常用的性质和定理。

（1）线性性质

设 $\mathscr{Z}[x(k)]=X(z)$，$\mathscr{Z}[y(k)]=Y(z)$，且 a，b 为常数，则有

$$\mathscr{Z}[ax(k)]=aX(z),\mathscr{Z}[by(k)]=bY(z) \tag{4-9}$$

$$\mathscr{Z}[ax(k)+by(k)]=aX(z)+bY(z) \tag{4-10}$$

由这个性质可知，Z 变换是一种线性变换，或者说是一种线性算子。

（2）滞后定理

设 $k<0$ 时，$x(k)<0$，$\mathscr{Z}[x(k)]=X(z)$，则

$$\mathscr{Z}[x(k-n)]=z^{-n}X(z) \tag{4-11}$$

z^{-n}代表滞后环节，表示把信号滞后 n 个采样周期。当 $n=1$ 时，有

$$Z[x(k-1)]=z^{-1}X(z)$$

（3）超前定理

设 $k<0$ 时，$x(k)$ <0，$\mathscr{Z}[x(k)]=X(z)$，则

$$\mathscr{Z}[x(k+n)]=z^nX(z)-\sum_{j=0}^{n-1}z^{n-j}x(j) \tag{4-12}$$

z^n代表超前环节，表示输出信号超前输入信号 n 个采样周期。z^n在运算中是有用的，但在实际上是不存在超前环节的。当 $n=1$ 时，有

$$\mathscr{Z}[x(k+1)]=zX(z)-zx(0)$$

（4）初值定理

设 $\mathscr{Z}[x(k)]=X(z)$，则

$$x(0)=\lim_{k\to 0}x(k)=\lim_{z\to\infty}X(z) \tag{4-13}$$

（5）终值定理

设 $\mathscr{Z}[x(k)]=X(z)$，则

$$x(\infty)=\lim_{k\to\infty}x(k)=\lim_{z\to 1}(z-1)X(z) \tag{4-14}$$

（6）迭值定理（有限项累加特性）

设 $g(k)=\sum_{i=0}^{k}x(i)$，$i=0,1,2,\cdots$，则

$$G(z)=\frac{1}{1-z^{-1}}X(z) \tag{4-15}$$

（7）复域微分

设 $\mathscr{Z}[x(k)]=X(z)$，则

$$\mathscr{Z}[kx(k)]=-z\frac{\mathrm{d}X(z)}{\mathrm{d}z} \tag{4-16}$$

上述几个性质和定理是常用的，Z 变换的其他性质和定理不再赘述，读者可查阅有关文献。

4.2.3 S 平面与 Z 平面的映射关系

S 平面与 Z 平面的映射关系可由 $z = e^{Ts}$ 来确定。

设 $s = \sigma + j\omega$ 时，σ 是 s 的实部，ω 是 s 的虚部。则

$$z = e^{(\sigma + j\omega)T} = e^{\sigma T} e^{j\omega T} \tag{4-17}$$

z 的模 $|z| = e^{\sigma T}$，z 的相角 $\angle z = \omega T$。

在 Z 平面上，当 σ 为某个定值时，$z = e^{Ts}$ 随 ω 由 $-\infty$ 变到 ∞ 的轨迹是一个圆，圆心位于原点，半径为 $e^{\sigma T}$，而圆心角是随 ω 线性增大的。

当 $\sigma = 0$ 时，$|z| = 1$，即 S 平面上的虚轴映射到 Z 平面上，是以原点为圆心的单位圆周。

当 $\sigma < 0$ 时，$|z| < 1$，即 S 平面的左半平面映射到 Z 平面上，是以原点为圆心的单位圆内部。

当 $\sigma > 0$ 时，$|z| > 1$，即 S 平面的右半平面映射到 Z 平面上，是以原点为圆心的单位圆外部。

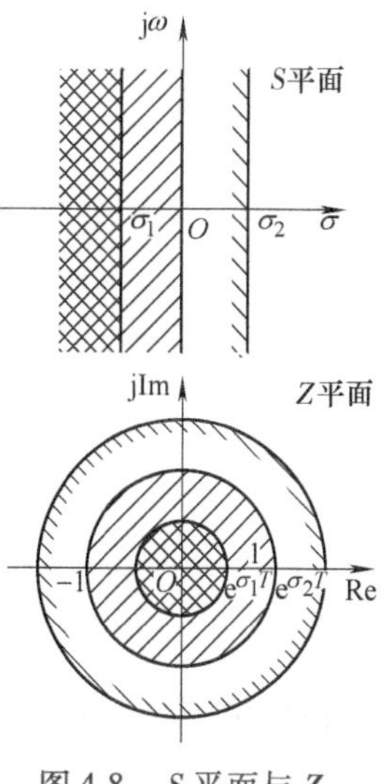

图 4-8 S 平面与 Z 平面的映射关系

S 平面与 Z 平面的映射关系如图 4-8 所示。

因此可以得到以下结论：

1）S 平面的虚轴对应于 Z 平面的单位圆圆周。

2）S 平面的左半平面对应于 Z 平面的单位圆内部。

3）S 平面的负实轴对应于 Z 平面的单位圆内正实轴。

4）S 平面左半平面负实轴的无穷远处对应于 Z 平面单位圆的圆心。

5）S 平面的右半平面对应于 Z 平面单位圆的外部。

6）S 平面的原点对应于 Z 平面正实轴上 $z = 1$ 的点。

4.2.4 离散系统的稳定域

在连续系统中，如果其闭环传递函数 $\Phi(s)$ 的极点都在 S 平面的左半平面，或者说它的闭环特征方程的根的实部小于零（$\sigma < 0$），则该系统是稳定的。$\Phi(s)$ 的极点分布与脉冲响应的关系如图 4-9 所示。需要注意的是：$\sigma = 0$ 即极点在虚轴上是临界稳定情况，在稳定性理论上属于稳定运动之列，但是在工程上，属于不稳定状态。

对于离散系统，如图 4-10 所示，假设系统的闭环脉冲传递函数为

$$\Phi(z) = \frac{D(z)G(z)}{1 + D(z)G(z)} \tag{4-18}$$

欲使系统稳定，则由特征方程

$$1 + D(z)G(z) = 0 \tag{4-19}$$

的根来确定。

如果系统稳定，则特征方程式的根全部落在单位圆内，即 $|z_i| < 1$。

如果系统不稳定，则特征根至少有一个根落在单位圆外。

如果系统临界稳定，则特征根至少有一个或多个根落在单位圆上，其余的根全部

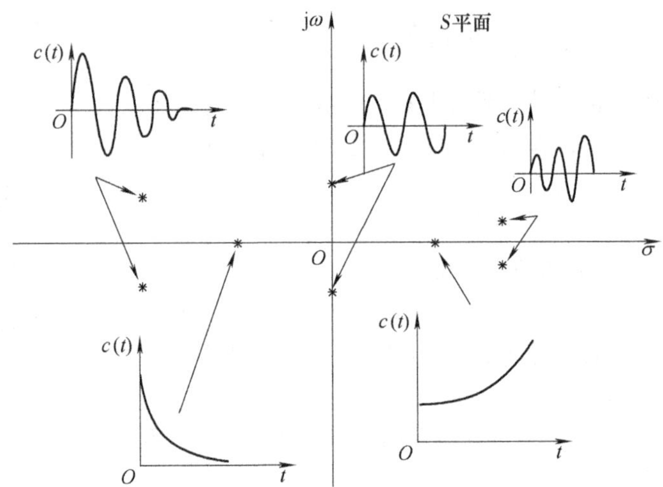

图 4-9 连续系统极点分布与脉冲响应的关系

落在单位圆内。在工程上，属于不稳定状态。

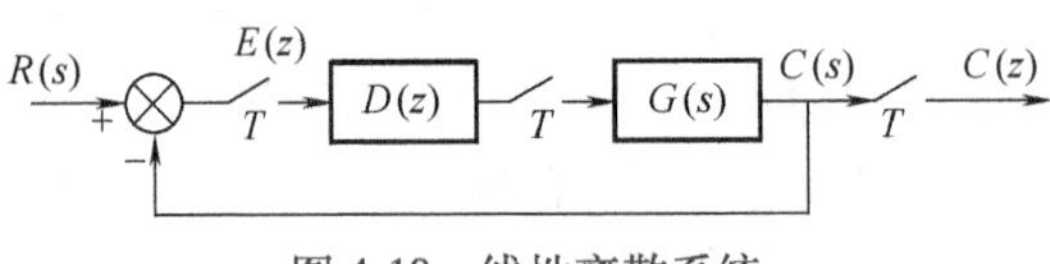

图 4-10 线性离散系统

所以离散系统稳定的充分必要条件是闭环脉冲传递函数的全部极点（特征方程的根）必须在 Z 平面中的单位圆内，即 $|z_i| < 1(i = 1, 2, \cdots, N)$，如图 4-11b 所示。图 4-11a 是连续系统的稳定域。

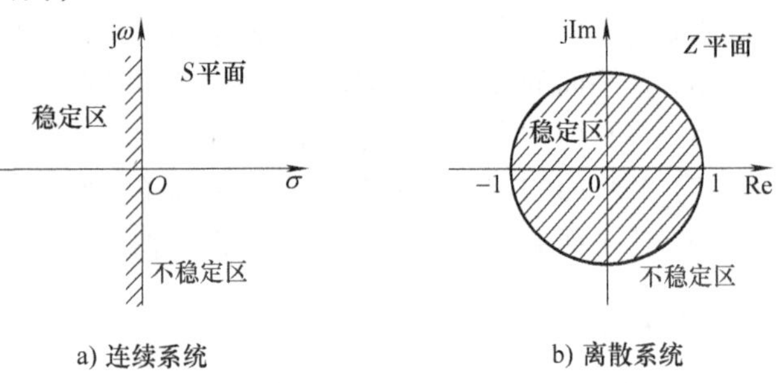

图 4-11 系统的稳定域

综上所述，可以看出线性离散系统的闭环极点的分布影响系统的过渡特性。当极点分布在 Z 平面的单位圆上或单位圆外时，对应的输出分量是等幅的或发散的序列，系统不稳定。

当极点分布在 Z 平面的单位圆内时，对应的输出分量是衰减序列，而且极点越接近 Z 平面的原点，输出衰减越快，系统的动态响应越快。反之，极点越接近单位圆周，输出衰减越慢，系统过渡时间越长。

另外，当极点分布在单位圆内左半平面时，虽然输出分量是衰减的，但过渡特性不好。因此，设计线性离散系统时，应该尽量选择极点在 Z 平面上右半圆内。

由以上分析可知，计算机控制系统闭环极点不论是实极点还是复极点（均在单位圆内），越靠近 Z 平面原点（其模越小）的，其暂态响应分量衰减就越快。反之，越靠近单位圆，其暂态响应分量衰减越缓慢。由此可以推想，对于有两个以上极点的高阶控制系统，如果系统有一对极点靠近单位圆，而其余极点和零点均靠近原点，那么这样的系统暂态响应就主要由这对靠近单位圆的极点的暂态响应分量所支配，其他极点的暂态响应分量因衰减相对很快，所以可忽略不计。通常这对最靠近单位

圆的极点被称为主导极点。这样的高阶系统就可以近似为二阶系统，它的暂态响应特性可由它的主导极点在 Z 平面的位置大致估计出来。

【例 4.1】　某离散系统的闭环脉冲传递函数为

$$\Phi(z)=\frac{3.16z^{-1}}{1+1.792z^{-1}+0.368z^{-2}}$$

试分析系统的稳定性。

解：根据已知条件可知 $\Phi(z)$ 的极点为

$$z_1=-0.237,\ z_2=-1.556$$

由于 $|z_2|>1$，故该系统是不稳定的。

【例 4.2】　设线性离散系统的特征方程为

$$(z^2-0.1z-0.3)(z^2-0.1z-0.56)(z-0.9)=0$$

试分析系统的稳定性。

解：由特征方程可得特征根为

$$z_1=-0.5,\ z_2=0.6,\ z_3=-0.7,\ z_4=0.8,\ z_5=0.9$$

由离散系统稳定的充分必要条件，因为特征根全部在 Z 平面上以原点为圆心的单位圆内，所以该系统是稳定的。

4.2.5　劳斯稳定判据在离散系统的应用

由以上分析可知，离散系统稳定性判别可以归结为判断系统特征方程的根，亦即系统的极点是否全部分布于 Z 平面单位圆内部，或单位圆外部是否有系统的极点。直接求解系统特征方程的根，虽然可以判别系统稳定性，但三阶以上的特征方程求解很麻烦。为此，常用间接的方法来判别系统的稳定性，劳斯稳定判据就是其中的一种代数判据。

连续系统的劳斯判据是通过系统特征方程的系数及其符号来判别系统的稳定性的。只有当特征方程的所有系数都为正值（或都为负值）时，系统才可能稳定（此稳定条件是必要而不充分的）。而在离散系统中，必须判断系统特征方程的根是否在 Z 平面上的单位圆内，故而连续系统的劳斯稳定判据不能直接应用到离散系统中，这是因为劳斯稳定判据只能用来判断复变量代数方程的根是否位于 S 平面的左半面。为此，使用双线性变换 Z-W 变换，将 Z 平面变换到 W 平面，使得 Z 平面的单位圆内映射到 W 平面的左半平面。

对于 Z-W 变换，设

$$w=\frac{z-1}{z+1}\ \text{或}\ z=\frac{1+w}{1-w} \tag{4-20}$$

其中 z、w 均为复变量。

Z-W 变换的映射关系如图 4-12 所示。

为证明 Z-W 变换能满足图 4-12 的对应关系，设 $z=x+\mathrm{j}y$，$w=u+\mathrm{j}v$，则

$$w=u+\mathrm{j}v=\frac{x^2+y^2-1}{(x-1)^2+y^2}-\mathrm{j}\frac{2y}{(x-1)^2+y^2} \tag{4-21}$$

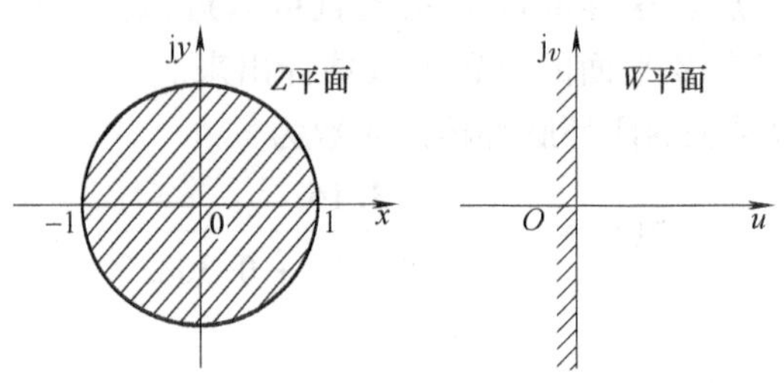

图 4-12　Z-W 的映射关系

根据式（4-21），可以看到，当

$x^2+y^2>1$，则 $u>0$，即 Z 平面上的单位圆外部对应 W 平面的右半平面；

$x^2+y^2=1$，则 $u=0$，即 Z 平面上的单位圆圆周对应 W 平面的虚轴；

$x^2+y^2<1$，则 $u<0$，即 Z 平面上的单位圆内部对应 W 平面的左半平面。

这种 Z-W 变换将 Z 特征方程变成 W 特征方程，这样就可以用劳斯稳定判据来判断 W 特征方程的根是否在 W 平面的左半平面，即系统是否稳定。

Z-W 变换是线性变换，所以映射是一一对应的关系。若系统的特征方程为

$$A_n z^n + A_{n-1} z^{n-1} + A_{n-2} z^{n-2} + \cdots + A_0 = 0 \tag{4-22}$$

经过 Z-W 变换，可得到代数方程

$$a_n w^n + a_{n-1} w^{n-1} + a_{n-2} w^{n-2} + \cdots + a_0 = 0 \tag{4-23}$$

对式（4-23）施用劳斯稳定判据便可判断系统的稳定性。

劳斯稳定判据的要点是：

1）特征方程 $a_n w^n+a_{n-1}w^{n-1}+a_{n-2}w^{n-2}+\cdots+a_0=0$，若系数 a_n，a_{n-1}，…，a_0 的符号不相同，则系统不稳定。若系统符号相同，建立劳斯行列（阵列）表。

2）建立劳斯行列表

$$\begin{array}{cccccc}
w^n & a_n & a_{n-2} & a_{n-4} & a_{n-6} & \cdots \\
w^{n-1} & a_{n-1} & a_{n-3} & a_{n-5} & a_{n-7} & \cdots \\
w^{n-2} & b_1 & b_2 & b_3 & b_4 & \cdots \\
w^{n-3} & c_1 & c_2 & c_3 & c_4 & \cdots \\
w^{n-4} & d_1 & d_2 & d_3 & d_4 & \cdots \\
\vdots & \vdots & \vdots & \vdots & \vdots & \cdots
\end{array}$$

行列表的前两行是由特征方程的系数得到的，其余行计算如下：

$$b_1 = \frac{-1}{a_{n-1}}\begin{vmatrix} a_n & a_{n-2} \\ a_{n-1} & a_{n-3} \end{vmatrix};\ b_2 = \frac{-1}{a_{n-1}}\begin{vmatrix} a_n & a_{n-4} \\ a_{n-1} & a_{n-5} \end{vmatrix};\ b_3 = \frac{-1}{a_{n-1}}\begin{vmatrix} a_n & a_{n-6} \\ a_{n-1} & a_{n-7} \end{vmatrix};\ \cdots$$

$$c_1 = \frac{-1}{b_1}\begin{vmatrix} a_{n-1} & a_{n-3} \\ b_1 & b_2 \end{vmatrix};\ c_2 = \frac{-1}{b_1}\begin{vmatrix} a_{n-1} & a_{n-5} \\ b_1 & b_3 \end{vmatrix};\ c_3 = \frac{-1}{b_1}\begin{vmatrix} a_{n-1} & a_{n-7} \\ b_1 & b_4 \end{vmatrix};\ \cdots$$

$$d_1 = \frac{-1}{c_1}\begin{vmatrix} b_1 & b_2 \\ c_1 & c_2 \end{vmatrix};\ d_2 = \frac{-1}{c_1}\begin{vmatrix} b_1 & b_3 \\ c_1 & c_3 \end{vmatrix};\ d_3 = \frac{-1}{c_1}\begin{vmatrix} b_1 & b_4 \\ c_1 & c_4 \end{vmatrix};\ \cdots$$

3）若劳斯行列表第 1 列各元素均为正，则所有特征根均分布在左半平面，系统

稳定。

4）若劳斯行列表第 1 列出现负数，表明系统不稳定。第一列元素符号变化的次数，表示右半平面上的特征根的个数。

下面通过例题说明如何利用 Z-W 变换和劳斯稳定判据来判定系统的稳定性。

【例 4.3】 给定系统的特征方程为

$$z^2+5z+6=0$$

试用劳斯稳定判据分析系统的稳定性。

解： 对其进行 Z-W 变换

$$\left(\frac{1+w}{1-w}\right)^2+5\left(\frac{1+w}{1-w}\right)+6=0$$

整理，得

$$w^2-5w+6=0$$

该二阶系统的特征方程，经 Z-W 变换后所得方程的系数不同号，由劳斯稳定判据知该系统不稳定。

【例 4.4】 已知系统如图 4-13 所示，试分析当 $K=1$、$K=5$ 时系统的稳定性，并给出系统稳定时 K 的取值范围。

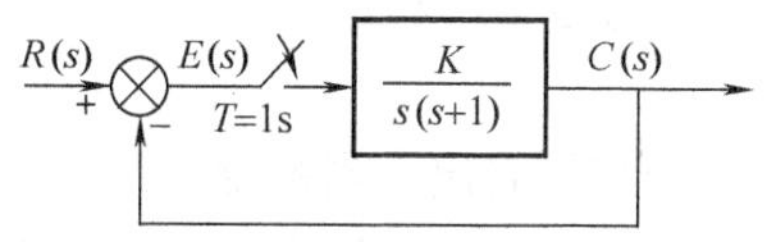

图 4-13 离散控制系统

解： 解题的关键是根据已知条件求出离散系统的特征方程，即闭环脉冲传递函数的分母。

系统的开环脉冲传递函数为

$$G(z)=\mathscr{Z}[G(s)]=\mathscr{Z}\left[\frac{K}{s(s+1)}\right]=\mathscr{Z}\left[\frac{K}{s}-\frac{K}{s+1}\right]=\frac{Kz(1-\mathrm{e}^{-T})}{(z-1)(z-\mathrm{e}^{-T})}$$

其闭环脉冲传递函数为

$$\Phi(z)=\frac{C(z)}{R(z)}=\frac{G(z)}{1+G(z)}$$

则其特征方程为

$$1+G(z)=0$$

即

$$(z-1)(z-\mathrm{e}^{-T})+Kz(1-\mathrm{e}^{-T})=0$$

因为 $T=1\mathrm{s}$，所以 $\mathrm{e}^{-T}=\mathrm{e}^{-1}=0.368$。

（1）当 $K=1$ 时，代入特征方程并整理得

$$z^2-0.736z+0.368=0$$

则

$$z_{1,2}=-0.368\pm\mathrm{j}0.482$$

由于 $|z_{1,2}|=\sqrt{0.368^2+0.482^2}=0.607<1$，所以系统是稳定的。

（2）当 $K=5$ 时，特征方程为

$$z^2+1.792z+0.368=0$$

即

$$z_1=-0.237,\ z_2=-1.555$$

由于 $|z_2|=1.555>1$，所以系统是不稳定的。

(3) 下面分析稳定时 K 的取值范围

将 $z=\dfrac{1+w}{1-w}$ 代入特征方程

$$(z-1)(z-e^{-T})+Kz(1-e^{-T})=0$$

整理得

$$(2.736-0.632K)w^2+1.264w+0.632K=0$$

列劳斯行列表

w^2	$2.736-0.632K$	$0.632K$
w^1	1.264	
w^0	$0.632K$	

为使系统稳定，要求劳斯行列表中第1列的系数均大于零，于是有

$$0<K<4.33$$

可以看出，当系统中没有采样器时，二阶连续系统 $K>0$ 总是稳定的。有了采样器后，系统稳定时 K 的范围就有了限制，加大 K 会导致系统不稳定。通常，减小采样周期 T，使系统工作尽可能接近于相应的连续系统，那么增益 K 的取值范围可以加大。比如对于本例，若采样周期 T 为0.1s，系统稳定时增益 K 的取值范围为 $0<K<38$。

【例4.5】 某线性离散系统如图4-14所示，$K=1$，$T=1$s，试判断系统的稳定性。

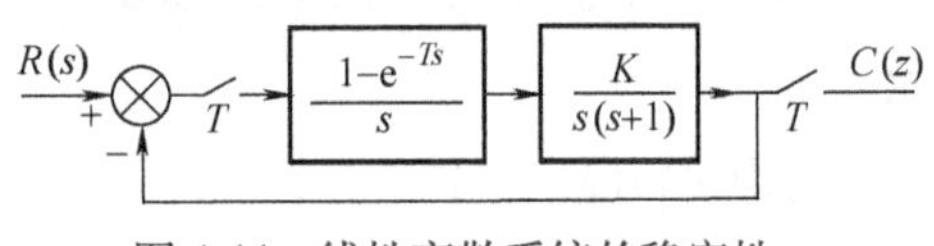

图4-14 线性离散系统的稳定性

解：系统的闭环脉冲传递函数

$$\Phi(z)=\frac{0.368z+0.264}{z^2-z+0.632}$$

特征方程为

$$z^2-z+0.632=0$$

令 $z=\dfrac{1+w}{1-w}$，代入特征方程

得到

$$2.632w^2+0.736w+0.632=0$$

建立劳斯行列表

w^2	2.632	0.632
w^1	0.736	0
w^0	0.632	

劳斯行列表的第1列各元素均为正，由劳斯稳定判据可知该系统稳定。

从上述例子，可以看到利用劳斯稳定判据，能判断系统的稳定性，并且可以利用劳斯稳定判据，分析系统参数如放大倍数、采样周期、对象特性等对系统稳定性的影响。

4.3 计算机控制系统的动态响应分析

所有控制系统除了要求系统具有稳定性和满意的静态准确性外，还要求系统具有满意的快速性和满意的动态品质，而控制系统暂态响应正反映了系统快速性和动态品质的优劣。本节研究计算机控制系统的动态响应分析和计算问题。图 4-15 所示响应曲线就是控制系统常见的阻尼振荡形式的暂态响应。

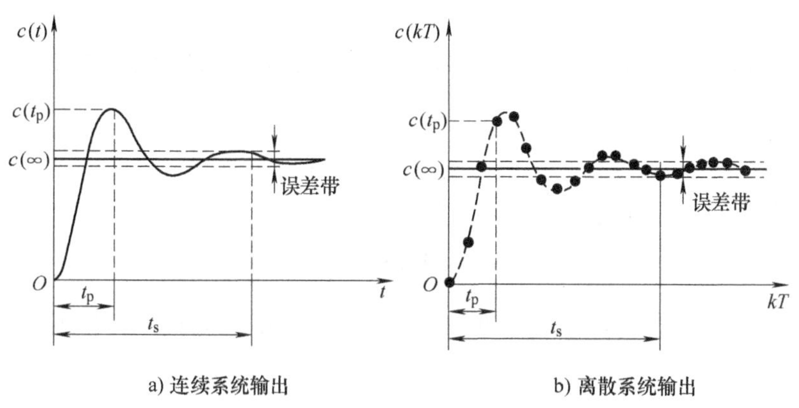

图 4-15 控制系统的典型暂态响应

图 4-15a 为连续系统输出，图 4-15b 为离散系统输出。计算机控制系统的被控对象许多是连续环节，其实际输出为连续信号，但是被控对象被离散化以后，整个控制系统就化为离散系统，当在 z 域分析时，所考虑的只是采样点的输出值。

一个控制系统在外信号作用下从原有稳定状态变化到新的稳定状态的整个动态过程称之为控制系统的过渡过程。一般认为被控制变量进入新稳态值附近±5%或±3%的范围内就可以表明过渡过程已经结束。

表征计算机控制系统动态响应特性的主要参数是系统单位阶跃响应的调整时间 t_s（也称建立时间），最大超调量 $\sigma_p = \dfrac{c(t_p) - c(\infty)}{c(\infty)} \times 100\%$ 和峰值时间 t_p。其中调整时间 t_s 反映控制系统的快速性，最大超调量 σ_p 和峰值时间 t_p 反映阻尼特性和相对稳定性。参数 t_s、σ_p、t_p 的定义与连续系统相同。

计算机控制系统的动态特性是由系统本身结构和参数决定的，与闭环脉冲传递函数极点在 Z 平面上的分布有关。

4.3.1 Z 平面上极点分布与单位脉冲响应的关系

当离散系统的闭环脉冲传递函数的极点都落在 Z 平面的单位圆内时，系统是稳定的。但在工程上，不仅要求系统稳定，而且希望系统具有良好的动态品质，而零点、极点在单位圆内的分布，对系统的暂态响应具有重要的影响。因此，需要确定它们之间的关系。

首先研究离散系统在单位脉冲信号作用下的暂态响应，以了解离散系统的动态性能。

对于单位脉冲序列 $\delta(k)$，它的 Z 变换为 1。在单位脉冲序列的作用下系统的动态过程，称为系统的单位脉冲响应。

1. 在实轴上的单极点

与连续系统类似，离散系统的零点和极点在 Z 平面上的分布对系统的暂态响应起着决定性的作用。特别是系统的极点不但决定了系统的稳定性，而且还决定了系统响应速度。

设离散系统输入为 $R(z)$，输出为 $C(z)$，系统闭环脉冲传递函数为 $\Phi(z)$，则可以写成如下形式

$$\Phi(z)=\frac{C(z)}{R(z)}=\frac{K\prod_{j=1}^{m}(z-z_j)}{\prod_{i=1}^{n}(z-z_i)}\qquad(n>m)\tag{4-24}$$

式中，z_i 与 z_j 分别表示闭环系统极点和零点。利用部分分式法，可将 $\Phi(z)$ 展开成

$$\Phi(z)=\frac{A_1z}{z-z_1}+\frac{A_2z}{z-z_2}+\cdots+\frac{A_nz}{z-z_n}\tag{4-25}$$

由于在单位脉冲作为输入时有 $R(z)=1$，这时系统输出

$$C(z)=\Phi(z)R(z)=\Phi(z)\tag{4-26}$$

因此，若系统单位脉冲响应序列为 $c(kT)$，则有

$$c(kT)=\mathcal{Z}^{-1}[\Phi(z)]\tag{4-27}$$

即系统闭环脉冲传递函数 $\Phi(z)$ 的 Z 反变换即为系统的单位脉冲响应函数。

由此可见，离散系统的时间响应是它各个极点时间响应的线性叠加。如果了解位于任意位置的一个极点所对应的暂态响应，则整个离散系统的暂态响应也就容易解决了。

下面考虑只有一个实极点的脉冲传递函数，当极点位置不同时的单位脉冲响应情况。如果在系统的脉冲传递函数 $\Phi(z)$ 中，有实轴上的单极点 a，则相应的部分分式展开中有一项为 $\frac{d}{z-a}$，那么在单位脉冲序列的作用下对应于这一项的输出序列为

$$c(kT)=\mathcal{Z}^{-1}\left[\frac{d}{z-a}\right]=\mathcal{Z}^{-1}\left[z^{-1}\frac{dz}{z-a}\right]\tag{4-28}$$

根据延迟定理并查 Z 变换表得

$$c(kT)=da^{k-1}\tag{4-29}$$

极点 a 的不同位置有不同的序列 $c(kT)$，其表示如图 4-16 所示。

1) $a>1$, $c(kT)$ 是发散序列。即极点在单位圆外的正实轴上，对应的暂态响应 $c(kT)$ 单调发散，如图 4-16a 所示。

2) $a=1$, $c(kT)$ 是等幅脉冲序列。即极点在单位圆与正实轴的交点，对应的暂态响应 $c(kT)$ 是等幅的，如图 4-16b 所示。

3) $0 \leqslant a < 1$，$c(kT)$ 是单调衰减正序列。即极点在单位圆内的正实轴上，对应的暂态响应 $c(kT)$ 单调衰减，如图 4-16c所示。

4) $-1 < a < 0$，$c(kT)$ 是交替变号的衰减序列。即极点在单位圆内的负实轴上，对应的暂态响应 $c(kT)$ 是以 $2T$ 为周期正负交替的衰减振荡，如图 4-16d 所示。

5) $a=-1$，$c(kT)$ 是交替变号的等幅脉冲序列。即极点在单位圆与负实轴的交点，对应的暂态响应 $c(kT)$ 是以 $2T$ 为周期正负交替的等幅振荡，如图 4-16e 所示。

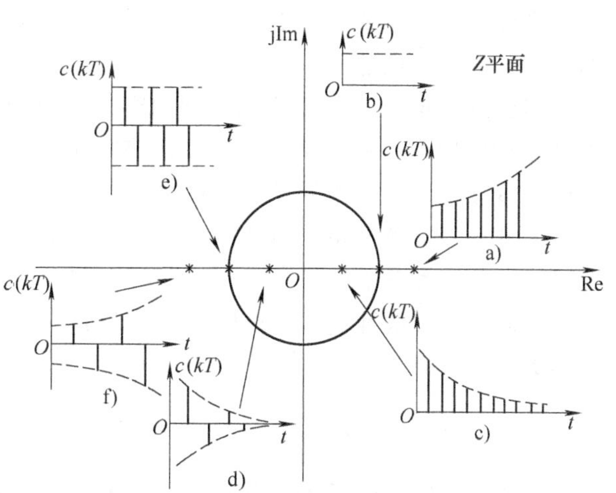

图 4-16 实轴上极点与脉冲响应的关系

6) $a < -1$，$c(kT)$ 是交替变号的发散序列。即极点在单位圆外的负实轴上，对应的暂态响应 $c(kT)$ 是以 $2T$ 为周期正负交替的发散振荡，如图 4-16f 所示。

显然，当 a 在单位圆内，序列 $c(kT)$ 是收敛的，而且 $|a|$ 越小，$c(kT)$ 衰减越快。

2. 共轭复数极点

设系统有一对共轭复数极点 $z=a\pm \mathrm{j}b$，通过 Z 反变换和复数理论可以证明：这一对共轭极点产生的输出时间序列为

$$c(kT) = dr^{k-1}\cos[(k-1)\theta + \varphi] \tag{4-30}$$

式中，$k \geqslant 1$，d 和 φ 是由部分展开式的系数所决定的常数。

其中

$$r = \sqrt{a^2 + b^2}$$

$$\theta = \arctan \frac{b}{a}$$

极点在 Z 平面上的位置是由 a、b 确定的。对应于不同的 a、b 值，也就是极点在不同的位置，系统的脉冲响应也分为几种不同的情况，如图 4-17 所示。

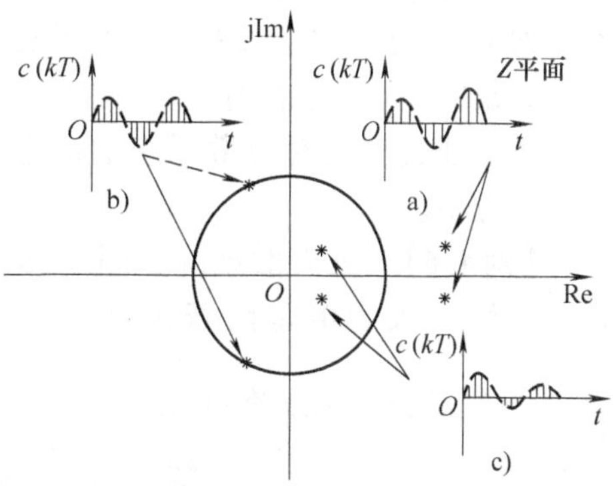

图 4-17 共轭极点与脉冲响应的关系

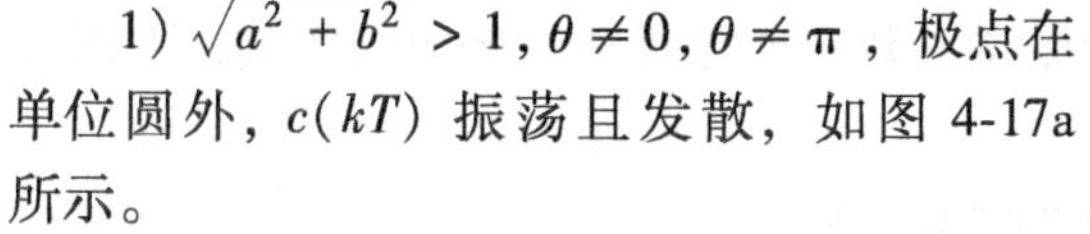

1) $\sqrt{a^2 + b^2} > 1, \theta \neq 0, \theta \neq \pi$，极点在单位圆外，$c(kT)$ 振荡且发散，如图 4-17a 所示。

2) $\sqrt{a^2 + b^2} = 1, \theta \neq 0, \theta \neq \pi$，极点在单位圆周上，$c(kT)$ 等幅振荡，如图 4-17b 所示。

3) $\sqrt{a^2 + b^2} < 1, \theta \neq 0, \theta \neq \pi$，极点在单位圆内，$c(kT)$ 衰减振荡，如图 4-17c 所示。

通过以上分析，可以看出线性离散系统的闭环极点的分布影响系统的过渡过程特性。

当极点分布在 Z 平面的单位圆上或单位圆外时，对应的输出分量是等幅的或发散的序列，系统不稳定。

当极点分布在 Z 平面的单位圆内时，对应的输出分量是衰减序列，而且极点越接近 Z 平面的原点，输出衰减越快，系统的动态响应越快。反之，极点越接近单位圆周，输出的衰减越慢，系统的过渡过程时间越长。

另外，当极点分布在单位圆内左半平面时，虽然输出分量是衰减的但是由于交替变号，过渡特性并不好。

因此在设计线性离散系统时，应该尽量选择极点在 Z 平面上右半平面内，而且尽量靠近原点。

4.3.2 用脉冲传递函数分析离散系统的动态特性

与连续系统用传递函数分析过渡过程类似，可以使用脉冲传递函数来分析离散系统的动态响应特性，即

$$\Phi(z)=\frac{C(z)}{R(z)} \tag{4-31}$$

$$C(z)=\Phi(z)R(z) \tag{4-32}$$

当离散系统的结构和参数已知时，便可求出相应的脉冲传递函数。在输入信号给定的情况下，便可以得到输出量的 Z 变换 $C(z)$，经过 Z 反变换，就能得到系统输出的时间序列 $c(kT)$。根据过渡过程曲线 $c(kT)$，可以分析系统的动态特性如 σ_p，$t_s(\approx kT)$ 等，还可以分析系统的稳态特性如稳态误差 e_{ss}。

通常，线性离散系统的动态特征是系统在单位阶跃信号输入下的动态响应特性（或者说系统的过渡过程特性）。原因是单位阶跃输入信号容易产生，并且能够提供动态响应和稳态响应的有用信息。如果已知线性离散系统在阶跃输入下输出的 Z 变换 $C(z)$，那么，对 $C(z)$ 进行 Z 反变换，就可获得动态响应 $c(kT)$。将 $c(kT)$ 连成光滑曲线，就可得到系统的动态性能指标（即超调量 σ_p 与过渡过程时间 t_s），如图 4-15 所示。

下面通过实例对离散系统的动态响应进行分析。

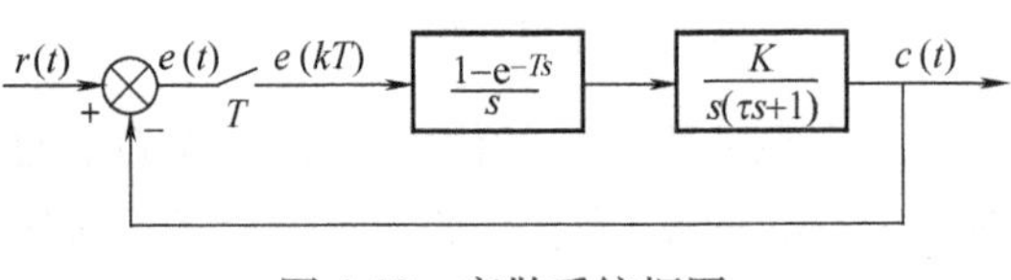

图 4-18 离散系统框图

【例 4.6】 某离散系统如图 4-18 所示，系统输入为单位阶跃函数 $R(z)=\frac{1}{1-z^{-1}}$，试分析该系统的动态响应。

计算机控制系统的动态响应特性分析实例

解：为说明系统结构参数的变化对动态响应的影响，下面分 4 种情况阐述。

（1）设 $K=1$，$T=\tau=1\text{s}$，则

$$G(s)=\frac{1-e^{-Ts}}{s^2(s+1)}$$

$$G(z)=\frac{0.368z^{-1}(1+0.717z^{-1})}{(1-z^{-1})(1-0.368z^{-1})}$$

$$\Phi(z)=\frac{G(z)}{1+G(z)}=\frac{0.368z^{-1}+0.264z^{-2}}{1-z^{-1}+0.632z^{-2}}$$

$$\begin{aligned}C(z)&=\Phi(z)R(z)\\&=\frac{0.368z^{-1}+0.264z^{-2}}{1-2z^{-1}+1.632z^{-2}-0.632z^{-3}}\\&=0.368z^{-1}+z^{-2}+1.4z^{-3}+1.4z^{-4}+1.147z^{-5}+0.895z^{-6}+0.802z^{-7}+\cdots\end{aligned}$$

从上述数据可以看出，系统在单位阶跃函数作用下的过渡过程具有衰减振荡的形式，故系统是稳定的，其超调量约为40%，且峰值出现在第3、4拍之间，约经12个采样周期过渡过程结束，如图4-19曲线a所示。

（2）设 $K=1$，$T=2\text{s}$，$\tau=1\text{s}$，则

$$G(s)=\frac{1-e^{-Ts}}{s^2(s+1)}$$

$$G(z)=\frac{1.135z^{-1}(1+0.524z^{-1})}{(1-z^{-1})(1-0.135z^{-1})}$$

$$\Phi(z)=\frac{G(z)}{1+G(z)}=\frac{1.135z^{-1}+0.595z^{-2}}{1+0.73z^{-2}}$$

$$\begin{aligned}C(z)&=\Phi(z)R(z)\\&=\frac{1.135z^{-1}+0.595z^{-2}}{1-z^{-1}+0.73z^{-2}-0.73z^{-3}}\\&=1.135z^{-1}+1.73z^{-2}+0.901z^{-3}+0.467z^{-4}+1.072z^{-5}+\\&\quad 1.389z^{-6}+0.947z^{-7}+0.656z^{-8}+0.979z^{-9}+1.191z^{-10}+\cdots\end{aligned}$$

可见，当采样周期加大为 $T=2\text{s}$ 时，系统在单位阶跃函数作用下的过渡过程仍具有衰减振荡的形式，虽然系统是稳定的，但性能变差，其超调量约为73%，过渡过程时间也加长。读者可以利用劳斯稳定判据进一步验证，如果 $T=4\text{s}$，则系统就不稳定了。这说明一个原来稳定的离散系统，当加大采样周期时，如超过一定程度，系统就会不稳定。因此，系统采样周期是不可以任意选择的，只能在一定范围内选择。采样周期的大小不仅影响系统动态性能的好坏，而且还关系到系统能否正常工作的问题。

（3）现将图中的保持器去掉，$K=1$，$T=\tau=1\text{s}$，则

$$G(s)=\frac{1}{s(s+1)}$$

$$G(z)=\frac{0.632z^{-1}}{(1-z^{-1})(1-0.368z^{-1})}$$

$$\Phi(z)=\frac{G(z)}{1+G(z)}=\frac{0.632z^{-1}}{1-0.736z^{-1}+0.368z^{-2}}$$

$$\begin{aligned}C(z)&=\Phi(z)R(z)\\&=\frac{0.632z^{-1}}{1-1.736z^{-1}+1.104z^{-2}-0.368z^{-3}}\\&=0.632z^{-1}+1.1z^{-2}+1.21z^{-3}+1.21z^{-4}+1.02z^{-5}+\end{aligned}$$

$$0.97z^{-6} + 0.98z^{-7} + \cdots$$

由以上数据可知该二阶离散系统仍是稳定的，超调量约为 21%，峰值产生在第 3 拍，调整时间为 5 拍，如图 4-19 曲线 b 所示。可见，无保持器比有保持器的系统的动态性能好，这是因为保持器有滞后作用。

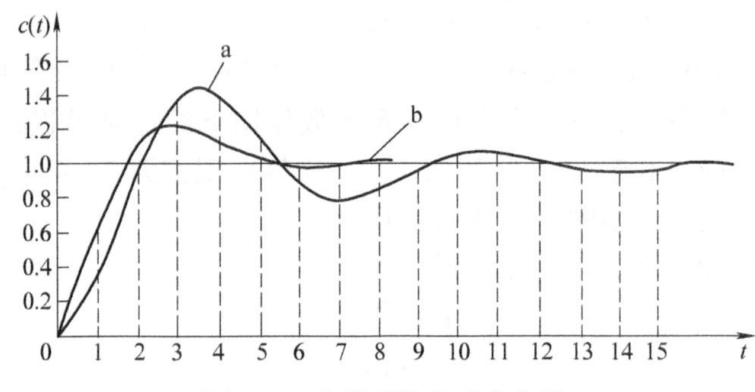

图 4-19 离散系统的响应曲线

（4）现将图中保持器去掉，设 $K=5$，$T=\tau=1\text{s}$，则

$$G(s) = \frac{5}{s(s+1)}$$

$$G(z) = \frac{3.16z^{-1}}{(1-z^{-1})(1-0.368z^{-1})}$$

$$\Phi(z) = \frac{G(z)}{1+G(z)} = \frac{0.632z^{-1}}{1-0.736z^{-1}+0.368z^{-2}}$$

$$C(z) = \frac{3.16z^{-1}}{1+0.972z^{-1}+0.268z^{-2}}$$

$$= 3.16z^{-1} - 2.5z^{-2} + 6.5z^{-3} - 7.55z^{-4} + 13.6z^{-5} + \cdots$$

由上面数据可以看出，当 $K=5$，$T=\tau=1\text{s}$ 时，没有保持器的二阶系统是不稳定的，而且正负交替的发散式振荡较剧烈。

从上述例子可以看到，离散控制系统中加入零阶保持器以后，系统的稳定性变坏，而且在其他参数固定的情况下，采样周期 T 越长，稳定性越差，临界放大倍数 K_C 越小。反之，减小采样周期 T，可以提高系统的稳定性。放大倍数 K 对离散系统稳定性的影响与连续系统类似，放大倍数 K 增大，系统的稳定性变差。

以上说明，利用 Z 变换本身含有时间概念的特点，分析离散控制系统的运动特性是很方便的，且很适用于计算机。

4.4 计算机控制系统的稳态误差分析

计算机控制系统的稳态误差是指系统过渡过程结束到达稳态以后，系统输出采样值与参考输入采样值之间的误差。稳态误差是衡量计算机控制系统准确性的一项主要性能指标。在实际工程中，通常都是希望系统的稳态误差越小越好。稳态误差越小，表明系统控制的稳态精度就越高。所以稳态误差是计算机控制系统分析和设计时必须考虑的主要内容之一。

同连续控制系统一样，计算机控制系统的稳态误差也是既与控制系统本身特性有关，又与参考输入形式有关。对于特定形式的参考输入，控制系统的稳态误差就由系统本身结构及参数来确定。在连续控制系统中，是用系统的误差系数来定量表示系统对常见典型输入的复现能力，并将其作为控制系统的稳态准确性的一种定量指标。系统的误差系数是由系统本身稳态特性所决定的。连续控制系统的稳态误差系数概念完全可以推广到计算机控制系统中。

在连续系统中，稳态误差的计算可以通过两种方法进行：一种是建立在拉氏变换终值定理基础上的计算方法，可以求出系统的终值误差；另一种是从系统误差传递函数出发的动态误差系数法，可以求出系统动态误差的稳态分量。这两种计算稳态误差的方法，在一定条件下可以推广到离散系统。

由于离散系统没有唯一的典型结构形式，所以离散系统的稳态误差需要针对不同形式的离散系统来求取。这里仅介绍利用 Z 变换的终值定理方法，求取离散系统在采样瞬时的终值误差。

4.4.1 Z 变换终值定理法求稳态误差

设系统如图 4-10 所示，广义被控对象的传递函数 $G(s)=G_{\mathrm{h}}(s)W_{\mathrm{d}}(s)$，其中 $G_{\mathrm{h}}(s)$ 为保持器传递函数，则离散系统的误差脉冲传递函数

$$W_{\mathrm{e}}(z)=\frac{E(z)}{R(z)}=1-\Phi(z) \tag{4-33}$$

所以

$$\begin{aligned}E(z)&=W_{\mathrm{e}}(z)R(z)=\frac{1}{1+D(z)G(z)}R(z)\\&=e(0)+e(T)z^{-1}+e(2T)z^{-2}+\cdots+e(kT)z^{-k}+\cdots\end{aligned} \tag{4-34}$$

由式（4-34）可以看到：

1）系统的误差除了与系统的结构、环节的参数有关外，还与系统的输入形式有关。

2）系统在各采样时刻 kT，$k=0$，1，2，…的误差值，可以由 $E(z)$ 展开式的各项系数 $e(kT)$ 来确定。

3）由 $e(kT)$ 也可以分析系统在某种形式输入时的动态特性。

4）当 $e(kT)$ 中的 $k\to\infty$ 时，即可得到系统的稳态特性。因此，为了分析稳态特性可以对误差的 Z 变换 $E(z)$ 施用终值定理以求得 e_{ss}。

如果 $W_{\mathrm{e}}(z)$ 的极点（即闭环极点）全部严格位于 Z 平面的单位圆内，即若离散系统是稳定的，则可用 Z 变换的终值定理求出采样瞬时的终值误差为

$$\begin{aligned}e_{\mathrm{ss}}=e(\infty)=\lim_{k\to\infty}e(kT)=\lim_{z\to1}(z-1)E(z)=\lim_{z\to1}\frac{(z-1)R(z)}{1+D(z)G(z)}\\=\lim_{z\to1}(1-z^{-1})E(z)=\lim_{z\to1}\frac{(1-z^{-1})R(z)}{1+D(z)G(z)}\end{aligned} \tag{4-35}$$

式（4-35）表明，线性定常离散系统的稳态误差不但与系统本身的结构和参数有关，而且与输入序列的形式及幅值有关。除此之外，离散系统的稳态误差与采样周期的选取也有关。

4.4.2 典型输入信号作用下的稳态误差分析

通常选用三种典型输入信号，即单位阶跃信号、单位速度（也称斜坡）信号和单位加速度（也称抛物线）信号，对应 Z 变换分别为

$$\frac{z}{z-1},\quad \frac{Tz}{(z-1)^2},\quad \frac{T^2z(z+1)}{2(z-1)^3}$$

下面讨论图 4-10 所示的不同类别的离散系统在三种典型输入信号作用下的稳态误差特性，并建立离散系统稳态误差系数的概念。

1. 单位阶跃输入时的稳态误差

对于单位阶跃输入 $r(t)=1(t)$ 时，其 Z 变换函数为

$$R(z)=\frac{z}{z-1}$$

稳态误差为

$$e_{ss}=e(\infty)=\lim_{z\to1}(z-1)E(z)=\frac{1}{1+D(1)G(1)}=1/K_s \tag{4-36}$$

K_s 称为静态位置误差系数，它可以根据开环脉冲传递函数直接求得。即

$$K_s=\lim_{z\to1}[1+D(z)G(z)]=1+D(1)G(1) \tag{4-37}$$

当 $D(z)G(z)$ 具有 1 个以上 $z=1$ 的极点时

$$\lim_{z\to1}[1+D(z)G(z)]=\infty$$

即 $K_s=\infty$，系统的位置误差为零。

2. 单位速度输入时的稳态误差

对于单位速度输入 $r(t)=t$ 时，其 Z 变换函数为

$$R(z)=\frac{Tz}{(z-1)^2}$$

稳态误差为

$$e_{ss}=e(\infty)=\lim_{z\to1}(z-1)E(z)=\lim_{z\to1}\frac{T}{(z-1)[1+D(z)G(z)]}=T/K_v \tag{4-38}$$

K_v 称为静态速度误差系数，它反映了系统在单位速度输入时稳态误差的大小。显然

$$K_v=\lim_{z\to1}(z-1)[1+D(z)G(z)] \tag{4-39}$$

当 $D(z)G(z)$ 具有 2 个以上 $z=1$ 的极点时

$$K_v=\lim_{z\to1}(z-1)[1+D(z)G(z)]=\infty$$

即 $K_v=\infty$，系统的速度误差为零。

3. 单位加速度输入时的稳态误差

对于单位加速度输入 $r(t)=t^2/2$ 时，其 Z 变换函数为

$$R(z)=\frac{T^2z(z+1)}{2(z-1)^3}$$

稳态误差为

$$e_{ss}=e(\infty)=\lim_{z\to1}(z-1)E(z)=\lim_{z\to1}\frac{T^2}{(z-1)^2[1+D(z)G(z)]}=T^2/K_a \quad (4\text{-}40)$$

K_a 称为静态加速度误差系数，它反映了系统在单位加速度输入时稳态误差的大小。显然

$$K_a=\lim_{z\to1}(z-1)^2[1+D(z)G(z)] \quad (4\text{-}41)$$

当 $D(z)G(z)$ 具有 3 个以上 $z=1$ 的极点时

$$K_a=\lim_{z\to1}(z-1)^2[1+D(z)G(z)]=\infty$$

即 $K_a=\infty$，系统的加速度误差为零。

由以上分析可以看出，系统静态误差系数 K_s、K_v 和 K_a 可以定量表示系统分别对阶跃、速度以及加速度三种典型输入的稳态复现能力。它们的数值越大，控制系统对相应的典型输入的稳态复现能力就越强，相应的稳态误差就越小，反之亦然。由以上三系数的定义可知，它们数值的大小与控制系统本身结构和参数有关。

4. 控制系统的类型及稳态误差

系统的稳态误差，除了与输入形式有关外，还与 $D(z)G(z)$ 中 $z=1$ 的极点密切相关。根据 $z=e^{Ts}$ 的变换关系，$z=1$ 的极点，对应于 S 平面上 $s=0$ 的极点，即积分环节。在连续系统中开环传递函数中含有的积分环节数记为 v，则相应地把 $v=0$，1，2，3，…的系统分别称为 0 型，Ⅰ型，Ⅱ型，Ⅲ型，…系统。同样对于离散系统，也可类似地把开环脉冲传递函数中含有 $z=1$ 的极点数用 v 来表示，并且也把 $v=0$，1，2，3，…的系统分别称为 0 型，Ⅰ型，Ⅱ型，Ⅲ型，…系统等。

对于图 4-10 的系统，根据式（4-36）、式（4-38）、式（4-40），可以得到三种典型输入时的稳态误差，如表 4-2 所示。

表 4-2 不同输入时各类系统的稳态误差

误差类别	位置误差 $r(kT)=1(kT)$	速度误差 $r(kT)=kT$	加速度误差 $r(kT)=(kT)^2/2$
0 型系统	$1/K_s$	∞	∞
Ⅰ型系统	0	T/K_v	∞
Ⅱ型系统	0	0	T^2/K_a
Ⅲ型系统	0	0	0

由表 4-2 可以看出，在单位阶跃函数作用下，0 型离散系统在采样瞬时存在位置误差，Ⅰ型或Ⅰ型以上的离散系统在采样瞬时没有位置误差，这与连续系统相似。在单位速度函数作用下，0 型离散系统在采样瞬时稳态误差无穷大，Ⅰ型离散系统在采样瞬时存在速度误差，Ⅱ型或Ⅱ型以上的离散系统，在采样瞬时不存在稳定误差。在单位加速度函数作用下，0 型和Ⅰ型离散系统在采样瞬时稳态误差无穷大，Ⅱ型离散系统在

采样瞬时存在加速度误差，只有Ⅲ型或Ⅲ型以上的离散系统在采样瞬时不存在稳定误差。

【例 4.7】 试确定如图 4-13 所示系统对于单位阶跃输入、单位速度输入和单位加速度输入时的稳态误差，其中 $K=1$。

计算机控制系统的稳态误差分析实例

解：解题的关键是根据已知条件求出开环脉冲传递函数。对于本题，系统的开环脉冲传递函数为

$$G(z)=\mathscr{Z}[G(s)]=\frac{Kz(1-\mathrm{e}^{-T})}{(z-1)(z-\mathrm{e}^{-T})}$$

含有 $z=1$ 的极点数为 1，因此是Ⅰ型系统，则

$$\frac{1}{1+G(z)}=\frac{(z-1)(z-\mathrm{e}^{-T})}{(z-1)(z-\mathrm{e}^{-T})+Kz(1-\mathrm{e}^{-T})}$$

1）单位阶跃输入时的稳态误差为

$$e(\infty)=\lim_{z\to1}(z-1)\frac{R(z)}{1+G(z)}$$

$$=\lim_{z\to1}(z-1)\frac{(z-1)(z-\mathrm{e}^{-T})}{(z-1)(z-\mathrm{e}^{-T})+Kz(1-\mathrm{e}^{-T})}\frac{z}{z-1}=0$$

2）单位速度输入时的稳态误差为

$$e(\infty)=\lim_{z\to1}(z-1)\frac{(z-1)(z-\mathrm{e}^{-T})}{(z-1)(z-\mathrm{e}^{-T})+Kz(1-\mathrm{e}^{-T})}\frac{Tz}{(z-1)^2}=1$$

3）单位加速度输入时的稳态误差为

$$e(\infty)=\lim_{z\to1}(z-1)\frac{(z-1)(z-\mathrm{e}^{-T})}{(z-1)(z-\mathrm{e}^{-T})+Kz(1-\mathrm{e}^{-T})}\frac{T^2z(z+1)}{2(z-1)^3}=\infty$$

【例 4.8】 对于图 4-20 所示的离散系统，设 $G(z)=\dfrac{0.368(z+0.718)}{(1-z)(z-0.368)}$，$T=1\mathrm{s}$，求该系统在三种典型输入信号作用下的稳态误差。

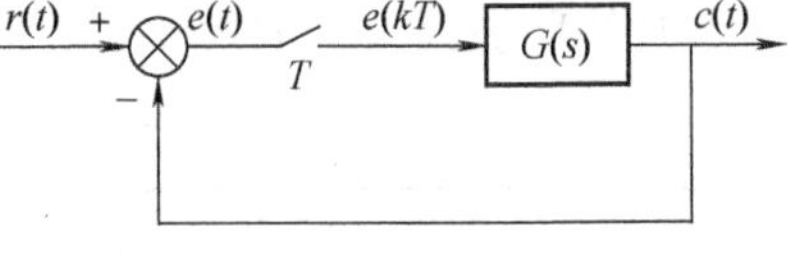

图 4-20　离散控制系统

解：

1）单位阶跃函数输入时

$$K_{\mathrm{s}}=\lim_{z\to1}[1+G(z)]=\lim_{z\to1}\left[1+\frac{0.368(z+0.718)}{(1-z)(z-0.368)}\right]=\infty$$

所以

$$e(\infty)=\frac{1}{K_{\mathrm{s}}}=0$$

2）单位速度函数输入时

$$K_{\mathrm{v}}=\lim_{z\to1}(z-1)\frac{0.368(z+0.718)}{(1-z)(z-0.368)}=1$$

所以

$$e(\infty)=\frac{T}{K_v}=1$$

3）单位加速度函数输入时

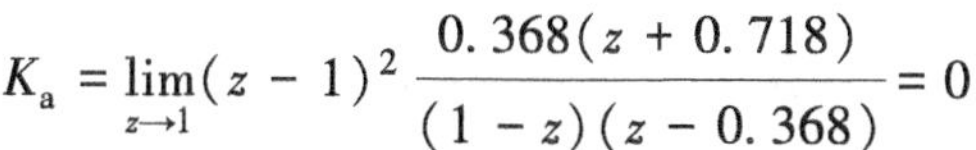

$$K_a=\lim_{z\to 1}(z-1)^2\frac{0.368(z+0.718)}{(1-z)(z-0.368)}=0$$

所以

$$e(\infty)=\frac{T^2}{K_a}=\infty$$

由本题可见，I型离散系统在稳态时能准确地复现单位阶跃输入信号，在单位速度输入作用下存在恒定的稳态误差，而在加速度输入作用下稳态误差为∞，所以I型系统不能跟踪加速度信号。

由以上分析可知，系统中含有的积分环节阶次越高，系统的稳态复现能力就越强，这是因为积分环节的稳态增益为无穷大的缘故。由此看来，通过增加控制系统的积分环节阶次，可以增强系统的稳态复现能力，提高系统稳态控制精确度。但是增加积分环节阶次，会增加系统的相位滞后，使系统稳定性降低，动态性能恶化，给系统校正带来困难。

习题4

1. 填空题

（1）离散系统稳定的充要条件是系统的特征根必须全部位于Z平面的________，只要有1个根在________，系统就不稳定。对于实际系统来说，处于稳定边界也称为系统________。

（2）S平面与Z平面的映射关系为$z=e^{Ts}=e^{\sigma T}e^{j\omega T}$。S平面的虚轴，映射到Z平面为________；S平面的左半平面，映射到Z平面为________；S平面的右半平面，映射到Z平面为________。

（3）Z平面与W平面的映射关系为$z=(1+w)/(1-w)$。Z平面上以原点为圆心的单位圆的圆周，映射到W平面为________；Z平面上以原点为圆心的单位圆内各点，映射到W平面为________；Z平面上以原点为圆心的单位圆外各点，映射到W平面为________。

（4）离散系统的稳定性不仅与系统结构、放大系数有关，而且还与________有关。在相同的系统结构及放大系数情况下，通常，离散系统的稳定性要比连续系统的稳定性________。

2. 选择题

（1）连续系统传递函数的一个极点$p=-5$，Z变换后将映射到Z平面的________。

A. 单位圆外　　B. 单位圆上　　C. 单位圆内　　D. 原点

（2）某系统的脉冲传递函数为$G(z)=\dfrac{0.5(z+1.2)}{(z+1)(z-0.5)}$，可知该系统是________。

A. 稳定的　　B. 不稳定的

C. 临界稳定的　　D. 无法确定是否稳定

（3）当将计算机控制系统的开环放大系数 K 增大时，系统的稳定性将________。

A. 变好　　B. 变坏　　C. 不变　　D. 无法确定

3. 简答题

（1）试述线性离散系统稳定的充分必要条件。

（2）计算机控制系统的稳态误差与哪些因素有关?

4. 计算题

（1）求下列函数的脉冲传递函数 $G(z)$。

1）$G(s)=\dfrac{K}{s(s+a)}$

2）$G(s)=\dfrac{K}{s^2(s+a)}$

3）$G(s)=\dfrac{1-e^{-Ts}}{s}\dfrac{K}{s(s+a)}$

（2）已知离散系统的差分方程如下，求系统的脉冲传递函数。

$c(k)+0.5c(k-1)-c(k-2)+0.5c(k-3)=4r(k)-r(k-2)-0.6r(k-3)$

（3）求图 4-21 所示系统的开环脉冲传递函数 $G(z)$ 和闭环脉冲传递函数 $\Phi(z)=\dfrac{C(z)}{R(z)}$。假定图中采样开关是同步的。

（4）求图 4-22 所示系统的开环脉冲传递函数 $G(z)$ 及闭环脉冲传递函数 $\Phi(z)$，其中 $a=1$，$K=1$。

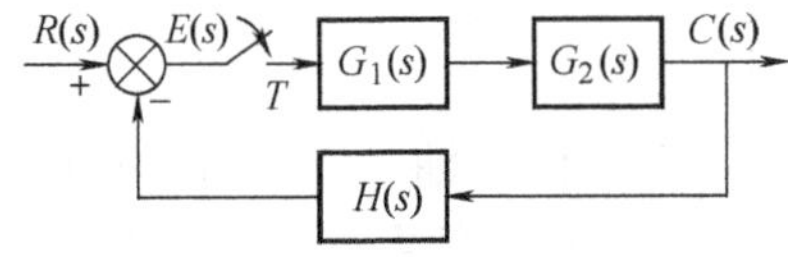

图 4-21　离散控制系统

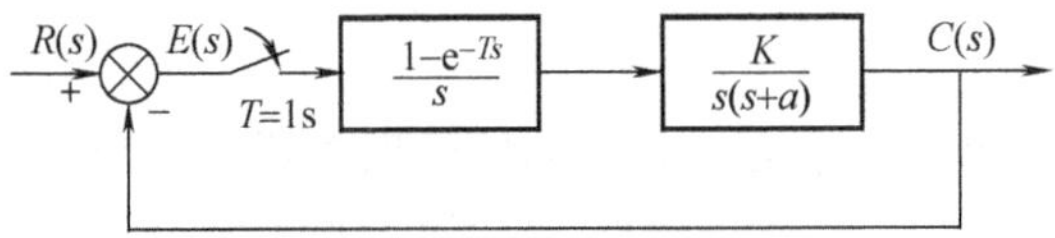

图 4-22　离散控制系统

（5）已知闭环系统的特征方程，试判断系统的稳定性，并指出不稳定极点数。

1）$45z^3-117z^2+119z-39=0$

2）$z^3-1.5z^2-0.25z+0.4=0$

3）$z^3-1.001z^2+0.3356z+0.00535=0$

4）$z^2-z+0.632=0$

5）$(z+1)(z+0.5)(z+2)=0$

5. 设计题

（1）已知系统结构如图 4-22 所示，$a=2$，$T=0.5\text{s}$。

1）当 $K=8$ 时，分析系统的稳定性；

2）求 K 的临界稳定值。

（2）已知系统结构如图 4-13 所示，试求 $T=1\text{s}$ 及 $T=0.5\text{s}$ 时，系统临界稳定时的 K 值，并讨论采样周期 T 对稳定性的影响。

（3）应用劳斯稳定判据，确定图 4-23 所示系统稳定的 K 值取值范围。

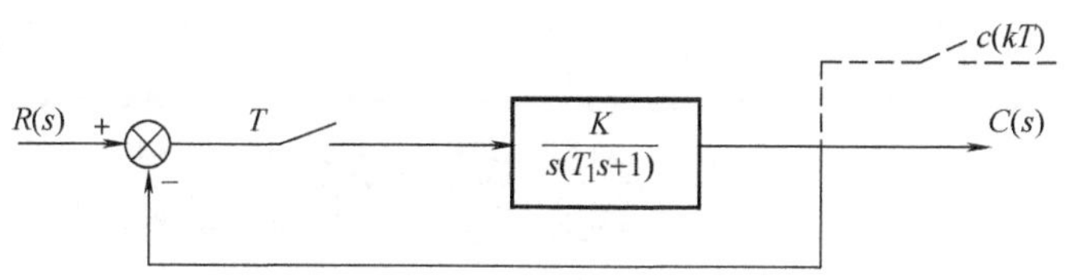

图 4-23 离散控制系统

（4）设系统的结构如图 4-14 所示，采样周期 $T=1\mathrm{s}$。设 $K=10$，试分析系统的稳定性，并求系统的临界放大系数 K_C。

（5）设线性离散系统如图 4-14 所示，$T=0.5\mathrm{s}$，试求系统的临界放大系数 K_C。

（6）设线性离散系统如图 4-22 所示，且 $a=1/s$，$K=1$，$T=1\mathrm{s}$，输入为单位阶跃序列。试分析系统的过渡过程。

（7）线性离散系统如图 4-22 所示，且 $a=1/s$，$K=1$，$T=1\mathrm{s}$，试求系统在单位阶跃、单位速度和单位加速度输入时的稳态误差。

（8）试求如图 4-20 所示的离散控制系统在单位速度信号下的稳态误差。设 $G(s)=\dfrac{1}{s(0.1s+1)}$，采样周期 $T=0.1\mathrm{s}$。

（9）已知系统结构如图 4-13 所示，其中 $K=1$，$T=1\mathrm{s}$，输入为 $u(t)=1(t)+t$，试求其稳态误差。

（10）已知图 4-24 所示系统中，$T=1\mathrm{s}$，$T_1=1\mathrm{s}$，$T_2=0.5\mathrm{s}$，$K=3$，$T_3=1\mathrm{s}$。

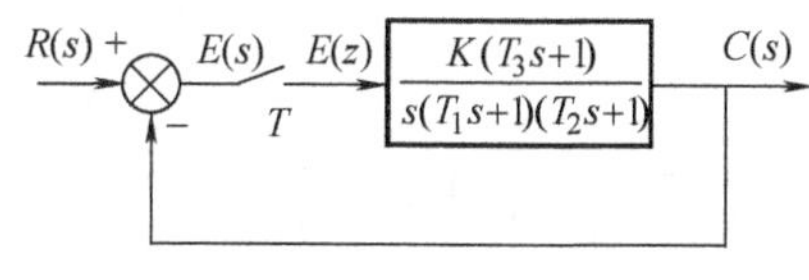

图 4-24 系统框图

1）试判断 $T_3=0$ 时，闭环系统是否稳定。

2）为使离散系统稳定，求参数 T_3 的取值范围。

3）试求系统位置及速度误差系数 K_s、K_v。

第5章 数字PID及其算法

PID是Proportional（比例）、Integral（积分）、Differential（微分）三者的缩写。PID调节是连续控制系统中技术最成熟、应用最为广泛的一种调节方式。PID调节的实质是根据输入的偏差值，按比例、积分、微分的函数关系进行运算，运算结果用以控制输出。在实际应用中，根据被控对象的特性和控制要求，可以灵活地改变PID的结构，比如：比例（P）调节、比例积分（PI）调节、比例积分微分（PID）调节。为了充分发挥计算机的运算速度快、逻辑判断功能强等优势，进一步改善控制效果，在PID算法上作了一些改进，就产生了积分分离PID算法、不完全微分PID算法、变速积分PID算法等来满足生产过程提出的各种要求。

5.1 PID算法的离散化

在连续控制系统中，常常采用如图5-1所示的PID控制，其控制规律为

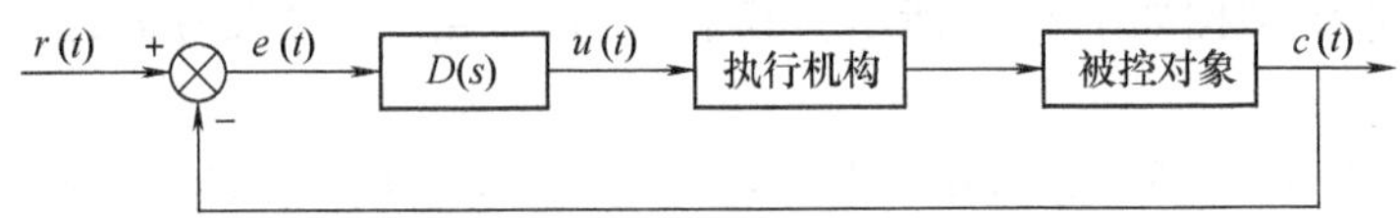

图5-1 模拟PID控制系统框图

$$u(t) = K_P\left[e(t) + \frac{1}{T_I}\int_0^t e(t)\mathrm{d}t + T_D\frac{\mathrm{d}e(t)}{\mathrm{d}t}\right] \tag{5-1}$$

对式（5-1）取拉普拉斯变换，并整理后得到模拟PID调节器的传递函数为

$$D(s) = \frac{U(s)}{E(s)} = K_P\left(1 + \frac{1}{T_I s} + T_D s\right) \tag{5-2}$$

式中 K_P——比例系数；

T_I——积分时间常数；

T_D——微分时间常数；

$e(t)$——偏差；

$u(t)$——控制量。

由式（5-1）、式（5-2）可以看出，比例控制能提高系统的动态响应速度，迅速反应误差，从而减小误差，但比例控制不能消除稳态误差。K_P的加大，会引起系统的不稳定。积分控制的作用是消除稳态误差，因为只要系统存在误差，积分作用就不断地积累，输出控制量以消除误差，直到偏差为零，积分作用才停止，但积分作用太强会使系统超调量加大，甚至使系统出现振荡。微分控制与偏差的变化率有关，它可以减

小超调量，克服振荡，使系统的稳定性提高，同时加快系统的动态响应速度，减小调整时间，从而改善系统的动态性能。

由于计算机控制是一种采样控制，它只能根据采样时刻的偏差来计算控制量。因此，在计算机控制系统中，必须对式（5-1）进行离散化处理，用求和代替积分，用向后差分代替微分，使模拟 PID 离散化为数字形式的差分方程。在采样周期足够小时，可作如下近似

$$u(t) \approx u(k) \tag{5-3}$$

$$e(t) \approx e(k) \tag{5-4}$$

$$\int_0^t e(t)\,\mathrm{d}t \approx \sum_{i=0}^{k} e(i)\Delta t \approx \sum_{i=0}^{k} Te(i) \tag{5-5}$$

$$\frac{\mathrm{d}e(t)}{\mathrm{d}t} \approx \frac{e(k)-e(k-1)}{\Delta t} \approx \frac{e(k)-e(k-1)}{T} \tag{5-6}$$

式中　T——采样周期；

k——采样序号，$k=0, 1, 2, \cdots$。

用这种近似方法，可以得到两种形式的数字 PID 控制算法。

5.2　位置式 PID 算法

由式（5-1）、式（5-3）、式（5-4）、式（5-5）和式（5-6）可得离散化之后的表达式为

$$\begin{aligned} u(k) &= K_P\left\{e(k) + \frac{T}{T_I}\sum_{i=0}^{k} e(i) + \frac{T_D}{T}[e(k)-e(k-1)]\right\} \\ &= K_P e(k) + K_I\sum_{i=0}^{k} e(i) + K_D[e(k)-e(k-1)] \end{aligned} \tag{5-7}$$

式中　$e(k)$——第 k 次采样时的偏差值；

$e(k-1)$——第（$k-1$）次采样时的偏差值；

$u(k)$——第 k 次采样时调节器的输出；

K_P——比例系数；

K_I——积分系数，$K_I = K_P\dfrac{T}{T_I}$；

K_D——微分系数，$K_D = K_P\dfrac{T_D}{T}$。

式（5-7）中所得到的第 k 次采样时调节器的输出 $u(k)$，表示在数字控制系统中，在第 k 时刻执行机构所应达到的位置。如果执行机构采用调节阀，则 $u(k)$ 就对应阀门的开度，因此通常把式（5-7）称为位置式 PID 控制算法。

由式（5-7）可以看出，数字调节器的输出 $u(k)$ 与过去的所有偏差信号有关，计算机需要对 $e(i)$ 进行累加，运算工作量很大，而且计算机的故障可能使 $u(k)$ 做大幅度的变化，这种情况往往使控制很不方便，而且有些场合可能会造成严重的事故。因此，在实际的控制系统中不太常用这种方法。

5.3 增量式 PID 算法

数字 PID 算法仿真实例

由于位置式 PID 控制算法使用不够方便，不仅对偏差进行累加，占用较多的存储单元，而且不方便编写程序，所以需要做一些改进，对式（5-7）取增量，使数字调节器的输出只是增量 $\Delta u(k)$，方法如下。

根据递推原理，写出位置式 PID 算法的第（$k-1$）次输出 $u(k-1)$ 的表达式为

$$u(k-1)=K_P\left\{e(k-1)+\frac{T}{T_I}\sum_{i=0}^{k-1}e(i)+\frac{T_D}{T}[e(k-1)-e(k-2)]\right\}$$
$$=K_Pe(k-1)+K_I\sum_{i=0}^{k-1}e(i)+K_D[e(k-1)-e(k-2)] \quad (5\text{-}8)$$

用式（5-7）减去式（5-8），可得数字 PID 增量式控制算法为

$$\Delta u(k)=u(k)-u(k-1)$$
$$=K_P\left\{e(k)-e(k-1)+\frac{T}{T_I}e(k)+\frac{T_D}{T}[e(k)-2e(k-1)+e(k-2)]\right\}$$
$$=K_P[e(k)-e(k-1)]+K_Ie(k)+K_D[e(k)-2e(k-1)+e(k-2)] \quad (5\text{-}9)$$

式（5-9）的输出 $\Delta u(k)$，表示第 k 次与第（$k-1$）次调节器的输出差值，即在第（$k-1$）次的基础上增加（或减少）的量。在很多控制系统中，由于执行机构是采用步进电动机或多圈电位器进行控制的，所以，只要给出一个增量信号即可。

增量式算法和位置式算法本质上没有大的区别，虽然增量式算法只是在位置式算法的基础上做了一点改动，但却具有以下几个优点：

1）增量式算法只与 $e(k)$、$e(k-1)$ 和 $e(k-2)$ 有关，不需要进行累加，不易引起积分饱和，因此能获得较好的控制效果。

2）在位置式控制算法中，由手动到自动切换时，必须首先使计算机的输出值等于阀门的原始开度，即 $u(k-1)$，才能保证手动到自动的无扰动切换，这将给程序设计带来困难。而增量式设计只与本次的偏差值有关，与阀门原来的位置无关，因而易于实现手动/自动的无扰动切换。

3）增量式算法中，计算机只输出增量，误动作时影响小。必要时可加逻辑保护，限制或禁止故障时的输出。

5.4 数字 PID 算法的改进

数字 PID 控制是应用最普遍的一种控制规律。但针对不同的对象和要求，其控制效果有所不同。为了得到更好的控制效果，人们在实践中不断总结经验，不断地改进，提出了不同的改进方法，因而产生了一系列的改进型 PID 算法。这里介绍几种常用的改进型算法，如积分分离 PID 算法、不完全微分 PID 算法、变速积分 PID 算法、带死区的 PID 算法和 PID 比率控制。

5.4.1　积分分离 PID 算法

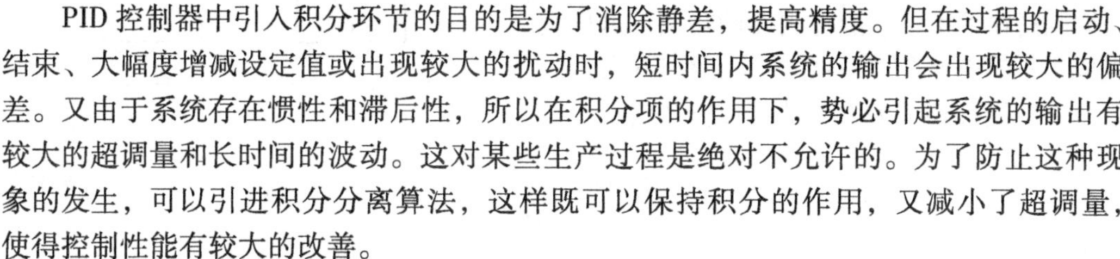

PID 控制器中引入积分环节的目的是为了消除静差，提高精度。但在过程的启动、结束、大幅度增减设定值或出现较大的扰动时，短时间内系统的输出会出现较大的偏差。又由于系统存在惯性和滞后性，所以在积分项的作用下，势必引起系统的输出有较大的超调量和长时间的波动。这对某些生产过程是绝对不允许的。为了防止这种现象的发生，可以引进积分分离算法，这样既可以保持积分的作用，又减小了超调量，使得控制性能有较大的改善。

积分分离 PID 算法的基本思想是：设置一个积分分离阈值 β，当 $|e(k)| \leqslant |\beta|$ 时，采用 PID 控制，以便于消除静差，提高控制精度；当 $|e(k)| > |\beta|$ 时，采用 PD 控制，以使超调量大幅度降低。

积分分离 PID 算法可以表示为

$$u(k) = K_{\mathrm{P}}e(k) + \alpha K_{\mathrm{I}}\sum_{i=0}^{k} e(i) + K_{\mathrm{D}}[e(k) - e(k-1)] \tag{5-10}$$

或

$$\Delta u(k) = K_{\mathrm{P}}[e(k) - e(k-1)] + \alpha K_{\mathrm{I}}e(k) + K_{\mathrm{D}}[e(k) - 2e(k-1) + e(k-2)] \tag{5-11}$$

式（5-10）和式（5-11）中，α 为逻辑变量，其取值为

$$\alpha = \begin{cases} 1, & |e(k)| \leqslant |\beta| \\ 0, & |e(k)| > |\beta| \end{cases}$$

积分分离阈值 β 的选取要依据具体控制对象及控制要求而定。若 β 过大，达不到积分分离的目的；若 β 过小，则一旦被控制量 $c(t)$ 无法跳出积分分离区，就只能进行 PD 控制，将会出现静差。

对于同一个控制对象，分别采用普通 PID 控制和积分分离 PID 控制，其响应曲线如图 5-2所示。图中曲线 1 为普通 PID 控制的响应曲线，它的超调量较大，振荡次数较多；曲线 2 为积分分离 PID 控制的响应曲线，其与曲线 1 比较，显然超调量和调整时间明显减小，控制性能有了较大的改善。

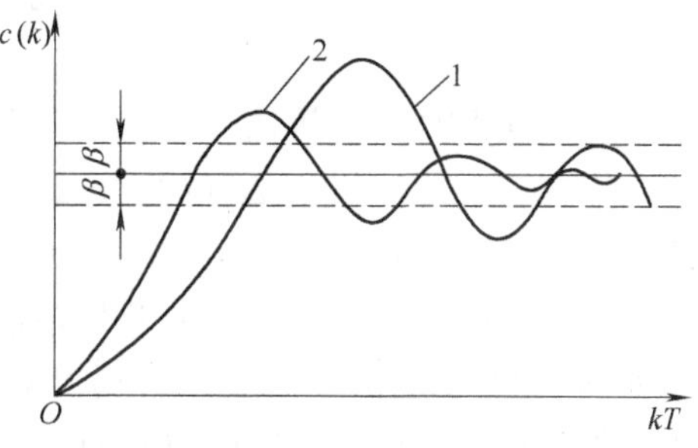

图 5-2　积分分离 PID 控制效果
1—普通 PID 控制效果　2—积分分离 PID 控制效果

5.4.2　不完全微分 PID 算法

微分环节的引入是为了改善系统的动态性能，但对于具有高频扰动的生产过程，微分作用响应过于灵敏，容易引起控制过程振荡，反而会降低控制品质。比如当被控制量突然变化时，正比于偏差变化率的微分输出就会很大，而计算机对每个控制回路输出时间是短暂的，且驱动执行器动作又需要一定的时间。所以在短暂的时间内，执行器可能达不到控制量的要求值，实质上是丢失了控制信息，致使输出失真，这就是所

谓的微分失控。为了克服这一缺点，同时又要使微分作用有效，可以在 PID 控制器的输出端再串联一阶惯性环节（比如低通滤波器）来抑制高频干扰，平滑控制器的输出，这样就组成了不完全微分 PID 控制，如图 5-3 所示。

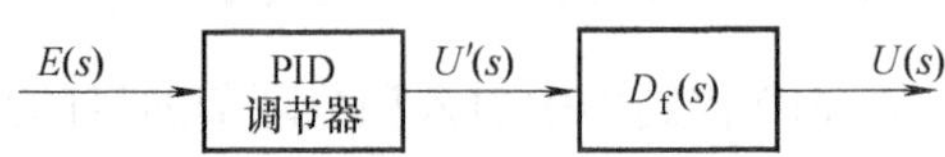

图 5-3 不完全微分 PID 控制器

一阶惯性环节 $D_f(s)$ 的传递函数为

$$D_f(s)=\frac{1}{T_f s+1} \tag{5-12}$$

因为

$$u'(t)=K_P\left[e(t)+\frac{1}{T_I}\int_0^t e(t)\mathrm{d}t+T_D\frac{\mathrm{d}e(t)}{\mathrm{d}t}\right] \tag{5-13}$$

$$T_f\frac{\mathrm{d}u(t)}{\mathrm{d}t}+u(t)=u'(t) \tag{5-14}$$

所以

$$T_f\frac{\mathrm{d}u(t)}{\mathrm{d}t}+u(t)=K_P\left[e(t)+\frac{1}{T_I}\int_0^t e(t)\mathrm{d}t+T_D\frac{\mathrm{d}e(t)}{\mathrm{d}t}\right] \tag{5-15}$$

对式（5-15）进行离散化处理，可得到不完全微分 PID 位置式控制算法

$$u(k)=\alpha u(k-1)+(1-\alpha)u'(k) \tag{5-16}$$

式中，$u'(k)=K_P\left\{e(k)+\frac{T}{T_I}\sum_{i=0}^{k}e(i)+\frac{T_D}{T}[e(k)-e(k-1)]\right\}$

$$\alpha=\frac{T}{T_f+T}$$

与普通 PID 控制算法一样，不完全微分 PID 控制算法也有增量式控制算法，即

$$\Delta u(k)=\alpha\Delta u(k-1)+(1-\alpha)\Delta u'(k) \tag{5-17}$$

式中，$\Delta u'(k)=K_P[e(k)-e(k-1)]+K_I e(k)+K_D[e(k)-2e(k-1)+e(k-2)]$

在单位阶跃输入下，普通 PID 控制算法和不完全微分 PID 控制算法的阶跃响应比较如图 5-4所示。由图可见，普通 PID 控制中的微分作用只在第一个采样周期内起作用，而且作用较强。一般的执行机构，无法在较短的采样周期内跟踪较大的微分作用输出，而且理想微分容易引起高频干扰；而不完全微分 PID 控制中的微分作用能缓慢地维持多个采样周期，使得一般的工业执行机构能较好地跟踪微分作用的输出。又由于其中含有一个低通滤波器，因此抗干扰能力较强。

5.4.3 变速积分 PID 算法

在普通 PID 控制算法中，由于积分系数 K_I 是常数，所以在整个控制过程中，积分增益是不变的。而系统对积分项的要求是，当系统偏差大时，积分作用减弱以至全无，而在偏差较小时则应加强积分作用。否则，积分系数取大了会产生超调，甚至出现积分饱和现象；取小了又迟迟不能消除静差。因此，可以根据系统的偏差大小适时地调整积分速度，即采用变速积分 PID 算法，以提高调节品质。

变速积分 PID 的基本思想是设法改变积分项的累加速度，使其与偏差的大小相对

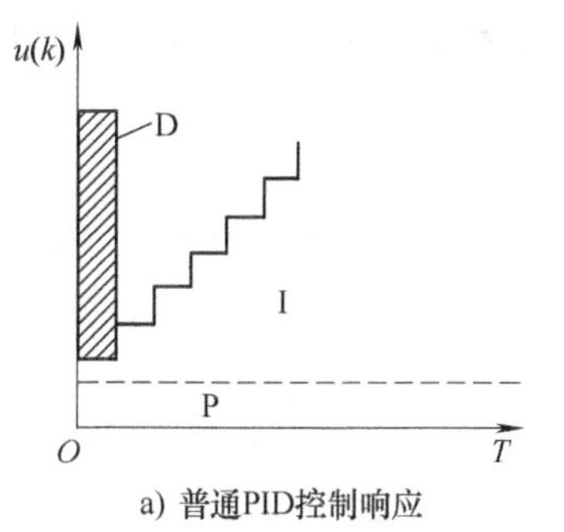

a) 普通PID控制响应

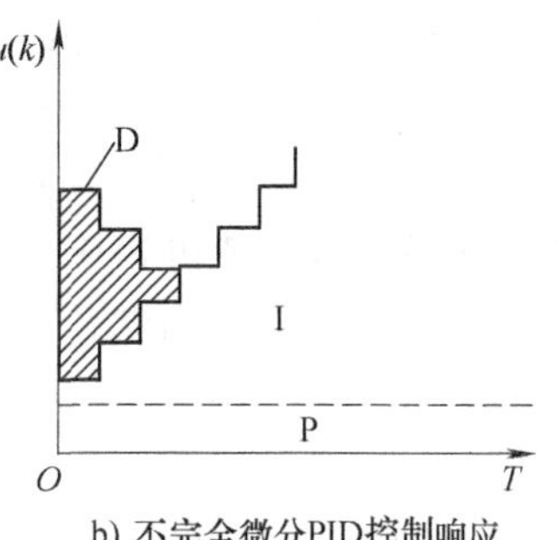

b) 不完全微分PID控制响应

图 5-4 PID 控制的阶跃响应比较

应。偏差越大，积分速度越慢；反之，偏差越小时，积分速度越快。

为此，设置一系数 $f[e(k)]$，它是 $e(k)$ 的函数。当 $|e(k)|$ 增大时，f 减小，反之增加。每次采样后，用 $f[e(k)]$ 乘以 $e(k)$，再进行累加，即

$$u_{\mathrm{i}}(k)=K_{\mathrm{I}}\left\{\sum_{i=0}^{k-1}e(i)+f[e(k)]e(k)\right\} \tag{5-18}$$

式中，$u_{\mathrm{i}}(k)$ 表示变速积分项的输出值。

系数 $f[e(k)]$ 与 $|e(k)|$ 的关系可以是线性或非线性的，比如可以设为如下的关系式

$$f[e(k)]=\begin{cases}1 & |e(k)|\leqslant B\\ \dfrac{A-|e(k)|+B}{A} & B<|e(k)|\leqslant A+B\\ 0 & |e(k)|>A+B\end{cases} \tag{5-19}$$

式中，A、B 是设定的两个正的阈值常数。$f[e(k)]$ 的值在 [0，1] 区间内变化，当偏差 $|e(k)|$ 大于所给 ($A+B$) 后，$f[e(k)]=0$，不再对当前的 $e(k)$ 进行累加；当偏差 $|e(k)|$ 在大于 B 且小于等于 $A+B$ 时，累加计入部分当前值，$f[e(k)]$ 随着偏差的减小而增大，累加速度加快；当偏差 $|e(k)|$ 小于等于 B 后，累加速度达到最大值 1。

将 $u_{\mathrm{i}}(k)$ 代入 PID 算式，得到变速积分 PID 算法为

$$u(k)=K_{\mathrm{P}}e(k)+K_{\mathrm{I}}\left\{\sum_{i=0}^{k-1}e(i)+f[e(k)]e(k)\right\}+K_{\mathrm{D}}[e(k)-e(k-1)] \tag{5-20}$$

从以上的分析中可以看出，变速积分 PID 算法实现了按比例作用消除大偏差，用积分作用消除小偏差的理想调节特性，从而完全消除了积分饱和现象。由于随着偏差的增大，积分作用在减弱，从而可以减小超调量，很容易使系统稳定，改善调节品质。另外，这种算法对 A、B 两个参数的要求不精确，可做一次性确定。

5.4.4 带死区的 PID 算法

某些生产过程对控制精度要求不是很高，但希望系统工作平稳，执行机构不要频繁动作。针对这类系统，人们提出了一种带死区的 PID 控制算法，即在计算机中人为地设置一个不灵敏区，当偏差的绝对值 $|e(k)|\leqslant B$ 时，其控制输出为 $Ku(k)$；当

$|e(k)| > B$ 时，则输出值 $u(k)$ 以普通的 PID 运算结果输出。带死区的 PID 算法为

$$u(k)=\begin{cases}u(k)\ , & |e(k)|>B\\ Ku(k)\ , & |e(k)|\leqslant B\end{cases} \tag{5-21}$$

式中，K 为死区增益，其数值可为 0，0.25，0.5，1 等。死区 B 为一个可调的参数，其具体数值可根据实际控制对象由实验确定。带死区 PID 控制的动作特性如图 5-5 所示。

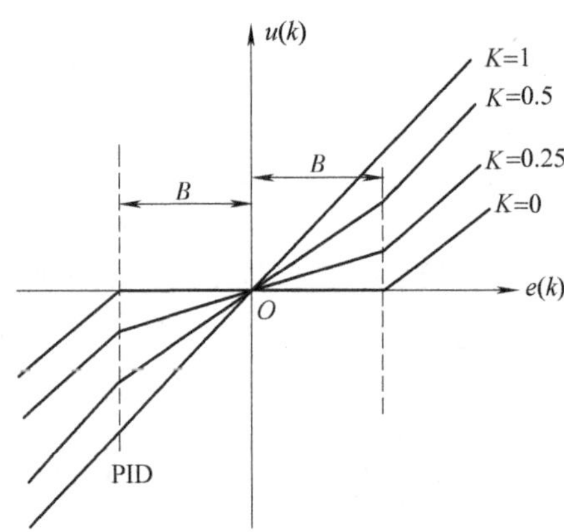

图 5-5　带死区 PID 控制的动作特性

5.4.5　PID 比率控制

在化工和冶金工业生产中，经常需要将两种物料以一定比例混合或参加化学反应。一旦比例失调，将影响产品的质量或造成浪费，严重的还会造成生产事故，甚至发生危险。为了避免此类事件的发生，人们又提出了 PID 比率控制算法，即将两种物料的比例作为被控制量，对其进行 PID 调节。

例如，在加热炉燃烧系统中，要求空气和煤气按一定的比例供给。若空气量比较多，将带走大量的热量，使炉温下降；反之，如果煤气量过多，则会有一部分煤气不能完全燃烧而造成浪费。采用 PID 比率控制的过程为：煤气和空气的流量差压信号经变送器后，经计算机作开方运算，得到煤气和空气的流量 q_a、q_b，再用 q_a 除以 q_b 得到一个比值 $d(k)$，给定值 $r(k)$ 与 $d(k)$ 相减得到偏差信号 $e(k)$，该偏差信号 $e(k)$ 经 PID 控制器调节后输出一个控制信号给调节阀，以控制一定比例的空气和煤气。

5.5　PID 算法程序的实现

PID 算法程序可以用汇编语言编写，也可以用高级语言编写。但在设计 PID 算法程序时，需要考虑是采用定点运算还是采用浮点运算。浮点运算精度高，但运算速度慢，程序占用的存储空间也多；而定点运算，虽然精度低一些，但运算速度比较快。因此在计算机控制系统中，如果系统要求速度比较快，则采用定点运算，而在 A/D 转换位数较多、要求计算精度高的场合才采用浮点运算。

5.5.1　位置式 PID 算法的程序设计

为了方便程序设计，可以对式（5-7）所示的位置式 PID 算法作进一步整理，方法如下。

设比例项输出为

$$u_P(k)=K_Pe(k)$$

积分项输出为

$$u_I(k)=K_I\sum_{i=0}^{k}e(i)=K_Ie(k)+K_I\sum_{i=0}^{k-1}e(i)=K_Ie(k)+u_I(k-1)$$

微分项输出为

$$u_D(k)=K_D[e(k)-e(k-1)]$$

则式（5-7）可以写成

$$u(k)=u_P(k)+u_I(k)+u_D(k) \tag{5-22}$$

式（5-22）的流程图如图5-6所示。

5.5.2 增量式PID算法的程序设计

对式（5-9）所示的增量式PID算法可以进一步改写为

$$\begin{aligned}\Delta u(k)&=(K_P+K_I+K_D)e(k)-(K_P+2K_D)e(k-1)+K_De(k-2)\\&=d_0e(k)+d_1e(k-1)+d_2e(k-2)\end{aligned} \tag{5-23}$$

式中

$$d_0=K_P+K_I+K_D$$
$$d_1=-(K_P+2K_D)$$
$$d_2=K_D$$

式（5-23）的流程图如图5-7所示。

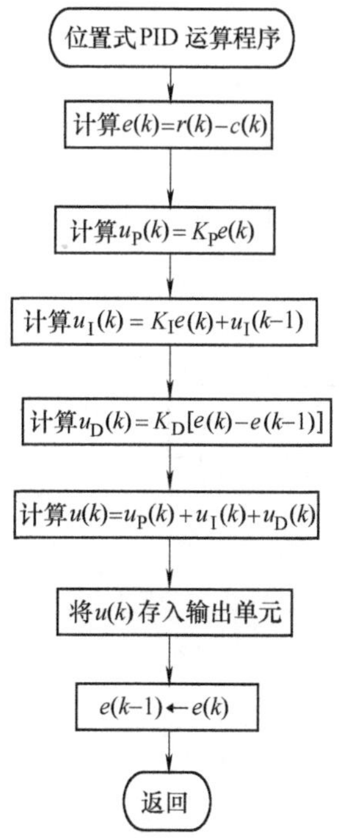

图5-6 位置式PID运算程序流程图

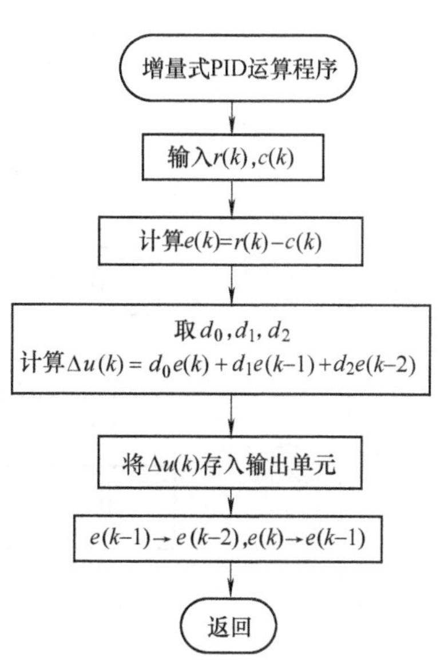

图5-7 增量式PID算法程序流程图

5.5.3 积分分离 PID 算法的程序设计

对式（5-11）重新改写为

$$\Delta u(k) = c_0 e(k) + c_1 e(k-1) + c_2 e(k-2) + \alpha K_\mathrm{I} e(k) \tag{5-24}$$

式中

$$c_0 = K_\mathrm{P} + K_\mathrm{D}$$
$$c_1 = -(K_\mathrm{P} + 2K_\mathrm{D})$$
$$c_2 = K_\mathrm{D}$$

令

$$\Delta u'(k) = c_0 e(k) + c_1 e(k-1) + c_2 e(k-2)$$

则

$$\Delta u(k) = \Delta u'(k) + \alpha K_\mathrm{I} e(k) \tag{5-25}$$

式（5-24）和式（5-25）的流程图如图 5-8 所示。

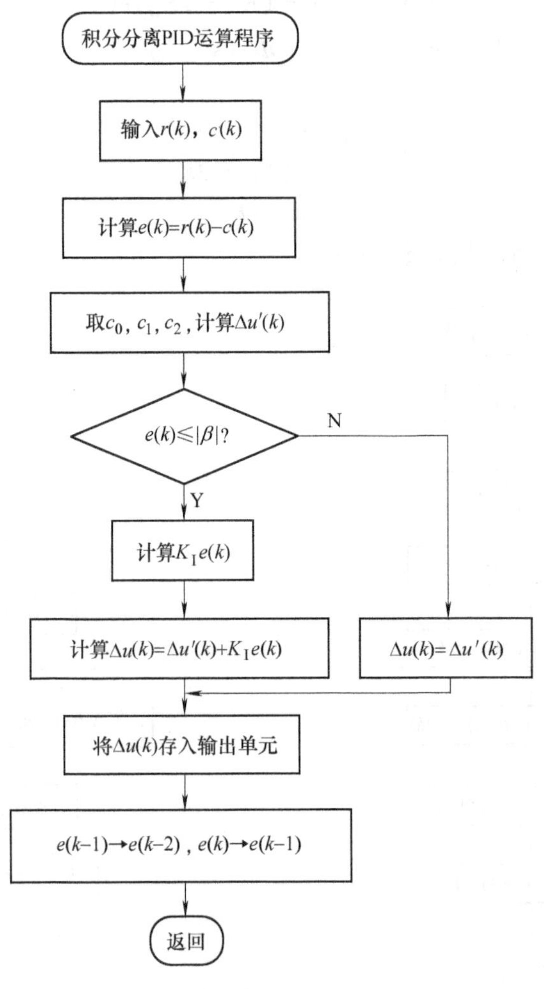

图 5-8 积分分离 PID 算法流程图

仿照前面几种程序设计方法不难设计出不完全微分 PID 算法、变速积分 PID 算法、带死区的 PID 算法和 PID 比例控制算法的程序流程图，在此不再赘述。

5.6 数字 PID 算法的参数整定

在 PID 控制器的结构确定之后，系统的性能好坏主要决定于参数的选择是否合理。因此，PID 算法参数的整定是非常重要的。数字 PID 算法的参数整定的任务主要是确定 K_P、T_I、T_D 和采样周期 T。

5.6.1 采样周期 T 的确定

从香农（Shannon）采样定理可知，只有当采样频率 $f_s \geqslant 2f_{max}$ 时，才能使采样信号不失真地复现原来的信号。

从理论上讲，采样频率越高，失真越小。但从控制器本身而言，大都依靠偏差信号 $e(k)$ 进行调节计算。当采样周期 T 太小时，偏差信号 $e(k)$ 也会过小，此时计算机将会失去调节作用。采样周期 T 过长又会引起误差。因此，选择采样周期 T 时，必须综合考虑。

一般应考虑的因素如下：

（1）被控对象的特性

若被控对象是慢速变化的对象时，如热工或化工行业，采样周期一般取得较大；若被控对象是快速变化的对象时，采样周期应取得小一些，否则，采样信号无法反映瞬变过程；如果系统纯滞后占主导地位时，应按纯滞后大小选取采样周期 T，尽可能使纯滞后时间接近或等于采样周期的整数倍。

（2）扰动信号

采样周期应远远小于扰动信号的周期，为了能够采用滤波的方法消除干扰信号，一般使扰动信号周期与采样周期成整数倍。

（3）控制的回路数

如果控制的回路数较多，计算的工作量较大，则采样周期长一些；反之，可以短些。

（4）执行机构的响应速度

执行机构的动作惯性较大，采样周期 T 应能与之相适应。如果采样周期过短，那么响应速度慢的执行机构就会来不及反映数字控制器输出值的变化。

（5）控制算法的类型

当采用 PID 算法时，如果选择的采样周期 T 太小，将使微分积分作用不明显。因为当 T 小到一定程度后，由于受到计算精度的限制，偏差 $e(k)$ 始终为零。另外，各种控制算法也需要计算时间。

（6）给定值的变化频率

加到被控对象上的给定值变化频率越高，采样频率应越高。这样给定值的改变才可以得到迅速反应。

（7）考虑 A/D、D/A 转换器的性能

如果 A/D、D/A 转换器的速度快，采样周期可以小些。

5.6.2 扩充临界比例度法

扩充临界比例度法是简易工程整定方法之一。这种方法的最大优点是整定参数时不必依赖被控对象的数学模型，适用于现场应用。

扩充临界比例度法是基于模拟调节器中使用的临界比例度法的一种 PID 数字调节器的参数整定方法。具体步骤如下：

1）选择一个足够短的采样周期 T_{min}。比如带有纯滞后的系统，其采样周期取纯滞后时间的十分之一以下。

2）求出临界比例度 δ_u 和临界振荡周期 T_u。具体方法是：将上述的采样周期 T_{min} 输入到计算机中，使用纯比例控制，调节比例系数 K_P，直到系统产生等幅振荡为止。所得到的比例度 $\left(\delta=\dfrac{1}{K_P}\right)$ 即为临界比例度 δ_u，此时的振荡周期即为临界振荡周期 T_u。

3）选择控制度。所谓控制度，就是以模拟调节器为准，将 DDC 的控制效果与模拟调节器的控制效果相比较。控制效果的评价函数通常采用 $\int_0^{\infty} e^2(t)\mathrm{d}t$（误差平方积分）表示。

$$控制度=\frac{\left[\int_0^{\infty} e^2(t)\mathrm{d}t\right]_{DDC}}{\left[\int_0^{\infty} e^2(t)\mathrm{d}t\right]_{模拟}} \tag{5-26}$$

对于模拟系统，其误差平方积分可按记录纸上的图形面积计算。而 DDC 系统可用计算机直接计算。通常当控制度为 1.05 时，表示 DDC 系统与模拟系统的控制效果相当。

4）根据选定的控制度，查表 5-1，即可求出 T、K_P、T_I、T_D 的值，进而求出 T、K_P、K_I、K_D 的值。

表 5-1 扩充临界比例度法整定参数表

控制度	控制规律	T	K_P	T_I	T_D
1.05	PI	$0.03T_u$	$0.53\delta_u$	$0.88T_u$	—
	PID	$0.014T_u$	$0.63\delta_u$	$0.49T_u$	$0.14T_u$
1.20	PI	$0.05T_u$	$0.49\delta_u$	$0.91T_u$	—
	PID	$0.043T_u$	$0.47\delta_u$	$0.47T_u$	$0.16T_u$
1.50	PI	$0.14T_u$	$0.42\delta_u$	$0.99T_u$	—
	PID	$0.09T_u$	$0.34\delta_u$	$0.43T_u$	$0.20T_u$
2.00	PI	$0.22T_u$	$0.36\delta_u$	$1.05T_u$	—
	PID	$0.16T_u$	$0.27\delta_u$	$0.40T_u$	$0.22T_u$

5）按求得的参数运行，在运行中观察控制效果，再适当地调整参数，直到获得满意的控制效果。

该参数整定方法适用于具有一阶滞后环节的被控对象，否则，最好选用其他的方法整定。

5.6.3　扩充响应曲线法

扩充响应曲线法是又一种简易工程整定方法。对于那些不允许进行临界振荡实验的系统，可以采用扩充响应曲线法。具体方法如下：

1）断开数字 PID 控制器，使系统在手动状态下工作。当系统在给定值处达到平衡以后，给一个阶跃输入信号。

2）用仪表记录下被控参数在此阶跃输入信号作用下的变化过程，即阶跃响应曲线，如图 5-9 所示。

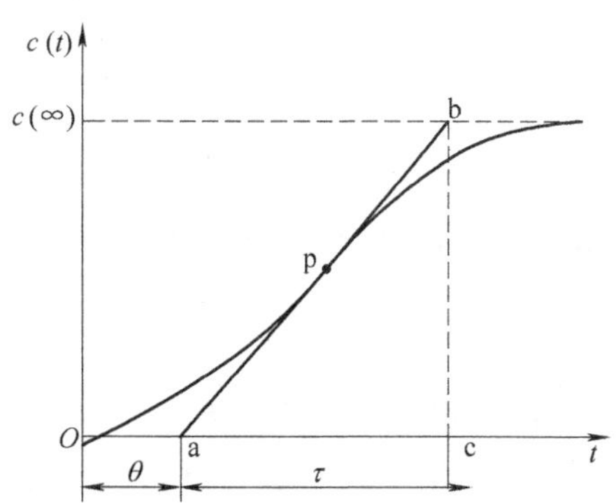

图 5-9　被控参数的阶跃响应曲线

3）在曲线的最大斜率处作切线，该切线与横轴以及系统响应稳态值的延长线相交于 a、b 两点，过 b 点作横轴的垂线，并与横轴交于 c 点，于是得到滞后时间 θ 和被控对象的时间常数τ，再求出τ/θ 的值。

4）选择控制度。

5）查表 5-2，即可求出 T、K_P、T_I、T_D 的值，进而求出 T、K_P、K_I、K_D 的值。

6）按求得的参数运行，在运行中观察控制效果，再适当地调整参数，直到获得满意的控制效果。

表 5-2　扩充响应曲线法参数整定公式

控 制 度	控制规律	T	K_P	T_I	T_D
1.05	PI	0.1θ	$0.84\tau/\theta$	0.34θ	—
	PID	0.05θ	$0.15\tau/\theta$	2.0θ	0.45θ
1.20	PI	0.2θ	$0.78\tau/\theta$	3.6θ	—
	PID	0.16θ	$1.0\tau/\theta$	1.9θ	0.55θ
1.50	PI	0.5θ	$0.68\tau/\theta$	3.9θ	—
	PID	0.34θ	$0.85\tau/\theta$	1.62θ	0.65θ
2.00	PI	0.8θ	$0.57\tau/\theta$	4.2θ	—
	PID	0.6θ	$0.6\tau/\theta$	1.5θ	0.82θ

注：表 5-2 中的控制度的求法与扩充临界比例度法相同。

该参数整定方法适用于具有一阶滞后环节的被控对象，否则，最好选用其他的方法整定。

5.6.4　归一参数整定法

前面介绍的参数整定方法需要确定 T、K_P、T_I、T_D 四个参数，相对来说比较麻烦。为了减少整定参数的数目，简化参数整定方法，1974 年 Roberts PD 提出了一种简化扩充临界比例度整定法。由于该方法只需要整定一个参数即可，故又称为归一参数整定法。

增量式 PID 算法重写如下：

$$\Delta u(k)=u(k)-u(k-1)$$

$$=K_P\left\{e(k)-e(k-1)+\frac{T}{T_I}e(k)+\frac{T_D}{T}[e(k)-2e(k-1)+e(k-2)]\right\}$$

设 $T=0.1T_u$；$T_I=0.5T_u$；$T_D=0.125T_u$，式中 T_u 为纯比例作用下的临界振荡周期，则

$$\Delta u(k)=K_P[2.45e(k)-3.5e(k-1)+1.25e(k-2)] \tag{5-27}$$

由式（5-27）可以看出，对四个参数的整定简化成只整定一个参数 K_P，因此，给 PID 算法的参数整定带来许多方便。

5.6.5 优选法

由于实际生产过程错综复杂，参数千变万化，因此，确定被控对象的动态特性不仅计算麻烦，工作量大，而且即使能找出来，其结果与实际相差也较远。因此，目前应用较多的还是经验法。优选法就是对自动调节参数整定的经验法。

其具体做法是：根据经验，先把其他参数固定，然后用 0.618 法对其中某一个参数进行优选，待选出最佳参数后，再换另一个参数进行优选，直到把所有的参数优选完毕为止。最后根据 T、K_P、T_I、T_D 四个参数优选的结果选出一组最佳值即可。

习题5

1. 选择题

（1）关于比例调节，下面的说法中正确的是________。

A. 比例调节可消除一切偏差　　B. 比例调节作用的强弱不可调

C. 比例作用几乎贯穿整个调节过程　　D. 比例作用不会引起超调量

（2）在计算机控制系统中，T 的确定十分重要，原因是________。

A. T 太大，系统精度不够　　B. T 太大，积分作用太弱

C. T 太小，积分作用过强　　D. T 太小，比例作用太强

（3）在实际应用中，PID 调节可根据实际情况调整结构，但不能________。

A. 采用位置型 PID 调节　　B. 采用增量型 PID 调节

C. 采用积分分离式 PID 调节　　D. 采用 ID 调节

（4）关于 PI 调节系统，下列叙述正确的是________。

A. PI 调节有时会留有静差

B. P 的作用可以贯穿整个调节过程，只要存在偏差，调节作用就存在

C. I 的作用随时间的增长而加强，只要时间足够长，静差就一定会消除

D. P 的作用是消除静差

（5）在积分分离 PID 调节中，关于阈值 β 的选取正确的是________。

A. 要依据具体控制对象及控制要求而定，不能过大或过小

B. 可以将 β 选得非常大，这样可以一直使用积分作用消除静差

C. 可以将 β 选得非常小，这样就彻底将积分作用分离

D. 将 β 选得非常小，就不会出现静差

2. 简答题

（1）在 PID 调节器中，比例、积分和微分环节对调节品质有什么影响？

（2）在数字 PID 中，采样周期 T 的选择需要考虑哪些因素？

（3）采样周期 T 的大小对计算机控制系统有何影响？

（4）增量式数字 PID 算法有哪些优点？

（5）试比较普通 PID、积分分离 PID 和变速积分 PID 三种算法有什么区别和联系？

（6）试叙述扩充临界比例度法、扩充响应曲线法、归一参数整定法和优选法整定 PID 参数的步骤。

3. 计算题

（1）已知模拟 PID 调节器的传递函数为

$$D(s)=\frac{U(s)}{E(s)}=\frac{1+0.17s}{0.085s}$$

试写出相应数字控制器的位置式 PID 算法和增量式 PID 算法输出表达式。（设采样周期 $T=0.2\text{s}$）

（2）已知模拟控制器的传递函数为

$$D(s)=\frac{1+0.15s}{0.05s}$$

采样周期为 $T=1\text{s}$。现欲用数字 PID 实现之，求出 K_P、K_I 和 K_D 的值。

（3）已知数字 PID 控制器采用位置式 PID 算法，试求该控制器的脉冲传递函数 $D(z)$。

第6章 直接数字控制

从被控对象的实际特性出发，直接根据离散系统理论来设计数字控制器，这样的方法称为直接数字控制。用直接设计法对计算机控制系统进行综合与设计，显然更具有一般性的意义。它完全是根据离散系统的特点进行分析与综合，并导出相应的控制规律。利用计算机软件的灵活性，可以实现从简单到复杂的各种控制。直接数字控制的设计基于离散方法的理论，被控对象可用离散模型描述，或用离散化模型来表示连续对象。本章主要介绍两种直接数字控制器的设计及其用计算机实现的方法。

6.1 最少拍计算机控制系统的设计

在自动调节系统中，当偏差存在时，总是希望系统能尽快地消除偏差，使输出跟随输入变化；或者在有限的几个采样周期内即可达到平衡。最少拍实际上是时间最优控制。因此，最少拍计算机控制系统的任务就是设计一个数字调节器，使系统到达稳定时所需要的采样周期最少，而且系统在采样点的输出值能准确地跟踪输入信号，不存在静差。对任何两个采样周期中间的过程则不作要求。显然，这种系统的性能要求是快速性、准确性和稳定性。在数字控制过程中，一个采样周期称为一拍。

6.1.1 最少拍控制系统数字控制器分析

给定被控对象 $W_d(s)$ 和只有零阶保持器的条件下，选择适当的数字控制器 $D(z)$，以满足对系统提出的性能指标要求，这种设计称为综合。最少拍控制系统结构图如图 6-1 所示。

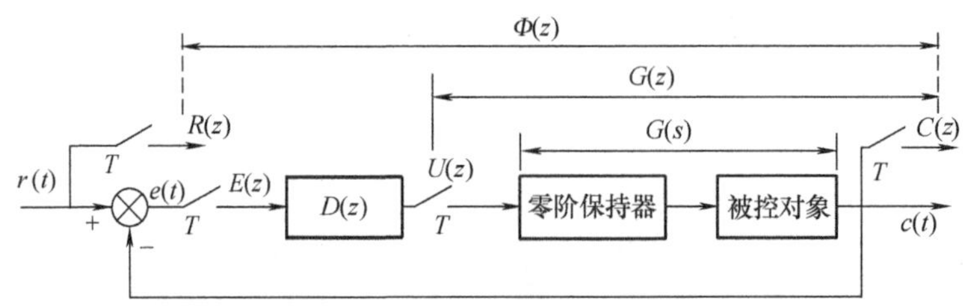

图 6-1 最少拍控制系统结构图

在图 6-1 中，设 $D(z)$ 为数字控制器，$G(z)$ 为包括零阶保持器在内的广义对象的脉冲传递函数。$\Phi(z)$ 为闭环脉冲传递函数，$C(z)$ 为输出信号的 Z 变换，$R(z)$ 为输入信号的 Z 变换。由离散控制系统理论可知，其闭环脉冲传递函数为

$$\Phi(z)=\frac{D(z)G(z)}{1+D(z)G(z)} \tag{6-1}$$

误差脉冲传递函数

$$W_e(z)=\frac{E(z)}{R(z)}=1-\Phi(z) \tag{6-2}$$

由式（6-1）和式（6-2）可得出数字控制器 $D(z)$ 为

$$D(z)=\frac{\Phi(z)}{G(z)[1-\Phi(z)]}=\frac{\Phi(z)}{G(z)W_e(z)}=\frac{1-W_e(z)}{G(z)W_e(z)} \tag{6-3}$$

在式（6-3）中，广义对象的脉冲传递函数 $G(z)$ 是保持器和被控对象所固有的，一旦被控对象被确定，$G(z)$ 是不能改变的。但是，误差脉冲传递函数 $W_e(z)$ 是因不同的典型输入而改变的，$\Phi(z)$ 则根据系统的不同要求来决定。因此，当 $\Phi(z)$、$G(z)$、$W_e(z)$ 确定后，便可根据式（6-3）求出数字控制系统的脉冲传递函数，它是设计数字控制器的基础。

最少拍系统，也称最小调整时间系统或最快响应系统。它是指系统在典型输入作用下（包括单位阶跃输入、单位速度输入、单位加速度输入等），经过最少个采样周期，使得输出稳态误差为零，达到完全跟踪，即输出完全跟踪输入。

在一般的自动调节系统中，有以下几种典型输入形式（T 为采样周期）：

1）单位阶跃输入

$$r(t)=1(t),\quad R(z)=\frac{1}{1-z^{-1}}$$

2）单位速度输入

$$r(t)=t,\quad R(z)=\frac{Tz^{-1}}{(1-z^{-1})^2}$$

3）单位加速度输入

$$r(t)=\frac{t^2}{2},\quad R(z)=\frac{T^2z^{-1}(1+z^{-1})}{2(1-z^{-1})^3}$$

4）单位重加速度输入

$$r(t)=\frac{1}{3!}t^3=\frac{1}{6}t^3,\quad R(z)=\frac{T^3z^{-2}(1+4z^{-1}+z^{-2})}{6(1-z^{-1})^4}$$

由此可得出典型输入共同的 z 变换形式

$$R(z)=\frac{A(z)}{(1-z^{-1})^m} \tag{6-4}$$

式中，m 为正整数，$A(z)$ 是不包括 $(1-z^{-1})$ 因式的 z^{-1} 的多项式。因此，对于不同的输入，只是 m 不同而已，一般只讨论 $m=1$，2，3 的情况。在上述的几种典型输入中，m 分别为 1，2，3，4。

将式（6-4）代入式（6-2），得

$$E(z)=R(z)W_e(z)=\frac{A(z)W_e(z)}{(1-z^{-1})^m} \tag{6-5}$$

根据零静差的要求，由终值定理

$$\lim_{k\to\infty} e(kT) = \lim_{z\to1}(z-1)E(z) = \lim_{z\to1}(z-1)R(z)W_e(z)$$
$$= \lim_{z\to1}(z-1)\frac{A(z)[1-\Phi(z)]}{(1-z^{-1})^m} \to 0$$

由于$A(z)$不含$(1-z^{-1})$因式，若使上式趋于0，应消去分母因式$(1-z^{-1})^m$，因此必有

$$1-\Phi(z) = W_e(z) = (1-z^{-1})^M F(z),\quad M \geqslant m \tag{6-6}$$

式中，$F(z)$是不含因式$(1-z^{-1})$的z^{-1}的多项式。

当选择$M=m$，且$F(z)=1$时，不仅可使数字控制器结构简单，阶数降低，而且还可使$W_e(z)$项数最小，即$E(z)$的项数最少，因而调节时间t_s最短，可使系统在采样点的输出在最少拍内到达稳态，即最少拍控制。下面分别讨论不同输入时的情况。

（1）单位阶跃输入时

对于单位阶跃$m=1$

$$W_e(z) = (1-z^{-1})F(z) = 1-z^{-1}$$
$$\Phi(z) = 1-W_e(z) = z^{-1}$$
$$E(z) = W_e(z)R(z) = (1-z^{-1})\frac{1}{1-z^{-1}} = 1+0z^{-1}+0z^{-2}+\cdots$$

所以$e(0)=1$，即$r(0)-c(0)=1$

而$r(0)=1$，故$c(0)=0$

同理，$e(T)=e(2T)=\cdots=0$，即$r(T)=c(T)=1$，$r(2T)=c(2T)=1$，…

可见，经过1拍即T后，系统偏差$e(kT)$就可消除，T就是调整时间。偏差及输出响应曲线如图6-2a、b所示。

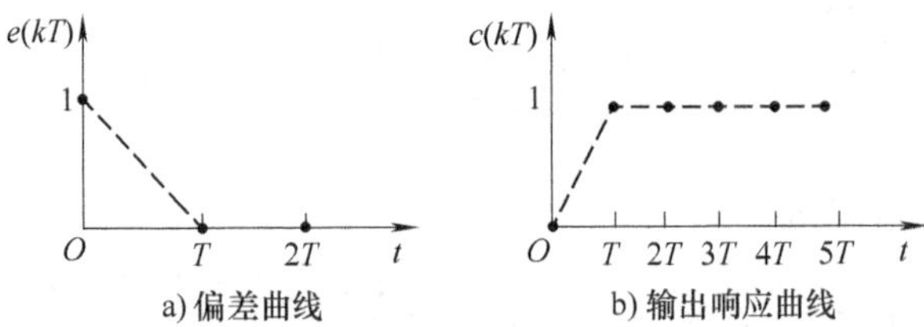

图6-2　单位阶跃输入时的偏差及输出响应曲线

（2）单位速度输入时

对于单位速度$m=2$

$$W_e(z) = (1-z^{-1})^2$$
$$\Phi(z) = 1-W_e(z) = 1-(1-z^{-1})^2 = 2z^{-1}-z^{-2}$$
$$R(z) = \frac{Tz^{-1}}{(1-z^{-1})^2}$$

所以
$$E(z) = W_e(z)R(z) = (1-z^{-1})^2\frac{Tz^{-1}}{(1-z^{-1})^2} = Tz^{-1}$$
$$= 0+Tz^{-1}+0z^{-2}+\cdots$$

即　　$$e(0)=0,\ e(T)=T,\ e(2T)=e(3T)=\cdots=0$$

即经 2 拍后输出就可以无差地跟踪上输入的变化，此时的系统调整时间为 $2T$。偏差及输出响应曲线如图 6-3a、b 所示。

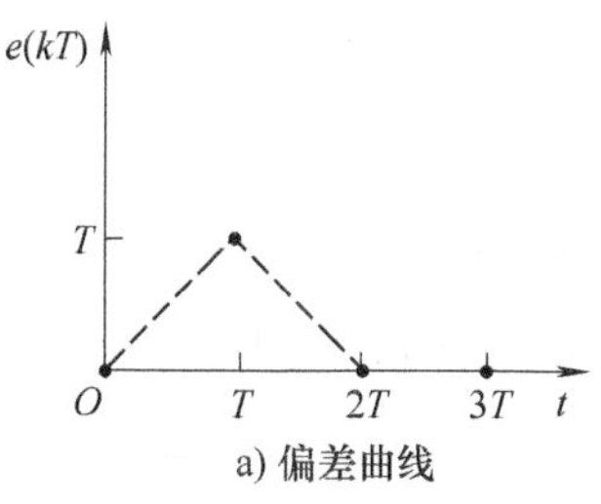

a) 偏差曲线

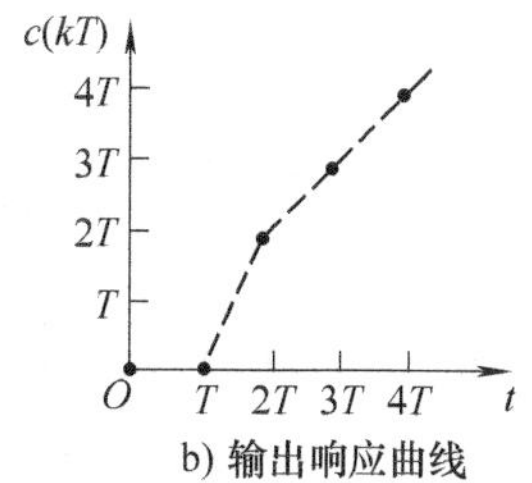

b) 输出响应曲线

图 6-3　单位速度输入时的偏差及输出响应曲线

(3) 单位加速度输入时

对于单位加速度 $m=3$

$$W_e(z)=(1-z^{-1})^3$$

$$\Phi(z)=1-(1-z^{-1})^3=3z^{-1}-3z^{-2}+z^{-3}$$

$$R(z)=\frac{T^2z^{-1}(1+z^{-1})}{2(1-z^{-1})^3}$$

所以

$$E(z)=W_e(z)R(z)=(1-z^{-1})^3\frac{T^2z^{-1}(1+z^{-1})}{2(1-z^{-1})^3}$$

$$=\frac{T^2}{2}z^{-1}(1+z^{-1})=0+\frac{T^2}{2}z^{-1}+\frac{T^2}{2}z^{-2}+0z^{-3}+\cdots$$

即　　$$e(0)=0,\quad e(T)=\frac{T^2}{2},\ e(2T)=\frac{T^2}{2}$$

$$e(3T)=e(4T)=\cdots=0$$

即经 3 拍后输出就可以无差地跟踪上输入的变化，此时的系统调整时间为 $3T$。偏差及输出响应曲线如图 6-4a、b 所示。

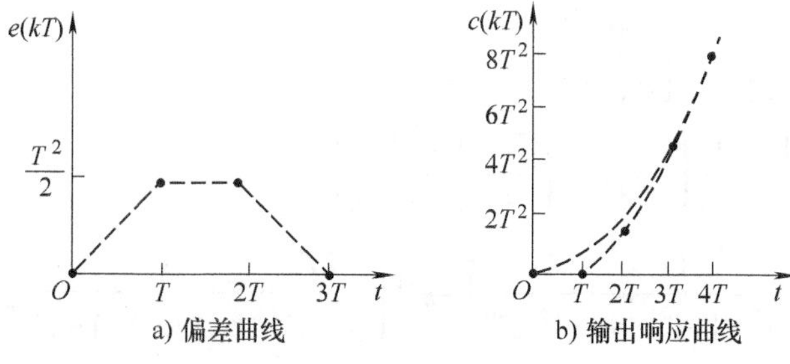

图 6-4　单位加速度输入时的偏差及输出响应曲线

据此，对于不同的输入，可以选择不同的误差脉冲传递函数 $W_e(z)$。详见表 6-1。

表 6-1 三种典型输入的最少拍系统

输入函数 $r(kT)$	误差脉冲传递函数 $W_e(z)$	闭环脉冲传递函数 $\Phi(z)$	最少拍数字控制器 $D(z)$	调节时间 t_s
$1(kT)$	$1-z^{-1}$	z^{-1}	$\dfrac{z^{-1}}{(1-z^{-1})G(z)}$	T
kT	$(1-z^{-1})^2$	$2z^{-1}-z^{-2}$	$\dfrac{2z^{-1}-z^{-2}}{(1-z^{-1})^2G(z)}$	$2T$
$\dfrac{(kT)^2}{2}$	$(1-z^{-1})^3$	$3z^{-1}-3z^{-2}+z^{-3}$	$\dfrac{3z^{-1}-3z^{-2}+z^{-3}}{(1-z^{-1})^3G(z)}$	$3T$

6.1.2 最少拍控制系统数字控制器的设计

设计最少拍控制系统数字控制器的方法步骤如下：

1）根据被控对象的数学模型求出广义对象的脉冲传递函数 $G(z)$。

2）根据输入信号类型，查表 6-1 确定误差脉冲传递函数 $W_e(z)$。

3）将 $G(z)$、$W_e(z)$ 代入式（6-3），进行 Z 变换运算，即可求出数字控制器的脉冲传递函数 $D(z)$。

4）根据结果，求出输出序列及其响应曲线等。

最少拍控制系统设计例题仿真

下面结合例子介绍 $D(z)$ 的设计方法。

【例 6.1】 某最少拍计算机控制系统，如图 6-1 所示。被控对象的传递函数

$$W_d(s)=\frac{2}{s(1+0.5s)}$$

采样周期 $T=0.5\text{s}$，采用零阶保持器，试设计在单位速度输入时的最少拍数字控制器。

解： 根据图 6-1 可写出该系统的广义对象脉冲传递函数

$$G(z)=\mathscr{Z}\left[\frac{1-e^{-Ts}}{s}\frac{2}{s(1+0.5s)}\right]=\mathscr{Z}\left[(1-e^{-Ts})\frac{4}{s^2(s+2)}\right]$$

$$=\mathscr{Z}\left[\frac{4}{s^2(s+2)}\right]-\mathscr{Z}\left[\frac{4e^{-Ts}}{s^2(s+2)}\right]$$

$$=\mathscr{Z}\left[\frac{2}{s^2}-\frac{1}{s}+\frac{1}{s+2}\right]-\mathscr{Z}\left[e^{-Ts}\left(\frac{2}{s^2}-\frac{1}{s}+\frac{1}{s+2}\right)\right]$$

$$=\left[\frac{2Tz^{-1}}{(1-z^{-1})^2}-\frac{1}{1-z^{-1}}+\frac{1}{1-e^{-2T}z^{-1}}\right]-z^{-1}\left[\frac{2Tz^{-1}}{(1-z^{-1})^2}-\frac{1}{1-z^{-1}}+\frac{1}{1-e^{-2T}z^{-1}}\right]$$

$$=(1-z^{-1})\left[\frac{2Tz^{-1}}{(1-z^{-1})^2}-\frac{1}{1-z^{-1}}+\frac{1}{1-e^{-2T}z^{-1}}\right]$$

$$=\frac{0.368z^{-1}(1+0.718z^{-1})}{(1-z^{-1})(1-0.368z^{-1})}$$

由于输入 $r(t)=t$，由表 6-1 查得

$$W_e(z)=(1-z^{-1})^2$$

所以，由式（6-3）可写出控制器的脉冲传递函数

$$D(z)=\frac{1-W_e(z)}{G(z)W_e(z)}=\frac{5.435(1-0.5z^{-1})(1-0.368z^{-1})}{(1-z^{-1})(1+0.718z^{-1})}$$

数字控制器可以用计算机来实现，其具体方法将在 6.4 节中讲述。

现在分析一下数字控制器 $D(z)$ 对系统的控制效果。由表 6-1 可查出系统闭环脉冲传递函数

$$\Phi(z)=2z^{-1}-z^{-2}$$

当输入为单位速度信号时，系统输出序列的 Z 变换

$$C(z)=\Phi(z)R(z)=(2z^{-1}-z^{-2})\frac{Tz^{-1}}{(1-z^{-1})^2}$$
$$=2Tz^{-2}+3Tz^{-3}+4Tz^{-4}+5Tz^{-5}+\cdots$$

上式中各项系数即为 $c(t)$ 在各个采样时刻的数值。$c(0)=0$，$c(T)=0$，$c(2T)=2T$，$c(3T)=3T$，$c(4T)=4T$，…。输出响应曲线，如图 6-5 所示。

从图 6-5 中可以看出，当系统为单位速度输入时，经过两拍以后，输出量完全等于输入采样值，即 $c(kT)=r(kT)$。因此，所求得的数字控制器 $D(z)$ 完全满足设计指标要求。但在各采样点之间还存在着一定的偏差，即存在着一定的纹波。

再来看一下当输入为其他函数值时，输出响应的情况。

设输入为单位阶跃函数时，输出量的 Z 变换

$$C(z)=\Phi(z)R(z)=(2z^{-1}-z^{-2})\frac{1}{1-z^{-1}}=2z^{-1}+z^{-2}+z^{-3}+z^{-4}+\cdots$$

输出序列为 $c(0)=0$，$c(T)=2$，$c(2T)=1$，$c(3T)=1$，$c(4T)=1$，…。其输出响应曲线，如图 6-6 所示。

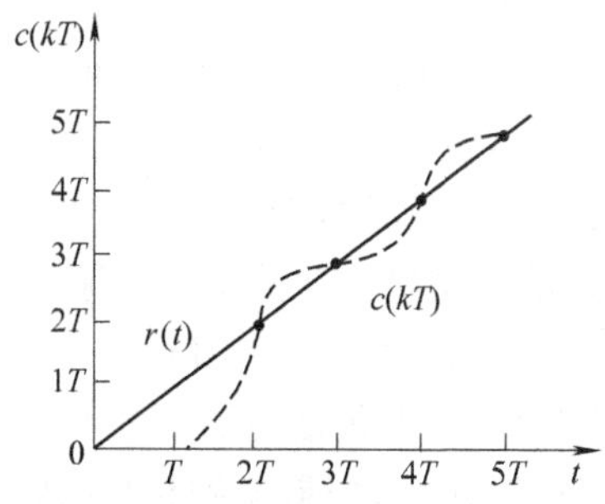

图 6-5　单位速度输入时的响应曲线

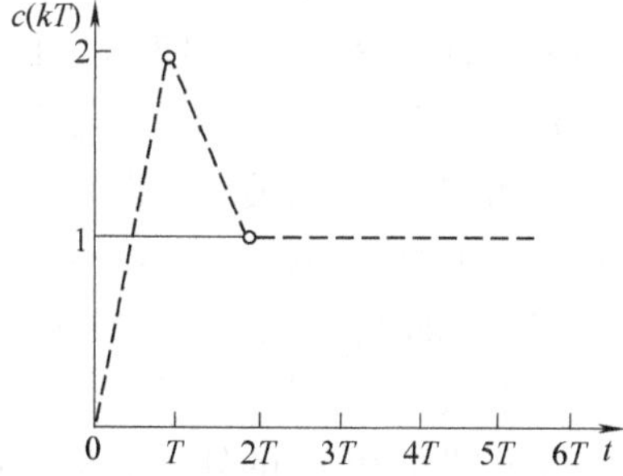

图 6-6　单位阶跃输入时的响应曲线

由图 6-6 可见，按单位速度输入设计的最少拍系统，当为单位阶跃输入时，经过两个采样周期，$c(kT)=r(kT)$。但当 $k=1$ 时，将有 100%的超调量。

若输入为单位加速度，则输出量的 Z 变换为

$$C(z)=\Phi(z)R(z)=(2z^{-1}-z^{-2})\frac{T^2z^{-1}(1+z^{-1})}{2(1-z^{-1})^3}$$

$$= T^2z^{-2} + 3.5T^2z^{-3} + 7T^2z^{-4} + 11.5T^2z^{-5} + \cdots$$

由此可得，$c(0)=0$，$c(T)=0$，$c(2T)=T^2$，$c(3T)=3.5T^2$，$c(4T)=7T^2$，…。输入序列 $r(0)=0$，$r(T)=0$，$r(2T)=2T^2$，$r(3T)=4.5T^2$，$r(4T)=8T^2$，…。可见，输出响应与输入之间始终存在着偏差，如图 6-7 所示。

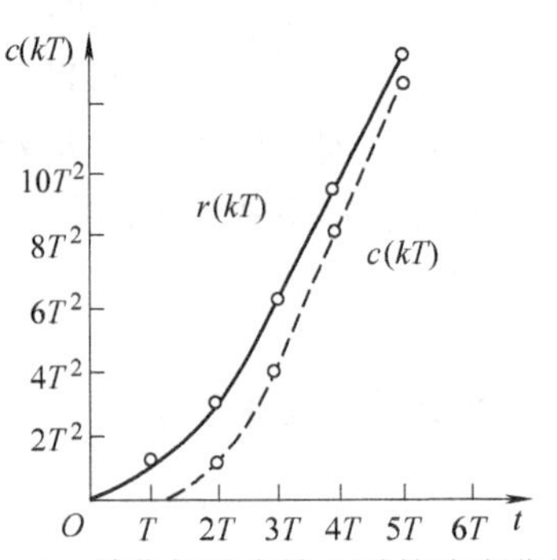

图 6-7 单位加速度输入时的响应曲线

由上述分析可见，按某种典型输入设计的最少拍系统，当输入形式改变时，系统的性能变坏，输出响应不一定理想。这说明最少拍系统对输入信号的变化适应性较差。

在前面讨论的最少拍系统 $D(z)$ 设计过程中，对被控对象 $G(s)$ 并未提出具体限制。实际上，只有当广义对象的脉冲传递函数 $G(z)$ 是稳定的即在单位圆上或圆外没有零、极点，且不含有纯滞后环节 z^{-1} 时，所设计的最少拍系统才是正确的。

如果上述条件不能满足，应对上述设计原则进行相应的限制。由式（6-3）

$$D(z) = \frac{1 - W_e(z)}{G(z)W_e(z)} = \frac{\Phi(z)}{G(z)W_e(z)}$$

可导出系统闭环脉冲传递函数

$$\Phi(z) = D(z)G(z)W_e(z) \tag{6-7}$$

为保证闭环系统稳定，其闭环脉冲传递函数 $\Phi(z)$ 的极点应全部在单位圆内。若广义对象 $G(z)$ 中有不稳定极点存在，则应用 $D(z)$ 或 $W_e(z)$ 的相同零点来抵消。但用 $D(z)$ 来抵消 $G(z)$ 的零点是不可靠的，因为 $D(z)$ 中的参数由于计算上的误差或漂移会造成抵消不完全的情况，这将有可能引起系统的不稳定，所以，$G(z)$ 的不稳定极点通常由 $W_e(z)$ 的零点来抵消。这样 $W_e(z)$ 自身稳定，又可相消。给 $W_e(z)$ 增加零点的后果是延迟了系统消除偏差的时间。$G(z)$ 中出现在单位圆上（或圆外）的零点，则既不能用 $W_e(z)$ 中的极点来抵消，因为这会使 $W_e(z)$ 不稳定，从而使 $E(z)= W_e(z)R(z)$ 越来越大；也不能用增加 $D(z)$ 中的极点来抵消，因为 $D(z)$ 不允许有不稳定极点，这样会导致数字控制器 $D(z)$ 的不稳定，则 $D(z)$ 的输出必将不稳定，这个不稳定的控制量又会使系统的输出发散。显然，让 $\Phi(z)$ 的零点中含有 $G(z)$ 单位圆上或圆外零点，两者相消是可行的，因为 $\Phi(z)$ 含单位圆上或圆外零点，不影响自身稳定性。而对于 $G(z)$ 中包括纯滞后环节 z^{-1} 的多次方时，也不能在 $D(z)$ 的分母上设置纯滞后环节来抵消 $G(z)$ 的纯滞后环节，因为经过通分之后，$D(z)$ 分子的 z 的阶次 m 将高于分母 z 的阶次 n，使计算机出现超前输出，这将造成 $D(z)$ 在物理上无法实现。因此，广义对象 $G(z)$ 中的单位圆外零点和 z^{-1} 因子，必须还包括在所设计的闭环脉冲传递函数 $\Phi(z)$ 中，这将导致调整时间的延长。由 $\Phi(z)$ 可知，闭环极点均位于 Z 平面原点，故系统稳定。

综上所述，闭环脉冲传递函数 $\Phi(z)$ 和误差传递函数 $W_e(z)$ 选择必须有一定的限制。

1）数字控制器 $D(z)$ 在物理上应是可实现的有理多项式，其多项式分母的第 1 个数必为 1，不能为 0。

$$D(z)=\frac{a_0+a_1z^{-1}+a_2z^{-2}+\dots+a_mz^{-m}}{1+b_1z^{-1}+b_2z^{-2}+\dots+b_nz^{-n}} \tag{6-8}$$

式中，$a_i(i=0,1,2,3,\cdots,m)$ 和 $b_j(j=1,2,3,\cdots,n)$ 为常系数，且 $n\geqslant m$。

2) $G(z)$ 所有不稳定的极点都应由 $W_e(z)$ 的零点来抵消。

3) $G(z)$ 中在单位圆上（$z_i=1$ 除外）或圆外的零点都应包含在 $\Phi(z)=1-W_e(z)$ 中。

4) $\Phi(z)=1-W_e(z)$ 应为 z^{-1} 的展开式，且其方次应与 $W_e(z)$ 中分子的 z^{-1} 因子的方次相等。

满足了上述条件后，$D(z)$ 将不再包含 $G(z)$ 的 Z 平面单位圆上或单位圆外零极点和纯滞后的环节。

【例 6.2】 讨论对于不稳定对象 $G(z)=\dfrac{2.2z^{-1}}{1+1.2z^{-1}}$，按最少拍控制对比修正前后闭环系统的稳定情况。

解：

1）若不按上述原则设计时

对单位阶跃 $\Phi(z)=z^{-1}$

$$D(z)=\frac{z^{-1}}{\dfrac{2.2z^{-1}}{1+1.2z^{-1}}(1-z^{-1})}=\frac{0.4545(1+1.2z^{-1})}{1-z^{-1}}$$

输出 Z 变换

$$C(z)=\Phi(z)R(z)=z^{-1}+z^{-2}+\cdots$$

看似一个稳定的控制系统，但若对象产生漂移变为

$$G^*(z)=\frac{2.2z^{-1}}{1+1.3z^{-1}}$$

那么按上述设计的最少拍控制器的情况下

$$\Phi^*(z)=\frac{G^*(z)D(z)}{1+G^*(z)D(z)}=\frac{z^{-1}(1+1.2z^{-1})}{1+1.3z^{-1}-0.1z^{-2}}$$

$$\begin{aligned}C^*(z)&=\Phi^*(z)R(z)\\&=z^{-1}+0.9z^{-2}+1.13z^{-3}+0.821z^{-4}+1.246z^{-5}+\cdots\end{aligned}$$

在参数变化后闭环系统不再稳定。

2）按上述原则设计时

设计 $W_e(z)$ 时应包括该极点。即

$$W_e(z)=(1+1.2z^{-1})(1-z^{-1})$$

用 $\Phi(z)$ 平衡上式

$$\Phi(z)=az^{-1}+bz^{-2}=(a+bz^{-1})z^{-1}$$

则

$$a=-0.2,\ b=1.2$$

所以

$$D(z)=\frac{\Phi(z)}{G(z)W_e(z)}=\frac{-0.2z^{-1}+1.2z^{-2}}{\frac{2.2z^{-1}}{1+1.2z^{-1}}(1+1.2z^{-1})(1-z^{-1})}$$

$$=-\frac{0.091(1-6z^{-1})}{1-z^{-1}}$$

$$C(z)=\Phi(z)R(z)=-\frac{(0.2-1.2z^{-1})z^{-1}}{1-z^{-1}}$$

$$=-0.2z^{-1}+z^{-2}+z^{-3}+\cdots$$

控制稳定。

对 $G^*(z)$ ，因

$$\Phi^*(z)=-\frac{0.2z^{-1}(1-6z^{-1})}{1+0.1z^{-1}-0.1z^{-2}}$$

所以

$$C^*(z)=\Phi^*(z)R(z)=\frac{0.2z^{-1}(1-6z^{-1})}{(1+0.1z^{-1}-0.1z^{-2})(1-z^{-1})}$$

$$=-0.2z^{-1}+1.02z^{-2}+0.878z^{-3}+1.0142z^{-4}+0.9864z^{-5}+1.0028z^{-6}+\cdots$$

由此可得，$c(0)=0$，$c(T)=-0.2$，$c(2T)=1.02$，$c(3T)=0.878$，$c(4T)=1.0142$，$c(5T)=0.9864$，…。可见在模型有误差时，控制仍能保持稳定，而这是首要的。

【例 6.3】 某最少拍计算机控制系统，如图 6-1 所示。被控对象的传递函数

最少拍控制系统设计例题仿真

$$W_d(s)=\frac{10}{s(1+s)(1+0.1s)}$$

设采样周期 $T=0.5\text{s}$，试设计单位阶跃输入时的最少拍数字控制器 $D(z)$ 。

解：当用零阶保持器沟通数字控制器与被控对象间联系时，该系统广义对象的脉冲传递函数

$$G(z)=\mathcal{Z}\left[\frac{1-e^{-Ts}}{s}\frac{10}{s(1+s)(1+0.1s)}\right]$$

$$=\mathcal{Z}\left[(1-e^{-Ts})\left(\frac{10}{s^2}-\frac{11}{s}+\frac{100/9}{1+s}-\frac{1/9}{10+s}\right)\right]$$

$$=\frac{1-z^{-1}}{9}\left[\frac{90Tz^{-1}}{(1-z^{-1})^2}-\frac{99}{1-z^{-1}}+\frac{100}{1-e^{-T}z^{-1}}-\frac{1}{1-e^{-10T}z^{-1}}\right]$$

$$=\frac{0.7385z^{-1}(1+1.4815z^{-1})(1+0.0536z^{-1})}{(1-z^{-1})(1-0.6065z^{-1})(1-0.0067z^{-1})}$$

上式中包含有 z^{-1} 和单位圆外零点 $z=-1.4815$，为满足限制条件中 3)、4) 两条，要求闭环脉冲传递函数 $\Phi(z)$ 中含有 $(1+1.4815z^{-1})$ 项及 z^{-1} 的因子。用 $W_e(z)$ 来平衡 z^{-1} 的幂次，故可得

$$\begin{cases}\Phi(z)=1-W_e(z)=az^{-1}(1+1.4815z^{-1})\\ W_e(z)=(1-z^{-1})(1+f_1z^{-1})\end{cases}$$

式中，a、f_1 为待定系数。

由上述方程组可得

$$(1-f_1)z^{-1}+f_1z^{-2}=az^{-1}+1.4815az^{-2}$$

比较等式两边的系数，可得

$$\begin{cases}1-f_1=a\\ f_1=1.4815a\end{cases}$$

由此可解得待定系数

$$a=0.403,\quad f_1=0.597$$

代入方程组，则

$$\begin{cases}\Phi(z)=0.403z^{-1}(1+1.4815z^{-1})\\ W_e(z)=(1-z^{-1})(1+0.597z^{-1})\end{cases}$$

于是，由式（6-3）可求出数字控制器的脉冲传递函数

$$D(z)=\frac{\Phi(z)}{G(z)W_e(z)}=\frac{0.5457(1-0.6065z^{-1})(1-0.0067z^{-1})}{(1+0.597z^{-1})(1+0.0536z^{-1})}$$

上述控制器在物理上是可以实现的。

离散系统经数字校正后，在单位阶跃作用下，系统输出响应的 Z 变换为

$$C(z)=\Phi(z)R(z)=0.403z^{-1}(1+1.4815z^{-1})\frac{1}{1-z^{-1}}=0.403z^{-1}+z^{-2}+z^{-3}+\cdots$$

由此可得，$c(0)=0$，$c(T)=0.403$，$c(2T)=c(3T)=\cdots=1$。

其输出响应特性曲线，如图 6-8 所示。由于闭环脉冲传递函数包含了单位圆外零点，所以系统的调节延长到两拍（1s）。

一般来说，仅由最少拍稳态误差为零准则设计的系统，输出 $c(t)$ 可能有纹波，而这在采样点上是观测不到的。

最少拍控制系统设计例题仿真

【例 6.4】 图 6-1 所示系统，被控对象为一积分环节加上纯滞后 e^{-2Ts}，即 $W_d(s)=\frac{1}{s}e^{-2Ts}$。试设计单位阶跃输入时的最少拍系统。

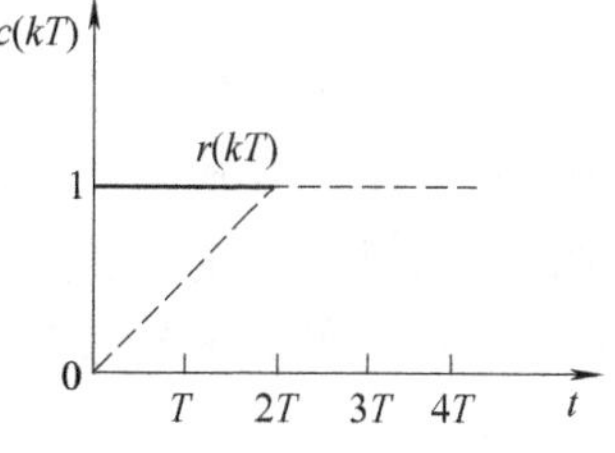

图 6-8 系统输出响应特性曲线

解：先求广义对象的脉冲传递函数

$$G(z)=\mathscr{Z}[G(s)]=\mathscr{Z}\left[\frac{1-e^{-Ts}}{s}\frac{e^{-2Ts}}{s}\right]=\mathscr{Z}\left[e^{-2Ts}(1-e^{-Ts})\frac{1}{s^2}\right]$$

$$=z^{-2}(1-z^{-1})\frac{Tz^{-1}}{(1-z^{-1})^2}=\frac{Tz^{-3}}{1-z^{-1}}$$

再确定闭环脉冲传递函数和误差脉冲传递函数。由于是单位阶跃输入，又由于 $G(z)$ 中包含有滞后环节 z^{-2}，因此

$$\Phi(z)=az^{-1}z^{-2}$$

$$W_e(z) = (1 - z^{-1})(1 + f_1 z^{-1} + f_2 z^{-2})$$

通过 $\Phi(z) = 1 - W_e(z)$ 联立求解上两式得

$$\begin{cases} 1 - f_1 = 0 \\ f_1 - f_2 = 0 \\ f_2 = a \end{cases}$$

解得

$$f_1 = 1, \quad f_2 = 1, \quad a = 1$$

因此数字控制器

$$D(z) = \frac{\Phi(z)}{G(z)W_e(z)} = \frac{1/T}{1 + z^{-1} + z^{-2}}$$

由于 $D(z)$ 分母 z^{-1} 的阶次 n 大于分子 z^{-1} 的阶次 m，所以 $D(z)$ 在物理上可以实现。

系统输出的 Z 变换为

$$C(z) = \Phi(z)R(z) = \frac{z^{-3}}{1 - z^{-1}} = z^{-3} + z^{-4} + z^{-5} + \cdots$$

偏差的 Z 变换为

$$E(z) = R(z) - C(z) = 1 + z^{-1} + z^{-2}$$

可见偏差存在 3 个采样周期，从第 4 个采样周期开始输出响应完全跟踪输入而进入稳态。偏差及输出波形如图 6-9a、b 所示。由于有 2 个采样周期的纯滞后时间，所以系统的调整时间为 $3T$ 。

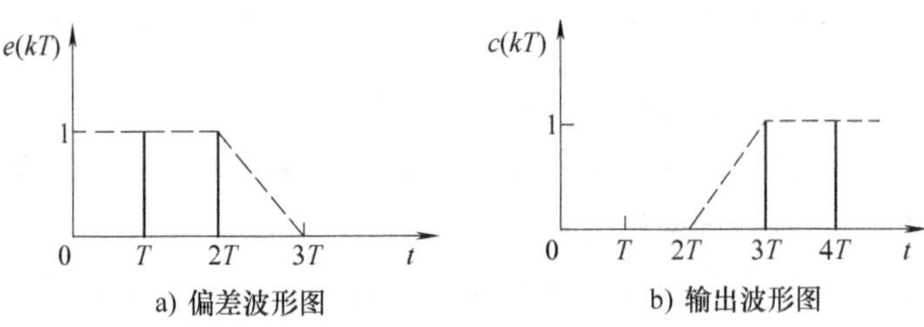

a) 偏差波形图　　b) 输出波形图

图 6-9　系统偏差及输出波形图

一般来说，尽管最少拍系统具有结构简单、设计方便和易用计算机实现等优点，但也存在着一些缺点。如对输入信号类型的适应性较差，对系统参数变化很敏感，出现随机扰动时系统性能变坏，只能保证采样点偏差为零或保持恒定值，不能确保采样点之间的偏差为零或保持恒定值，以及受饱和特性限制，其采样频率不宜太高等。

6.2 最少拍无纹波计算机控制系统的设计

最少拍计算机控制系统设计中，系统对输入信号的变换适应能力较差，输出响应只保证采样点上的偏差为零。也就是说，在最少拍计算机控制系统中，系统的输出响应在采样点之间有纹波存在。输出纹波不仅会造成偏差，而且还会消耗执行机构驱动功率，增加振动和机械磨损，影响系统质量。有些系统是不允许有纹波存在的，因此

有必要弄清纹波产生的原因，并设法消除它。

参照图 6-1 不难看出，产生纹波的原因是，在零阶保持器的输入端，也就是数字控制器的输出经采样开关后达不到相对稳定，即 $u(k)$ 值不能稳定，因而使系统输出 $c(t)$ 在采样点之间产生波动。这样一个波动的控制量作用在广义对象上，系统输出必然发生纹波。因此产生纹波的原因是系统进入稳态后，控制量 $u(k)$ 并没有成为恒值（常数或零）。控制量的波动，究其原因，主要是由于其 Z 变换 $U(z)$ 含有单位圆内左半平面的极点。根据 Z 平面上的极点分布与脉冲响应的关系，单位圆内左半平面的极点虽然是稳定的，但对应的脉冲响应是振荡的，而 $U(z)$ 的这种极点是由 $G(z)$ 的相应零点引起的。

最少拍无纹波数字控制器的设计则要求：系统在典型信号的作用下，经过尽可能小的节拍后，系统应达到稳定状态，且采样点之间没有纹波。

6.2.1 单位阶跃输入最少拍无纹波系统的设计

单位阶跃输入的 Z 变换

$$R(z)=\frac{1}{1-z^{-1}}$$

如果选择

$$D(z)W_e(z)=a_0+a_1z^{-1}+a_2z^{-2} \tag{6-9}$$

则有

$$U(z)=D(z)W_e(z)R(z)=\frac{a_0+a_1z^{-1}+a_2z^{-2}}{1-z^{-1}}$$

$$=a_0+(a_0+a_1)z^{-1}+(a_0+a_1+a_2)z^{-2}+(a_0+a_1+a_2)z^{-3}+\cdots \tag{6-10}$$

由式（6-10）可得

$u(0)=a_0, u(T)=a_0+a_1, u(2T)=u(3T)=u(4T)=\cdots=a_0+a_1+a_2$。由此可见，从第 2 拍起，$u(k)$ 就稳定在 $a_0+a_1+a_2$ 上。当广义被控对象含有积分环节时，$a_0+a_1+a_2=0$。

6.2.2 单位速度输入最少拍无纹波系统的设计

单位速度输入的 Z 变换

$$R(z)=\frac{Tz^{-1}}{(1-z^{-1})^2}$$

仍设

$$D(z)W_e(z)=a_0+a_1z^{-1}+a_2z^{-2}$$

则

$$U(z)=D(z)W_e(z)R(z)=\frac{Tz^{-1}(a_0+a_1z^{-1}+a_2z^{-2})}{(1-z^{-1})^2}$$

$$=Ta_0z^{-1}+T(2a_0+a_1)z^{-2}+T(3a_0+2a_1+a_2)z^{-3}+T(4a_0+3a_1+2a_2)z^{-4}+\cdots \tag{6-11}$$

由式（6-11）可知

$$u(0)=0$$
$$u(T)=Ta_0$$
$$u(2T)=T(2a_0+a_1)$$
$$u(3T)=T(3a_0+2a_1+a_2)=u(2T)+T(a_0+a_1+a_2)$$
$$u(4T)=T(4a_0+3a_1+2a_2)=u(3T)+T(a_0+a_1+a_2)$$
$$\cdots$$

由此可见，当 $k\geqslant 3$, $u(kT)=u(kT-T)+T(a_0+a_1+a_2)$ 。

若系统广义被控对象中含有积分环节时，$a_0+a_1+a_2=0$，最少拍从第 2 拍起，即 $k\geqslant 2$时，

$$u(kT)=u(kT-T)=T(2a_0+a_1)$$

如果系统广义被控对象中不包括积分环节，即 $a_0+a_1+a_2\neq 0$，则最少拍从第 2 拍起，$u(k)$ 匀速变化。

最少拍无纹波计算机控制系统在单位速度输入情况下，各点波形如图 6-10a、b、c、d 所示。

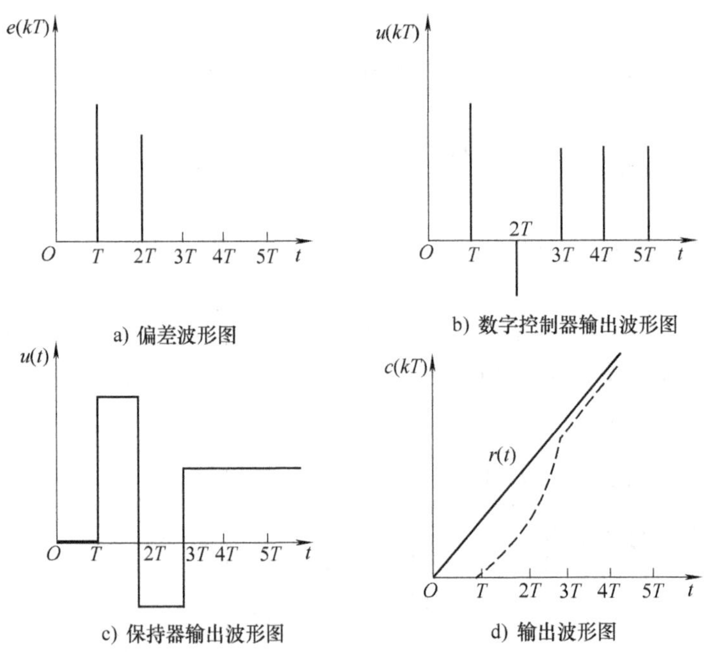

a) 偏差波形图

b) 数字控制器输出波形图

c) 保持器输出波形图

d) 输出波形图

图 6-10 单位速度输入时最少拍无纹波系统各点的波形

对于单位加速度输入，可以用与上述相同的方法进行分析讨论。

上面的分析取 $D(z)W_e(z)$ 为 3 次，是一个比较简单的特例。依此类推，当取的项数较多时，只要项数是有限的，用上述方法可以得到类似的结果，即可以保证输出无纹波，但调节时间相应加长。

6.2.3　最少拍无纹波系统设计举例

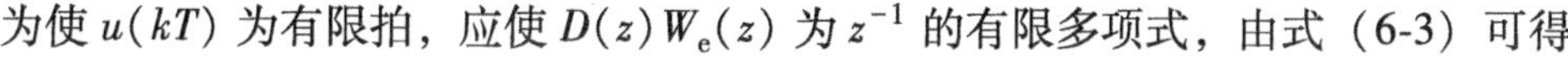

为使 $u(kT)$ 为有限拍，应使 $D(z)W_e(z)$ 为 z^{-1} 的有限多项式，由式（6-3）可得

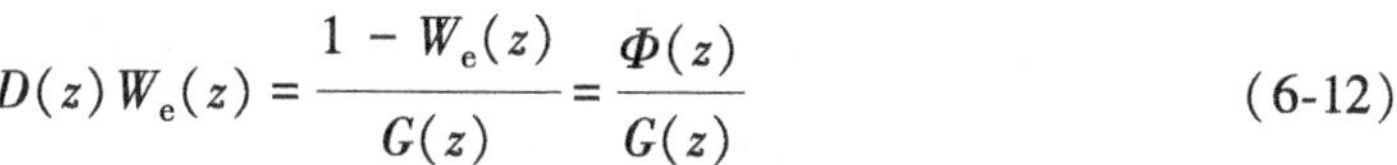

$$D(z)W_e(z)=\frac{1-W_e(z)}{G(z)}=\frac{\Phi(z)}{G(z)} \tag{6-12}$$

由上式可看出，$G(z)$ 的极点不会影响 $D(z)W_e(z)$ 成为 z^{-1} 的有限多项式，而 $G(z)$ 的零点倒是有可能使 $D(z)W_e(z)$ 成为 z^{-1} 的无限多项式，因此，要使 $\Phi(z)$ 的零点包含 $G(z)$ 的全部非零零点。而在最少拍计算机控制系统中，则只要求 $\Phi(z)$ 包括 $G(z)$ 的单位圆上（$z_i=1$ 除外）和单位圆外的零点，这是最少拍无纹波系统与最少拍有纹波系统设计之间的根本区别。

【例 6.5】 设图 6-1 所示系统被控对象 $W_d(s)=\dfrac{1}{s(2s+1)}$，采样周期 $T=1\text{s}$，试设计一单位阶跃输入时的最少拍无纹波控制器 $D(z)$。

最少拍无纹波控制系统设计例题仿真

解：广义对象的传递函数

$$G(s)=\frac{1-e^{-Ts}}{s}\frac{1}{s(2s+1)}=\frac{1-e^{-Ts}}{s^2(2s+1)}$$

经 Z 变换后可得广义对象的脉冲传递函数

$$G(z)=\mathcal{Z}[G(s)]=\mathcal{Z}\left[\frac{1-e^{-Ts}}{s^2(2s+1)}\right]=\frac{0.213z^{-1}(1+0.847z^{-1})}{(1-z^{-1})(1-0.6065z^{-1})}$$

由上式可知，$G(z)$ 具有 z^{-1} 因子，零点 $z_1=-0.847$。

根据前面分析，闭环脉冲传递函数 $\Phi(z)$ 应包括 z^{-1} 因子和 $G(z)$ 的全部非零零点，所以有

$$\Phi(z)=1-W_e(z)=az^{-1}(1+0.847z^{-1})$$

$W_e(z)$ 应由输入形式 $G(z)$ 的不稳定极点和 $\Phi(z)$ 的阶次决定，所以

$$W_e(z)=(1-z^{-1})(1+f_1z^{-1})$$

将上两式联立，得

$$(1-f_1)z^{-1}+f_1z^{-2}=az^{-1}+0.847az^{-2}$$

比较等式两侧，得

$$\begin{cases}a=1-f_1\\f_1=0.847a\end{cases}$$

解方程组，可得

$$a=0.541,\quad f_1=0.459$$

所以

$$W_e(z)=(1-z^{-1})(1+0.459z^{-1})$$

$$\Phi(z)=0.541z^{-1}(1+0.847z^{-1})$$

将上两式代入式（6-3），可求出数字控制器的脉冲传递函数

$$D(z)=\frac{\Phi(z)}{G(z)W_e(z)}=\frac{2.54(1-0.6065z^{-1})}{1+0.459z^{-1}}$$

为了检验以上所设计的 $D(z)$ 是否仍有纹波存在，来看一下 $U(z)$ 。

由式（6-10）可知

$$U(z) = D(z)W_e(z)R(z)$$
$$= \frac{2.54(1-0.6065z^{-1})(1-z^{-1})(1+0.459z^{-1})}{(1+0.459z^{-1})(1-z^{-1})} = 2.54 - 1.54z^{-1}$$

可见 $D(z)W_e(z)$ 为关于 z^{-1} 的有限多项式。由 Z 变换的定义，可知

$$u(0) = 2.54$$
$$u(T) = -1.54$$
$$u(2T) = u(3T) = u(4T) = \cdots = 0$$

由此可见，系统经过两拍以后，即 $k \geqslant 2$，$u(kT)=0$，输出量稳定不变，所以本系统设计是无纹波的。

输出量的 Z 变换为

$$C(z) = \Phi(z)R(z) = \frac{0.541z^{-1}(1+0.847z^{-1})}{(1-z^{-1})} = 0.541z^{-1} + z^{-2} + z^{-3} + \cdots$$

由此可得出输出量为

$$c(0) = 0$$
$$c(T) = 0.541$$
$$c(2T) = c(3T) = c(4T) = \cdots = 1$$

根据上述分析，系统调整时间为两拍，可画出本系统最少拍无纹波控制的特性曲线，如图 6-11a、b 所示。

最少拍无纹波控制系统设计例题仿真

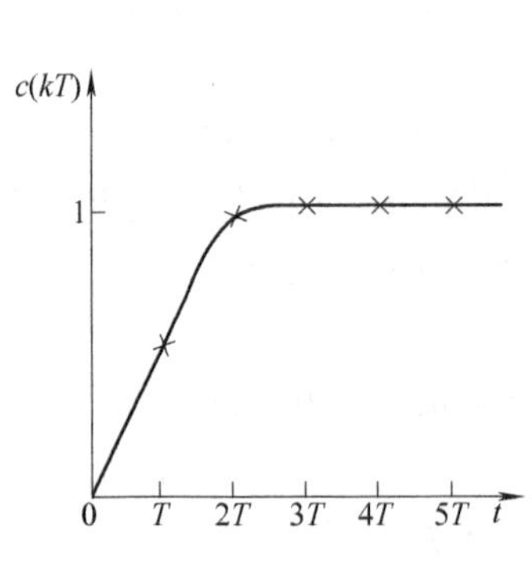

a) 系统输出特性

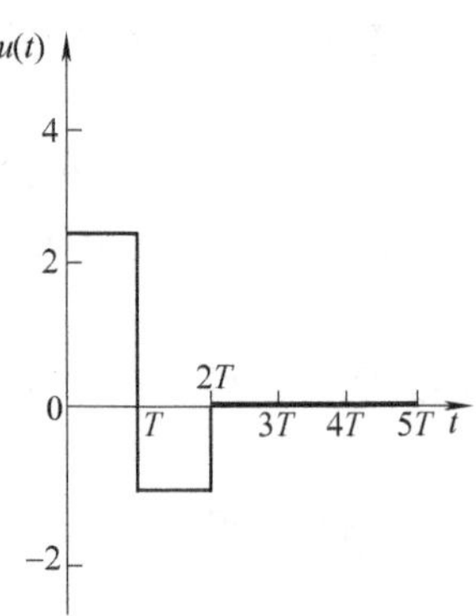

b) 控制器输出特性

图 6-11　最少拍无纹波控制系统的特性

【例 6.6】　如图 6-1 所示，已知被控对象传递函数为 $W_d(s)=\dfrac{10}{s\ (1+0.1s)}$，采样周期$T=0.1$s。

1）试设计单位阶跃输入时的最少拍无纹波数字控制器 $D(z)$；

2）将按单位阶跃输入时的最少拍无纹波设计的数字控制器 $D(z)$，改为按单位速度输入时，分析其控制效果。

解：

1）按单位阶跃输入设计

系统广义对象的脉冲传递函数为

$$G(z)=\mathscr{Z}\left[\frac{1-\mathrm{e}^{-Ts}}{s}\frac{10}{s(1+0.1s)}\right]=\frac{0.368z^{-1}(1+0.717z^{-1})}{(1-z^{-1})(1-0.368z^{-1})}$$

因 $G(z)$ 有 z^{-1} 因子，零点 $z=-0.717$，极点 $z_1=1$，$z_2=0.368$。

闭环脉冲传递函数 $\Phi(z)$ 应选定为包含 z^{-1} 因子和 $G(z)$ 的全部非零零点，所以

$$\Phi(z)=az^{-1}(1+0.717z^{-1})$$

$W_e(z)$ 应由输入类型、$G(z)$ 的不稳定极点和 $\Phi(z)$ 的阶次三者来决定。所以选择

$$W_e(z)=(1-z^{-1})(1+f_1z^{-1})$$

式中，$(1-z^{-1})$ 项是由输入类型决定的，$(1+f_1z^{-1})$ 项则是由 $W_e(z)$ 与 $\Phi(z)$ 的相同阶次决定。

因 $W_e(z)=1-\Phi(z)$，将上述所得 $W_e(z)$ 和 $\Phi(z)$ 值代入后，可得

$$(1-z^{-1})(1+f_1z^{-1})=1-az^{-1}(1+0.717z^{-1})$$

解此方程，得 $a=0.5824$，$f_1=0.4176$。于是便可求出数字控制器的脉冲传递函数为

$$D(z)=\frac{1-W_e(z)}{W_e(z)G(z)}=\frac{1.5826(1-0.368z^{-1})}{(1+0.4176z^{-1})}$$

用 $U(z)$ 可判断所设计的 $D(z)$ 是否是最少拍无纹波数字控制器系统。

$$\begin{aligned}U(z)&=D(z)E(z)=D(z)W_e(z)R(z)\\&=\frac{1.5826(1-z^{-1})(1+0.4176z^{-1})(1-0.368z^{-1})}{(1+0.4176z^{-1})(1-z^{-1})}\\&=1.5826-0.5824z^{-1}\end{aligned}$$

由 Z 变换定义，知

$$\begin{cases}u(0)=1.5826\\u(T)=-0.5824\\u(2T)=u(3T)=u(4T)=\cdots=0\end{cases}$$

可见，系统经过两拍后，即 $k\geqslant2$，$u(kT)=0$，其输出响应曲线无纹波地跟随输入信号，系统调节时间为 $t_s=2T=0.2\mathrm{s}$。系统输出响应曲线如图 6-12 所示。

2）按单位阶跃输入设计的 $D(z)$ 改为单位速度输入

$$\begin{aligned}U(z)&=D(z)W_e(z)R(z)\\&=\frac{1.5826(1-0.368z^{-1})(1-z^{-1})(1+0.4176z^{-1})\dfrac{Tz^{-1}}{(1-z^{-1})^2}}{(1+0.4176z^{-1})}\\&=\frac{0.1582z^{-1}-0.0582z^{-2}}{1-z^{-1}}\\&=0.1582z^{-1}+0.1z^{-2}+0.1z^{-3}+\cdots\end{aligned}$$

由 Z 变换定义，知

$$\begin{cases} u(0)=0 \\ u(T)=0.1582 \\ u(2T)=u(3T)=u(4T)=\cdots=0.1 \end{cases}$$

可见，系统经过两个节拍后亦达到稳定，系统调节时间为 $t_s=2T=0.2\text{s}$；但系统存在固定的稳定偏差，因为

$$\begin{aligned} E(z) &= W_e(z)R(z)=(1-z^{-1})(1+0.4176z^{-1})\frac{Tz^{-1}}{(1-z^{-1})^2} \\ &= 0.1z^{-1}+0.1418z^{-2}+0.1418z^{-3}+0.1418z^{-4}+\cdots \end{aligned}$$

所得 $e(k)$ 序列的结果表明，系统经两个节拍后，$e(k)$ 亦达到稳定且无纹波，但存在固定的偏差 0.1418。系统输出响应曲线如图 6-13 所示。

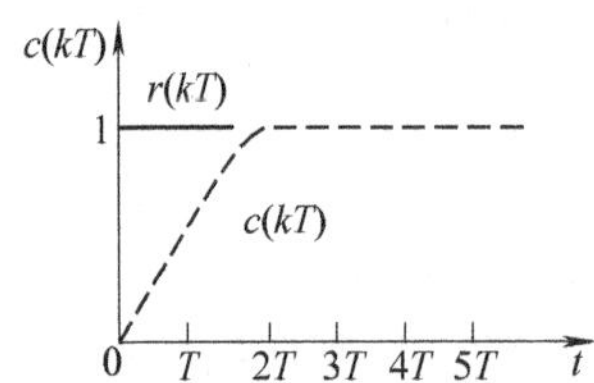

图 6-12　按单位阶跃输入设计，输入为阶跃信号时

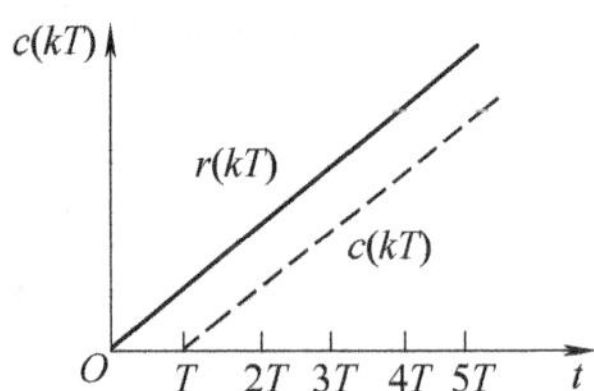

图 6-13　按单位阶跃输入设计，输入为速度信号时

最少拍无纹波控制系统设计例题仿真

【例 6.7】 如图 6-1 所示，已知被控对象传递函数为 $W_d(s)=\dfrac{10}{s(1+0.1s)}$，采样周期 $T=0.1\text{s}$。

1）试设计单位速度输入时的最少拍无纹波数字控制器 $D(z)$；

2）将按单位速度输入时的最少拍无纹波设计的数字控制器 $D(z)$，改为按单位阶跃输入时，分析其控制效果。

解：

1）按单位速度输入设计

系统广义被控对象的脉冲传递函数为

$$G(z)=\mathscr{Z}\left[\frac{1-e^{-Ts}}{s}\frac{10}{s(1+0.1s)}\right]=\frac{0.368z^{-1}(1+0.717z^{-1})}{(1-z^{-1})(1-0.368z^{-1})}$$

选择

$$\begin{cases} \Phi(z)=z^{-1}(1+0.717z^{-1})(a_0+a_1z^{-1}) \\ W_e(z)=(1-z^{-1})^2(1+f_1z^{-1}) \end{cases}$$

闭环脉冲传递函数 $\Phi(z)$ 中含有 z^{-1} 和 $(1+0.717z^{-1})$ 是因为 $G(z)$ 中含有 z^{-1} 因子和零点 $z=-0.717$，$W_e(z)$ 中 $(1-z^{-1})^2$ 是由单位速度输入决定的。而 $\Phi(z)$ 中的 $(a_0+a_1z^{-1})$ 项和 $W_e(z)$ 中的 $(1+f_1z^{-1})$ 项则是为了使 $W_e(z)$ 和 $\Phi(z)$ 阶次相同，为了满足 $W_e(z)=1-\Phi(z)$，将上述所得 $W_e(z)$ 和 $\Phi(z)$ 值代入后，可得

$$1-(1-z^{-1})^2(1+f_1z^{-1})=z^{-1}(1+0.717z^{-1})(a_0+a_1z^{-1})$$

解此方程，得

$$a_0 = 1.408,\ a_1 = -0.826,\ f_1 = 0.592$$

于是，便可求出数字控制器的脉冲传递函数为

$$D(z) = \frac{1 - W_e(z)}{W_e(z)G(z)} = \frac{3.826(1 - 0.5864z^{-1})(1 - 0.368z^{-1})}{(1 - z^{-1})(1 + 0.592z^{-1})}$$

用 $U(z)$ 可判断所设计的 $D(z)$ 是否是最少拍无纹波数字控制器系统，由

$$\begin{aligned} U(z) &= D(z)W_e(z)R(z) \\ &= \frac{3.826(1 - 0.5864z^{-1})(1 - 0.368z^{-1})}{(1 + 0.592z^{-1})(1 - z^{-1})}(1 - z^{-1})^2(1 + 0.592z^{-1})\frac{Tz^{-1}}{(1 - z^{-1})^2} \\ &= 0.3826z^{-1} + 0.0174z^{-2} + 0.1z^{-3} + 0.1z^{-4} + \cdots \end{aligned}$$

由 Z 变换定义，知

$$\begin{cases} u(0) = 0 \\ u(T) = 0.3826 \\ u(2T) = 0.0174 \\ u(3T) = u(4T) = u(5T) = \cdots = 0.1 \end{cases}$$

可见，系统经过三拍后，即 $k \geqslant 3$，$u(kT) = 0.1$，其输出响应曲线无纹波地跟随输入信号。系统调节时间为 $t_s = 3T = 0.3\text{s}$，系统输出响应曲线如图 6-14 所示。

2）按单位速度输入设计的 $D(z)$ 改为单位阶跃输入

$$\begin{aligned} U(z) &= D(z)W_e(z)R(z) \\ &= \frac{3.826(1-0.5864z^{-1})(1-0.368z^{-1})}{(1+0.592z^{-1})(1-z^{-1})}(1-z^{-1})^2(1+0.592z^{-1})\frac{1}{(1-z^{-1})} \\ &= 3.826-3.652z^{-1}+0.8257z^{-2} \end{aligned}$$

由 Z 变换定义，知

$$\begin{cases} u(0) = 3.826 \\ u(T) = -3.652 \\ u(2T) = 0.8257 \\ u(3T) = u(4T) = u(5T) = \cdots = 0 \end{cases}$$

可见，系统经过三个节拍后亦达到稳定且无纹波，系统调节时间为 $t_s = 3T = 0.3\text{s}$，但系统出现较大的超调量。系统输出响应曲线如图 6-15 所示。

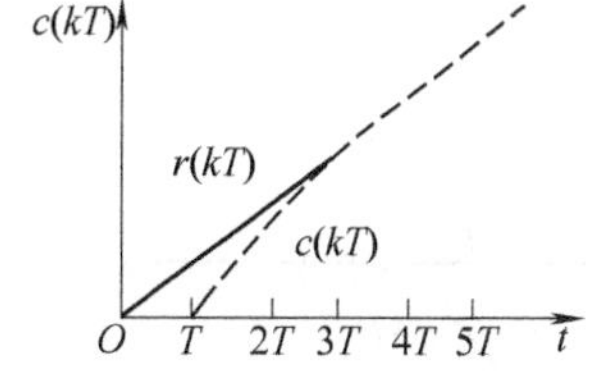

图 6-14　按单位速度输入设计，输入为速度信号时

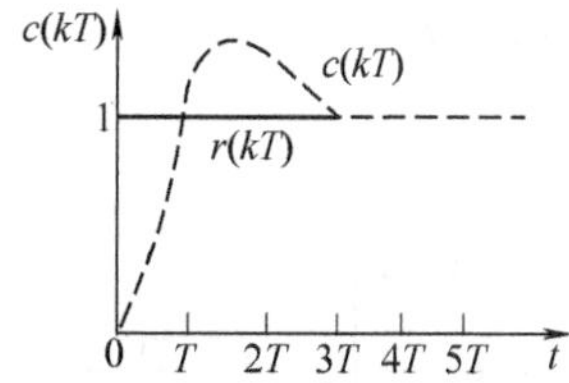

图 6-15　按单位速度输入设计，输入为阶跃信号时

【例 6.8】 设 $W_d(s) = \dfrac{2.1}{s^2(s + 1.252)}$，$T = 1\text{s}$，试求对于单位阶跃输入的最少拍无

纹波控制器。

最少拍无纹波控制系统设计例题仿真

解：系统广义脉冲传递函数

$$G(z) = \mathscr{Z}[G_h(s)W_d(s)] = \frac{0.265z^{-1}(1+2.78z^{-1})(1+0.2z^{-1})}{(1-z^{-1})^2(1-0.286z^{-1})}$$

无不稳定极点，但有一单位圆外零点 $z=-2.78$ 及一单位圆内非零零点 $z=-0.2$。

为此，对单位阶跃输入，选择

$$\Phi(z) = (1+2.78z^{-1})(1+0.2z^{-1})az^{-1}$$

以 $W_e(z)$ 平衡

$$W_e(z) = (1-z^{-1})^m F(z) = (1-z^{-1})(1+f_1z^{-1}+f_2z^{-2})$$

联立以上两式得

$$a = 0.22,\quad f_1 = 0.78,\quad f_2 = 0.1226$$

所以

$$D(z) = \frac{\Phi(z)}{G(z)[1-\Phi(z)]} = \frac{0.83(1-z^{-1})(1-0.286z^{-1})}{1+0.78z^{-1}+0.1226z^{-2}}$$

$$U(z) = \frac{\Phi(z)}{G(z)}R(z) = \frac{0.22z^{-1}(1+2.78z^{-1})(1+0.2z^{-1})}{\dfrac{0.265z^{-1}(1+2.78z^{-1})(1+0.2z^{-1})}{(1-z^{-1})^2(1-0.286z^{-1})}}\frac{1}{(1-z^{-1})}$$

$$= 0.83(1-z^{-1})(1-0.286z^{-1})$$

$$u(0) = 0.83,\ u(T) = -1.0676,\ u(2T) = 0.2374,\ u(3T) = u(4T) = \cdots = 0$$

$$C(z) = \Phi(z)R(z) = \frac{0.22z^{-1}(1+2.78z^{-1})(1+0.2z^{-1})}{1-z^{-1}}$$

$$= 0.22z^{-1} + 0.8754z^{-2} + z^{-3} + z^{-4} + \cdots$$

$$c(0) = 0,\ c(T) = 0.22,\ c(2T) = 0.8754,\ c(3T) = c(4T) = \cdots = 1$$

数字控制器输出与系统输出如图 6-16a、b 所示。可见经过三拍，系统输出跟随输入，且无纹波存在。

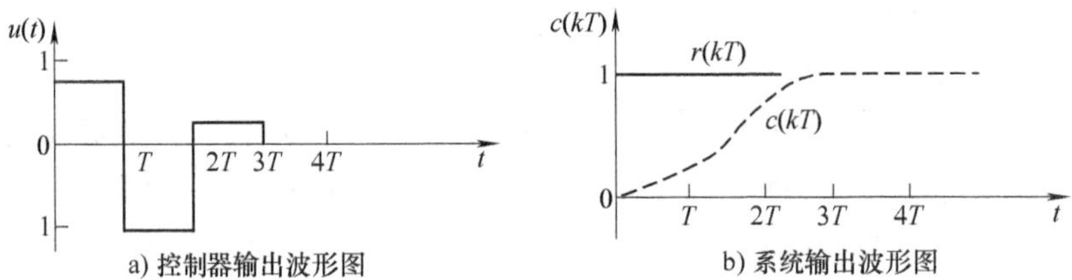

图 6-16　控制器输出与系统输出波形图

同样，最少拍无纹波系统也有一个对于其他输入函数的不适应性的问题，解决的最好方法是针对不同的输入类型分别设计，在线切换控制算法，如图 6-17 所示。例如，系统刚投入时，相当于阶跃输入，可把按阶跃输入设计的 $D_1(z)$ 接入系统，作为过渡程序。当系统的误差 $e(k)$ 减小到一定程度时，则切换成按速度输入设计的 $D_2(z)$ 。这种切换方法，既可以缩短调节时间，又可以减少超调量。

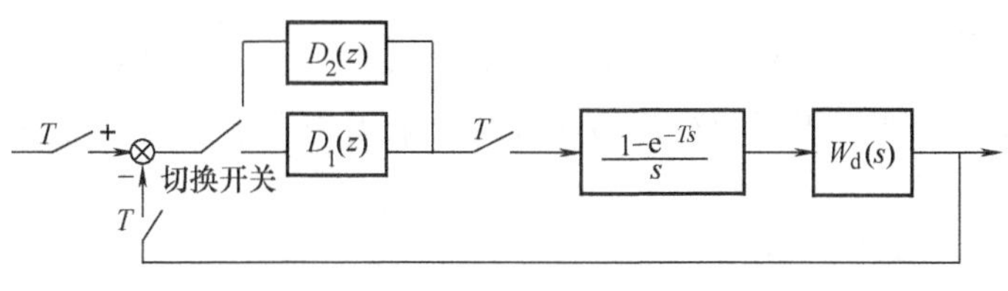

图 6-17　控制算法的切换

6.3　大林算法

在生产过程中，大多数工业对象具有较大的纯滞后时间。对象的纯滞后时间τ对控制系统的控制性能极为不利，它使系统的稳定性降低，过渡过程特性变坏，容易引起超调和持续的振荡。对象的纯滞后特性给控制器的设计带来困难。前面介绍的最少拍无纹波系统数字控制器的设计方法只适合于某些计算机控制系统，对于系统输出的超调量有严格限制的控制系统它并不理想。在一些实际工程中，如热工或化工过程经常遇到的却是一些纯滞后调节系统，它们的滞后时间比较长。对于这样的系统，人们更为感兴趣的是要求系统没有超调量或很少超调量，而调节时间则允许在较多的采样周期内结束，因此，对于系统的稳定性设计，不产生超调是主要设计指标。对于这样的系统，用一般的计算机控制系统设计方法是不行的，用 PID 算法效果也欠佳。大林 (Dahlin) 算法是针对工业生产过程中含有纯滞后的控制对象的控制算法，它具有良好的效果。

6.3.1　大林算法的 $D(z)$ 基本形式

大多数工业控制的对象通常可用带纯滞后的一阶惯性环节或二阶惯性环节来近似。设被控对象为带有纯滞后的一阶惯性环节或二阶惯性环节，其传递函数为

$$W_d(s)=\frac{Ke^{-\tau s}}{T_1s+1}\qquad \tau=NT \tag{6-13}$$

$$W_d(s)=\frac{Ke^{-\tau s}}{(T_1s+1)(T_2s+1)}\qquad \tau=NT \tag{6-14}$$

式中，T_1 和 T_2 为对象的时间常数；τ 为对象纯滞后时间，为了简化，设其为采样周期的整数倍，即 N 为正整数。

大林算法的设计目标是设计一个合适的数字控制器，使整个闭环系统所期望的传递函数相当于一个带有纯滞后的一阶惯性环节，这样就能保证使系统不产生超调，同时保证其稳定性。即

$$\Phi(s)=\frac{e^{-\tau s}}{T_0 s+1} \qquad \tau=NT \tag{6-15}$$

式中，T_0 为期望的闭环系统时间常数。

通常认为对象与一个零阶保持器相串联，$\Phi(s)$ 相对应的整个闭环系统的脉冲传递函数是

$$\Phi(z)=\frac{C(z)}{R(z)}=\mathscr{Z}\left[\frac{1-e^{-Ts}}{s}\frac{e^{-NTs}}{T_0 s+1}\right]=\frac{z^{-N-1}(1-e^{-T/T_0})}{1-e^{-T/T_0}z^{-1}} \tag{6-16}$$

大林算法要求在选择闭环脉冲传递函数时，采用相当于连续一阶惯性环节的 $\Phi(z)$ 来代替最少拍多项式。

将式（6-16）代入式（6-3），可得

$$\begin{aligned}D(z)&=\frac{\Phi(z)}{G(z)[1-\Phi(z)]}\\&=\frac{1}{G(z)}\frac{z^{-N-1}(1-e^{-T/T_0})}{[1-e^{-T/T_0}z^{-1}-(1-e^{-T/T_0})z^{-N-1}]}\end{aligned} \tag{6-17}$$

$D(z)$ 就是要设计的数字控制器，它可由计算机程序来实现。由上式可知，它与被控对象有关。下面分别对一阶或二阶纯滞后环节进行讨论。

1. 一阶惯性环节大林算法的 $D(z)$ 基本形式

当被控对象是带有纯滞后的一阶惯性环节时，由式（6-13）可知

$$W_d(s)=\frac{Ke^{-\tau s}}{T_1 s+1}$$

其广义脉冲传递函数为

$$\begin{aligned}G(z)&=\mathscr{Z}\left[\frac{1-e^{-Ts}}{s}\frac{Ke^{-NTs}}{T_1 s+1}\right]\\&=\mathscr{Z}\left[\frac{Ke^{-NTs}}{s(T_1 s+1)}\right]-\mathscr{Z}\left[\frac{Ke^{(-N-1)Ts}}{s(T_1 s+1)}\right]\\&=Kz^{-N}\mathscr{Z}\left[\frac{1}{s}-\frac{T_1}{T_1 s+1}\right]-Kz^{-N-1}\mathscr{Z}\left[\frac{1}{s}-\frac{T_1}{T_1 s+1}\right]\\&=Kz^{-N}\left[\frac{1}{1-z^{-1}}-\frac{1}{1-e^{-T/T_1}z^{-1}}\right]-Kz^{-N-1}\left[\frac{1}{1-z^{-1}}-\frac{1}{1-e^{-T/T_1}z^{-1}}\right]\\&=K(1-z^{-1})z^{-N}\left[\frac{1}{1-z^{-1}}-\frac{1}{1-e^{-T/T_1}z^{-1}}\right]\\&=Kz^{-N-1}\frac{1-e^{-T/T_1}}{1-e^{-T/T_1}z^{-1}}\end{aligned} \tag{6-18}$$

把式（6-18）代入式（6-17），可得

$$D(z)=\frac{(1-e^{-T/T_1}z^{-1})(1-e^{-T/T_0})}{K(1-e^{-T/T_1})[1-e^{-T/T_0}z^{-1}-(1-e^{-T/T_0})z^{-N-1}]} \tag{6-19}$$

式中　T——采样周期；

T_1——被控对象的时间常数；

T_0——闭环系统的时间常数。

2. 二阶惯性环节大林算法的 $D(z)$ 基本形式

当被控对象为带有纯滞后的二阶惯性环节时，由式（6-14）可知

$$W_d(s)=\frac{Ke^{-\tau s}}{(T_1 s+1)(T_2 s+1)}$$

其广义脉冲传递函数为

$$\begin{aligned}G(z)&=\mathcal{Z}\left[\frac{1-e^{-Ts}}{s}\frac{Ke^{-NTs}}{(T_1 s+1)(T_2 s+1)}\right]\\&=K(1-z^{-1})z^{-N}\mathcal{Z}\left[\frac{1}{s(T_1 s+1)(T_2 s+1)}\right]\\&=K(1-z^{-1})z^{-N}\left[\frac{1}{1-z^{-1}}+\frac{T_1}{(T_2-T_1)(1-e^{-T/T_1}z^{-1})}-\frac{T_2}{(T_2-T_1)(1-e^{-T/T_2}z^{-1})}\right]\\&=\frac{K(C_1+C_2z^{-1})z^{-N-1}}{(1-e^{-T/T_1}z^{-1})(1-e^{-T/T_2}z^{-1})}\end{aligned}\tag{6-20}$$

其中

$$C_1=1+\frac{1}{T_2-T_1}(T_1e^{-T/T_1}-T_2e^{-T/T_2})\tag{6-21}$$

$$C_2=e^{-T(1/T_1+1/T_2)}+\frac{1}{T_2-T_1}(T_1e^{-T/T_2}-T_2e^{-T/T_1})\tag{6-22}$$

将式（6-20）代入式（6-17）即可求出数字控制器的模型

$$D(z)=\frac{(1-e^{-T/T_0})(1-e^{-T/T_1}z^{-1})(1-e^{-T/T_2}z^{-1})}{K(C_1+C_2z^{-1})[1-e^{-T/T_0}z^{-1}-(1-e^{-T/T_0})z^{-N-1}]}\tag{6-23}$$

6.3.2 振铃现象及其消除方法

纯滞后惯性系统，因允许它存在适当的超调量，当系统参数设置不合适或不匹配时，可能使数字控制器输出接近 1/2 采样频率的大幅度上下摆动的序列，这种现象称为振铃现象。这与前面所介绍的最少拍系统中的纹波是不一样的。纹波是由于控制器输出一直是振荡的，影响到系统的输出在采样时刻之间一直有纹波。而振铃现象中的振荡是衰减的，并且由于被控对象中惯性环节的低通特性，使得它对系统的输出几乎是无影响的，然而，由于振铃现象的存在，会使执行机构因磨损而造成损坏，在存在耦合的多回路控制系统中，还会破坏稳定性，因此，必须弄清振铃产生的原因，并设法消除它。

衡量振铃现象的强烈程度的量是振铃幅度 RA（Ringing Amplitude）。它的定义是：控制器在单位阶跃输入作用下，第 0 次输出幅度与第 1 次输出幅度之差值。

几种典型的脉冲传递函数在阶跃作用下的振铃现象，见表 6-2。

表 6-2　几种典型的脉冲传递函数的振铃现象

$D(z)$	输出 $u(kT)$	RA	输出序列图
$\frac{1}{1+z^{-1}}$	1 0 1 0 1	1	
$\frac{1}{1+0.5z^{-1}}$	1.0 0.5 0.75 0.625 0.6875	0.5	
$\frac{1}{(1+0.5z^{-1})(1-0.2z^{-1})}$	1.0 0.7 0.89 0.803 0.848	0.3	
$\frac{1-0.5z^{-1}}{(1+0.5z^{-1})(1-0.2z^{-1})}$	1.0 0.2 0.5 0.37 0.46	0.8	

设数字控制器脉冲传递函数的一般形式为

$$D(z)=Kz^{-N}\frac{1+a_1z^{-1}+a_2z^{-2}+\cdots}{1+b_1z^{-1}+b_2z^{-2}+\cdots}=Kz^{-N}Q(z) \tag{6-24}$$

其中

$$Q(z)=\frac{1+a_1z^{-1}+a_2z^{-2}+\cdots}{1+b_1z^{-1}+b_2z^{-2}+\cdots} \tag{6-25}$$

控制器输出幅度的变化取决于 $Q(z)$ 。当不考虑 Kz^{-N}（它只是输出序列延时）时，$Q(z)$ 在单位阶跃作用下的输出为

$$\begin{aligned}\frac{Q(z)}{1-z^{-1}}&=\frac{1+a_1z^{-1}+a_2z^{-2}+\cdots}{(1+b_1z^{-1}+b_2z^{-2}+\cdots)(1-z^{-1})}\\&=\frac{1+a_1z^{-1}+a_2z^{-2}+\cdots}{1+(b_1-1)z^{-1}+(b_2-b_1)z^{-2}+\cdots}\\&=1+(a_1-b_1+1)z^{-1}+\cdots\end{aligned} \tag{6-26}$$

故可求出振铃幅度

$$RA=1-(a_1-b_1+1)=b_1-a_1 \tag{6-27}$$

【例 6.9】 已知控制器为 $D(z)=\frac{1}{1+z^{-1}}$，求振铃幅度 RA。

解：控制器在单位阶跃作用下，输出的 Z 变换为

$$U(z)=D(z)E(z)=\frac{1}{1+z^{-1}}\frac{1}{1-z^{-1}}=1+z^{-2}+z^{-4}+\cdots$$

由定义可得

$$RA=u(0)-u(T)=1-0=1$$

振铃现象产生的根源在于 $Q(z)$ 中 $z=-1$ 附近有极点所致。极点在 $z=-1$ 时最严重（见表 6-2 中第 1 种情况），在单位圆中离 $z=-1$ 越远，振铃现象就越弱（见表 6-2 中第 2 种情况）。表 6-2 还表明，在单位圆内右半平面有极点时，则会减轻振铃现象（见表 6-2中第 3 种情况）；而在单位圆内右半平面有零点时，会加剧振铃现象（见表 6-2 中第 4 种情况）。

大林提出一种消除振铃现象的方法，即先找出造成振铃现象的极点的因子，令其中 $z=1$，这样便消除了这个极点。根据终值定理，这样处理不会影响输出的稳态值。用这样的方法来设计和处理纯滞后惯性数字控制系统。下面来分析一阶（或二阶）滞后环节的数字控制器 $D(z)$ 的振铃现象及其消除方法。

1. 被控对象为一阶惯性环节

此时数字控制器 $D(z)$ 的形式如式（6-19），将其化成一般形式，则

$$\begin{aligned}D(z)&=\frac{(1-e^{-T/T_0})(1-e^{-T/T_1}z^{-1})}{K(1-e^{-T/T_1})[1-e^{-T/T_0}z^{-1}-(1-e^{-T/T_0})z^{-N-1}]}\\&=\frac{1-e^{-T/T_0}}{K(1-e^{-T/T_1})}\frac{1-e^{-T/T_1}z^{-1}}{1-e^{-T/T_0}z^{-1}-(1-e^{-T/T_0})z^{-N-1}}\end{aligned}$$

由此可求出振铃幅值为

$$RA=(-e^{-T/T_0})-(-e^{-T/T_1})=e^{-T/T_1}-e^{-T/T_0} \tag{6-28}$$

如果选 $T_0\geqslant T_1$，则 $RA\leqslant 0$，无振铃现象；如果选 $T_0<T_1$，则 $RA>0$，有振铃现象。由此可见，当系统的时间常数大于或等于被控对象的时间常数时，即可消除振铃现象。

将式（6-19）的分母进行分解，可得

$$D(z)=\frac{(1-e^{-T/T_0})(1-e^{-T/T_1}z^{-1})}{K(1-e^{-T/T_1})(1-z^{-1})[1+(1-e^{-T/T_0})(z^{-1}+z^{-2}+\cdots+z^{-N})]} \tag{6-29}$$

在 $z=1$ 处的极点并不引起振铃现象，可能引起振铃现象的是因子$(1+(1-e^{-T/T_0})(z^{-1}+z^{-2}+\cdots+z^{-N}))$。

当 $N=0$ 时，此因子不存在，无振铃可能。

当 $N=1$ 时，有一个极点在 $z=-(1-e^{-T/T_0})$。当 $T_0\ll T$时，$z\to-1$，即 $T_0\ll T$时将产生严重的振铃现象。令该因子中 $z=1$，可消除振铃现象。

当 $N=2$ 时，极点为

$$z=-\frac{1}{2}(1-e^{-T/T_0})\pm\frac{1}{2}j\sqrt{4(1-e^{-T/T_0})-(1-e^{-T/T_0})^2}$$

$$|z| = \sqrt{1 - e^{-T/T_0}}$$

当 $T_0 \ll T$ 时，则有 $z > -\dfrac{1}{2} \pm j\dfrac{\sqrt{3}}{2}$，$|z|>1$，将有严重的振铃现象。

根据前述消除振铃的方法，以 $N=2$ 为例，且 $T_0 \ll T$，对于振铃极点，令 $z=1$ 消除振铃现象后，则修改后的 $D(z)$ 为

$$D(z) = \frac{(1 - e^{-T/T_0})(1 - e^{-T/T_1}z^{-1})}{K(1 - e^{-T/T_1})(3 - 2e^{-T/T_0})(1 - z^{-1})} \tag{6-30}$$

2. 被控对象为二阶惯性环节

此时，$D(z)$ 为式（6-23）的形式，有一个极点是 $z = -\dfrac{C_2}{C_1}$，在 $T>0$ 时，$\lim\limits_{T\to 0}\left[-\dfrac{C_2}{C_1}\right] = -1$，即在 $z=-1$ 处有极点，系统将出现强烈的振铃现象。此时振铃现象的幅度为

$$RA = \frac{C_2}{C_1} - e^{-T/T_0} + e^{-T/T_1} + e^{-T/T_2} \tag{6-31}$$

当 $T\to 0$ 时，$\lim\limits_{T\to 0} RA = 2$。按前述方法令极点因子（$C_1 + C_2z^{-1}$）中的 $z=1$ 就可消除这个极点，则由于 $C_1 + C_2 = (1 - e^{-T/T_1})(1 - e^{-T/T_2})$，消除振铃极点 $z=-\dfrac{C_2}{C_1}$ 后数字控制器的形式为

$$D(z) = \frac{(1 - e^{-T/T_0})(1 - e^{-T/T_1}z^{-1})(1 - e^{-T/T_2}z^{-1})}{K(1 - e^{-T/T_1})(1 - e^{-T/T_2})[1 - e^{-T/T_0}z^{-1} - (1 - e^{-T/T_0})z^{-N-1}]} \tag{6-32}$$

这种消除振铃现象的方法虽然不影响输出稳态值，但却改变了数字控制器的动态特性，将影响闭环系统的暂态特性。

6.3.3　大林算法的设计步骤

具有纯滞后系统中直接设计数字控制器所考虑的主要性能是控制系统不允许产生超调并要求系统稳定。系统设计中一个值得注意的问题是振铃现象。下面是考虑振铃现象影响时设计数字控制器的一般步骤。

1）根据系统的性能，确定闭环系统的参数 T_0，给出振铃幅度 RA 的指标；

2）由振铃幅度 RA 与采样周期 T 的关系，解出给定振铃幅度下对应的采样周期，如果 T 有多解，则选择较大的采样周期；

3）确定纯滞后时间 τ 与采样周期 T 之比（τ/T）的最大整数 N；

4）求广义对象的脉冲传递函数 $G(z)$ 及闭环系统的脉冲传递函数 $\Phi(z)$；

5）求数字控制器的脉冲传递函数 $D(z)$；

6）编制计算机程序实现。

【例 6.10】　已知某控制系统被控对象的传递函数为 $W_d(s) = \dfrac{e^{-s}}{s+1}$，试用大林算法设计数字控制器 $D(z)$。设采样周期为 $T=0.5\text{s}$，并讨论该系统是否会发生振铃现象，如果有振铃现象出现，如何消除。

解：根据题意可知，$T_1=1$，$K=1$，$N=\tau/T=2$。

连同零阶保持器在内的系统广义被控对象的传递函数

$$G(s)=\frac{1-e^{-Ts}}{s}W_d(s)=\frac{(1-e^{-0.5s})e^{-s}}{s(s+1)}$$

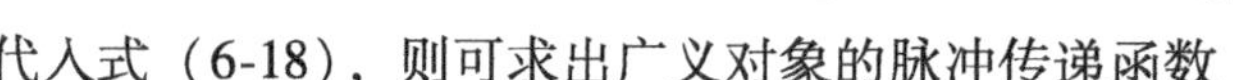

代入式（6-18），则可求出广义对象的脉冲传递函数

$$G(z)=Kz^{-N-1}\frac{1-e^{-T/T_1}}{1-e^{-T/T_1}z^{-1}}=z^{-3}\frac{1-e^{-0.5}}{1-e^{-0.5}z^{-1}}=\frac{0.3935z^{-3}}{1-0.6065z^{-1}}$$

按照大林算法的设计目标就是设计一个数字控制器，使整个闭环系统的脉冲传递函数相当于一个带有纯滞后的一阶惯性环节，若 $T_0=0.1\text{s}$，则由式（6-17）可得

$$\begin{aligned}D(z)&=\frac{z^{-N-1}(1-e^{-T/T_0})}{[1-e^{-T/T_0}z^{-1}-(1-e^{-T/T_0})z^{-N-1}]}\frac{1}{G(z)}\\&=\frac{z^{-3}(1-e^{-5})}{1-e^{-5}z^{-1}-(1-e^{-5})z^{-3}}\frac{1-0.6065z^{-1}}{0.3935z^{-3}}\\&=\frac{2.524(1-0.6065z^{-1})}{(1-z^{-1})(1+0.9933z^{-1}+0.9933z^{-2})}\end{aligned}$$

由上式可知，$D(z)$ 有 3 个极点：$z_1=1$，$z_2=-0.4967+0.864\text{j}$，$z_3=-0.4967-0.864\text{j}$。根据前面的结论，$z=1$ 处的极点不会引起振铃现象，所以，本例中引起振铃现象的极点为

$$|z_2|=|z_3|=\sqrt{1-e^{-T/T_0}}=\sqrt{1-e^{-5}}\approx 0.9966\approx 1$$

依据前面的讨论，要想消除振铃现象，应去掉分母中的因子（$1+0.9933z^{-1}+0.9933z^{-2}$），即令 $z=1$，代入上式即可消除振铃现象。此时

$$D(z)=\frac{2.524(1-0.6065z^{-1})}{(1-z^{-1})(1+0.9933+0.9933)}=\frac{0.8451(1-0.6065z^{-1})}{1-z^{-1}}$$

以上介绍了直接设计数字控制器的方法，结合快速的最少拍系统和带有纯滞后及惯性环节的系统，设计出了不同形式的数字控制器。由此可见，数字控制器直接设计方法比起模拟调节规律离散化方法更灵活、使用范围更广泛。但是，数字控制器直接设计方法的前提，必须已知被控对象的传递函数。如果不知道传递函数或者传递函数不准确，设计的数字控制器效果将不会是理想的，这是直接数字控制方法的局限性。

6.4 数字控制器 $D(z)$ 的实现方法

本节讨论数字控制器脉冲传递函数的实现问题。一般来说，脉冲传递函数的实现就意味着一种实际安排，将运算和存储操作恰当地组合起来。

在前面几节中，已讲述了几种数字控制器 $D(z)$ 的设计方法，但 $D(z)$ 求出后设计任务并未了结，重要的任务是在控制系统中如何实现。所实现的 $D(z)$ 均为关于 z 或 z^{-1} 的有理分式形式，要用计算机实现其控制功能，必须变成差分方程的形式。实现 $D(z)$ 的方法有硬件电路实现、软件实现两种。从 $D(z)$ 算式的复杂性和控制系统的灵活性出

发，采用计算机软件的方法去实现更适宜。计算机控制系统实现的关键问题是控制算法在计算机上的实现，即数字控制器的实现。

6.4.1　直接程序设计法

数字控制器 $D(z)$ 通常可表示为

$$D(z)=\frac{U(z)}{E(z)}=\frac{a_0+a_1z^{-1}+a_2z^{-2}+\cdots+a_mz^{-m}}{1+b_1z^{-1}+b_2z^{-2}+\cdots+b_nz^{-n}}=\frac{\sum\limits_{i=0}^{m}a_iz^{-i}}{1+\sum\limits_{j=1}^{n}b_jz^{-j}}\quad n\geqslant m \tag{6-33}$$

式中，$U(z)$ 和 $E(z)$ 分别为数字控制器输出序列和输入序列的 Z 变换。

从式（6-33）中可求出

$$U(z)=\sum_{i=0}^{m}a_iE(z)z^{-i}-\sum_{j=1}^{n}b_jU(z)z^{-j} \tag{6-34}$$

为用计算机实现方便，把式（6-34）进行 Z 反变换，写成差分方程的形式

$$u(k)=\sum_{i=0}^{m}a_ie(k-i)-\sum_{j=1}^{n}b_ju(k-j) \tag{6-35}$$

上式可以很方便地用软件程序来实现。由式（6-35）可看出，每计算一次 $u(k)$，要进行 $(m+n)$ 次加法运算，$(m+n+1)$ 次乘法运算，$(m+n)$ 次数据传递。因为在本次采样周期输出的计算值 $u(k)$，在下一个采样周期就变成 $u(k-1)$ 了，同理 $e(k)$ 将变成 $e(k-1)$，所以其余的 $e(k-i)$ 和 $u(k-j)$ 也都要递推一次，变成 $e(k-i-1)$ 和 $u(k-j-1)$，以便下一个采样周期使用。存储信号所需单元数为 $m+n+2$，分别为 $e(k-i)(i=0,1,2,\cdots,m)$；$u(k-j)(j=0,1,2,\cdots,n)$。

【例 6.11】　已知数字控制器脉冲传递函数 $D(z)$ 为

$$D(z)=\frac{z^2+0.2z+0.1}{z^2+0.5z+0.6}$$

试用直接程序设计法写出实现 $D(z)$ 的表达式。

解：根据直接程序设计法知：对给定的数字控制器的 $D(z)$ 的分子、分母都乘以 z^{-n}，其中 n 为分母最高次幂，便可求出以 z^{-n}，z^{-n-1}，…，z^{-1} 为变量的 $D(z)$ 的有理式表示式。本例 $n=2$，即

$$D(z)=\frac{(z^2+0.2z+0.1)z^{-2}}{(z^2+0.5z+0.6)z^{-2}}=\frac{1+0.2z^{-1}+0.1z^{-2}}{1+0.5z^{-1}+0.6z^{-2}}$$

对 $D(z)$ 进行交叉相乘、移项，便可写出用直接程序法实现 $D(z)$ 的表达式

$$U(z)=E(z)+0.2E(z)z^{-1}+0.1E(z)z^{-2}-0.5U(z)z^{-1}-0.6U(z)z^{-2}$$

根据上式所得结果知

$$n=m,\quad a_0=1,\quad a_1=0.2,\quad a_2=0.1,\quad b_1=-0.5,\quad b_2=-0.6。$$

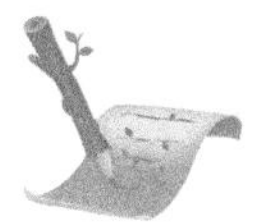

再进行 Z 反变换，便可求得数字控制器的差分方程为

$$u(k)=e(k)+0.2e(k-1)+0.1e(k-2)-0.5u(k-1)-0.6u(k-2)$$

根据所得差分方程，可画出其程序流程图，以利于编制控制程序。

6.4.2 串行程序设计法

串行程序设计法也叫迭代程序设计法。如果数字控制器的脉冲传递函数 $D(z)$ 具有较高阶次时，可把 $D(z)$ 化作一些简单的一阶环节串联。当 $D(z)$ 的零点、极点均已知时，$D(z)$ 可以写成如下形式

$$D(z)=\frac{U(z)}{E(z)}=\frac{K(z+z_1)(z+z_2)\cdots(z+z_m)}{(z+p_1)(z+p_2)\cdots(z+p_n)} \qquad n\geqslant m \tag{6-36}$$

令

$$\left.\begin{aligned}
D_1(z)&=\frac{U_1(z)}{E(z)}=\frac{z+z_1}{z+p_1}\\
D_2(z)&=\frac{U_2(z)}{U_1(z)}=\frac{z+z_2}{z+p_2}\\
&\vdots\\
D_m(z)&=\frac{U_m(z)}{U_{m-1}(z)}=\frac{z+z_m}{z+p_m}\\
D_{m+1}(z)&=\frac{U_{m+1}(z)}{U_m(z)}=\frac{1}{z+p_{m+1}}\\
&\vdots\\
D_n(z)&=\frac{U(z)}{U_{n-1}(z)}=\frac{K}{z+p_n}
\end{aligned}\right\} \tag{6-37}$$

则

$$D(z)=D_1(z)D_2(z)\cdots D_n(z) \tag{6-38}$$

即 $D(z)$ 可看成是由 $D_1(z)$，$D_2(z)$，…，$D_n(z)$ 串联而成。

为计算 $u(k)$，可先求出 $u_1(k)$，再算出 $u_2(k)$，$u_3(k)$ …，最后算出 $u(k)$。

现在先计算

$$\frac{U_1(z)}{E(z)}=D_1(z)=\frac{z+z_1}{z+p_1}=\frac{1+z_1z^{-1}}{1+p_1z^{-1}} \tag{6-39}$$

交叉相乘得

$$(1+p_1z^{-1})U_1(z)=(1+z_1z^{-1})E(z)$$

进行 Z 反变换得

$$u_1(k)+p_1u_1(k-1)=e(k)+z_1e(k-1)$$

因此可得

$$u_1(k)=e(k)+z_1e(k-1)-p_1u_1(k-1)$$

依此类推，可得到 n 个迭代表达式

$$\left.\begin{aligned}
&u_1(k)=e(k)+z_1e(k-1)-p_1u_1(k-1)\\
&u_2(k)=u_1(k)+z_2u_1(k-1)-p_2u_2(k-1)\\
&\vdots\\
&u_m(k)=u_{m-1}(k-1)+z_mu_{m-1}(k-1)-p_mu_m(k-1)\\
&u_{m+1}(k)=u_m(k-1)-p_{m+1}u_{m+1}(k-1)\\
&\vdots\\
&u(k)=ku_{n-1}(k-1)-p_nu(k-1)
\end{aligned}\right\}\tag{6-40}$$

用式（6-40）计算 $u(k)$ 的方法称作串行程序设计法。此程序每算出一次 $u(k)$ 需进行 $(m+n)$ 次加减法，$(m+n+1)$ 次乘法和 n 次数据传送。它只需传送 $u_1(k)$，…，$u_{n-1}(k)$ 和 $u(k)$ 共 n 个数据。

同理，如果 $D(z)$ 具有共轭零、极点时，可以把 $D(z)$ 分解为二阶环节串联。

【例 6.12】 设数字控制器 $D(z)=\dfrac{z^2+0.3z-0.04}{z^2+0.5z+0.06}$，试用串行程序设计法写出 $D(z)$ 的迭代表达式。

解： 首先将分子分母因式分解

$$D(z)=\frac{z^2+0.3z-0.04}{z^2+0.5z+0.06}=\frac{(z+0.4)(z-0.1)}{(z+0.2)(z+0.3)}$$

令

$$D_1(z)=\frac{U_1(z)}{E(z)}=\frac{z+0.4}{z+0.2}=\frac{1+0.4z^{-1}}{1+0.2z^{-1}}$$

$$D_2(z)=\frac{U(z)}{U_1(z)}=\frac{z-0.1}{z+0.3}=\frac{1-0.1z^{-1}}{1+0.3z^{-1}}$$

将 $D_1(z)$、$D_2(z)$ 分别进行交叉相乘及 Z 反变换得

$$u_1(k)=e(k)+0.4e(k-1)-0.2u_1(k-1)$$
$$u(k)=u_1(k)-0.1u_1(k-1)-0.3u(k-1)$$

6.4.3 并行程序设计法

若 $D(z)$ 可以写成部分分式的形式

$$D(z)=\frac{U(z)}{E(z)}=\frac{k_1z^{-1}}{1+p_1z^{-1}}+\frac{k_2z^{-1}}{1+p_2z^{-1}}+\cdots+\frac{k_nz^{-1}}{1+p_nz^{-1}}\tag{6-41}$$

令

$$\left.\begin{aligned}
&D_1(z)=\frac{U_1(z)}{E(z)}=\frac{k_1z^{-1}}{1+p_1z^{-1}}\\
&D_2(z)=\frac{U_2(z)}{E(z)}=\frac{k_2z^{-1}}{1+p_2z^{-1}}\\
&\vdots\\
&D_n(z)=\frac{U_n(z)}{E(z)}=\frac{k_nz^{-1}}{1+p_nz^{-1}}
\end{aligned}\right\}\tag{6-42}$$

因此可得

$$D(z)=D_1(z)+D_2(z)+\cdots+D_n(z) \tag{6-43}$$

与前面类似，也可得出几个计算公式

$$\left.\begin{aligned}u_1(k)&=k_1e(k-1)-p_1u_1(k-1)\\u_2(k)&=k_2e(k-1)-p_2u_2(k-1)\\&\vdots\\u_n(k)&=k_ne(k-1)-p_nu_n(k-1)\end{aligned}\right\} \tag{6-44}$$

$u_1(k)$， $u_2(k)$， $\cdots$，$u_n(k)$ 求出以后，便可算出

$$u(k)=u_1(k)+u_2(k)+\cdots+u_n(k) \tag{6-45}$$

按式（6-44）和式（6-45）编写成计算机程序计算 $u(k)$ 的方法，叫作并行程序设计法。这种方法每计算一次 $u(k)$，就要进行（$2n-1$）次加减法，$2n$ 次乘法和（$n+1$）次数据传送。

同理，如果 $D(z)$ 具有共轭零、极点时，可以把 $D(z)$ 分解为二阶环节部分分式之和的形式。

【例 6.13】 设 $D(z)=\dfrac{3+3.6z^{-1}+0.6z^{-2}}{1+0.1z^{-1}-0.2z^{-2}}$，试用并行程序设计法写出实现 $D(z)$ 的表达式。

解：首先将 $D(z)$ 写成部分分式的形式

$$\begin{aligned}D(z)&=\frac{3+3.6z^{-1}+0.6z^{-2}}{1+0.1z^{-1}-0.2z^{-2}}=\frac{0.6z^{-2}-0.3z^{-1}-3}{1+0.1z^{-1}-0.2z^{-2}}+\frac{6+3.9z^{-1}}{1+0.1z^{-1}-0.2z^{-2}}\\&=-3+\frac{6+3.9z^{-1}}{(1+0.5z^{-1})(1-0.4z^{-1})}=-3-\frac{1}{1+0.5z^{-1}}+\frac{7}{1-0.4z^{-1}}=\frac{U(z)}{E(z)}\end{aligned}$$

令

$$D_1(z)=\frac{1}{1+0.5z^{-1}}=\frac{U_1(z)}{E(z)}$$

$$D_2(z)=\frac{1}{1-0.4z^{-1}}=\frac{U_2(z)}{E(z)}$$

则

$$U_1(z)=E(z)-0.5U_1(z)z^{-1}$$

$$U_2(z)=E(z)+0.4U_2(z)z^{-1}$$

所以

$$D(z)=-3-D_1(z)+7D_2(z)$$

将上式进行 Z 反变换，即可求出 $D(z)$ 的差分方程

$$\begin{aligned}u(k)&=-u_1(k)+7u_2(k)-3e(k)\\&=-[e(k)-0.5u_1(k-1)]+7[e(k)+0.4u_2(k-1)]-3e(k)\end{aligned}$$

所以

$$u(k)=0.5u_1(k-1)+2.8u_2(k-1)+3e(k)$$

以上3种求数字控制器 $D(z)$ 输出差分方程的方法各有所长。就计算效率而言，串行程序设计法为最佳。直接程序设计法独特的优点是，式（6-35）中除 $i=0$ 时涉及 $e(kT)$ 的一项外，其余各项都可在采集 $e(kT)$ 之前全部计算出来，因而可大大减少计算机延时，提高系统的动态性能。另一方面，串行法和并行法在高阶数字控制器设计时，可以简化程序设计，只要设计出一阶或二阶的 $D(z)$ 子程序，通过反复调用子程序即可实现 $D(z)$，这样设计的程序占用内存容量少，容易读，且调试方便。

但必须指出，在串行法和并行法程序设计中，需要将高阶函数分解成一阶或二阶的环节。这样的分解并不是在任何情况下都可以进行的。当 $D(z)$ 的零点或极点已知时，很容易分解，但有时却要花费大量时间，有时甚至是不可能的，此时若采用直接程序设计法则优越性更大。

6.4.4 数字控制器的设计

1. 数字控制器设计步骤

1）根据被控对象的传递函数，求出系统（包括零阶保持器在内）广义对象传递函数

$$G(s)=\frac{1-e^{-Ts}}{s}W_d(s)$$

2）求出 $G(s)$ 所对应的广义对象脉冲传递函数

$$G(z)=\mathscr{Z}[G(s)]=\mathscr{Z}\left[\frac{1-e^{-Ts}}{s}W_d(s)\right]$$

3）根据控制系统的性能指标及其输入条件，确定出整个闭环系统的脉冲传递函数 $\Phi(z)$（最少拍计算机控制系统由表6-1查出，大林算法则由式（6-16）求得）。

4）根据式（6-3）确定数字控制器的脉冲传递函数

$$D(z)=\frac{\Phi(z)}{G(z)[1-\Phi(z)]}=\frac{1-W_e(z)}{G(z)W_e(z)}=\frac{\Phi(z)}{G(z)W_e(z)}$$

5）对于最少拍无纹波系统，根据 $U(z)=D(z)E(z)=D(z)W_e(z)R(z)$ 验证是否有纹波存在；对于带有纯滞后的惯性环节，还要看其是否出现振铃现象。

6）写出直接程序设计法或串、并行程序设计法差分方程表达式：

直接程序设计法，式（6-35）；

串行程序设计法，式（6-40）；

并行程序设计法，式（6-44）和式（6-45）。

7）根据系统的采样周期、时间常数及其他条件求出相应的系数，并将其转成计算机能够接受的数据形式。

8）由差分方程编写出汇编语言或其他语言程序。

当数字控制器的差分方程 $u(k)$ 求出以后，用计算机实现数字控制器需要完成的最后一个任务就是编写程序。

2. 数字控制器程序设计方法

数字控制器的程序设计有两种方式：一种是直接按所设计的控制器的差分方程进

行编写；另一种方法是按式（6-35）、式（6-40）、式（6-44）、式（6-45）编写一个通用程序，然后根据所设计的数字控制器的差分方程进行组态。第一种方法的优点是程序短、动态特性好，但需针对不同对象一个一个地编写。第二种方法编写后则适用于多种系统，但执行起来时间长，动态响应慢，实时性差。在实际应用中可根据具体情况进行选择。一般在最少拍计算机控制系统中，由于时间是其主要设计指标，所以尽量采用第一种设计方案。对于纯滞后的系统，则可选用后一种方法。但无论哪一种方法，其程序设计思想基本上是一样的，程序结构也大致相同。

现以串行程序设计为例。由式（6-40）可以看出，在 n 项递推程序中，前面（$n-1$）项的结构都是完全相同的，即

$$u_i(k) = A + BC - DE \tag{6-46}$$

其中 A、B、C、D、E 分别表示式（6-40）中的各项。所以在串行程序设计中，按式（6-46）设计一个子程序，然后根据迭代公式的项数 n，连续调用（$n-1$）次式（6-46）子程序，最后再调用一次计算 $u(k)=Ku_{n-1}(k-1)-p_n u(k-1)$，即可求出数字控制器的输出值 $u(k)$。

习题6

1. 填空题

（1）最少拍无纹波系统中的纹波是由________引起的。

（2）大林算法是一种________设计数字控制器的方法。它适用于具有________环节，对________要求不是很高而对________的限制却较严格的控制系统。

（3）若 $D(z)=\dfrac{1-0.5z^{-1}}{(1+0.9z^{-1})(1-z^{-1})(1-0.1z^{-1})}$，按照大林提出的简单修正办法，只要令________中的 $z=1$，则可消除振铃现象。

2. 选择题

（1）在图6-1的数字控制系统，设广义被控对象脉冲传递函数为 $G(z)$，闭环脉冲传递函数为 $\Phi(z)$，误差脉冲传递函数为 $W_e(z)$，控制器脉冲传递函数为 $D(z)$，系统输入 Z 变换为 $R(z)$，系统输出 Z 变换为 $C(z)$，偏差 Z 变换为 $E(z)$，控制器输出 Z 变换为 $U(z)$，则________是正确的。

A. $\Phi(z)=R(z)/C(z)$　　B. $W_e(z)=C(z)/E(z)$

C. $W_e(z)=1-D(z)$　　D. $U(z)=C(z)/G(z)$

（2）大林算法就是设计一个合适的数字控制器 $D(z)$，使整个系统的闭环传递函数为________。

A. $\Phi(s)=\dfrac{e^{-\tau s}}{T_0 s+1}$，$\tau=NT$　　B. $\Phi(s)=\dfrac{e^{-\tau s}}{s+1}$，$\tau=NT$

C. $\Phi(s)=\dfrac{e^{-\tau s}}{T_0+1}$，$\tau=NT$　　D. $\Phi(s)=\dfrac{e^{-\tau}}{T_0 s}$，$\tau=NT$

（3）按照大林控制算法设计出的数字控制器 $D(z)$ 在阶跃输入作用下，其输出

$u(kT)$ 在 $k=0$、1、2、3 时刻输出值分别为 1、0.5、0.75 和 0.8，则该控制器 $D(z)$ 的振铃幅度为________。

A. 1.5　　B. 0.25　　C. 0.2　　D. 0.5

（4）以下说法中不正确的是________。

A. 大林算法中，振铃幅度 RA 的定义是控制器在单位阶跃输入作用下第零次输出幅度与第一次输出幅度的差值

B. 按照大林算法设计的控制器 $D(z)$ 中，若在单位圆内右半平面有零点时，会加剧振铃现象

C. 按照大林算法设计的控制器 $D(z)$ 中，若在单位圆内右半平面有极点时，会减轻振铃现象

D. 振铃现象产生的根源在于控制器 $D(z)$ 中 $z=1$ 附近有极点所致

（5）某纯滞后控制系统，按照大林控制算法设计出的数字控制器为 $D(z)=\dfrac{1-0.7z^{-1}}{(1+0.98z^{-1})(1-z^{-1})(1-0.1z^{-1})}$，其零、极点共有 4 个，其中引起振铃现象的因子是________。

A. $(1-0.7z^{-1})$　　B. $(1+0.98z^{-1})$　　C. $(1-z^{-1})$　　D. $(1-0.1z^{-1})$

3. 简答题

（1）直接数字控制的数字设计中，是否允许数字控制器有在单位圆外的极点，实际物理过程的稳定性取决于哪些量?

（2）什么叫系统的直接数字化设计？是否所有的系统都能使用直接数字控制?

（3）最少拍设计的要求是什么？在设计过程中如何满足这些要求？它有什么局限性？怎样解决?

（4）在最少拍系统设计中，理想的广义被控对象脉冲传递函数指什么?

（5）试说明为何不允许用数字控制器 $D(z)$ 中的不稳定零、极点和广义对象 $G(z)$ 中的不稳定极、零点对消。

（6）试叙述最少拍无纹波系统的数字控制器设计步骤。

（7）大林算法的设计目标是什么?

（8）什么叫振铃现象？在使用大林算法时，振铃现象是由哪一部分引起的，为什么?

（9）振铃现象如何消除？试求出二阶惯性加纯滞后被控对象应用大林算法时无振铃的控制器。

（10）试简单比较数字控制器三种实现方法的优缺点。

4. 计算题

（1）某数字控制器的数学模型 $D(z)=\dfrac{z^{-2}}{(1+0.2z^{-1})^2}$，试写出此数字控制器的输出表达式 $u(kT)$ 。

（2）已知

$$D(z)=\frac{3+3.6z^{-1}+0.6z^{-2}}{1+0.1z^{-1}-0.2z^{-2}}$$

写出串行程序法实现 $D(z)$ 的表达式。

（3）已知某数字控制器为

$$D(z)=\frac{U(z)}{E(z)}=\frac{0.1}{(1-0.9z^{-1})(1-0.95z^{-1})}$$

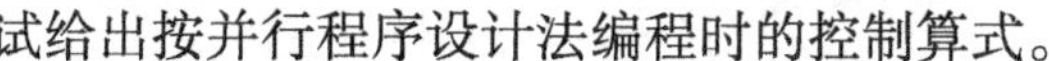

试给出按并行程序设计法编程时的控制算式。

5. 设计题

（1）如图 6-1 所示的计算机控制系统，已知 $G(z)=\frac{0.5z^{-1}}{1-0.5z^{-1}}$，采样周期 $T=1\text{s}$，试确定单位速度输入时最少拍控制器 $D(z)$，求系统输出在采样时刻的值。

（2）讨论上题已确定的控制器系统对单位阶跃输入与单位加速度输入的响应，用图形表示。说明了什么问题，如何解决?

（3）设广义被控对象的脉冲传递函数为

$$G(z)=\frac{3.68z^{-1}(1+0.718z^{-1})}{(1-z^{-1})(1-0.368z^{-1})}$$

采样周期 $T=1\text{s}$，单位速度输入时，试按最少拍设计，求 $D(z)$，$C(z)$，画出系统输出波形 $c(kT)$，并指出最少拍为几拍。

（4）某数字控制系统广义被控对象的脉冲传递函数为

$$G(z)=\frac{0.213z^{-1}(1+0.847z^{-1})}{(1-z^{-1})(1-0.6065z^{-1})}$$

采样周期 $T=1\text{s}$，试设计在单位阶跃输入作用下的最少拍无纹波控制器 $D(z)$。

（5）若 $W_{\mathrm{d}}(s)=\frac{2.1}{s^2(s+1.252)}$，采样周期 $T=1\text{s}$，试确定其对单位速度输入最少拍无纹波控制器 $D(z)$，用图形描述控制器输出 $u(kT)$，系统输出 $c(kT)$ 序列。

（6）若 $W_{\mathrm{d}}(s)=\frac{1}{4s+1}$，采样周期 $T=1\text{s}$，试确定其对单位阶跃输入最少拍无纹波控制器 $D(z)$，用图形描述控制器输出 $u(kT)$，系统输出 $c(kT)$ 序列。

（7）设广义被控对象的脉冲传递函数为 $G(z)=\frac{0.5z^{-1}}{1-0.5z^{-1}}$，试针对单位速度输入设计最少拍无纹波数字控制器，并计算数字控制器输出和系统输出。当参数变化，使得 $G(z)=\frac{0.6z^{-1}}{1-0.4z^{-1}}$ 时，若 $D(z)$ 保持不变，系统输出响应将如何变化?

（8）某控制系统的被控对象传递函数 $W_{\mathrm{d}}(s)=\frac{1}{s(s+1)}$，试用大林算法设计 $D(z)$，采样周期 $T=0.5\text{s}$。

（9）某数字控制器 $D(z)=\frac{2^{-4}}{1+z^{-1}+z^{-2}}$，试画出用直接程序设计法实现 $D(z)$ 的原理方框图。并用直接设计法作子程序，编写出实现 $D(z)$ 的程序。

第7章 模糊控制技术

“模糊”比“清晰”拥有更大的信息容量，内涵更丰富，更符合客观世界。模糊控制（Fuzzy Control）是以模糊集合论、模糊语言变量和模糊逻辑推理为基础的一种智能控制方法，它从行为上模仿人的模糊推理和决策过程。该方法首先将操作人员或专家经验编成模糊规则，然后将来自传感器的实时信号模糊化，将模糊化后的信号作为模糊规则的输入，完成模糊推理，将推理后得到的输出量通过清晰化处理加到执行器上。模糊控制技术是由模糊数学、计算机科学、人工智能、知识工程等多门学科相互渗透，且理论性很强的科学技术。本章介绍了模糊逻辑与模糊推理的基础内容，在此基础上论述了模糊控制技术的相关内容，并详细讨论了模糊控制器的设计。

7.1 模糊集合及模糊集合运算

7.1.1 模糊集合的概念

模糊集合（Fuzzy Sets）的概念是美国加利福尼亚大学著名教授 L. A. Zadeh 于 1965 年首先提出来的。模糊集合的引入，可将人的判断、思维过程用比较简单的数学形式直接表达出来。模糊集合理论为人类提供了能充分利用语言信息的有效工具，模糊集合是模糊控制的数学基础。

在人类的思维中，有许多模糊的概念，如大、小、冷、热等，这些概念都没有明确的内涵和外延，只能用模糊集合来描述；而有的概念具有清晰的内涵和外延，如闭合和断开。通常把前者叫作模糊集合，而后者叫作普通集合（或经典集合）。

被讨论的对象的全体称作论域，论域常用大写字母 U、X、Y、Z 等来表示。论域中的每个对象称为元素，元素常用小写字母 a、b、x、y 等来表示。给定一个论域，论域中具有某种相同属性的元素的全体称为模糊集合（即由同一集合中的部分元素组成一个新集合，也称模糊子集），集合常用大写字母 A、B、C 等来表示。

若论域用 X 表示，模糊集合用 A 表示，隶属度函数用 μ 表示，X 中的元素用 x 表示，则 $\mu_A(x)$ 表示 x 属于 A 的隶属度函数（Membership Function），隶属度函数反映了模糊集合中的元素属于该集合的程度，其值可在 0~1 之间连续变化。若 $\mu_A(x)$ 接近 1，表示 x 属于 A 的程度高；$\mu_A(x)$ 接近 0，表示 x 属于 A 的程度低。

7.1.2 模糊集合的表示方法

对于论域 X 上的模糊集合 A，有多种表达方式。表达的根本是将它所包含的元素及相应的隶属度函数表示出来。

1. Zadeh 表示法

当论域 X 为离散有限域 $\{x_1, x_2, \cdots, x_n\}$ 时，可表达为

$$A = \sum_{i=1}^{n} \frac{\mu_A(x_i)}{x_i} = \frac{\mu_A(x_1)}{x_1} + \frac{\mu_A(x_2)}{x_2} + \cdots + \frac{\mu_A(x_n)}{x_n} \tag{7-1}$$

式中，$\mu_A(x_i)/x_i$ 不代表“分式”，而是表示元素 x_i 对于集合 A 的隶属度 $\mu_A(x_i)$ 和元素 x_i 本身的对应关系；“+”号也不表示“加法”运算，而是表示在论域 X 上，组成模糊集合 A 的全体元素 $x_i(i=1,2,\cdots,n)$ 间排序与整体间的关系。

当论域 X 是连续有限域时，可表达为

$$A = \int_X \frac{\mu_A(x)}{x} \tag{7-2}$$

式中“$\int$”积分符号并不表示“求积分”运算，而是表示连续论域 X 上的元素 x 与隶属度 $\mu_A(x)$ 一一对应关系的总体集合。

2. 矢量表示法

矢量表示法又称向量表示法，即单独将论域 X 中的元素 $x_i(i=1,2,\cdots,n)$ 所对应的隶属度值 $\mu_A(x_i)$，按顺序写成矢量形式表示模糊集合，其形式为

$$A=[A(x_1),A(x_2),\cdots,A(x_n)] \tag{7-3}$$

注意：在矢量表示法中，矢量的顺序不能颠倒，隶属度为 0 的项也不能省略，必须依次列出。

3. 序偶表示法

将论域 X 中的元素 x_i 与其对应的隶属度值 $\mu_A(x_i)$ 组成序偶 $(x_i,\mu_A(x_i))$，则 A 可表示为

$$\begin{aligned} A &= \{(x_i,\mu_A(x_i)) \mid x_i \in X\} \\ &= \{(x_1,\mu_A(x_1)),(x_2,\mu_A(x_2)),\cdots,(x_n,\mu_A(x_n))\} \end{aligned} \tag{7-4}$$

4. 函数表示法

用隶属度函数曲线或表格形式表示一个模糊集合 A。

在模糊集合的表达式中，符号“/”“+”和“$\int$”不代表数学意义上的除号、加号和积分，它们是模糊集合的一种表示方式，表示“构成”或“属于”。

【例 7.1】 在整数 1，2，3，…，10 组成的论域中，即论域 $X=\{1, 2, 3, 4, 5, 6, 7, 8, 9, 10\}$，设 A 表示模糊集合“中等”，并设各元素的隶属度函数依次为

$$\mu_A(x)=\{0,0.1,0.4,0.8,1,1,0.8,0.4,0.1,0\}$$

这里，论域 X 是离散的，则模糊集合“中等”A 按 Zadeh 表示法可表示为

$$A = \sum_{i=1}^{10} \frac{\mu_A(x_i)}{x_i} = \frac{0}{1} + \frac{0.1}{2} + \frac{0.4}{3} + \frac{0.8}{4} + \frac{1}{5} + \frac{1}{6} + \frac{0.8}{7} + \frac{0.4}{8} + \frac{0.1}{9} + \frac{0}{10}$$

若采用矢量法 A 可表示为

$$A=[A(x_1),A(x_2),\cdots,A(x_{10})]=[0,0.1,0.4,0.8,1,1,0.8,0.4,0.1,0]$$

若采用序偶法 A 可表示为

$$A=\{(x_i,\mu_A(x_i))\mid x_i\in X\}$$
$$=\{(1,0),(2,0.1),(3,0.4),(4,0.8),(5,1),(6,1),(7,0.8),(8,0.4),(9,0.1),(10,0)\}$$

若采用函数描述法读者可自行画出。

7.1.3 模糊集合的基本运算

与经典集合一样，在模糊集合中也有“交”“并”“补”等基本运算。两个模糊集合之间的运算，实际上就是逐点对隶属度函数作相应运算。

1. 模糊集合的相等

若有两个模糊集合 A 和 B，对于所有的 $x\in X$，均有 $\mu_A(x)=\mu_B(x)$，则称模糊集合 A 与模糊集合 B 相等，记作

$$A=B \tag{7-5}$$

2. 模糊集合的包含

若有两个模糊集合 A 和 B，对于所有的 $x\in X$，均有 $\mu_A(x)\leqslant\mu_B(x)$，则称模糊集合 A 包含于 B，或称 A 是 B 的子集，记作

$$A\subseteq B \tag{7-6}$$

3. 模糊空集

若对于所有的 $x\in X$，均有 $\mu_A(x)=0$，则称 A 为模糊空集，记作

$$A=\varnothing \tag{7-7}$$

4. 模糊全集

若对于所有的 $x\in X$，均有 $\mu_A(x)=1$，则称 A 为模糊全集，记作

$$A=E \tag{7-8}$$

5. 模糊集合的并集

设有三个模糊集合 A、B 和 C，对于所有的 $x\in X$，均有

$$\mu_C(x)=\mu_A(x)\vee\mu_B(x)=\max[\mu_A(x),\mu_B(x)] \tag{7-9}$$

则称 C 为 A 与 B 的并集，记作

$$C=A\cup B \tag{7-10}$$

6. 模糊集合的交集

设有三个模糊集合 A、B 和 C，对于所有的 $x\in X$，均有

$$\mu_C(x)=\mu_A(x)\wedge\mu_B(x)=\min[\mu_A(x),\mu_B(x)] \tag{7-11}$$

则称 C 为 A 与 B 的交集，记作

$$C=A\cap B \tag{7-12}$$

7. 模糊集合的补集

设有两个模糊集合 A 和 B，对于所有的 $x\in X$，均有 $\mu_B(x)=1-\mu_A(x)$，则称 B 为 A 的补集，记作

$$B=\overline{A}=A^c \tag{7-13}$$

8. 模糊集合的直积

设有两个模糊集合 A 和 B，其论域分别为 X 和 Y，则定义在积空间 $X\times Y$ 上的模糊

集合 $A\times B$ 为 A 和 B 的直积，其隶属度函数为

$$\mu_{A\times B}(x,y)=\min[\mu_A(x),\mu_B(y)] \tag{7-14}$$

或者

$$\mu_{A\times B}(x,y)=\mu_A(x)\mu_B(y) \tag{7-15}$$

两个模糊集合直积的概念可以推广到多个集合。

【例 7.2】 设论域 $X=\{x_1,x_2,x_3,x_4\}$ 上的模糊集合 A 和 B 分别为

$$A=\frac{0.8}{x_2}+\frac{0.4}{x_3}+\frac{0.3}{x_4}$$

$$B=\frac{0.5}{x_1}+\frac{0.9}{x_2}+\frac{1}{x_3}+\frac{0.2}{x_4}$$

求 $A\cup B$，$A\cap B$，$\bar{A}$，$\bar{B}$。

解：

$$A\cup B=\frac{0\vee 0.5}{x_1}+\frac{0.8\vee 0.9}{x_2}+\frac{0.4\vee 1}{x_3}+\frac{0.3\vee 0.2}{x_4}$$

$$=\frac{0.5}{x_1}+\frac{0.9}{x_2}+\frac{1}{x_3}+\frac{0.3}{x_4}$$

$$A\cap B=\frac{0\wedge 0.5}{x_1}+\frac{0.8\wedge 0.9}{x_2}+\frac{0.4\wedge 1}{x_3}+\frac{0.3\wedge 0.2}{x_4}$$

$$=\frac{0.8}{x_2}+\frac{0.4}{x_3}+\frac{0.2}{x_4}$$

$$\bar{A}=\frac{1-0}{x_1}+\frac{1-0.8}{x_2}+\frac{1-0.4}{x_3}+\frac{1-0.3}{x_4}$$

$$=\frac{1}{x_1}+\frac{0.2}{x_2}+\frac{0.6}{x_3}+\frac{0.7}{x_4}$$

$$\bar{B}=\frac{1-0.5}{x_1}+\frac{1-0.9}{x_2}+\frac{1-1}{x_3}+\frac{1-0.2}{x_4}$$

$$=\frac{0.5}{x_1}+\frac{0.1}{x_2}+\frac{0.8}{x_4}$$

【例 7.3】 设论域 $X=\{x_1,x_2,x_3,x_4\}$，A、B 和 C 是论域上的 3 个模糊集合，已知

$$A=\frac{0.2}{x_1}+\frac{0.3}{x_2}+\frac{0.9}{x_3}+\frac{0.6}{x_4}$$

$$B=\frac{1}{x_2}+\frac{0.6}{x_3}+\frac{0.5}{x_4}$$

$$C=\frac{0.7}{x_1}+\frac{0.1}{x_2}+\frac{1}{x_3}+\frac{0.8}{x_4}$$

试求模糊集合 $R=A\cap B\cap C$，$S=A\cup B\cup C$ 和 $T=A\cup B\cap C$。

解：

$$R=\frac{0.2\wedge 0\wedge 0.7}{x_1}+\frac{0.3\wedge 1\wedge 0.1}{x_2}+\frac{0.9\wedge 0.6\wedge 1}{x_3}+\frac{0.6\wedge 0.5\wedge 0.8}{x_4}$$

$$=\frac{0.1}{x_2}+\frac{0.6}{x_3}+\frac{0.5}{x_4}$$

$$S=\frac{0.2\vee 0\vee 0.7}{x_1}+\frac{0.3\vee 1\vee 0.1}{x_2}+\frac{0.9\vee 0.6\vee 1}{x_3}+\frac{0.6\vee 0.5\vee 0.8}{x_4}$$

$$=\frac{0.7}{x_1}+\frac{1}{x_2}+\frac{1}{x_3}+\frac{0.8}{x_4}$$

$$T=\frac{0.2\vee 0\wedge 0.7}{x_1}+\frac{0.3\vee 1\wedge 0.1}{x_2}+\frac{0.9\vee 0.6\wedge 1}{x_3}+\frac{0.6\vee 0.5\wedge 0.8}{x_4}$$

$$=\frac{0.2}{x_1}+\frac{0.1}{x_2}+\frac{0.9}{x_3}+\frac{0.6}{x_4}$$

7.2 模糊关系及模糊关系运算

在日常生活中，常有“A与B很相似”“X比Y大很多”等描述模糊关系的语句。借助于模糊集合理论，可以定量地描述这些模糊关系。模糊关系是模糊数学的重要组成部分，当论域有限时，可用模糊矩阵表示模糊关系。

7.2.1 模糊关系的定义

描述客观事物间联系的数学模型称为关系。集合论中的关系精确描述了元素之间是否相关，而模糊集合论中的模糊关系则描述了元素之间相关的程度。普通二元关系是用简单的“有”或“无”来衡量事物之间的关系，因此无法用来衡量事物之间关系的程度。模糊关系是指多个模糊集合的元素间所具有的关系程度。模糊关系在概念上是普通关系的推广，普通关系则是模糊关系的特例。

定义：n元模糊关系R是定义在直积$X_1\times X_2\times\cdots\times X_n$上的模糊集合，可以表示为

$$R_{X_1\times X_2\times\cdots\times X_n}=\{((x_1,x_2,\cdots,x_n),\mu_R(x_1,x_2,\cdots,x_n))\mid(x_1,x_2,\cdots,x_n)\in X_1\times X_2\times\cdots\times X_n\}$$

$$=\int_{X_1\times X_2\times\cdots\times X_n}\mu_R(x_1,x_2,\cdots,x_n)/(x_1,x_2,\cdots,x_n) \tag{7-16}$$

$n=2$时称为二元模糊关系，应用较多。

【例7.4】 设X是实数集合，并且x，$y\in X$，对于“y比x大得多”的模糊关系R，其隶属度函数可以表示为

$$\mu_R(x,y)=\begin{cases}\dfrac{1}{1+\left(\dfrac{10}{y-x}\right)^2} & x<y\\ 0 & x\geqslant y\end{cases} \tag{7-17}$$

由式（7-17）可得，例如，$\mu_R(10,9)=0$，$\mu_R(9,10)=0.01$，$\mu_R(1,10)=0.45$，$\mu_R(1,100)=0.99$，等等。对于$\mu_R(1,100)=0.99$，说明当$x=1$，$y=100$时，“y比x大得多”的程度是0.99。

因为模糊关系也是模糊集合，所以它可用如上所述的表示模糊集合的方法来表示。

此外，有些情况下，还可以用矩阵和图的形式来更形象地加以描述。

7.2.2　模糊矩阵

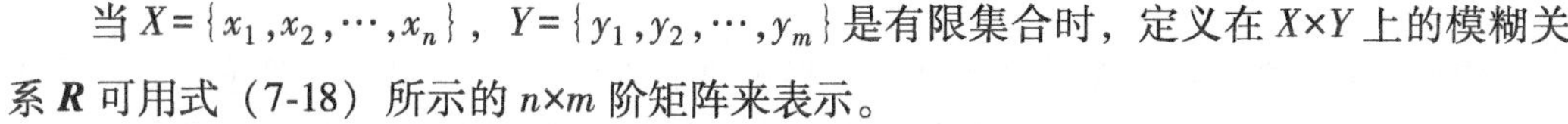

当 $X=\{x_1,x_2,\cdots,x_n\}$，$Y=\{y_1,y_2,\cdots,y_m\}$ 是有限集合时，定义在 $X\times Y$ 上的模糊关系 $\boldsymbol{R}$ 可用式（7-18）所示的 $n\times m$ 阶矩阵来表示。

$$\boldsymbol{R}=\begin{bmatrix}\mu_R(x_1,y_1) & \mu_R(x_1,y_2) & \cdots & \mu_R(x_1,y_m)\\ \mu_R(x_2,y_1) & \mu_R(x_2,y_2) & \cdots & \mu_R(x_2,y_m)\\ \vdots & \vdots & & \vdots\\ \mu_R(x_n,y_1) & \mu_R(x_n,y_2) & \cdots & \mu_R(x_n,y_m)\end{bmatrix} \tag{7-18}$$

这样的矩阵称为模糊矩阵，由于其元素均为隶属度函数，因此它们均在［0，1］中取值。

7.2.3　模糊矩阵的运算

为讨论模糊矩阵运算方便，设矩阵为 $n\times m$ 阶，即 $\boldsymbol{R}=[r_{ij}]_{n\times m}$，$\boldsymbol{S}=[s_{ij}]_{n\times m}$，则定义如下几种模糊矩阵的运算方式。

1. 模糊矩阵的相等

若 $r_{ij}=s_{ij}$，则 $\boldsymbol{R}=\boldsymbol{S}$。

2. 模糊矩阵的包含

若 $r_{ij}\leqslant s_{ij}$，则 $\boldsymbol{R}\subseteq\boldsymbol{S}$。

3. 模糊矩阵的并运算

若 $t_{ij}=r_{ij}\vee s_{ij}$，则 $\boldsymbol{T}=[t_{ij}]_{n\times m}$ 为 $\boldsymbol{R}$ 和 $\boldsymbol{S}$ 的并，记作

$$\boldsymbol{T}=\boldsymbol{R}\cup\boldsymbol{S} \tag{7-19}$$

4. 模糊矩阵的交运算

若 $t_{ij}=r_{ij}\wedge s_{ij}$，则 $\boldsymbol{T}=[t_{ij}]_{n\times m}$ 为 $\boldsymbol{R}$ 和 $\boldsymbol{S}$ 的交，记作

$$\boldsymbol{T}=\boldsymbol{R}\cap\boldsymbol{S} \tag{7-20}$$

5. 模糊矩阵的补运算

若 $t_{ij}=1-r_{ij}$，则 $\boldsymbol{T}=[t_{ij}]_{n\times m}$ 为 $\boldsymbol{R}$ 的补，记作

$$\boldsymbol{T}=\overline{\boldsymbol{R}}=\boldsymbol{R}^c \tag{7-21}$$

【例 7.5】　设 $\boldsymbol{R}=\begin{bmatrix}0.6 & 0.1\\0.5 & 0.8\end{bmatrix}$，$\boldsymbol{S}=\begin{bmatrix}0.5 & 0.9\\0.1 & 0.2\end{bmatrix}$，求 $\boldsymbol{R}\cup\boldsymbol{S}$，$\boldsymbol{R}\cap\boldsymbol{S}$ 和 $\overline{\boldsymbol{R}}$。

解：

$$\boldsymbol{R}\cup\boldsymbol{S}=\begin{bmatrix}0.6\vee0.5 & 0.1\vee0.9\\0.5\vee0.1 & 0.8\vee0.2\end{bmatrix}=\begin{bmatrix}0.6 & 0.9\\0.5 & 0.8\end{bmatrix}$$

$$\boldsymbol{R}\cap\boldsymbol{S}=\begin{bmatrix}0.6\wedge0.5 & 0.1\wedge0.9\\0.5\wedge0.1 & 0.8\wedge0.2\end{bmatrix}=\begin{bmatrix}0.5 & 0.1\\0.1 & 0.2\end{bmatrix}$$

$$\overline{R}=\begin{bmatrix}1-0.6 & 1-0.1\\1-0.5 & 1-0.8\end{bmatrix}=\begin{bmatrix}0.4 & 0.9\\0.5 & 0.2\end{bmatrix}$$

7.2.4　模糊关系的合成

模糊关系的合成运算在模糊控制中有很重要的应用。设 X、Y、Z 是论域，$\boldsymbol{R}$ 是 X 到 Y 的一个模糊关系，$\boldsymbol{S}$ 是 Y 到 Z 的一个模糊关系，则 $\boldsymbol{R}$ 到 $\boldsymbol{S}$ 的合成 $\boldsymbol{T}$ 也是一个模糊关系，记作

$$\boldsymbol{T}=\boldsymbol{R}\circ\boldsymbol{S} \tag{7-22}$$

其隶属度为

$$\mu_{\boldsymbol{R}\circ\boldsymbol{S}}(x,z)=\bigvee_{y\in Y}(\mu_{\boldsymbol{R}}(x,y)^{*}\mu_{\boldsymbol{S}}(y,z)) \tag{7-23}$$

其中“∨”是并的符号，它表示对所有 y 取极大值或上界值，“∗”是二项积的符号，因此上面的合成称为最大-星合成（Max-star Composition）。其中二项积算子“∗”可以定义为“交”“代数积”等几种运算。

若二项积采用求交运算，则

$$\boldsymbol{R}\circ\boldsymbol{S}\leftrightarrow\mu_{\boldsymbol{R}\circ\boldsymbol{S}}(x,z)=\bigvee_{y\in Y}(\mu_{\boldsymbol{R}}(x,y)\wedge\mu_{\boldsymbol{S}}(y,z)) \tag{7-24}$$

这时称为最大-最小合成（Max-min Composition），这是最常用的一种合成方法。

当论域 X、Y、Z 为有限时，模糊关系的合成可用模糊矩阵的合成来表示。设 $\boldsymbol{R}=[r_{ij}]_{n\times m}$，$\boldsymbol{S}=[s_{jk}]_{m\times l}$，$\boldsymbol{T}=[t_{ik}]_{n\times l}$，则

$$t_{ik}=\bigvee_{j=1}^{m}(r_{ij}\wedge s_{jk}) \tag{7-25}$$

【例 7.6】　已知模糊关系矩阵 $\boldsymbol{R}$ 和 $\boldsymbol{S}$ 分别为

$$\boldsymbol{R}=\begin{bmatrix}0.0 & 0.2 & 0.7\\0.6 & 0.3 & 0.1\\0.4 & 0.9 & 1.0\end{bmatrix},\ \boldsymbol{S}=\begin{bmatrix}0.6 & 0.8\\0.5 & 0.1\\1.0 & 0.4\end{bmatrix}$$

求 $\boldsymbol{R}\circ\boldsymbol{S}$。

解：按最大-最小合成规则得到

$$\boldsymbol{R}\circ\boldsymbol{S}=\begin{bmatrix}0.0 & 0.2 & 0.7\\0.6 & 0.3 & 0.1\\0.4 & 0.9 & 1.0\end{bmatrix}\circ\begin{bmatrix}0.6 & 0.8\\0.5 & 0.1\\1.0 & 0.4\end{bmatrix}$$

$$=\begin{bmatrix}(0.0\wedge0.6)\vee(0.2\wedge0.5)\vee(0.7\wedge1.0) & (0.0\wedge0.8)\vee(0.2\wedge0.1)\vee(0.7\wedge0.4)\\(0.6\wedge0.6)\vee(0.3\wedge0.5)\vee(0.1\wedge1.0) & (0.6\wedge0.8)\vee(0.3\wedge0.1)\vee(0.1\wedge0.4)\\(0.4\wedge0.6)\vee(0.9\wedge0.5)\vee(1.0\wedge1.0) & (0.4\wedge0.8)\vee(0.9\wedge0.1)\vee(1.0\wedge0.4)\end{bmatrix}$$

$$=\begin{bmatrix}0.0\vee0.2\vee0.7 & 0.0\vee0.1\vee0.4\\0.6\vee0.3\vee0.1 & 0.6\vee0.1\vee0.1\\0.4\vee0.5\vee1.0 & 0.4\vee0.1\vee0.4\end{bmatrix}$$

$$=\begin{bmatrix}0.7 & 0.4\\0.6 & 0.6\\1.0 & 0.4\end{bmatrix}$$

7.3 模糊逻辑与近似推理

7.3.1 语言变量

语言是人们进行思维和信息交流的重要工具。语言可分为两种：自然语言和形式语言。人们日常所用的语言属自然语言。事实上，正是模糊性使自然语言所包含的信息量更大，使用起来更灵活而不机械。通常的计算机语言是形式语言，形式语言有严格的语法规则和语义，不存在任何的模糊性和歧义。要使计算机能判断与处理带有模糊性的信息，提高计算机“智能度”，首先要构成一种语言系统，既能充分体现模糊性，又能被计算机所接受。由于模糊集的应用为系统地处理不清晰、不精确概念的方法提供了基础，这样就可以应用模糊集来表示语言变量。带模糊性的语言称为模糊语言，如：长、短、高、低、冷、热、大、小、较小、很小、极小等。在模糊控制中，关于偏差的模糊语言常见的有：正大、正中、正小、正零、负零、负小、负中、负大等。

语言变量是自然语言中的词或句，它的取值不是通常的数，而是用模糊语言表示的模糊集合。

L. A. Zadah 为语言变量作出了如下的定义：

语言变量由一个5元组$(x,T(x),U,G,M)$来表征。其中：x是变量的名称；$T(x)$是语言变量值的集合，每个语言变量值是定义在论域U上的一个模糊集合（模糊子集）；U是论域；G是语法规则，用以产生语言变量x的值的名称；M是语义规则，用于产生模糊集合的隶属度函数。

例如，若定义“速度”为语言变量，则T（速度）可能为

$$T(\text{速度})=\{\text{很慢},\text{慢},\text{适中},\text{稍快},\text{快}\cdots\}$$

上述每个模糊语言如慢、适中等是定义在论域U上的一个模糊集合。设论域$U=[0,160]$，则语法规则可认为大致低于60km/h为“慢”，80km/h左右为“适中”，大于100km/h以上为“快”，…。这些模糊集合可用图7-1所示的隶属度函数图来描述。

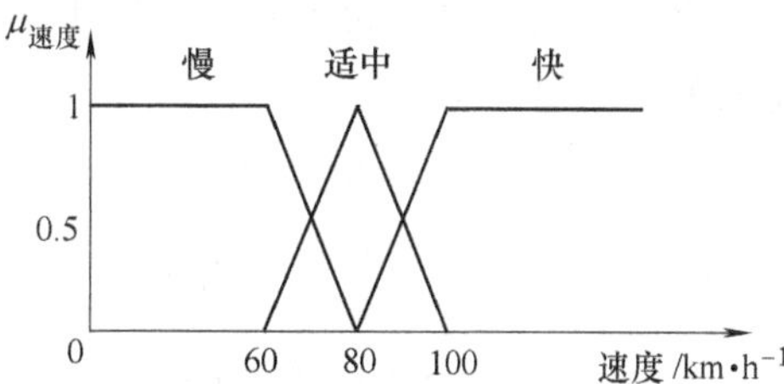

图7-1 模糊语言变量“速度”的隶属度函数

每个模糊语言相当于一个模糊集合（模糊子集），通常在模糊语言前面加上“极”“非常”“相当”“比较”“略”“稍微”等修饰词。这类用于加强或减弱语气的词可视为一种模糊算子，称为语气算子，相当于对原隶属度函数乘α次方，即μ^{α}。其中$\alpha>1$是加强语气，“极”“非常”“相当”等称为集中化算子；$\alpha<1$是减弱语气，“比较”“略”“稍微”等称为散漫化算子。这类修饰词改变了该模糊语言的含义，相应地隶属度函数也要改变。例如：设原来的模糊语言为A，其隶属度为μ_A，则通常有

$$\mu_{\text{极}A}=\mu_A^4,\qquad \mu_{\text{非常}A}=\mu_A^2,\qquad \mu_{\text{相当}A}=\mu_A^{1.25}$$

$$\mu_{比较A}=\mu_A^{0.75},\quad \mu_{略A}=\mu_A^{0.5},\quad \mu_{稍微A}=\mu_A^{0.25}$$

集中化算子使隶属度曲线趋于尖锐化，而且幂次越高越尖锐；相反，散漫化算子使隶属度曲线趋于平坦化，幂次越高越平坦。

7.3.2 模糊蕴含关系

在模糊控制中，模糊控制规则实质上是模糊蕴含关系。在模糊逻辑中有多种定义模糊蕴含的方法，在此针对控制的目的选择符合直觉判据的定义方法。

在模糊推理中有两类最主要的模糊蕴含推理方式：一类是广义取式（肯定前提）推理，又称广义肯定式推理或广义前向推理；另一类是广义拒式（肯定结论）推理，又称广义否定式推理或广义反向推理。

广义取式推理：

前提1：　如果 x 是 A，则 y 是 B

前提2：　x 是 A'

结论：　y 是 B'

广义拒式推理：

前提1：　如果 x 是 A，则 y 是 B

前提2：　y 是 B'

结论：　x 是 A'

其中，x 是论域 X 中的语言变量，它的值是 X 中的模糊集合 A、A'；而 y 是论域 Y 中的语言变量，它的值是 Y 中的模糊集合 B、B'。横线上方是前提或条件，横线下方是结论。广义取式推理和广义拒式推理都是通常所说的“三段论”，前提1（即所谓的“大前提”）是一条“if …，then …”形式的模糊规则，if 部分是规则的前提，then 部分是规则的结论，若已知规则的前提求结论，就是广义取式推理，若已知规则的结论求前提，则是广义拒式推理。

在上述的两类模糊蕴含推理方法中，模糊前提1：“如果 x 是 A，则 y 是 B”表示了 A 与 B 之间的模糊蕴含关系，记作 $A \to B$。在模糊逻辑控制中，常见的几种模糊蕴含关系运算方法如下。

（1）模糊蕴含最小运算（Mamdani）

$$R_c = A \to B = A \times B = \int_{X \times Y} \mu_A(x) \wedge \mu_B(y)/(x,y) \tag{7-26}$$

（2）模糊蕴含积运算（Larsen）

$$R_p = A \to B = A \times B = \int_{X \times Y} \mu_A(x)\mu_B(y)/(x,y) \tag{7-27}$$

（3）模糊蕴含算术运算（Zadeh）

$$R_a = A \to B = (\bar{A} \times Y) \oplus (X \times B) = \int_{X \times Y} 1 \wedge (1 - \mu_A(x) + \mu_B(y))/(x,y) \tag{7-28}$$

（4）模糊蕴含的最大最小运算（Zadeh）

$$R_m = A \to B = (A \times B) \cup (\bar{A} \times Y) = \int_{X \times Y} (\mu_A(x) \wedge \mu_B(y)) \vee (1 - \mu_A(x))/(x,y) \tag{7-29}$$

（5）模糊蕴含的布尔运算

$$R_b = A \to B = (\bar{A} \times Y) \cup (X \times B) = \int_{X \times Y} (1 - \mu_A(x)) \vee \mu_B(y)/(x,y) \tag{7-30}$$

7.3.3 句子连接关系的逻辑运算

1. 句子连接词“and”

在模糊逻辑控制中，常常使用如下的广义取式推理方式：

前提 1：　如果 x 是 A and y 是 B，则 z 是 C

前提 2：　x 是 A' and y 是 B'

结论：　　z 是 C'

与前面不同的是，这里模糊条件的假设部分是将模糊命题用“and”连接起来的。一般情况下可以有多个“and”将所有模糊命题连接在一起。

在前提 1 中的前提条件“x 是 A and y 是 B”可以看成是直积空间 $X\times Y$ 上的模糊集合，并记为 $A\times B$，其隶属度函数为

$$\mu_{A\times B}(x,y) = \min\{\mu_A(x), \mu_B(y)\} \tag{7-31}$$

或者

$$\mu_{A\times B}(x,y) = \mu_A(x)\mu_B(y) \tag{7-32}$$

这时的模糊蕴含关系可记为 $A\times B\to C$，其具体运算方法可如前面模糊蕴含关系那样计算。如

$$R_c = A \times B \to C = A \times B \times C = \int_{X \times Y \times Z} \mu_A(x) \wedge \mu_B(y) \wedge \mu_C(z)/(x,y,z) \tag{7-33}$$

2. 句子连接词“else”

在模糊逻辑控制中，经常有如下形式的模糊命题：

如果 x 是 A，则 y 是 B，else y 是 C

在此，“else”相当于对前提条件部分取非（补），上述命题等价于：

如果 x 是 A，则 y 是 B；如果 x 是非 A，则 y 是 C

这时的模糊蕴含关系可记为$(A\to B)\cup(\bar{A}\to C)$。

3. 句子连接词“also”

在模糊逻辑控制中，常常给出一系列的模糊控制规则，每一条规则都具有如下的形式：

如果 x 是 A_i and y 是 B_i，则 z 是 C_i　　　$(i=1,2,\cdots,n)$

这些规则之间无先后次序之分。连接这些子句的连接词用“also”表示。这就要求对于“also”的运算具有能够任意交换和任意结合的性质，求并和求交运算均能满足这样的要求。

下面对一些常见的模糊规则给出其模糊蕴含关系表达式。

“如果 x 是 A，则 y 是 B，else y 是 C”的模糊蕴含关系为

$$R=(A \to B) \cup (\bar{A} \to C)=(A \times B) \cup (\bar{A} \times C) \tag{7-34}$$

“如果 x 是 A and y 是 B，则 z 是 C” 的模糊蕴含关系为

$$R=A \times B \to C=A \times B \times C \tag{7-35}$$

“如果 x 是 A also B，则 y 是 C” 的模糊蕴含关系为

$$R=(A \cup B) \to C=(A \cup B) \times C \tag{7-36}$$

或者表达为

$$R=(A \cap B) \to C=(A \cap B) \times C \tag{7-37}$$

“如果 x 是 A and y 是 B，则 z 是 C，else z 是 D” 的模糊蕴含关系为

$$R=(A \times B \to C) \cup (\overline{A \times B} \to D)=(A \times B \times C) \cup (\overline{A \times B} \times D) \tag{7-38}$$

“如果 x 是 A and y 是 B and z 是 C，则 w 是 D” 的模糊蕴含关系为

$$R=A \times B \times C \to D=A \times B \times C \times D \tag{7-39}$$

【例 7.7】 设有论域 $X=\{x_1, x_2, x_3\}$，$Y=\{y_1, y_2\}$，$Z=\{z_1, z_2, z_3\}$，已知模糊集合为

$$A=\frac{0.7}{x_1}+\frac{0.2}{x_2}+\frac{1}{x_3}, \quad A \in X$$

$$B=\frac{0.3}{y_1}+\frac{0.8}{y_2}, \quad B \in Y$$

$$C=\frac{0.9}{z_1}+\frac{0.5}{z_2}+\frac{0.2}{z_3}, \quad C \in Z$$

求模糊规则“如果 x 是 A and y 是 B，则 z 是 C” 的模糊蕴含关系矩阵 $\boldsymbol{R}$。

解：

$$\boldsymbol{R}=\boldsymbol{A} \times \boldsymbol{B} \times \boldsymbol{C}$$

$$\boldsymbol{A} \times \boldsymbol{B}=\boldsymbol{A}^{\mathrm{T}} \wedge \boldsymbol{B}=\begin{bmatrix} 0.7 \\ 0.2 \\ 1 \end{bmatrix}_{3\times1} \wedge [0.3 \quad 0.8]_{1\times2}=\begin{bmatrix} 0.3 & 0.7 \\ 0.2 & 0.2 \\ 0.3 & 0.8 \end{bmatrix}_{3\times2}$$

将 $\boldsymbol{A} \times \boldsymbol{B}$ 按行展开写成列向量，即将二维变为一维进行降维处理，这样做是为了便于后续矩阵计算，则模糊蕴含关系矩阵 $\boldsymbol{R}$ 为

$$\boldsymbol{R}=(\boldsymbol{A} \times \boldsymbol{B}) \times \boldsymbol{C}=\begin{bmatrix} 0.3 \\ 0.7 \\ 0.2 \\ 0.2 \\ 0.3 \\ 0.8 \end{bmatrix}_{6\times1} \wedge [0.9 \quad 0.5 \quad 0.2]_{1\times3}=\begin{bmatrix} 0.3 & 0.3 & 0.2 \\ 0.7 & 0.5 & 0.2 \\ 0.2 & 0.2 & 0.2 \\ 0.2 & 0.2 & 0.2 \\ 0.3 & 0.3 & 0.2 \\ 0.8 & 0.5 & 0.2 \end{bmatrix}_{6\times3}$$

7.3.4 近似推理

推理是根据已知的一些命题，按照一定的法则，去推断出一个新命题的思维过程和思维方式。简言之，从已知条件求未知结果的思维过程就是推理。模糊逻辑推理是一种不确定性的推理方法，其基础是模糊逻辑，这种推理方法所得到的结论与人的思

维一致或接近，在实践中证明是有用的。模糊推理是一种以模糊判断为前提，运用模糊语言规则，推出一个新的近似的模糊判断结论的方法。模糊推理是一种近似推理，模糊推理又称近似推理，在此这两个术语不加区别地混用。对于广义取式推理，结论B'是根据模糊集合A'和模糊蕴含关系$A \to B$的合成推出来的，因此可得近似推理公式为

$$B' = A' \circ (A \to B) = A' \circ R \tag{7-40}$$

其中R为模糊蕴含关系，可采用上面所列举的几种运算方法中的任何一种，"∘"是合成运算符。

对于广义拒式推理，近似推理公式为

$$A' = (A \to B) \circ B' = R \circ B' \tag{7-41}$$

模糊推理方法有很多种，其本质仍然是一种合成推理方法，只不过对模糊蕴含关系取不同的形式而已。Mamdani推理法是一种在模糊控制中普遍使用的方法，Mamdani把模糊蕴含关系$A \to B$用A和B的直积表示，即

$$A \to B = A \times B \tag{7-42}$$

Mamdani推理法实质上就是采用最大-最小值合成推理法。下面结合常用到的模糊条件语句介绍Mamdani推理法，其他方法读者可自行推导。

1. if *A* then *B*

在现实生活中经常会遇到这样的语句："若室温较高，则开空调"。对于这一类型的模糊条件语句，其推理过程如下。

已知：蕴含关系$A \to B$和A'，求B'。采用的推理公式见式（7-40）和式（7-42）。

已知：蕴含关系$A \to B$和B'，求A'。采用的推理公式见式（7-41）和式（7-42）。

【例7.8】 对于某一系统，其蕴含关系为$A \to B$，且

$$A = \frac{0.3}{x_1} + \frac{0.7}{x_2} + \frac{0.5}{x_3} + \frac{1}{x_4}$$

$$B = \frac{0.8}{y_1} + \frac{0.2}{y_2} + \frac{0}{y_3} + \frac{1}{y_4}$$

求在输入$A' = \frac{0.1}{x_1} + \frac{0.9}{x_2} + \frac{0.6}{x_3} + \frac{0.2}{x_4}$时的输出$B'$。

解：

$$\boldsymbol{R} = \boldsymbol{A} \times \boldsymbol{B} = \boldsymbol{A}^{\mathrm{T}} \wedge \boldsymbol{B} = \begin{bmatrix} 0.3 \\ 0.7 \\ 0.5 \\ 1 \end{bmatrix} \wedge [0.8 \quad 0.2 \quad 0 \quad 1] = \begin{bmatrix} 0.3 & 0.2 & 0 & 0.3 \\ 0.7 & 0.2 & 0 & 0.7 \\ 0.5 & 0.2 & 0 & 0.5 \\ 0.8 & 0.2 & 0 & 1 \end{bmatrix}$$

$$\boldsymbol{B}' = \boldsymbol{A}' \circ \boldsymbol{R} = [0.1 \quad 0.9 \quad 0.6 \quad 0.2] \circ \begin{bmatrix} 0.3 & 0.2 & 0 & 0.3 \\ 0.7 & 0.2 & 0 & 0.7 \\ 0.5 & 0.2 & 0 & 0.5 \\ 0.8 & 0.2 & 0 & 1 \end{bmatrix}$$

$$= [0.7 \quad 0.2 \quad 0 \quad 0.7] = \frac{0.7}{y_1} + \frac{0.2}{y_2} + \frac{0}{y_3} + \frac{0.7}{y_4}$$

2. if A then B else C

已知：蕴含关系$(A \to B) \cup (\bar{A} \to C)$和$A'$，求$B'$。

推理过程如下。

$$R = (A \times B) \cup (\bar{A} \times C) \tag{7-43}$$

$$B' = A' \circ R \tag{7-44}$$

【例 7.9】 设论域$X = \{x_1, x_2, x_3\}$，$Y = \{y_1, y_2, y_3\}$，$Z = \{z_1, z_2, z_3\}$，按“if A then B else C”确定蕴含关系，已知

$$A = \frac{0.2}{x_1} + \frac{0.5}{x_2} + \frac{0.9}{x_3}$$

$$B = \frac{1}{y_1} + \frac{0.6}{y_2} + \frac{0.1}{y_3}$$

$$C = \frac{0.6}{z_1} + \frac{0.5}{z_2} + \frac{0.4}{z_3}$$

求在输入为$A' = \frac{0.3}{x_1} + \frac{0.5}{x_2} + \frac{1}{x_3}$时的输出$B'$。

解：根据推理方法应先求模糊关系矩阵$\boldsymbol{R}$，即：$\boldsymbol{R} = (\boldsymbol{A} \times \boldsymbol{B}) \cup (\bar{\boldsymbol{A}} \times \boldsymbol{C})$

由A可求出$\bar{A}$为

$$\bar{A} = \frac{0.8}{x_1} + \frac{0.5}{x_2} + \frac{0.1}{x_3}$$

因此可得

$$\boldsymbol{A} \times \boldsymbol{B} = \boldsymbol{A}^{\mathrm{T}} \wedge \boldsymbol{B} = \begin{bmatrix} 0.2 \\ 0.5 \\ 0.9 \end{bmatrix} \wedge [1 \quad 0.6 \quad 0.1] = \begin{bmatrix} 0.2 & 0.2 & 0.1 \\ 0.5 & 0.5 & 0.1 \\ 0.9 & 0.6 & 0.1 \end{bmatrix}$$

$$\bar{\boldsymbol{A}} \times \boldsymbol{C} = \bar{\boldsymbol{A}}^{\mathrm{T}} \wedge \boldsymbol{C} = \begin{bmatrix} 0.8 \\ 0.5 \\ 0.1 \end{bmatrix} \wedge [0.6 \quad 0.5 \quad 0.4] = \begin{bmatrix} 0.6 & 0.5 & 0.4 \\ 0.5 & 0.5 & 0.4 \\ 0.1 & 0.1 & 0.1 \end{bmatrix}$$

$$\boldsymbol{R} = (\boldsymbol{A} \times \boldsymbol{B}) \cup (\bar{\boldsymbol{A}} \times \boldsymbol{C}) = \begin{bmatrix} 0.2 & 0.2 & 0.1 \\ 0.5 & 0.5 & 0.1 \\ 0.9 & 0.6 & 0.1 \end{bmatrix} \vee \begin{bmatrix} 0.6 & 0.5 & 0.4 \\ 0.5 & 0.5 & 0.4 \\ 0.1 & 0.1 & 0.1 \end{bmatrix} = \begin{bmatrix} 0.6 & 0.5 & 0.4 \\ 0.5 & 0.5 & 0.4 \\ 0.9 & 0.6 & 0.1 \end{bmatrix}$$

则输出$\boldsymbol{B}'$为

$$\boldsymbol{B}' = \boldsymbol{A}' \circ \boldsymbol{R} = [0.3 \quad 0.5 \quad 1] \circ \begin{bmatrix} 0.6 & 0.5 & 0.4 \\ 0.5 & 0.5 & 0.4 \\ 0.9 & 0.6 & 0.1 \end{bmatrix} = [0.9 \quad 0.6 \quad 0.4] = \frac{0.9}{y_1} + \frac{0.6}{y_2} + \frac{0.4}{y_3}$$

3. if A and B then C

已知：蕴含关系$A \times B \to C$以及A'和B'，求C'。

推理过程如下。

根据 Mamdani 推理方法，$A \in X$，$B \in Y$，$C \in Z$是三元模糊关系，其关系矩阵$\boldsymbol{R}$为

$$R=(A\times B)\times C \tag{7-45}$$

当已知输入 A'、B'时，则输出 C'为

$$C'=(A'\times B')\circ R \tag{7-46}$$

【例 7.10】 设论域 $X=\{x_1,x_2,x_3\}$，$Y=\{y_1,y_2,y_3\}$，$Z=\{z_1,z_2,z_3\}$，已知

$$A=\frac{0.3}{x_1}+\frac{1}{x_2}+\frac{0.7}{x_3}$$

$$B=\frac{1}{y_1}+\frac{0}{y_2}+\frac{0.5}{y_3}$$

$$C=\frac{0.8}{z_1}+\frac{0.1}{z_2}+\frac{0}{z_3}$$

试确定“if A and B then C”所决定的模糊蕴含关系 R，以及输入 $A'=\frac{0.1}{x_1}+\frac{0.4}{x_2}+\frac{0.8}{x_3}$和 $B'=\frac{0.3}{y_1}+\frac{0}{y_2}+\frac{0.7}{y_3}$时所决定的输出 C'。

解：根据推理方法，应先求模糊关系 $\boldsymbol{R}$，且 $\boldsymbol{R}$ 为

$$\boldsymbol{R}=(\boldsymbol{A}\times\boldsymbol{B})\times\boldsymbol{C}$$

先求 $\boldsymbol{A}\times\boldsymbol{B}$ 有

$$\boldsymbol{R}_1=\boldsymbol{A}\times\boldsymbol{B}=\boldsymbol{A}^{\mathrm{T}}\wedge\boldsymbol{B}=\begin{bmatrix}0.3\\1\\0.7\end{bmatrix}\wedge[1\quad 0\quad 0.5]=\begin{bmatrix}0.3&0&0.3\\1&0&0.5\\0.7&0&0.5\end{bmatrix}$$

将 $\boldsymbol{R}_1$ 按行展开写成列向量 $\boldsymbol{R}'$后，可求得 $\boldsymbol{R}$ 为

$$\boldsymbol{R}=\boldsymbol{R}'\times\boldsymbol{C}=\begin{bmatrix}0.3\\0\\0.3\\1\\0\\0.5\\0.7\\0\\0.5\end{bmatrix}\wedge[0.8\quad 0.1\quad 0]=\begin{bmatrix}0.3&0.1&0\\0&0&0\\0.3&0.1&0\\0.8&0.1&0\\0&0&0\\0.5&0.1&0\\0.7&0.1&0\\0&0&0\\0.5&0.1&0\end{bmatrix}$$

再求 $\boldsymbol{A}'\times\boldsymbol{B}'$得

$$\boldsymbol{A}'\times\boldsymbol{B}'=\boldsymbol{A}'^{\mathrm{T}}\wedge\boldsymbol{B}'=\begin{bmatrix}0.1\\0.4\\0.8\end{bmatrix}\wedge[0.3\quad 0\quad 0.7]=\begin{bmatrix}0.1&0&0.1\\0.3&0&0.4\\0.3&0&0.7\end{bmatrix}$$

将 $\boldsymbol{A}'\times\boldsymbol{B}'$按行展开写成行向量为

$$\boldsymbol{R}_2=[0.1\quad 0\quad 0.1\quad 0.3\quad 0\quad 0.4\quad 0.3\quad 0\quad 0.7]$$

故

$$C' = R_2 \circ R = [0.1 \quad 0 \quad 0.1 \quad 0.3 \quad 0 \quad 0.4 \quad 0.3 \quad 0 \quad 0.7] \circ \begin{bmatrix} 0.3 & 0.1 & 0 \\ 0 & 0 & 0 \\ 0.3 & 0.1 & 0 \\ 0.8 & 0.1 & 0 \\ 0 & 0 & 0 \\ 0.5 & 0.1 & 0 \\ 0.7 & 0.1 & 0 \\ 0 & 0 & 0 \\ 0.5 & 0.1 & 0 \end{bmatrix}$$

$$= [0.5 \quad 0.1 \quad 0] = \frac{0.5}{z_1} + \frac{0.1}{z_2} + \frac{0}{z_3}$$

7.4　模糊控制系统的结构及其工作原理

模糊控制系统是一种自动控制系统，它以模糊数学、模糊语言形式的知识表示和模糊逻辑的规则推理为理论基础，采用计算机控制技术构成一种具有反馈通道的闭环结构的数字控制系统。它的组成核心是具有智能性的模糊控制器，这也是它与其他自动控制系统的不同之处，因此，模糊控制系统无疑也是一种智能控制系统。

7.4.1　模糊控制系统的基本组成

模糊控制算法是一种新型的计算机数字控制算法，因此，模糊控制系统具有数字控制系统的一般结构形式，其系统组成如图 7-2 所示。

由图 7-2 可见，模糊控制系统主要由以下 4 部分组成。

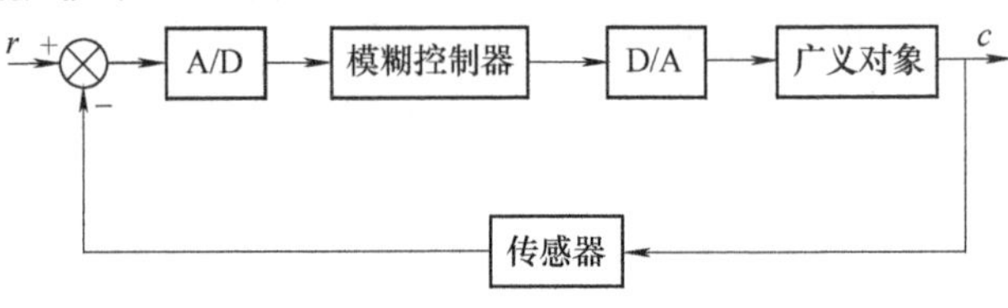

图 7-2　模糊控制系统的组成

1. 模糊控制器

它是整个系统的核心，实际上是一台计算机，主要完成输入量的模糊化、模糊关系运算、模糊决策以及决策结果的清晰化处理（反模糊化）等重要过程。可以说，一个模糊控制系统性能指标的优劣在很大程度上取决于模糊控制器的“聪明”程度。

2. 输入/输出接口电路

在实际系统中，由于多数被控对象的控制量及其可观测状态量是模拟量，因此，模糊控制系统与全数字控制系统或混合控制系统一样，通常具有模/数（A/D）和数/模（D/A）转换单元。反馈通道的 A/D 转换把传感器检测到的反映被控对象输出量大小的模拟量转换成计算机可以接受的数字量，送到模糊控制器进行运算；D/A 转换把模糊控制器输出的数字量转换成与之成比例的模拟量，控制执行机构的动作。选择 A/D 或 D/A 转换器主要应考虑转换精度、转换时间以及性能价格等因素。

3. 广义对象

广义对象包括执行机构和被控对象。常见的执行机构包括电磁阀、伺服电动机等。

被控对象可以是线性的，也可以是非线性的，可以是定常的，也可以是时变的。对于那些难以建立精确数学模型的复杂对象，更适宜采用模糊控制。

4. 传感器

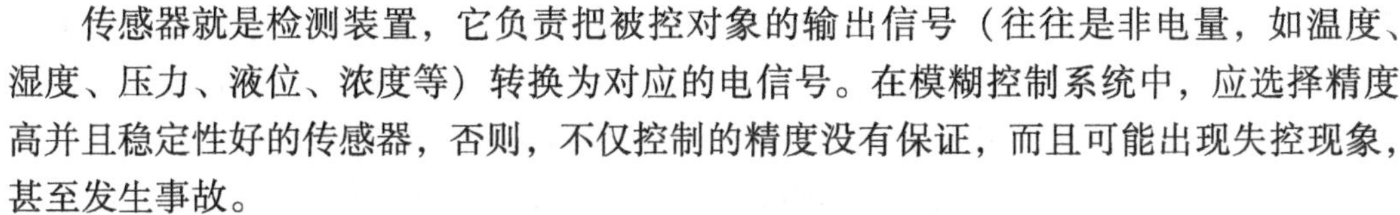

传感器就是检测装置，它负责把被控对象的输出信号（往往是非电量，如温度、湿度、压力、液位、浓度等）转换为对应的电信号。在模糊控制系统中，应选择精度高并且稳定性好的传感器，否则，不仅控制的精度没有保证，而且可能出现失控现象，甚至发生事故。

7.4.2　模糊控制系统的工作原理

模糊控制系统的核心部分是模糊控制器，模糊控制器的控制规律一般由计算机的程序实现。以1步模糊控制算法为例，参见图7-2，实现过程是这样的：计算机经采样获取被控量的精确值，然后将此量与给定值比较得到偏差信号E。一般选取偏差信号E作为模糊控制器的一个输入量。把偏差信号E的精确量进行模糊化变成模糊量，偏差E的模糊量可用相应的模糊语言表示。至此，得到了偏差E的模糊语言集合的一个子集e（e其实是一个模糊向量）。再由e和模糊控制规则R（模糊蕴含关系），根据模糊推理的合成规则进行模糊决策，得到模糊控制量u为

$$u=e\circ R \tag{7-47}$$

式中，u是一个模糊量。

为了对被控对象施加精确的控制，还需要将模糊量u转换为精确量，这一步骤称为清晰化处理（亦称反模糊化）。得到了精确的数字控制量后，经D/A转换变为精确的模拟量送给执行机构，对被控对象进行1步控制。然后，等待第2次采样，进行第2步控制。这样循环下去，就实现了对被控对象的模糊控制。

可见，模糊控制的基本算法可概括为4个步骤。

1）根据本次采样得到的系统输出值，计算所选择的系统输入变量。

2）将输入变量的精确值变为模糊量。

3）根据输入变量（模糊量）及模糊控制规则，按模糊推理合成规则计算控制量（模糊量）。

4）由上述得到的控制量（模糊量）计算精确的控制量。

7.4.3　模糊控制的特点

模糊控制是控制领域中非常有发展前途的一个分支，这是由于模糊控制具有许多传统控制无法比拟的优点，其中主要有如下几点。

1. 不需要建立精确的数学模型

模糊控制是一种基于规则的控制，它直接采用语言型控制规则，出发点是现场操作人员的控制经验或相关专家的知识，在设计中不需要建立被控对象的精确的数学模型，因而使得控制机理和策略易于接受与理解，设计简单，便于应用。不依赖于对象的数学模型，对无法建模或很难建模的复杂对象，也能利用人的经验知识来设计模糊控制器完成控制任务。

2. 开发方便、迅速

使用模糊逻辑控制，不必对被控对象了解非常清楚就可开始设计、调试控制系统，可先从近似的模糊子集和规则开始调试，再一步步调整参数以优化系统。模糊推理过程中的各个部件在功能上是独立的，因而可以简单地修改控制系统。比如可加入规则或输入变量，而不必改变整体设计，但对于常规的控制系统，加入一个输入变量将改变整个控制算法。在开发模糊控制系统时，设计者可集中精力于功能目标，而不是分析数学模型，因而有更多的时间去增强和分析系统，使系统更早投入使用。

3. 智能化，使用方便

模糊控制是基于启发性的知识及语言决策规则设计的，这有利于模拟人工控制的过程和方法，增强控制系统的适应能力，使之具有一定的智能水平。对于具有一定操作经验、非控制专业的操作者，模糊控制方法易于掌握。操作人员易于通过人的自然语言进行人机界面联系，这些模糊条件语句很容易加入到过程的控制环节上。

4. 适应性强

由工业过程的定性认识出发，比较容易建立语言控制规则，因而模糊控制对那些数学模型难以获取、动态特性不易掌握或变化非常显著的对象非常适用。模糊控制是一种非线性控制方法，工作范围宽，适用范围广，特别适合于非线性系统的控制。

5. 可靠性高

模糊控制具有内在的并行处理机制，表现出极强的鲁棒性，对被控对象的特性变化不敏感，模糊控制器的设计参数容易选择调整。模糊控制系统的鲁棒性强，干扰和参数变化对控制效果的影响被大大减弱，尤其适合于非线性、时变及纯滞后系统的控制。

由于模糊控制系统对于外界环境的变化并不敏感，所以它具有较高的鲁棒性，而同时仍能保持足够的灵敏度。通常，响应迅速、调整得好的系统，同时也对外界变化十分敏感；反过来，使一个系统不受外界变化的影响，也就意味着降低灵敏度。对于模糊逻辑，可以使一个系统既有非常高的鲁棒性，又有很高的灵敏度。

模糊逻辑由许多相互独立的规则组成，它的输出是各条规则的合并结果，因此即使一条规则出问题，其他规则可经常对它进行补偿，所以，系统可能工作得不太优化，但仍能起作用；并且，即便系统的工作环境发生变化，模糊规则仍能经常保持正确。而对于采用数学模型的控制系统，参数变化后，必须重新调整计算公式。

6. 性能优良

基于模型的控制算法及系统设计方法，由于出发点和性能指标的不同，容易导致较大差异；但一个系统语言控制规则却具有相对的独立性，利用这些控制规律间的模糊连接，容易找到折中的选择，使控制效果优于常规控制器。

7.5 模糊控制器设计

模糊控制器是模糊控制系统的核心，因而设计和调整模糊控制器及其参数是模糊控制系统设计中一项很重要的工作。

7.5.1　模糊控制器的基本结构

模糊控制器的基本结构如图 7-3 所示，主要由模糊化、知识库、模糊推理、清晰化 4 部分组成。

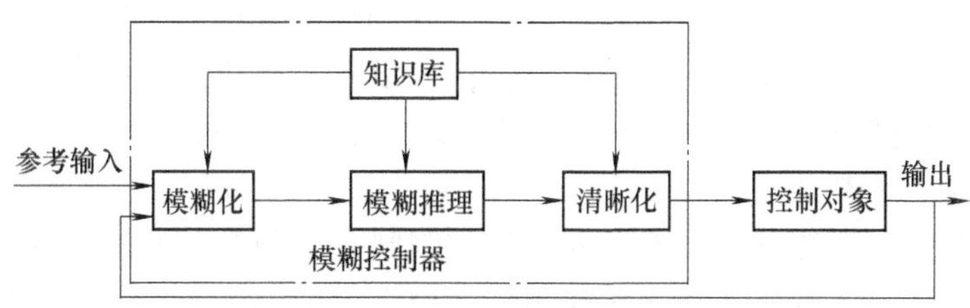

图 7-3　模糊控制器的基本结构

1. 模糊化

模糊控制器的输入必须通过模糊化才能用于控制输出，因此，它实际上是模糊控制器的输入接口，其主要作用是将输入的精确量转换成模糊化量，具体过程为：

1）对输入量进行处理变成模糊控制器要求的输入量，比如先计算 $e=r-c$ 和 $ec=\mathrm{d}e/\mathrm{d}t$，然后将偏差 e 或其导数 ec 作为模糊控制器的输入量。

2）将已处理过的输入量进行尺度变换（量化），使其变换到各自的论域范围。

3）将已变换到论域范围的输入量进行模糊处理，使原先精确的输入量变成模糊量，并用相应的模糊集合来表示。

2. 知识库

知识库中包含了具体应用领域的知识和要求的控制目标，通常由数据库和模糊控制规则库两部分组成。

1）数据库主要包括各语言变量的隶属度函数、尺度变换因子以及模糊空间的分级数等。

2）规则库包括了用模糊语言变量表示的一系列控制规则，反映了控制专家的经验和知识。

3. 模糊推理

模糊推理是模糊控制器的核心，具有模拟人的基于模糊概念的推理能力。该推理过程是基于模糊逻辑中的蕴含关系及推理合成规则进行的。

4. 清晰化（反模糊化）

清晰化的作用是将模糊推理得到的控制量（模糊量）变换为实际用于控制的清晰量，包括以下两部分内容。

1）将模糊的控制量经清晰化变换变成表示在论域范围的清晰量。

2）将表示在论域范围的清晰量经尺度变换变成实际的控制量。

模糊控制系统仿真框图的建立

7.5.2　模糊控制器的设计要求

一般而言，设计模糊控制器主要包括以下几项内容。

1）确定模糊控制器的输入变量和输出变量。

2）归纳和总结模糊控制器的控制规则。

3）确定模糊化和清晰化的方法。

4）选择论域并确定有关参数。

5）模糊控制器的软、硬件实现。

如前所述，模糊控制器是一种利用人的直觉和经验设计的专家控制系统，设计时不是用数学解析模型来描述受控系统的特性，故没有一个成熟而固定的设计过程和方法。尽管如此，仍然可以总结出以下供参考的原则性设计步骤。

（1）定义输入和输出变量

首先要决定受控系统有哪些输入的操作控制状态必须被监测和哪些输出的控制作用是必需的。例如，温度控制器就必须测量受控系统的温度与设定值相比较以得到偏差值，进而决定加热操作量的大小。由此，模糊温度控制器就必须定义系统的温度为输入变量，而把加热操作量作为输出变量。

（2）定义所有变量的模糊化条件

根据受控系统的实际情况，确定输入变量的测量范围和输出变量的控制作用范围，以进一步确定每个变量的论域；然后再安排每个变量的语言术语及其相对应的隶属度函数。

（3）设计控制规则库

这是一个把专家知识和熟练操作者的经验转换为用语言表达的模糊控制规则的过程。

（4）设计模糊推理结构

这一部分可以设计成在通用的计算机或者单片机上用不同推理算法的软件程序来实现，也可采用专门设计的模糊推理硬件集成电路芯片来实现。

（5）选择反模糊化的方法

为了得到确切的控制值，就必须对从模糊推理获得的模糊输出量进行转换，这个过程称作反模糊判决，这实际上是要在一组输出量中找到一个有代表性的值，或者说要对推荐的不同输出量进行仲裁判决。

7.5.3 模糊控制器的结构设计

在确定性控制系统中，根据输入变量和输出变量的个数，可分为单变量控制系统和多变量控制系统。在模糊控制系统中，也可类似地划分为单变量模糊控制器和多变量模糊控制器。

1. 单变量模糊控制器

常规的模糊控制器为单变量模糊控制器（Single Variable Fuzzy Controller，SVFC），它有一个独立的外部输入变量和一个输出变量，而单变量模糊控制器输入变量的个数称为模糊控制器的维数，如图 7-4 所示。

（1）一维模糊控制器

如图 7-4a 所示，一维模糊控制器的输入变量一般选择为被控变量与设定值之差，即偏差 e。由于仅仅采用偏差值，很难反映过程的动态特征品质，因此，所能获得的动态性能并不能完全令人满意。这种一维模糊控制器往往用于一阶被控对象。

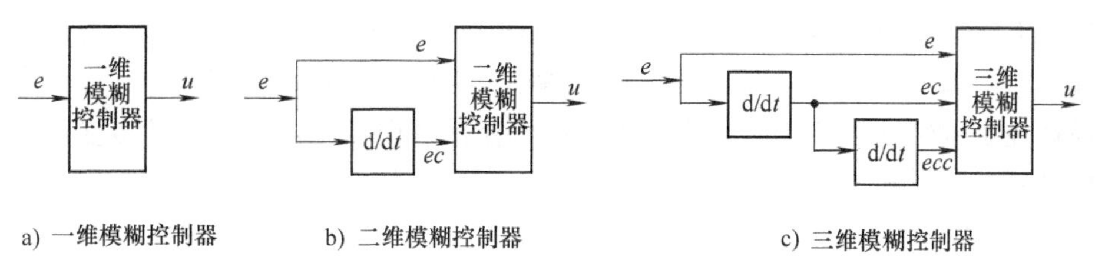

图 7-4 单变量模糊控制器

（2）二维模糊控制器

如图 7-4b 所示，二维模糊控制器的 2 个输入变量一般选择为偏差 e 和偏差的变化率 ec。由于它们能够较严格地反映控制过程中输出量的动态特性，因此在控制效果上要比一维控制器好得多，这是最典型的模糊控制器，也是目前应用较广泛的一类模糊控制器。

（3）三维模糊控制器

如图 7-4c 所示，三维模糊控制器的 3 个输入变量可以选择为偏差 e、偏差变化率 ec 和 e 的积分 $\int e\mathrm{d}t$，也可以选择偏差 e、偏差变化率 ec 和偏差变化的变化率 ecc。三维模糊控制器能得到更好的控制性能，但由于这种模糊控制器结构复杂，运算量大，推理时间长，尤其是完备的控制规则库难以建立，因为人对具体被控对象进行控制的逻辑思维通常不超过三维，三维输入规则的建立也是比较复杂和困难的，所以，除非对动态特性要求特别高的场合外，一般较少选用三维模糊控制器。

上述 3 类模糊控制器的输出变量，均选择了控制量 u。从理论上讲，模糊控制系统所选用的模糊控制器维数越高，系统的控制精度也就越高。但是维数选择太高，模糊控制规律就过于复杂，基于模糊合成推理的控制算法的计算机实现也就更困难，这是人们在实际模糊控制系统时多采用二维控制器的原因。在需要时，为了获得较好的上升段特性和改善控制器的动态品质，也可以对模糊控制器的输出量进行分段选择，即在偏差 e“大”时，以控制量的值为输出；而当偏差 e“小”或“中等”时，则以控制量的增量为输出。

2. 多变量模糊控制器

多变量模糊控制器（Multiple Variable Fuzzy Controller，MVFC）所采用的模糊控制器具有多变量结构，如图 7-5 所示。

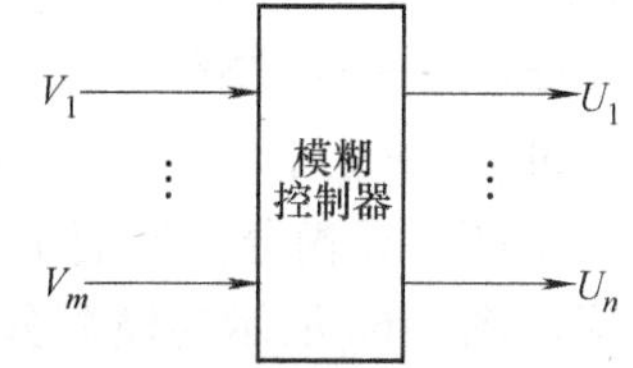

图 7-5 多变量模糊控制器

多变量模糊控制器有多个独立的输入变量和一个或多个输出变量。多变量模糊控制器变量多，如果每个输入变量又可引出各自的偏差、偏差变化率甚至偏差的积分等输入量，那么模糊控制器的输入个数将会更多，对应的模糊控制规则的推理语句维数随着输入变量的增加呈指数增加，直接建立这种系统的控制规则是非常困难的，因此，多变量系统模糊控制器的设计一般要进行结构分解，或进行降维处理，分解为多个简单模糊控制器的组合形式。例如，可利用模糊控制器本身的解耦特点，通过模糊关系方程求解，在控

制器结构上实现解耦，即将一个多输入、多输出（MIMO）的模糊控制器，分解成若干个多输入、单输出（MISO）或单输入、单输出（SISO）的模糊控制器，这样可采用单变量模糊控制方法进行设计。本节主要讲述单变量模糊控制器，它也是多变量模糊控制器的基础。

7.5.4 精确输入量的模糊化

1. 输入量变换

对于实际的输入量，第 1 步要进行尺度变换，将其变换到要求的论域范围内。变换的方法可以是线性的，也可以是非线性的。例如，对于线性变换，设实际的输入量为 x_0^*，其变化范围为$[x_{min}^*, x_{max}^*]$，若要求的论域为$[x_{min}, x_{max}]$，则

$$x_0 = \frac{x_{min}+x_{max}}{2} + k\left(x_0^* - \frac{x_{max}^*+x_{min}^*}{2}\right) \tag{7-48}$$

$$k = \frac{x_{max}-x_{min}}{x_{max}^*-x_{min}^*} \tag{7-49}$$

其中 k 称为比例因子（或称量化因子、量化系数）。若输入量范围及论域范围具有以 0 为对称的界线，则线性变换及比例因子 k 计算很简单。论域可以是连续的，也可以是离散的。若要求离散的论域，则需要将连续的论域离散化或量化。量化可以是均匀的，也可以是非均匀的。

为实现模糊控制器的标准化设计，目前在实际中常用的处理方法是 Mamdani 提出的方法：把偏差 E 的变化范围（论域）设定为［-6，+6］区间连续变化量，使之离散化，构成含 13 个整数元素的离散集合｛-6，-5，-4，-3，-2，-1，0，1，2，3，4，5，6｝。实际上上述非对称型也可用 1~13 取代-6~+6。

2. 输入和输出空间的模糊分割

模糊控制规则中前提的语言变量构成模糊输入空间，结论的语言变量构成模糊输出空间。每个语言变量的取值为一组模糊语言名称，它们构成了语言名称的集合。每个语言名称对应一个模糊集合。对于每个语言变量，其取值的模糊集合具有相同的论域。模糊分割就是要确定对于每个语言变量取值的模糊语言名称的个数。模糊分割的个数决定了模糊控制精细化的程度。这些语言名称通常具有一定的含义，例如：NB（Negative Big）——负大，NM（Negative Medium）——负中，NS（Negative Small）——负小，ZE（Zero）——零或 NZ（Negative Zero）——负零和 PZ（Positive Zero）——正零，PS（Positive Small）——正小，PM（Positive Medium）——正中，PB（Positive Big）——正大。图 7-6 表示了两个模糊分割的例子，论域均为［-1，+1］，隶属度函数的形状为三角形或梯形。图 7-6a 所示为模糊分割较粗的情况，图 7-6b为模糊分割较细的情况。图中所示的论域为正则化（Normalization）的情况，即 $x\in[-1,+1]$，且模糊分割是完全对称的。

模糊分割的个数还决定最大可能的模糊规则的个数。例如，对于两输入、单输出的模糊系统，若输入 x 和 y 的模糊分割数分别为 3 和 7，则最大可能的规则数为 3×7=21。模糊分割数越多，控制规则越多。模糊分割不可太细（分割数多），否则需要确定太多

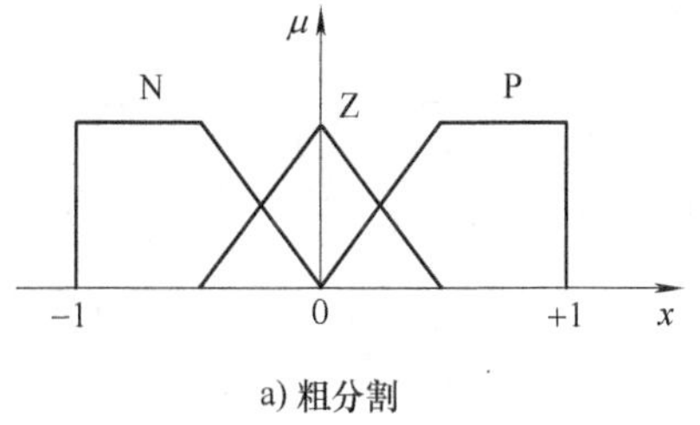

a) 粗分割

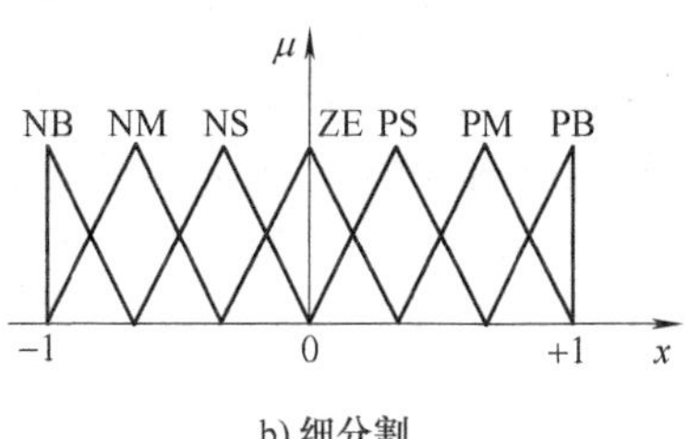

b) 细分割

图 7-6 模糊分割的图形表示

的控制规则，使控制复杂，难以实时控制；同时模糊分割数也不可太小，否则控制太粗略，难以对控制性能进行精心的调整。目前确定模糊分割数尚无指导性的方法和步骤，主要靠经验和试凑。

3. 模糊集合的隶属度函数

根据论域为离散和连续的不同情况，隶属度函数的描述有数值描述和函数描述两种方法。

（1）数值描述方法

对于论域为离散且元素个数为有限时，可以用向量（对于每个模糊子集）或者表格的形式表示模糊集合的隶属度函数。表 7-1 给出了用表格表示的一个例子。

表 7-1 数值方法描述的隶属度

	-6	-5	-4	-3	-2	-1	0	1	2	3	4	5	6
NB	1.0	0.7	0.3	0.0	0.0	0.0	0.0	0.0	0.0	0.0	0.0	0.0	0.0
NM	0.3	0.7	1.0	0.7	0.3	0.0	0.0	0.0	0.0	0.0	0.0	0.0	0.0
NS	0.0	0.0	0.3	0.7	1.0	0.7	0.3	0.0	0.0	0.0	0.0	0.0	0.0
ZE	0.0	0.0	0.0	0.0	0.3	0.7	1.0	0.7	0.3	0.0	0.0	0.0	0.0
PS	0.0	0.0	0.0	0.0	0.0	0.0	0.3	0.7	1.0	0.7	0.3	0.0	0.0
PM	0.0	0.0	0.0	0.0	0.0	0.0	0.0	0.0	0.3	0.7	1.0	0.7	0.3
PB	0.0	0.0	0.0	0.0	0.0	0.0	0.0	0.0	0.0	0.0	0.3	0.7	1.0

在上述表格中，每一行表示一个模糊集合（模糊子集）的隶属度函数。例如

$$\mathrm{NM}=\frac{0.3}{-6}+\frac{0.7}{-5}+\frac{1.0}{-4}+\frac{0.7}{-3}+\frac{0.3}{-2}$$

$$\mathrm{PS}=\frac{0.3}{0}+\frac{0.7}{1}+\frac{1.0}{2}+\frac{0.7}{3}+\frac{0.3}{4}$$

（2）函数描述方法

对于论域为连续的情况，隶属度常用函数的形式描述，常见的有钟形函数（正态分布）、三角形函数、梯形函数等。如：钟形隶属度函数的解析式可表达为

$$\mu_A(x)=\mathrm{e}^{-\frac{(x-x_0)^2}{2\sigma^2}} \tag{7-50}$$

式中，x_0 是隶属度函数的中心值；σ^2 是方差。图 7-7 表示了钟形隶属度函数的分布图。

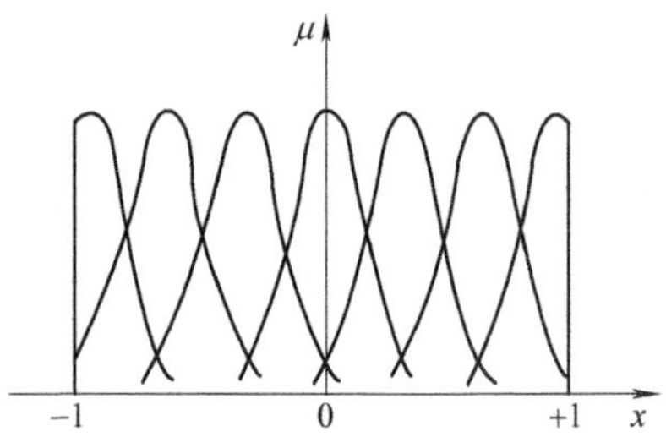

图 7-7　函数描述的隶属度函数

隶属度函数的形状对模糊控制器的性能有很大影响。当隶属度函数比较窄瘦时，控制较灵敏，反之，控制较粗略和平稳。通常当偏差较小时，隶属度函数可取得较为窄瘦，偏差较大时，隶属度函数可取得宽胖些。

4. 模糊化方法

常用的模糊化方法有以下两种。

1）把论域中某一精确点模糊化为一个模糊单点（Fuzzy Singleton），或称为单点模糊化。如果输入量数据 x_0 是精确的，将其模糊化的模糊集合用 A 表示，则模糊单点的隶属度可表示为

$$\mu_A(x)=\begin{cases}1 & x=x_0\\0 & x\neq x_0\end{cases}\tag{7-51}$$

即在 x_0 处的隶属度为 1，而论域中其余所有点的隶属度为 0，其隶属度函数如图 7-8 所示。这是一种特殊的模糊集合，这种方法由于它的自然性和处理上的简单性常被用在模糊控制器的应用中。这种模糊化方法只是形式上将清晰量转变成了模糊量，而实质上它表示的仍是精确量。在模糊控制中，当测量数据准确时，采用这样的模糊化方法是十分自然和合理的。

2）把论域中的某一精确点模糊化为论域上占据一定宽度的模糊子集，或者说在一个物理量的论域上分为几个用模糊集合表示的语言变量，如前面几节定义的模糊集合都属于这种类型。当被控对象受到噪声干扰时，应考虑这种模糊化方法，以提高控制系统的鲁棒性。

如果输入量数据存在随机测量噪声，这时模糊化运算相当于将随机量转换为模糊量。对于这种情况，可取模糊量的隶属度函数为等腰三角形，如图 7-9 所示。三角形的顶点相应于该随机数的均值，底边的长度等于 2σ，σ 表示该随机数的标准差。隶属度函数取三角形主要是考虑其表示方便，计算简单。另一种常用的方法是取隶属度函数如式（7-50）所示的钟形函数，如图 7-7 所示。

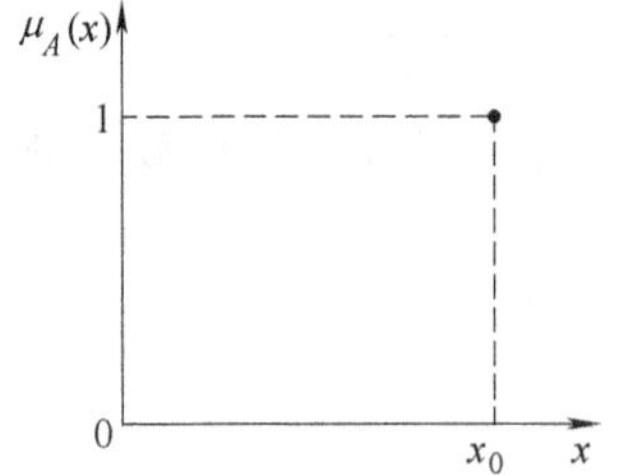

图 7-8　单点模糊集合的隶属度函数

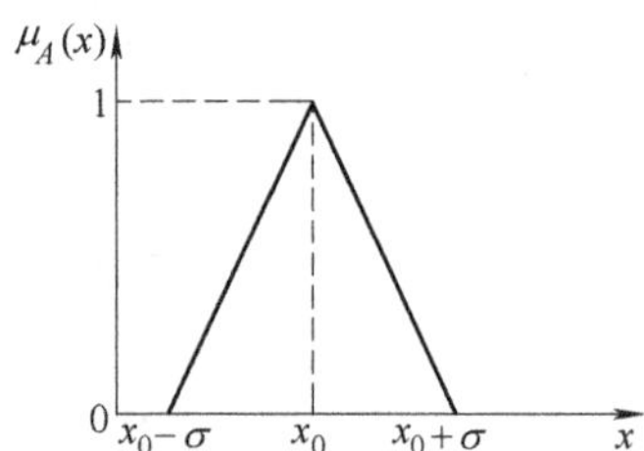

图 7-9　三角形模糊集合的隶属度函数

因此精确输入量模糊化方法就是先把精确输入量通过变换公式转换成论域区间的值，该值对不同的模糊子集（等级）或隶属度函数有不同的隶属度。对于任意一个精确输入值都可以获得对不同隶属度函数的隶属程度（即适合的程度）。

7.5.5　模糊控制规则库及推理机制的设计

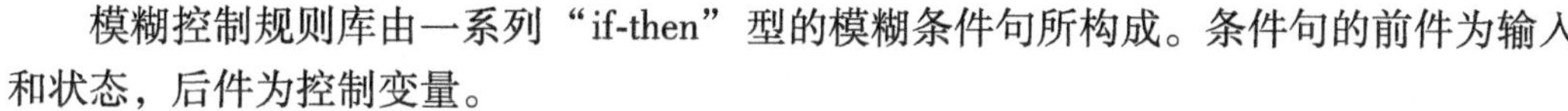

模糊控制规则库由一系列“if-then”型的模糊条件句所构成。条件句的前件为输入和状态，后件为控制变量。

1. 模糊控制规则的前件变量和后件变量的选择

模糊控制规则的前件变量即模糊控制器的输入语言变量，输入量选什么以及选几个视需要确定，输入量常见的是偏差 e 和它的导数 $\dot{e}$（也记作偏差变化率 ec），有时还可以包括它的积分 $\int e\mathrm{d}t$ 等。模糊控制规则的后件变量即模糊控制器的输出语言变量，输出量即为控制量，一般比较容易确定。输入和输出语言变量的选择以及它们隶属度函数的确定对于模糊控制器的性能有着十分关键的作用，它们的选择和确定主要依靠经验和工程知识。

2. 模糊控制规则的建立

模糊控制规则是模糊控制的核心，常见的建立方法有 4 种。

1）基于专家的经验和控制工程知识。

2）基于操作人员的实际控制过程。

3）基于过程的模糊模型。

4）基于学习和优化的方法。

3. 形式化处理

为使由自然语言描述的模糊控制规则能存入计算机，必须进行形式化数学处理。例如，有如下自然语言模糊控制规则：

如果水温偏高，那么就加一些冷水。

如果水质很差，那么处理时间长，否则处理时间中等。

如果距离较大而且距离还在继续增大，那么速度就要减小。

形式化处理后可分别表示为以下类型的模糊规则：

如果 A，那么 B（if A then B）。

如果 A，那么 B，否则 C（if A then B else C）。

如果 A 且 B，那么 C（if A and B then C）。

对于不同类型的模糊规则可用不同的模糊推理方法（如 7.3 节所述）。

7.5.6　模糊推理

为不失一般性，考虑两个输入、一个输出的模糊控制器。设已建立的模糊控制规则库为

R_1：如果 x 是 A_1 and y 是 B_1，则 z 是 C_1

R_2：如果 x 是 A_2 and y 是 B_2，则 z 是 C_2

$\vdots$

R_n：如果 x 是 A_n and y 是 B_n，则 z 是 C_n

设已知模糊控制器的输入模糊量为

$$x\text{ 是 }A'\text{ and }y\text{ 是 }B'$$

则根据模糊控制规则进行近似推理，可以得出输出模糊量 z（用模糊集合 C'表示）为

$$C'=(A' \text{ and } B')\circ R \tag{7-52}$$

其中

$$R=\bigcup_{i=1}^{n} R_i \tag{7-53}$$

$$R_i=(A_i \text{ and } B_i)\rightarrow C_i \tag{7-54}$$

式（7-52）~式（7-54）包括了 3 种主要的模糊逻辑运算：and 运算，合成运算“∘”，蕴含运算“→”。and 运算通常采用求交（取小）或求积（代数积）的方法；合成运算“∘”通常采用最大-最小或最大-积（代数积）的方法；蕴含运算“→”通常采用求交（R_c）或求积（R_p）的方法。

7.5.7 清晰化计算

以上通过模糊推理得到的是模糊量，而对于实际的控制则必须使用清晰量，因此需要将模糊量转换成清晰量，这就是清晰化计算所要完成的任务（又称反模糊化）。清晰化计算常用方法如下。

1. 最大隶属度法

在模糊控制器的推理结果中，取其隶属度最大的元素作为精确值去执行控制的方法称为最大隶属度法。

若输出量模糊集合 C'的隶属度函数只有一个峰值，则取隶属度函数的最大值对应的论域值为清晰值。若输出量模糊集合 C'的隶属度函数有多个极值，则取这些极值对应的论域值的平均值为清晰值。

【例 7.11】 已知输出量 z 的模糊集合为

$$C'=\frac{0.2}{2}+\frac{0.3}{3}+\frac{0.6}{4}+\frac{0.8}{5}+\frac{1}{6}+\frac{0.7}{7}+\frac{0.1}{8}$$

求相应的清晰值 z_0。

解： 根据最大隶属度法，输出量模糊集合 C'的隶属度函数只有一个峰值为 1，则取隶属度函数的最大值对应的论域值 6 为清晰值，因此得相应的清晰值为

$$z_0=6$$

【例 7.12】 设“水温适中”的模糊集合为

$$C'=\frac{0}{0}+\frac{0.05}{10}+\frac{0.35}{20}+\frac{0.75}{30}+\frac{1}{40}+\frac{1}{50}+\frac{0.80}{60}+\frac{0.55}{70}+\frac{0.25}{80}+\frac{0.05}{90}+\frac{0}{100}$$

试采用最大隶属度法计算清晰化值。

解： 由于模糊集合的隶属度函数有 2 个极值均为 1，因此取这些极值对应的论域值的平均值为清晰值，即

$$\frac{(40+50)}{2}=45$$

最大隶属度法在计算机上应用有良好的实时性，并且它所涉及的信息量少，计算简单。但是这种方法不考虑隶属度小的其他元素，也不考虑输出隶属度函数的形状宽窄和分布，只考虑最大隶属度处的输出值，因此，难免会丢失许多信息。在一些控制

要求不高的场合，可采用最大隶属度法。

2. 中位数法

中位数法是全面考虑模糊量各部分信息作用的一种方法，就是把隶属度函数与横坐标所围成的面积分成两部分，在两部分相等的条件下，两部分分界点所对应的横坐标值为清晰化后的精确值。如图 7-10 所示，取 $\mu_{C'}(z)$ 的中位数作为 z 的清晰量，若 z_0 是中位数则满足

$$\int_{a}^{z_0}\mu_{C'}(z)\,\mathrm{d}z = \int_{z_0}^{b}\mu_{C'}(z)\,\mathrm{d}z \tag{7-55}$$

即以 z_0 为分界，$\mu_{C'}(z)$ 与 z 轴之间面积两边相等。

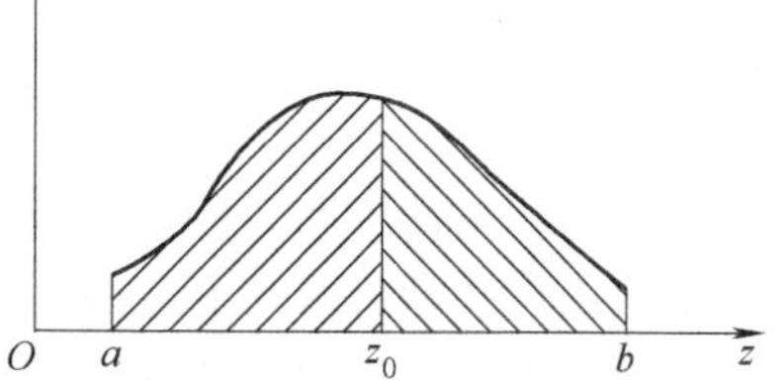

图 7-10　清晰化计算的中位数法

中位数法虽然考虑了所有信息的作用，但是，计算过程较为麻烦，这是这种方法的不足之处。另外，中位数法没有突出需要的信息作用，所以，中位数法虽然是较全面的清晰化方法，但在实际应用中并不普遍。

3. 加权平均法

取 $\mu_{C'}(z)$ 的加权平均值为 z 的清晰值，即

$$z_0 = \frac{\int_{a}^{b} z\mu_{C'}(z)\,\mathrm{d}z}{\int_{a}^{b}\mu_{C'}(z)\,\mathrm{d}z} \tag{7-56}$$

类似于重心的计算，又称重心法。

对于论域为离散的情况则有

$$z_0 = \frac{\sum_{i=1}^{n} z_i\mu_C{}'(z_i)}{\sum_{i=1}^{n}\mu_C{}'(z_i)} \tag{7-57}$$

与最大隶属度法相比较，加权平均法具有更平滑的输出推理控制。即使对应输入信号的微小变化，输出也会发生变化。

【例 7.13】 题设条件同例 7.12，用加权平均法计算清晰值。

解： 根据式（7-57），得清晰值为

$$\frac{0.05\times10+0.35\times20+0.75\times30+1\times40+1\times50+0.80\times60+0.55\times70+0.25\times80+0.05\times90}{0.05+0.35+0.75+1+1+0.80+0.55+0.25+0.05}$$

$$=48.13$$

在上述各种清晰化方法中，加权平均法应用相对普遍。

在求得清晰值 z_0 后，还需经尺度变换变为实际的控制量。变换的方法可以是线性的，也可以是非线性的。若采用线性变换，设 z_0 的变化范围为 $[z_{\min}, z_{\max}]$，实际控制量的变化范围为 $[u_{\min}, u_{\max}]$，则

$$u=\frac{u_{max}+u_{min}}{2}+k\left(z_0-\frac{z_{max}+z_{min}}{2}\right) \tag{7-58}$$

$$k=\frac{u_{max}-u_{min}}{z_{max}-z_{min}} \tag{7-59}$$

其中 k 为比例因子。

7.5.8 模糊论域为离散的离线计算与在线控制

当论域为离散时，经过量化后的输入量的个数是有限的。因此可以针对输入情况的不同组合离散计算出相应的控制量，从而组成一张控制表（即查询表），实际控制时只要直接查这张控制表即可，在线的运算量是很少的。这种离散计算、在线查表的模糊控制方法可大大提高模糊控制的实时效果，节省内存空间，满足实时控制的要求。图 7-11 表示了这种模糊控制系统的结构，图中假设采用偏差 e 和偏差变化率 ec 作为模糊控制器的输入量，这是最常见的情况。

图中 k_1、k_2 和 k_3 为尺度变换的比例因子。

采用离线计算、在线查表实现模糊控制算法的方法称为合成推理的查表法。查表法就是事先（离线）制造模糊控制响应表（查询表），在软件设计时将该表事先置入内存中供实时查表使用。在实际计算时，模糊控制器首先把输入量量化到输入量的语言变量论域中，再根据量化的结果去查表求出控制量。

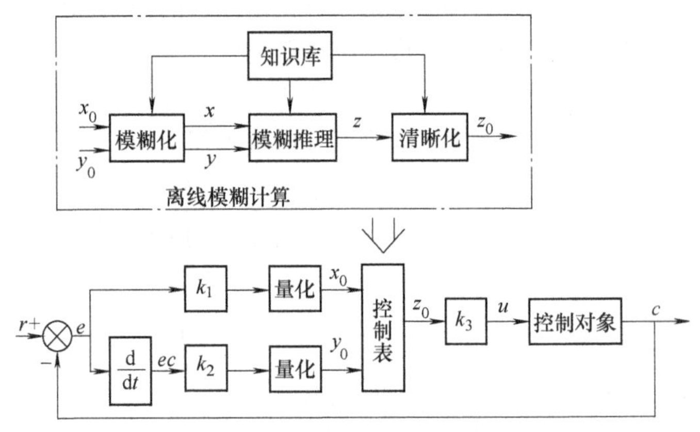

图 7-11 论域为离散时的模糊控制系统结构

下面通过一个具体例子来说明离线模糊计算的过程。

【例 7.14】 在某温度控制系统中采用模糊控制算法实现自动控制。

设语言变量偏差 e、偏差变化率 ec 和控制量 u 的模糊子集为

$$e=\{NB,NM,NZ,PZ,PM,PB\}$$
$$ec=\{NB,NM,Z,PM,PB\}$$
$$u=\{NB,NM,Z,PM,PB\}$$

其论域分别为 8、7 和 9 个等级

$$X=\{-3,-2,-1,-0,+0,+1,+2,+3\}$$
$$Y=\{-3,-2,-1,0,+1,+2,+3\}$$
$$Z=\{-4,-3,-2,-1,0,+1,+2,+3,+4\}$$

根据操作者手动控制经验得到模糊控制规则表如表 7-2 所示，并设定 e、ec 和 u 的隶属度函数赋值表分别如表 7-3、表 7-4 和表 7-5 所示。

表 7-2 模糊控制规则表

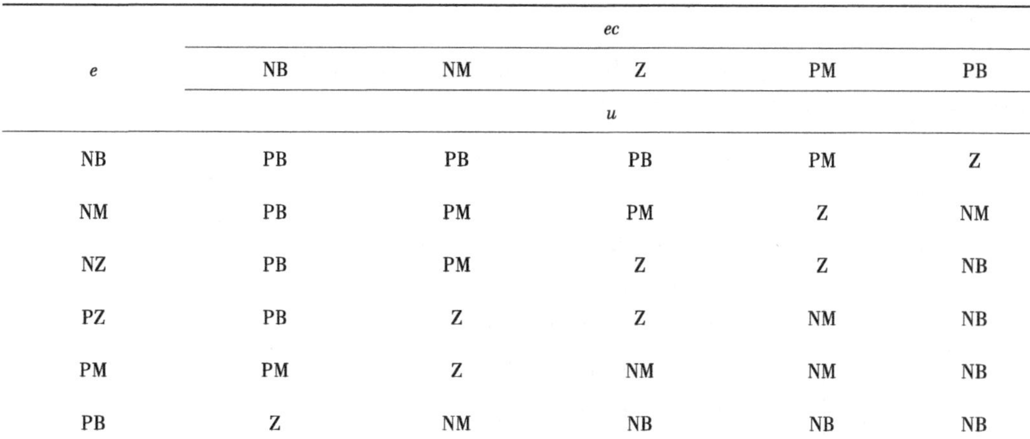

e	ec				
	NB	NM	Z	PM	PB
	u				
NB	PB	PB	PB	PM	Z
NM	PB	PM	PM	Z	NM
NZ	PB	PM	Z	Z	NB
PZ	PB	Z	Z	NM	NB
PM	PM	Z	NM	NM	NB
PB	Z	NM	NB	NB	NB

表 7-3 偏差 e 的语言变量值的隶属度函数

e	−3	−2	−1	−0	+0	+1	+2	+3
PB	0.0	0.0	0.0	0.0	0.0	0.0	0.5	1.0
PM	0.0	0.0	0.0	0.0	0.5	1.0	0.5	0.0
PZ	0.0	0.0	0.0	0.0	1.0	0.5	0.0	0.0
NZ	0.0	0.0	0.5	1.0	0.0	0.0	0.0	0.0
NM	0.0	0.5	1.0	0.5	0.0	0.0	0.0	0.0
NB	1.0	0.5	0.0	0.0	0.0	0.0	0.0	0.0

表 7-4 偏差变化率 ec 的语言变量值的隶属度函数

ec	−3	−2	−1	0	+1	+2	+3
PB	0.0	0.0	0.0	0.0	0.0	0.5	1.0
PM	0.0	0.0	0.0	0.5	1.0	0.5	0.0
Z	0.0	0.0	0.5	1.0	0.5	0.0	0.0
NM	0.0	0.5	1.0	0.5	0.0	0.0	0.0
NB	1.0	0.5	0.0	0.0	0.0	0.0	0.0

表 7-5 控制量 u 的语言变量值的隶属度函数

u	−4	−3	−2	−1	0	+1	+2	+3	+4
PB	0.0	0.0	0.0	0.0	0.0	0.0	0.2	0.7	1.0
PM	0.0	0.0	0.0	0.0	0.0	0.5	1.0	0.5	0.0
Z	0.0	0.0	0.0	0.5	1.0	0.5	0.0	0.0	0.0
NM	0.0	0.5	1.0	0.5	0.0	0.0	0.0	0.0	0.0
NB	1.0	0.7	0.2	0.0	0.0	0.0	0.0	0.0	0.0

表 7-2 所示的模糊控制表由 6×5 条模糊控制规则组成。例如，第 1 条模糊控制规则可表示为

$$\text{if } e=\text{NB} \text{ and } ec=\text{NB} \text{ then } u=\text{PB}$$

与该条件语句对应的模糊关系矩阵求取过程如下。

第 1 步：从偏差 e 的隶属度函数赋值表中取出与"NB"对应的向量，并定义为 $\boldsymbol{A}_1$，即

$$\boldsymbol{A}_1=[1\quad 0.5\quad 0\quad 0\quad 0\quad 0\quad 0\quad 0]$$

同理，ec 对应的"NB"定义为 $\boldsymbol{B}_1$，即

$$\boldsymbol{B}_1=[1\quad 0.5\quad 0\quad 0\quad 0\quad 0\quad 0]$$

第 2 步：求 $\boldsymbol{A}_1\times\boldsymbol{B}_1$。

$$\boldsymbol{A}_1\times\boldsymbol{B}_1=[1\quad 0.5\quad 0\quad 0\quad 0\quad 0\quad 0\quad 0]^{\mathrm{T}}\wedge[1\quad 0.5\quad 0\quad 0\quad 0\quad 0\quad 0]$$

$$=\begin{bmatrix}1 & 0.5 & 0 & 0 & 0 & 0 & 0\\ 0.5 & 0.5 & 0 & 0 & 0 & 0 & 0\\ 0 & 0 & 0 & 0 & 0 & 0 & 0\\ 0 & 0 & 0 & 0 & 0 & 0 & 0\\ 0 & 0 & 0 & 0 & 0 & 0 & 0\\ 0 & 0 & 0 & 0 & 0 & 0 & 0\\ 0 & 0 & 0 & 0 & 0 & 0 & 0\\ 0 & 0 & 0 & 0 & 0 & 0 & 0\end{bmatrix}$$

第 3 步：把上述矩阵按行展开，令其为行向量 $\boldsymbol{r}_1$，即

$$\boldsymbol{r}_1=[1\quad 0.5\quad 0\quad 0\quad 0\quad 0\quad 0\quad 0.5\quad 0.5\quad 0\quad 0\quad 0\cdots 0]$$

第 4 步：从控制量的变化隶属度函数赋值表中取出与"PB"对应的向量，并记为 $\boldsymbol{C}_1$，即

$$\boldsymbol{C}_1=[0\quad 0\quad 0\quad 0\quad 0\quad 0\quad 0.2\quad 0.7\quad 1]$$

第 5 步：求 $\boldsymbol{R}_1=\boldsymbol{r}_1^{\mathrm{T}}\times\boldsymbol{C}_1$。

同理，求得与另外 29 条模糊控制语句相对应的模糊关系矩阵 $\boldsymbol{R}_2$，$\boldsymbol{R}_3$，…，$\boldsymbol{R}_{30}$。根据上述已知的 $\boldsymbol{R}_i$，$i=1$，2，…，30，可求得与模糊控制规则表相对应的总模糊关系矩阵为

$$\boldsymbol{R}=\bigcup_{i=1}^{30}\boldsymbol{R}_i$$

$\boldsymbol{R}$ 阵计算工作量巨大，借助计算机离线完成。求得 $\boldsymbol{R}$ 后，利用模糊推理求出在输入 e_0 和 ec_0 作用下的输出模糊向量，再利用最大隶属度或加权平均法等方法进行清晰化（反模糊化），得到精确量输出 u_0，经过若干类似计算过程即可得到可进行实时查询的模糊控制响应表，如表 7-6 所示。作为练习，表中仅给出 1 个计算结果，其他空白处读者可自行补齐。

表 7-6 模糊控制响应表（查询表）

e_0	ec_0						
	−3	−2	−1	0	+1	+2	+3
	u_0						
−3	+4						
−2							
−1							

（续）

e_0	ec_0						
	-3	-2	-1	0	+1	+2	+3
	u_0						
-0							
+0							
+1							
+2							
+3							

根据模糊控制响应表，通过查表方法就可以进行实时控制，过程如下。

1）根据实时采样得到输出信息 $c(k)$。

2）可得当前的偏差信号 $e(k)$ 和偏差变化信号 $ec(k)$。

3）先经限幅处理，再经量化处理得到 e_0 和 ec_0，查模糊控制表得控制量 u_0。

4）将 u_0 乘以比例因子得实际输出控制量。

可见，查询表是体现模糊控制算法的最终结果。一般情况下，查询表是通过事先的离线计算现场实际测试取得的。一旦将其存放到计算机中，在实时控制过程中，实现模糊控制的过程便转化为计算量不大的查找查询表的过程。因此，尽管在离线情况下完成模糊控制算法的计算量大且费时，但以查找查询表形式实现的模糊控制却具有良好的实时性。再加上这种控制方式不依赖于被控过程的精确数学模型，因此，在复杂系统以及过程控制中，这种方式受到人们的重视，有着较为广泛的应用。

7.5.9 模糊控制器的算法程序实现

以二维模糊控制器为例，一般可按下列步骤编写算法程序。

1）设置输入变量（如偏差 e 和偏差变化率 ec）和输出变量（如控制量 u）的基本论域，预置量化的比例因子 k_e、k_{ec}、k_u 和采样周期 T。

2）判断采样时间到否，若时间已到，则转 3)，否则转 2)。

3）启动 A/D 转换，进行数据采集和数字滤波等。

4）计算 e 和 ec，并判断它们是否已超过上（下）限值。若已超过，则将其设定为上（下）限值。

5）按给定的输入比例因子 k_e、k_{ec} 量化（模糊化）并由此查询控制表。

6）查得控制量的量化值再清晰化之后，乘上适当的比例因子 k_u。若 u 已超过上（下）限值，则设置为上（下）限值。

7）启动 D/A 转换，作为模糊控制器实际模拟量输出。

8）判断控制时间是否已到，若是则可以停机，否则转 2）继续循环执行。

7.6 模糊 PID 控制

PID 控制器结构简单，能满足大量工业过程的控制要求，特别是其强鲁棒性能较好地适应过程工况的大范围变动。但 PID 本质是线性控制，而模糊控制具有智能性，属

于非线性领域，因此，将模糊控制与 PID 结合将具备两者的优点。

模糊 PID 控制的实现思想是先找出 PID 的 3 个参数与偏差 e 和偏差变化率 ec 之间的模糊关系，在运行中不断检测 e 和 ec，再根据模糊控制原理来对 3 个参数进行在线修改，以满足不同 e 和 ec 时对控制器参数的不同要求，而使被控对象有良好的动、静态性能。模糊 PID 控制系统原理图如图 7-12 所示。

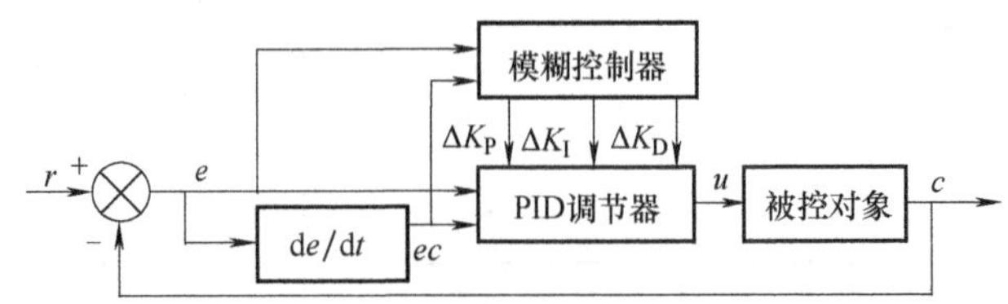

图 7-12　模糊 PID 控制系统原理图

模糊控制器可以采用两输入、三输出的模式：输入变量为偏差 e 和偏差变化率 ec，输出变量为参数调整量 ΔK_P、ΔK_I、ΔK_D。如果将 e 和 ec 的模糊子集设为｛NB，NM，NS，ZO，PS，PM，PB｝，输出变量 ΔK_P、ΔK_I、ΔK_D 的模糊子集设为｛NB，NM，NS，ZO，PS，PM，PB｝，可以得到输入变量和输出变量的模糊控制规则表，如表 7-7 所示。

表 7-7　参数 $\Delta K_P/\Delta K_I/\Delta K_D$ 模糊控制规则表

	ec						
e	NB	NM	NS	ZO	PS	PM	PB
NB	PB/NB/PS	PB/NB/NS	PM/NM/NB	PM/NM/NB	PS/NS/NB	ZO/ZO/NM	ZO/ZO/PS
NM	PB/NB/PS	PB/NB/NS	PM/NM/NB	PS/NS/NM	PS/NS/NM	ZO/ZO/NS	NS/PS/ZO
NS	PB/NB/ZO	PM/NM/NS	PM/NS/NM	PS/NS/NM	ZO/ZO/NS	NS/PM/NS	NS/PM/ZO
ZO	PM/NM/ZO	PM/NM/NS	PS/NS/NS	ZO/ZO/NS	NS/PS/NS	NM/PM/NS	NM/PM/ZO
PS	PS/NM/ZO	PS/NS/ZO	ZO/ZO/ZO	NS/PS/ZO	NS/PS/ZO	NM/PM/ZO	NM/PB/ZO
PM	PS/ZO/PB	ZO/ZO/PM	NS/PS/PM	NM/PS/PM	NM/PM/PS	NM/PB/PS	NB/PB/PB
PB	ZO/ZO/PB	ZO/ZO/PM	NM/PS/PM	NM/PM/PM	NM/PM/PS	NB/PB/PS	NB/PB/PB

利用上述的模糊控制策略，可根据控制过程中的实时状态输入，对 PID 参数进行在线调整，调整规则为

$$
\begin{aligned}
K_P &= K_{P_0}+\Delta K_P \\
K_I &= K_{I_0}+\Delta K_I \\
K_D &= K_{D_0}+\Delta K_D
\end{aligned} \tag{7-60}
$$

式中，K_{P_0}、K_{I_0}、K_{D_0}分别为控制系统中 PID 参数的初始预设值，K_P、K_I、K_D 为经过模糊 PID 控制器之后的最终输出值。

模糊 PID 控制器把输入 PID 调节器的偏差及偏差变化率同时输入到模糊控制器中，经过模糊化、近似推理和反模糊化处理后，得出参数调整量 ΔK_P、ΔK_I、ΔK_D，从而实现对 PID 调节器中 3 个参数实时更新和调整。模糊 PID 控制算法流程如图 7-13 所示。

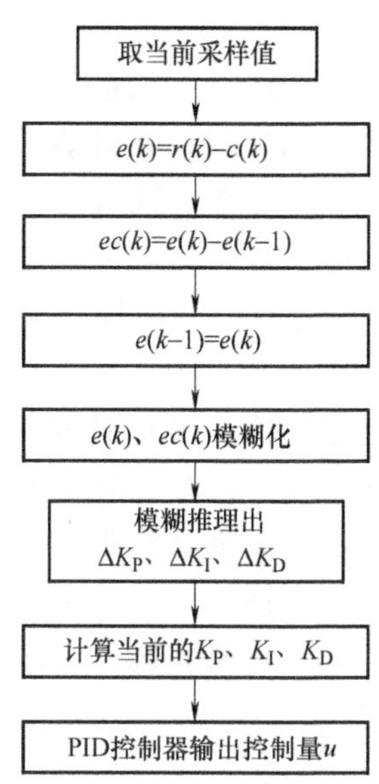

图 7-13 模糊 PID 控制算法流程

常规 PID 控制时要想得到比较理想的输出响应，3 个参数的调整非常繁琐。而且，如果系统环境不断变化，则参数又必须进行重新调整，往往达不到最优。而采用模糊 PID 控制后，通过模糊控制器对 PID 进行非线性的参数整定，可使系统无论是快速性方面还是稳定性方面都达到比较好的效果。采用模糊控制策略整定 PID 参数相对于普通 PID 控制策略，其系统的稳态性会得到较大的改善，响应时间也会减少，超调量也得到一定的改善，可靠性和适应性增强，控制精度和鲁棒性提高，可实现非线性化智能控制。

7.7 模糊控制的应用领域

目前模糊控制在很多领域都有了很大的发展。模糊控制系统已经应用于各个行业和各类实际应用中，同时也出现了不少开发模糊控制系统的软件工具，甚至应用于社会科学领域。

1. 工业过程控制

工业过程控制的需要是控制技术发展的主要动力，现在的许多控制理论都是为工业过程控制而发展的，因而它也是模糊控制的一个主要应用场合。在工业炉方面，如退火炉、电弧炉、水泥窑、热风炉、煤粉炉的模糊控制。在石化方面，如蒸馏塔的模糊控制、废水 pH 计算机模糊控制、污水处理系统的模糊控制等。在煤矿行业，如选矿破碎过程的模糊控制、煤矿供水的模糊控制等。在食品加工行业，如甜菜生产过程的模糊控制、酒精发酵温度的模糊控制等。在机电行业，如集装箱吊车、交流随动系统、快速伺服系统定位、电梯群控系统、直流无刷电机调速、空间机器人柔性臂动力学的模糊控制等。模糊控制技术已经成为复杂系统控制的一种有效手段，大大拓展了自动控制的应用范围。

2. 家用电器

模糊控制技术是21世纪的核心技术，模糊家电是模糊控制技术的最重要应用领域。所谓模糊家电，就是根据人的经验，在计算机或芯片的控制下实现可模仿人的思维进行操作的家用电器。例如，模糊电视机可根据室内光线的强弱自动调整电视屏幕的亮度，根据人与电视机的距离自动调节音量，同时能够自动调节电视屏幕的色度、清晰度和对比度；模糊空调器可灵敏地控制室内的温度，利用红外线传感器识别房间信息（人数、温度、大小、门开关等），快速调整室内温度，提高舒适度；模糊微波炉通过内部装有的传感器，对食品的重量、高度、形状和温度等进行测量，并利用这些信息自动选择化霜、再热、烧烤和对流等工作方式，自动决定烹制时间；模糊洗衣机利用传感器通过自动识别所洗衣物的重量、质地、污脏性质和程度，采用模糊控制技术来合理地选择水位、洗涤时间、水流程序等；模糊电动剃刀利用传感器分析胡须的生长情况和面部轮廓，自动调整刀片，并选择最佳的剃削速度。

3. 汽车和交通运输

汽车中使用了大量单片机，其中有些已使用模糊逻辑来完成控制功能，如汽车制动系统、汽车空调系统、汽车巡航系统、汽车电动助力转向系统、智能车灯调节系统、发动机控制和自动驾驶控制系统等。模糊技术在交通系统中的应用包括路径选择、信号灯控制、交通事故分析与预防等。模糊技术用于智能化的高速公路监控系统中，其具有优异的开放性、可靠性和实时性的特性，并且易于安装维护和使用，还能节约能源，降低高速监控系统的建设、维护和运营费用。地铁使用模糊技术来控制，使地铁机车起动和制动非常平稳，乘客不必抓住扶手也能保持平衡。

4. 软科学

模糊控制技术已应用到了投资决策、企业管理、企业效益评估、区域发展规划、人口变化趋势预测、物价上涨预测、经济宏观调控、中长期市场模糊预测等领域。模糊控制理论将大大促进软科学的科学化和定量化研究。

5. 人工智能与计算机

如今已经出现了模糊推理机、模糊控制计算机、模糊专家系统、模糊数据库、模糊语音识别系统、图形文字模糊识别系统、模糊控制机器人等高技术产品。

6. 航空航天及军事

模糊技术已应用于各种导航系统、飞行器对接、卫星姿态控制、导弹自动驾驶仪、翼伞空投系统航迹跟踪等方面。

7. 其他

模糊技术还广泛应用于其他领域，包括医疗卫生、农业、林业、地理、地质、水文、地震、气象、环保、建筑、能源等。

总之，模糊控制已经逐渐成为人们广泛应用的控制方法之一，呈现出强大的生命力和发展前景。随着模糊控制理论的不断发展和运用，模糊控制技术将为社会各领域开辟新的应用途经，模糊控制将会产生质的飞跃。

习题7

1. 填空题

(1)“模糊”一词的英文写法是______，这种控制方法的最大优点是______。

(2)“if A then B, else C”用模糊关系表示为______。

(3) 在广义拒式（肯定结论）推理中，模糊集合 A' 是根据结论 B' 和模糊蕴含关系 $A \to B$ 的合成推出来的，可得近似推理公式______。

(4) 模糊推理是一种以______为前提，运用模糊语言规则，推出一个新的近似的模糊判断结论的方法。

(5) 模糊控制器基本结构主要由______、______、______、______ 4 部分组成。

(6) 最大隶属度法是选择模糊子集中隶属度最大的元素作为______。

2. 选择题

(1) 在整数 1，2，3，…，10 组成的论域中，设 A 表示模糊集合“较大”，并设各元素的隶属度函数依次为

$$\mu_A(x)=\{0,0,0.3,0.5,0.7,0.9,1,1,0.9,0.8\}$$

则采用______表示法可将 A 表示为

$A=\{(1,0),(2,0),(3,0.3),(4,0.5),(5,0.7),(6,0.9),(7,1),(8,1),(9,0.9),(10,0.8)\}$

A. Zadeh　　B. 矢量　　C. 序偶　　D. 函数

(2) 在温度模糊控制系统中，二维模糊控制器的输入是______。

A. 温度的偏差 e 和温度偏差变化率 ec

B. 控制加热装置的电压的偏差 u 和电压偏差变化率 uc

C. 温度的偏差 e 和电压偏差变化率 uc

D. 控制加热装置的电压的偏差 u 和温度偏差变化率 ec

(3) 总结手动控制策略，得出一组由模糊条件语句构成的控制规则，据此可建立______。

A. 输入变量赋值表　　B. 输出变量赋值表

C. 模糊控制器查询表　　D. 模糊控制规则表

(4) 在模糊控制中，隶属度______。

A. 不能是 1 或 0　　B. 根据对象的数学模型确定

C. 反映元素属于某模糊集合的程度　　D. 只能取连续值

(5) 在模糊控制器的推理输出结果中，取其隶属度最大的元素作为精确值，去执行控制的方法称为______。

A. 重心法　　B. 最大隶属度法

C. 加权平均法　　D. 中位数法

(6) 模糊控制器的术语“正中”，可用符号______表示。

A. PB　　B. NM　　C. ZE　　D. PM

(7) 模糊控制中，在推理得到的模糊集合中取一个相对最能代表这个集合的单值的过程称为______。

A. 反模糊化　　B. 模糊推理

C. 模糊化　　D. 模糊集合运算

（8）在实时模糊控制器设计中，通常根据操作人员的先验知识，确定模糊控制规则到生成模糊控制查询表的完整过程属于______。

A. 在线设计　　B. 离线设计　　C. 完整设计　　D. 系统设计

3. 简答题

（1）简述模糊控制系统的工作原理。

（2）与 PID 控制和直接数字控制相比，模糊控制具有哪些优点？

（3）试述模糊控制器基本结构各部件功能。

（4）简述设计模糊控制器一般包含几项内容。

（5）模糊控制器中的模糊语言变量、模糊关系和模糊推理三者之间是如何联系的？

（6）模糊控制器输入的精确量为什么还要把它变为模糊量？

（7）为什么模糊控制器输出的模糊量（模糊集合）还要经过清晰化处理变为精确量？

（8）采用模糊控制策略整定 PID 参数相对于普通 PID 控制策略，通常哪些性能指标会得到改善？

4. 计算题

（1）设论域 $X=\{x_1, x_2, x_3, x_4\}$ 以及模糊集合

$$A=\frac{0.8}{x_1}+\frac{0.4}{x_2}+\frac{0.5}{x_4}, B=\frac{1}{x_1}+\frac{0.9}{x_2}+\frac{0.4}{x_3}+\frac{0.7}{x_4}$$

求 $A\cap B$，　$A\cup B$，　$\overline{A}$，　$\overline{B}$。

（2）设模糊矩阵 $\boldsymbol{P}$、$\boldsymbol{Q}$、$\boldsymbol{R}$、$\boldsymbol{S}$ 为

$$\boldsymbol{P}=\begin{bmatrix}0.6 & 0.9 & 0.3\\0.2 & 0.7 & 0.8\\0.4 & 0.6 & 0.4\end{bmatrix}\qquad \boldsymbol{Q}=\begin{bmatrix}0.5 & 0.7 & 0.2\\0.1 & 0.4 & 0.8\\0.3 & 0.5 & 0.3\end{bmatrix}$$

$$\boldsymbol{R}=\begin{bmatrix}0.2 & 0.3 & 0.8\\0.7 & 0.6 & 0.4\\0.5 & 0.1 & 0.9\end{bmatrix}\qquad \boldsymbol{S}=\begin{bmatrix}0.1 & 0.2 & 0.7\\0.6 & 0.5 & 0.3\\0.4 & 0.1 & 0.8\end{bmatrix}$$

求 $\boldsymbol{P}\cap\boldsymbol{Q}\cap\boldsymbol{R}$，$\boldsymbol{P}\cup\boldsymbol{Q}\cup\boldsymbol{R}$，$\boldsymbol{P}\cap(\boldsymbol{Q}\cup\boldsymbol{R})$，$\boldsymbol{P}\cup(\boldsymbol{Q}\cap\boldsymbol{R})$，$(\boldsymbol{P}\cap\boldsymbol{Q})\cup(\boldsymbol{S}\cap\boldsymbol{R})$，$(\boldsymbol{P}\cup\boldsymbol{Q})\cap(\boldsymbol{S}\cup\boldsymbol{R})$。

（3）已知模糊关系矩阵 $\boldsymbol{R}$ 和 $\boldsymbol{S}$ 分别为

$$\boldsymbol{R}=\begin{bmatrix}0.4 & 0.8 & 0.3\\0.2 & 0.5 & 0.7\end{bmatrix}\qquad \boldsymbol{S}=\begin{bmatrix}0.1 & 0.9\\0.7 & 0.3\\0.6 & 0.2\end{bmatrix}$$

按最大-最小合成规则求模糊关系的合成矩阵 $\boldsymbol{T}$（即 $\boldsymbol{R}\circ\boldsymbol{S}$）。

（4）设模糊矩阵 $\boldsymbol{P}$、$\boldsymbol{Q}$、$\boldsymbol{R}$、$\boldsymbol{S}$ 为

$$\boldsymbol{P}=\begin{bmatrix}0.6 & 0.9\\0.2 & 0.7\end{bmatrix}\qquad \boldsymbol{Q}=\begin{bmatrix}0.5 & 0.7\\0.1 & 0.4\end{bmatrix}$$

$$R=\begin{bmatrix}0.2 & 0.3\\0.7 & 0.6\end{bmatrix}\qquad S=\begin{bmatrix}0.1 & 0.2\\0.6 & 0.5\end{bmatrix}$$

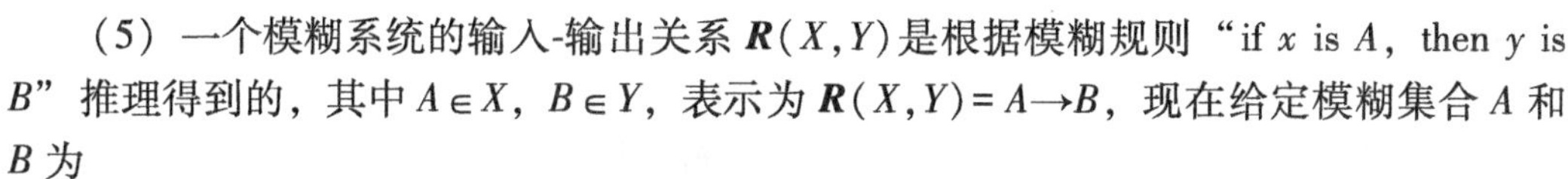

求$(\boldsymbol{P}\circ\boldsymbol{Q})\circ\boldsymbol{R}$，$\boldsymbol{P}\circ(\boldsymbol{Q}\circ\boldsymbol{R})$，$(\boldsymbol{P}\cup\boldsymbol{Q})\circ\boldsymbol{R}$，$(\boldsymbol{P}\circ\boldsymbol{R})\cup(\boldsymbol{Q}\circ\boldsymbol{S})$。

（5）一个模糊系统的输入-输出关系$\boldsymbol{R}(X,Y)$是根据模糊规则“if x is A，then y is B”推理得到的，其中$A\in X$，$B\in Y$，表示为$\boldsymbol{R}(X,Y)=A\rightarrow B$，现在给定模糊集合$A$和$B$为

$$A=\frac{0.5}{x_1}+\frac{1}{x_2}+\frac{0.6}{x_3},\quad B=\frac{1}{y_1}+\frac{0.4}{y_2}$$

试根据最大-最小合成运算推导$\boldsymbol{R}(X,Y)$，并给出当输入为$A'=\frac{0.2}{x_1}+\frac{0.5}{x_2}+\frac{0.8}{x_3}$时模糊系统输出$B'$。

（6）设有论域$X=\{x_1,x_2,x_3\}$，$Y=\{y_1,y_2,y_3\}$，$Z=\{z_1,z_2,z_3\}$，已知模糊集合为

$$A=\frac{0.4}{x_1}+\frac{1}{x_2}+\frac{0.4}{x_3},\qquad A\in X$$

$$B=\frac{0.1}{y_1}+\frac{0.4}{y_2}+\frac{0.7}{y_3},\qquad B\in Y$$

$$C=\frac{0.9}{z_1}+\frac{0.6}{z_2}+\frac{0.3}{z_3},\qquad C\in Z$$

1）求模糊规则“如果x是A and y是B，则z是C”的模糊蕴含关系矩阵$\boldsymbol{R}$。

2）已知输入$A'=\frac{1}{x_1}+\frac{0.4}{x_2}+\frac{1}{x_3}$和$B'=\frac{0.7}{y_1}+\frac{0.4}{y_2}+\frac{0.1}{y_3}$，求所决定的输出$C'$。

（7）已知一个双输入、单输出的模糊系统，其输入量为x和y，输出量为z，其输入、输出关系可用如下两条模糊规则描述。

R_1：如果x是A_1 and y是B_1，则z是C_1

R_2：如果x是A_2 and y是B_2，则z是C_2

现已知输入为x是A' and y是B'，试求输出量z。这里x、y、z均为模糊语言变量，且已知

$$A_1=\frac{1.0}{x_1}+\frac{0.5}{x_2}+\frac{0}{x_3},B_1=\frac{1.0}{y_1}+\frac{0.6}{y_2}+\frac{0.2}{y_3},C_1=\frac{1.0}{z_1}+\frac{0.4}{z_2}+\frac{0}{z_3}$$

$$A_2=\frac{0}{x_1}+\frac{0.5}{x_2}+\frac{1.0}{x_3},B_2=\frac{0.2}{y_1}+\frac{0.6}{y_2}+\frac{1.0}{y_3},C_2=\frac{0}{z_1}+\frac{0.4}{z_2}+\frac{1.0}{z_3}$$

$$A'=\frac{0.5}{x_1}+\frac{1.0}{x_2}+\frac{0.5}{x_3},B'=\frac{0.6}{y_1}+\frac{1.0}{y_2}+\frac{0.6}{y_3}$$

（8）设“水温适中”的模糊集合为

$$C'=\frac{0}{0}+\frac{0.1}{10}+\frac{0.3}{20}+\frac{0.6}{30}+\frac{1}{40}+\frac{1}{50}+\frac{0.8}{60}+\frac{0.5}{70}+\frac{0.2}{80}+\frac{0.1}{90}+\frac{0}{100}$$

试采用最大隶属度法和加权平均法分别计算清晰化值。

（9）设有一模糊控制器的输出结果为模糊集合C，表示为

$$C=\frac{0.5}{-3}+\frac{0.7}{-2}+\frac{0.3}{2}+\frac{0.5}{3}+\frac{0.7}{4}+\frac{1}{5}+\frac{0.7}{6}+\frac{0.2}{7}$$

试用重心法计算模糊判决的结果。

5. 设计题

（1）已知某一炉温控制系统，要求温度保持在600℃恒定。针对该控制系统有以下控制经验：

1）若炉温低于600℃，则升压；低得越多升压越高。

2）若炉温高于600℃，则降压；高得越多降压越低。

3）若炉温等于600℃，则保持电压不变。

设模糊控制器为一维控制器，输入语言变量为偏差，输出为控制电压。输入、输出变量的量化等级为7级，取5个模糊集。试设计隶属度函数偏差变化划分表、控制电压变化划分表和模糊控制规则表。

（2）一个房间的温度考虑由其空调系统来进行控制，假设房间的温度是均匀并可实时测量的，试设计一个能够使房间保持舒适温度的基于模糊推理的控制系统。

（3）设计如图7-14所示的模糊控制器。该系统含有一个上水箱、一个下水箱及一个锥形的中间蓄水容器。锥形容器上有一个进水阀 V_1 和一个出水阀 V_2，其中进水阀是电磁阀，由计算机控制，而出水阀为手动阀，它作为一种扰动量。下水箱内的水经循环泵送至上水箱。

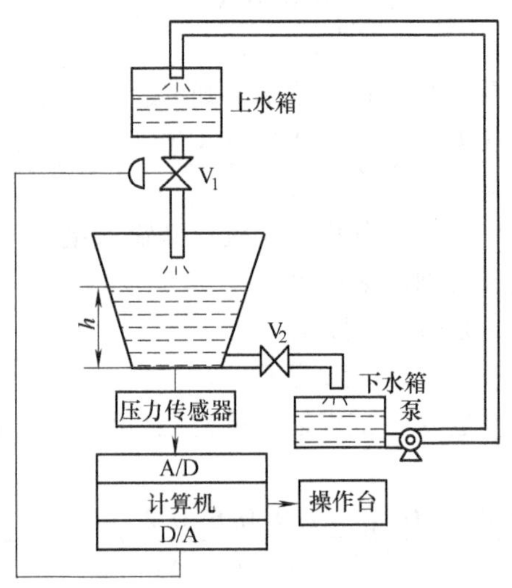

图7-14　液位计算机控制系统

设偏差和控制增量的语言值为

$$\{NB,NS,ZE,PS,PB\}$$

其论域分别为 X 和 Y，它们均量化为7个等级：

$$X=Y=\{-3,-2,-1,0,1,2,3\}$$

X、Y 上各模糊子集的隶属度可由专家经验确定；本设计可选择一维模糊控制器。

第8章 计算机控制系统的可靠性与抗干扰技术

计算机控制技术在工业自动化、生产过程控制、智能化仪表等领域的应用越来越深入和广泛，有效地提高了生产效率，改善了工作条件，大大提高了控制质量与经济效益。但是，计算机应用于工业环境时，工作场所不仅有弱电设备，而且有更多的强电设备；不仅有数字电路，而且有许多模拟电路，形成一个强电与弱电、数字与模拟共存的局面。高速变化的数字信号有可能形成对模拟信号的干扰。此外，在强电设备中往往有电感、电容等储能元件，当电压、电流发生剧烈变化时（如大型设备的起停、开关的断开）会形成瞬变噪声干扰。这些干扰就会影响计算机控制系统的可靠性、安全性和稳定性，轻则造成经济损失，重则危及人们的生命安全。所以，人们在不断完善计算机控制系统硬件配置过程中，分析系统受干扰的原因，探讨和提高系统的抗干扰能力，这不仅具有一定的科学理论意义，并且具有很高的工程实用价值。本章主要介绍提高计算机控制系统的可靠性措施以及几种抗干扰技术，包括硬件抗干扰技术、接地和电源保护技术、软件抗干扰技术。

8.1 工业现场的干扰及其对系统的影响

8.1.1 干扰的来源

对于计算机控制系统来说，干扰的来源是多方面的。但概括起来说，计算机控制系统所受到的干扰源分为外部干扰和内部干扰。外部干扰是由外界环境因素造成的，与系统结构无关。内部干扰是由系统结构、制造工艺等所决定的。

外部干扰的主要来源有电源电网的波动、大型用电设备（电炉、大电机、电焊机等）的起停、高压设备和电磁开关的电磁辐射、传输电缆的干扰等。内部干扰主要有系统的软件不稳定、分布电容或分布电感产生的干扰、多点接地造成的电位差给系统带来的影响等。

8.1.2 干扰窜入计算机控制系统的主要途径

干扰窜入计算机控制系统的主要途径如图 8-1 所示。

1. 空间感应的干扰

空间感应的干扰主要来源于电磁场在空间的传播。例如，输电线和电气设备发出的电磁场，通信广播发射的无线电波，太阳或其他天体辐射出来的电磁波，空中雷电，火花放电、弧光放电、辉光放电等放电现象。

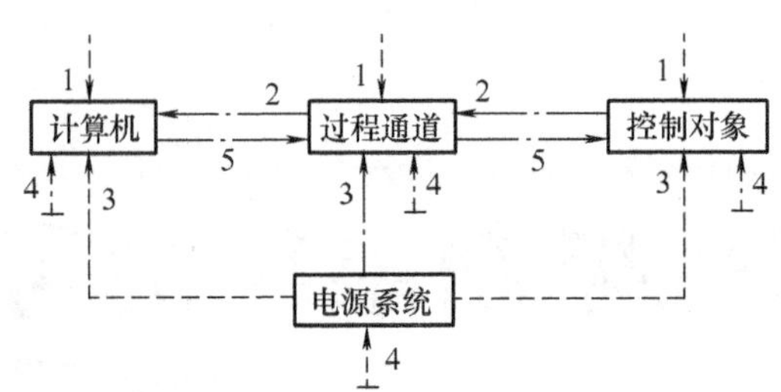

图 8-1　干扰窜入计算机控制系统的主要途径示意图
1—空间感应　2—过程通道窜入的干扰　3—电源系统窜入的干扰
4—地电位波动窜入的干扰　5—反射波干扰

2. 过程通道的干扰

过程通道的干扰常常沿着过程通道进入计算机。主要原因是过程通道与主机之间存在公共地线。要设法削弱和斩断这些来自公共地线的干扰，以提高过程通道的抗干扰能力。过程通道的干扰按照其作用方式，一般分为串模干扰和共模干扰。

1）串模干扰是指串联于信号回路之中的干扰。其表现形式如图 8-2 所示。其中 V_s 为信号源，V_n 为叠加在 V_s 上的串联干扰信号。干扰可能来自信号源内部如图 8-2a 所示，也可能来自邻近的导线（干扰线）如图 8-2b 所示。如果邻近的导线（干扰线）中有交变电流 I_a 流过，那么由 I_a 产生的电磁干扰信号就会通过分布电容 C_1 和 C_2 的耦合，引入 A/D 转换器的输入端。

2）计算机控制系统中，被控对象往往比较分散，一般都有很长的引线将现场信号源、信号放大器、主机等连接起来。引线长在几十米以至几百米，两地之间往往存在着一个电位差 V_c，如图 8-3 所示。这个 V_c 对放大器产生的干扰，称为共模干扰。其中 V_s 为信号源，V_c 为共模电压。这种干扰可以是直流电压，也可以是交流电压，其幅值可达几伏甚至更高，取决于现场产生干扰的环境条件和计算机等设备的接地情况。

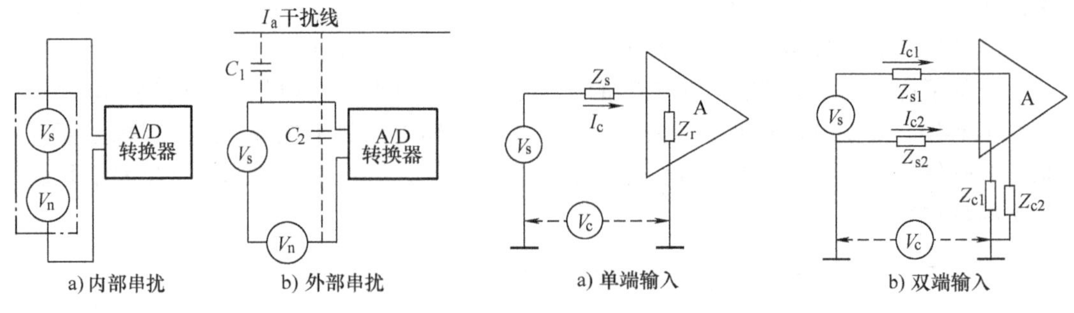

a) 内部串扰　b) 外部串扰

图 8-2　串模干扰示意图

a) 单端输入　b) 双端输入

图 8-3　共模干扰示意图

3. 电源系统的干扰

控制用计算机一般由交流电网供电（AC 220V，50Hz），电压不稳、频率波动、突然掉电事故难免发生，这些都会直接影响计算机系统的可靠性与稳定性。

4. 地电位波动的干扰

计算机控制系统分散很广，地线与地线之间存在一定的电位差。计算机交流供电电源的地电位很不稳定。在交流地上任意两点之间，往往很容易就有几伏至十几伏的电位差存在。

5. 反射波的干扰

电信号（电流、电压）在沿导线传输过程中，由于分布电容、电感和电阻的存在，导线上各点的电信号并不能马上建立，而是有一定的滞后，离起点越远，电压波和电流波到达的时间越晚。这样，电波在线路上以一定的速度传播开来，从而形成行波。如果传输线的终端阻抗与传输线的波阻抗不匹配，那么当入射波到达终端时，便会引起反射。同样，反射波到达传输线始端时，如果始端阻抗也不匹配，也会引起新的反射。这种信号的多次反射现象，使信号波形严重地畸变，并且引起干扰脉冲。

8.1.3　干扰的耦合方式

耦合是指电路与电路之间的电的联系，即一个电路的电压或电流通过耦合，使得另一个电路产生相应的电压或电流。耦合起着电磁能量从一个电路传输到另一个电路的作用。干扰源产生的干扰是通过耦合通道对计算机控制系统产生电磁干扰作用的，因此，需要弄清干扰源与被干扰对象之间的耦合方式。干扰的耦合方式主要有以下几种形式。

1. 直接耦合方式

直接耦合又称为传导耦合，是干扰信号经过导线直接传导到被干扰电路中而造成对电路的干扰。它是干扰源与敏感设备之间的主要干扰耦合途径之一。在计算机控制系统中，干扰噪声经过电源线耦合进入计算机控制系统是最常见的直接耦合现象。

2. 公共阻抗耦合方式

公共阻抗耦合是当电路的电流流经一个公共阻抗时，一个电路的电流在该公共阻抗上形成的电压就会对另一个电路产生影响。公共阻抗耦合是噪声源和信号源具有公共阻抗时的传导耦合。公共阻抗随元件配置和实际器件的具体情况而定。为了防止公共阻抗耦合，应使耦合阻抗趋近于零，则通过耦合阻抗上的干扰电流和产生的干扰电压将消失。

3. 电容耦合方式

电容耦合又称静电耦合或电场耦合，是指电位变化在干扰源与干扰对象之间引起的静电感应。计算机控制系统电路的元器件之间、导线之间、导线与元器件之间都存在着分布电容，如果一个导体上的信号电压（或噪声电压）通过分布电容使其他导体上的电位受到影响，这样的现象就称为电容耦合。

4. 电磁感应耦合方式

电磁感应耦合又称磁场耦合。在任何载流导体周围空间中都会产生磁场，若磁场是交变的，则对其周围闭合电路产生感应电动势。在设备内部，线圈或变压器的漏磁是一个很大的干扰；在设备外部，当两根导线在很长的一段区间架设时，也会产生干扰。

5. 辐射耦合方式

电磁场辐射也会造成干扰耦合。当高频电流流过导体时，在该导体周围便产生电力线和磁力线，并发生高频变化，从而形成一种在空间传播的电磁波。处于电磁波中的导体便会感应出相应频率的电动势。电磁场辐射干扰是一种无规则的干扰，这种干扰很容易通过电源线传到系统中去。当信号传输线（输入线、输出线、控制线）较长时，它们能辐射干扰波和接受干扰波，称为天线效应。

6. 漏电耦合方式

漏电耦合是电阻性耦合方式。当相邻的元器件或导线间的绝缘电阻降低时，有些电信号便通过这个降低了的绝缘电阻耦合到逻辑元器件的输入端而形成干扰。

8.2 计算机控制系统的硬件抗干扰技术

干扰是客观存在的，研究干扰的目的是抑制干扰进入计算机。因此，在进行系统设计时，必须采取各种抗干扰措施，否则，系统不可能正常工作。应用硬件抗干扰措施是经常采用的一种有效方法，通过合理的硬件电路设计可以削弱或抑制大部分干扰。根据干扰窜入计算机的几个主要途径，解决计算机控制系统干扰问题应主要从电源、接地、长线传输、过程通道及空间干扰几个方面入手，并结合干扰的耦合方式，采取具体措施。本节将着重讨论过程通道、长线传输、空间干扰的抑制和 RAM 数据掉电保护，接地和电源保护技术将在下节讨论。

8.2.1 过程通道干扰的抑制

过程通道是输入接口、输出接口与主机进行信息传输的途径，窜入的干扰对整个计算机控制系统的影响特别大，因此应采取措施抑制干扰信号。但是，过程通道干扰信号比较复杂，所以应视具体情况采取不同措施，下面介绍几种常用的抗干扰措施。

1. 光电隔离

光电隔离是由光耦合器来完成的。光耦合器是由发光二极管和光敏晶体管封装在一个管壳内，以光为媒介传输信号的器件，光耦合器的结构如图 8-4 所示。采用光耦合器可以切断主机与过程通道以及其他主机部分电路的电联系，能有效地防止干扰从过程通道串入主机，如图 8-5 所示。这时 A/D、D/A 转换器电源与计算机的直流电源必须独立，地线必须分开，保证计算机与现场仅有光的联系，切断干扰通路，也避免形成地环流，抗干扰效果十分显著。

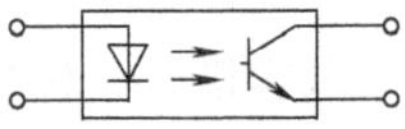

图 8-4 光耦合器结构

光耦合器能够抑制干扰信号，主要是因为它具有以下几个特点：

1）光耦合器是以光为媒介传输信号的，所以其输入和输出在电气上是隔离的。

2）光耦合器的光电耦合部分是在一个密封的管壳内进行的，因而不会受到外界光的干扰。

3）光耦合器的输入阻抗很低（一般为 $100\Omega \sim 1k\Omega$），而干扰源内阻一般都很大（$10^5 \sim 10^6\Omega$）。按分压原理，传送到光耦合器输入端的干扰电压就变得很小了。

4）由于一般干扰噪声源的内阻都很大，虽然也能供给较大的干扰电压，但可供出

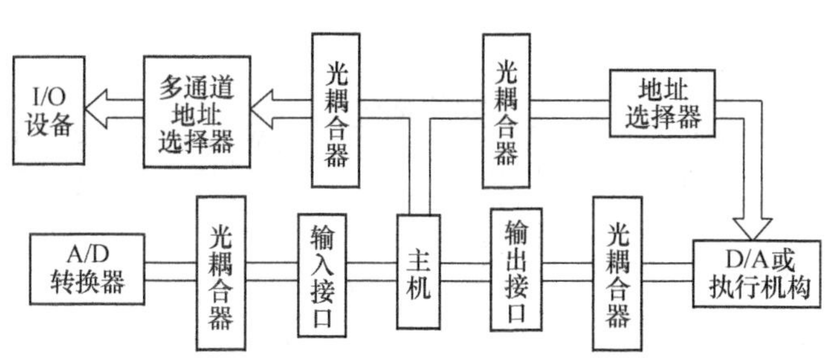

图 8-5 光电隔离基本配置

的能量却很小，只能形成很微弱的电流。而光耦合器的发光二极管只有通过一定的电流才发光，因此，即使电压幅值很高的干扰，由于没有足够的能量，也不能使二极管发光，显然，干扰就被抑制掉了。

5）输入回路与输出回路之间分布电容极小，一般仅为 0.5~2pF，而且绝缘电阻很大，通常为 $10^{11}\sim10^{12}\Omega$，因此，在回路中，一端的干扰很难通过光耦合器馈送到另一端去。

在传输线较长、现场干扰十分强烈时，为了提高整个系统的可靠性，可以通过光耦合器将长线完全“浮置”起来，如图 8-6 所示。长线的“浮置”，去掉了长线两端间的公共地线，不但有效消除了各逻辑电路的电流流经公共地线时所产生的噪声电压相互窜扰，而且也有效地解决了长线驱动和阻抗匹配等问题，同时在受控设备短路时，保护系统不受损坏。

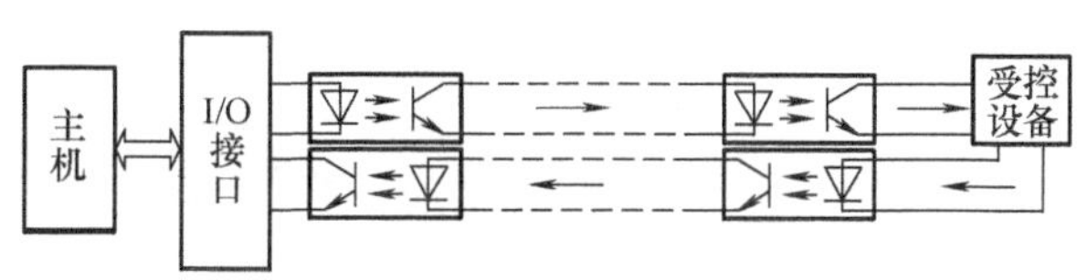

图 8-6 长线传输光耦合浮置处理

在图 8-6 中，A/D 转换后的并行输出口、D/A 转换后的并行数据输入口以及 I/O 地址总线与控制总线均采用光耦合器进行隔离，而且光耦合器输入、输出回路的电源分别供电，与外部相连的回路均由相应的外部供电。这样，完全切断了系统主机部分与外界的一切电的传输连接。

2. 继电器隔离

继电器的线圈和触点之间没有电气上的联系，因此，可利用继电器的线圈接受电气信号，从而避免强电和弱电信号之间的直接接触，实现了抗干扰隔离。常用于开关量输出，以驱动执行机构，如图 8-7 所示。

3. 变压器隔离

脉冲变压器可实现数字信号的隔离。脉冲变压器的匝数较少，而且一次和二次绕组分别缠绕在铁氧体磁心的两侧，分布电容仅几皮法，所以可作为脉冲信号的隔离器件。图 8-8 所示电路外部的输入信号经 *RC* 滤波电路和双向稳压管抑制常模噪声干扰，然后输入脉冲变压器的一次侧。为了防止过高的对称信号击穿电路元器件，脉冲变压器的二次侧输出电压被稳压管限

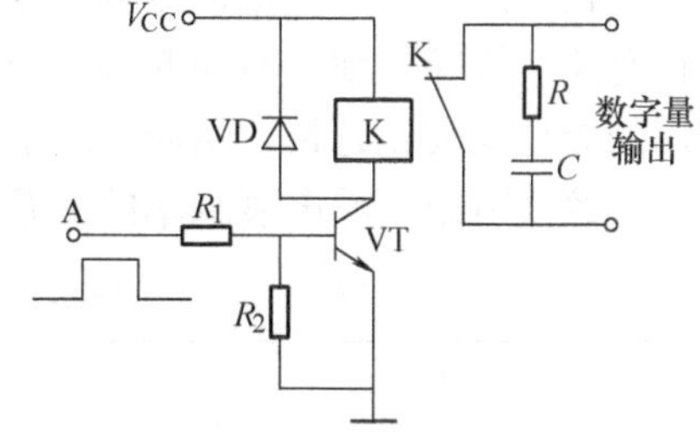

图 8-7 继电器隔离

幅后进入计算机控制系统内部。

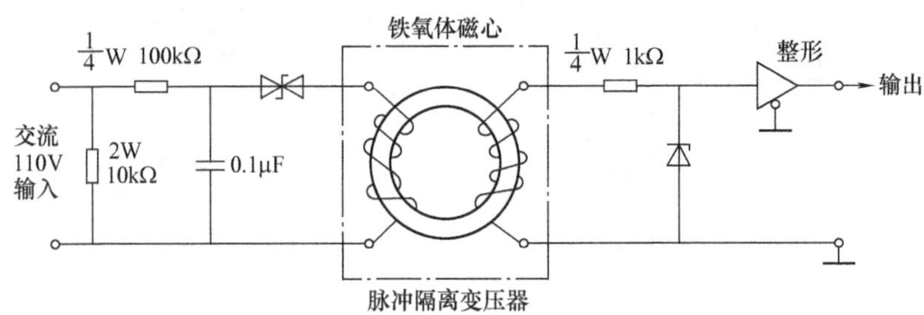

图 8-8　脉冲变压器隔离法

脉冲变压器隔离法传递脉冲输入/输出信号时，不能传递直流分量。计算机使用的数字量信号输入/输出的控制设备不要求传递直流分量，所以脉冲变压器隔离法在计算机控制系统中得到广泛应用。

对于一般的交流信号，可以用普通变压器实现隔离。图 8-9 表明了一个由 CMOS 集成电路完成的电平检测电路。

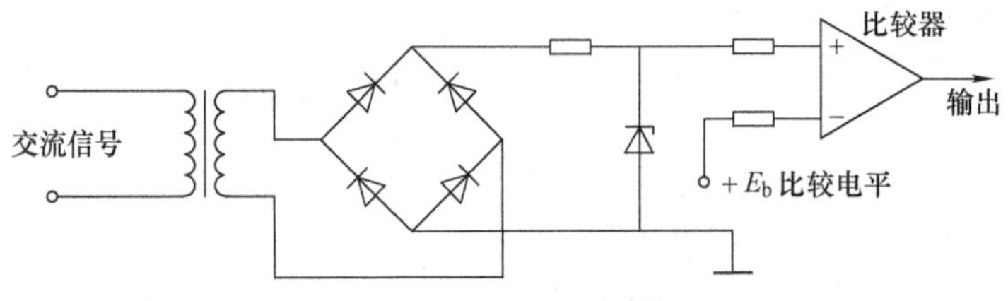

图 8-9　交流信号的幅度检测

4. 采用双绞线作信号线

对来自现场信号开关输出的开关信号，或从传感器输出的微弱模拟信号，最简单的办法是采用塑料绝缘的双平行软线。但由于平行线间分布电容较大，抗干扰能力差，电磁感应干扰会在信号线上感应出干扰电流。因此在干扰严重的场合，一般不简单使用这种双平行导线来传送信号，而是采用双绞线以提高抗干扰能力。

使双绞线中一根用作屏蔽线，另一根用作信号传输线，这样可以抑制电磁感应干扰。在使用过程中，把信号输出线和返回线两根导线拧和，其扭绞节距与该导线的线径有关。线径越细，节距越短，抑制感应噪声的效果越明显。实际上，节距越短，所用的导线长度就越长，从而增加了导线的成本。一般节距以 5cm 左右为宜。表 8-1 列出了双绞线节距与噪声衰减率的关系。

表 8-1　双绞线的节距与噪声衰减率

导　线	节距/cm	噪声衰减率	抑制噪声效果/dB
空气中平行导线	—	1∶1	0
双绞线	10	14∶1	23

（续）

导　线	节距/cm	噪声衰减率	抑制噪声效果/dB
双绞线	7.5	71∶1	37
双绞线	5	112∶1	41
双绞线	2.5	141∶1	43
钢管中平行导线	—	22∶1	27

在数字信号的长线传输中，除了对双绞线的接地与节距有一定要求外，根据传送的距离不同，双绞线使用方法也不同。图 8-10 所示为传送的距离不同时，双绞线的不同使用方法。图 8-10a 用于传送距离在 5m 以下，简单地在发送与接收端接负载电阻即可。当传送距离在 10m 以上时，或经过噪声严重污染的区域时，可使用平衡输出的驱动器和平衡输入的接收器，且发送与接收信号端都有阻抗匹配电阻；选用的双绞线也必须匹配合适。如图8-10b 所示。

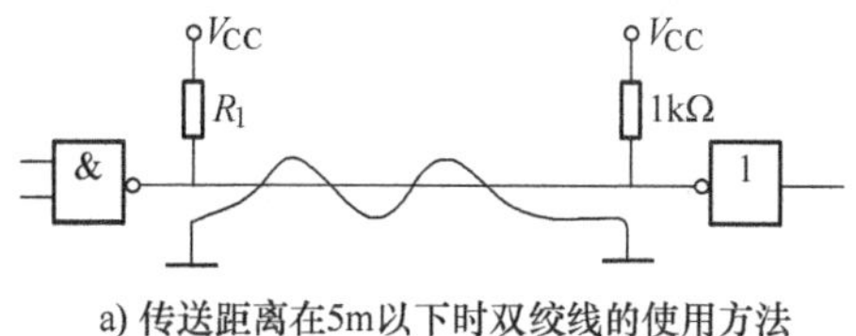

a) 传送距离在5m以下时双绞线的使用方法

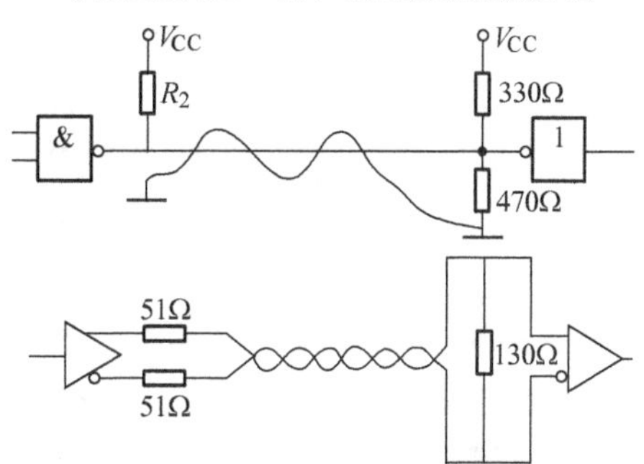

b) 传送距离在10m以上使用平衡输出的驱动器和平衡输入的接收器

图 8-10　双绞线数字信号的传送

为了增强其抗干扰能力，可以将双绞线与光耦合器联合使用，如图 8-11 所示。图 8-11a 是集电极开路 IC 与光耦合器连接的一般情况。如果在光耦合器的光敏晶体管的基极上接有电容（几皮法到 0.01 微法）及电阻（10~20MΩ），并且在后面接施密特型集成电路，则会大大加强抗振荡与噪声的能力，如图 8-11b 所示。图 8-11c 为开关触点通过双绞线与光耦合器连接的情况。

8.2.2　反射波干扰的抑制

反射波对电路的影响依传输线长度、信号频率高低、传输延迟时间而定。在计算机控制系统中，传输的数字信号为矩形脉冲信号。当传输线较长，信号频率较高，以至于使导线的传输延迟时间与信号宽度相接近时，就必须考虑反射波的影响。

影响反射波干扰的因素有两个：其一是信号频率，传输信号频率越高，越容易产生反射波干扰，因此在满足系统功能的前提下，尽量降低传输信号的频率；其二是传输线的阻抗，合理配置传输线的阻抗，可以抑制反射波干扰或大大削弱反射次数。

1. 传输线的特性阻抗 R_p 的测定

根据反射理论，当传输线的特性阻抗 R_p 与负载电阻 R 相等（匹配）时，将不发生反射。特性阻抗的测定方法如图 8-12 所示。调节可变电阻 R，当 $R=R_p$ 时，A 门的输

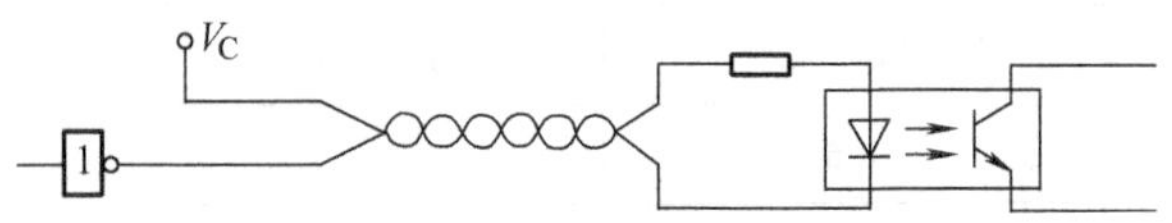

a) 集电极开路IC与光耦合器连接的一般情况

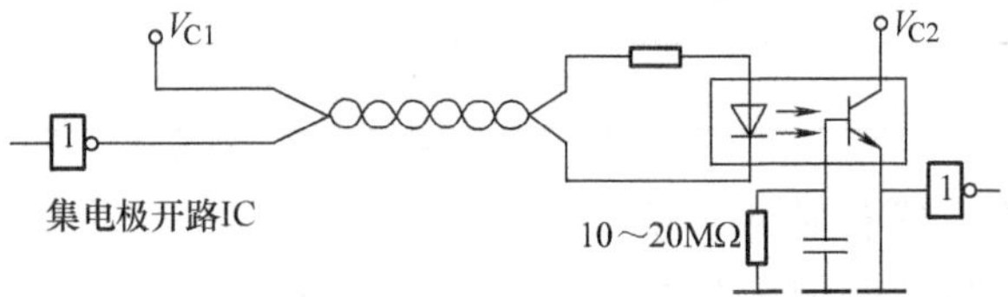

b) 在光耦合器上接有电容、电阻及施密特型集成电路的情况

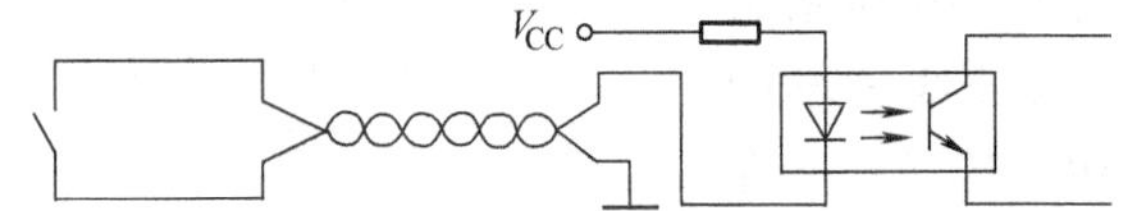

c) 开关触点通过双绞线与光耦合器连接的情况

图 8-11 光耦合器与双绞线联合使用

出波形畸变最小，反射波几乎消失，这时的 R 值可以认为该传输线的特性阻抗 R_p。

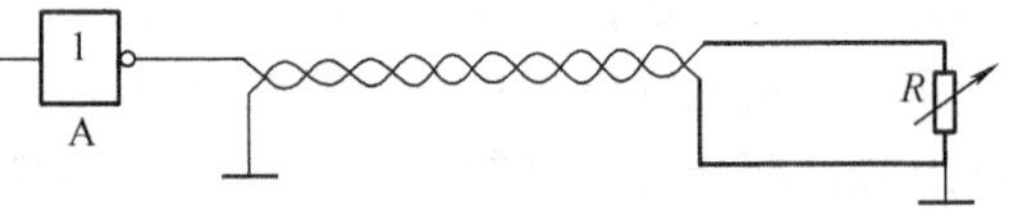

图 8-12 传输线的特性阻抗 R_p 的测定

2. 阻抗匹配的方法

阻抗匹配的方法一般分为 4 种，即：始端串联阻抗匹配、终端并联阻抗匹配、终端并联隔直阻抗匹配和终端钳位二极管匹配。

(1) 始端串联阻抗匹配

在传输线始端串入电阻 R，如图 8-13a 所示。如果传输线的波阻抗是 R_p，则当 $R=R_p$ 时，便实现了始端串联阻抗匹配，基本上消除了波反射。考虑到 A 门输出低电平时的输出阻抗 R_{sc}，一般选择始端匹配电阻 R 为 $R=R_p-R_{sc}$。这种匹配方法会使终端的低电平抬高，相当于增加了输出阻抗，降低了低电平的抗干扰能力。

(2) 终端并联阻抗匹配

图 8-13b 所示为终端并联阻抗匹配示意图。按式 (8-1) 选取等效电阻 R，有

$$R=\frac{R_1R_2}{R_1+R_2} \tag{8-1}$$

适当调整 R_1 和 R_2 的阻值，可使 $R=R_p$。为了同时兼顾高电平和低电平两种情况，可选取 $R_1=R_2=2R_p$。这种匹配方法由于终端阻值低，相当于加重负载，使高电平有所下降，故高电平的抗干扰能力有所下降。

(3) 终端并联隔直阻抗匹配

图 8-13c 所示为终端并联隔直阻抗匹配示意图。把电容 C 串入匹配电路中，当 C 较大时，其阻抗接近于零，只起隔直流作用，不会影响阻抗匹配，只要使 $R=R_p$ 就可以

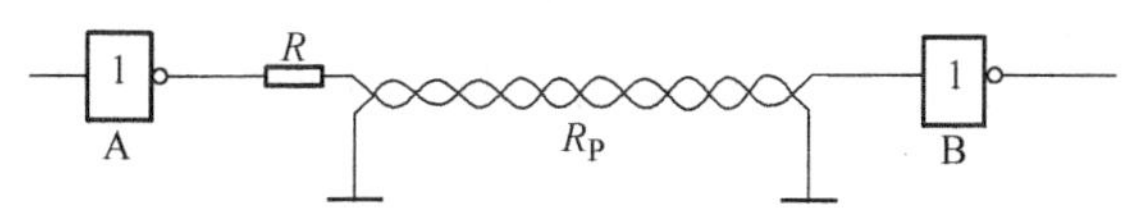

a) 始端串入电阻R示意图

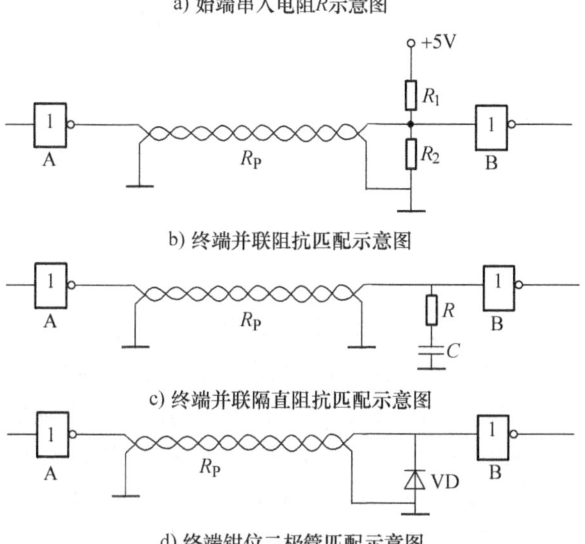

b) 终端并联阻抗匹配示意图

c) 终端并联隔直阻抗匹配示意图

d) 终端钳位二极管匹配示意图

图 8-13　传输线的阻抗匹配法

了。它不会引起输出高电平的降低，故增加了高电平的抗干扰能力。

（4）终端钳位二极管匹配

图 8-13d 所示为终端钳位二极管匹配示意图。利用二极管 VD 把 B 门输入端低电平钳位在 0.3V 以下，可以减少波的反射和振荡，提高动态抗干扰能力。

3. 输入/输出驱动法

如图 8-14 所示，当 A 点为低电平时，电压波从 B 向 A 传输。由于此时驱动器 SN7406 的输出呈现近于零的低阻抗，反射信号一到达该门的输出端就有相当部分被吸收掉，只剩下很少部分继续反射。这就是说，由于反射信号遇到的是低阻抗，它的衰减速度很快，反射能力大大地减弱了。当 A 点为高电平时，发送器 T_1 的输出端对地阻抗很大，可视为开路。为了降低接收器 T_2 的输入阻抗，接入一个负载电阻 $R=1k\Omega$，这样大大削弱了反射波的干扰。

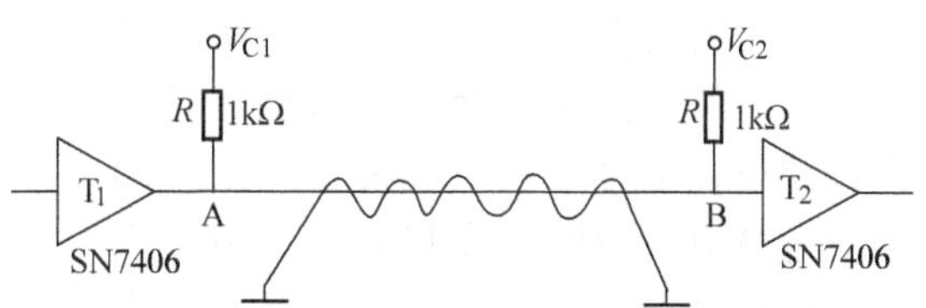

图 8-14　应用双驱动器的反射波抑制方法

4. 降低输入阻抗法

如图 8-15 所示，当驱动器输出低电平时，A 点对地阻抗很低；当驱动器输出高电平时，B 点对地阻抗也很低。由此可见，无论是输出高电平还是低电平，反射波都将很快衰减。

5. 光耦合器

如图 8-16 所示，该方法除了有效抑制反射波干扰外，还有效地实现了信号的隔离。

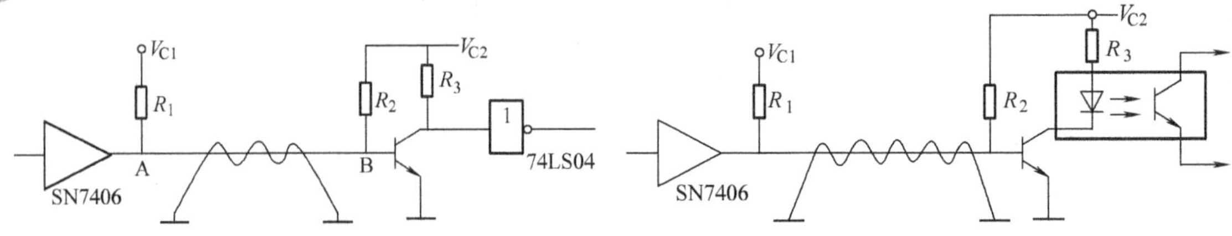

图 8-15　降低输入电阻的反射波抑制方法　　　图 8-16　光耦合器的反射波抑制方法

8.2.3　空间干扰的抑制

空间干扰主要指电磁场在线路和壳体上的辐射、吸收与调制。干扰可来自应用系统的内部或外部。市电电源线是无线电波的媒介，而在电网中有脉冲源工作时，它又是辐射天线，因而任一线路、导线、壳体等在空间均同时存在辐射、接收和调制。

抗空间干扰的主要措施就是采取屏蔽措施。屏蔽是指用屏蔽体把通过空间进行电场、磁场或电磁场耦合的部分隔离开来，隔断其空间场的耦合通道。良好的屏蔽是和接地紧密相连的，因而可以大大降低噪声耦合，取得较好的抗干扰效果。

在计算机控制系统中，通常是把数字电子装置和模拟电子装置的工作基准地浮空，而设备外壳或机箱采用屏蔽接地。浮地方式可使计算机系统不受大地电流的影响，提高了系统的抗干扰性能。由于强电设备大都采用保护接地，浮空技术切断了强电与弱电的联系，系统运行安全可靠。计算机系统设备外壳或机箱采用屏蔽接地，无论从防止静电干扰和电磁感应干扰的角度，或是从人身设备安全的角度，都是十分必要的措施。

图 8-17 所示为一种浮空—保护屏蔽层—机壳接地方案。这种方案的特点是将电子部件外围附加保护屏蔽层，且与机壳浮空；信号采用三线传输方式，即屏蔽电缆中的两根芯线和电缆屏蔽外皮线；机壳接地。图中信号线的屏蔽外皮 A 点接附加保护屏蔽层的 G 点，但不接机壳 B。假设系统采用差动测量放大器，信号源信号采用双芯信号屏蔽线传送，r_3 为电缆屏蔽外皮的电阻，Z_3 为附加保护屏蔽层相对机壳的绝缘电阻，Z_1、Z_2 为二信号线对保护层的阻抗，则有

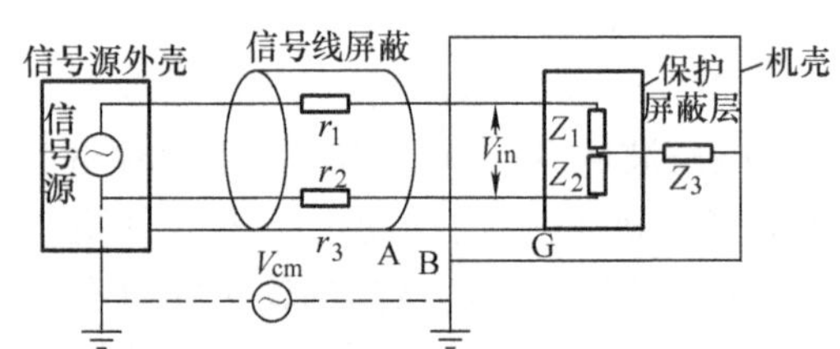

图 8-17　浮空—保护屏蔽层—机壳接地方案

$$V_{in} = \frac{r_3}{Z_3}\left[\frac{r_1 Z_2 - r_2 Z_1}{(r_1 + Z_1)(r_2 + Z_2)}\right] V_{cm} \tag{8-2}$$

显然，只要增大附加保护屏蔽层对机壳的绝缘电阻，减小相应的分布电容，则有 r_3/Z_3 远远小于 1，干扰电压 V_{in} 可显著减小。

8.2.4 RAM 数据掉电保护

计算机在上电及断电过程中，总线状态的不确定性，往往导致 RAM 内的某些数据发生变化或丢失，因此必须采取相应的措施保护好数据。

由于+5V 电源掉电后，电压下降有个过程，CPU 在此过程中会失控，误发出写信号$\overline{WR}$而冲失 RAM 中数据。因此，仅有电池是不可能有效完成数据保护的，还需对片选信号加以控制，当电源电压下降到一定程度时，使$\overline{CS}$端信号无效。图 8-18 所示为利用 4060 开关实现的 RAM 掉电保护电路。仔细调节图中 R_1、R_2 两个电阻的值，使电压小于等于 4.5V 时就使开关断开，$\overline{CS}$线上拉至“1”，这样，RAM 中的数据就不会冲失；当电压大于 4.5V 时，4060 开关应接通，使 RAM 能正常进行读写。

在上电和掉电期间，若能使数据存储器的写信号$\overline{WR}$立即变为高电平，也可以使 RAM 中的数据保持不变。

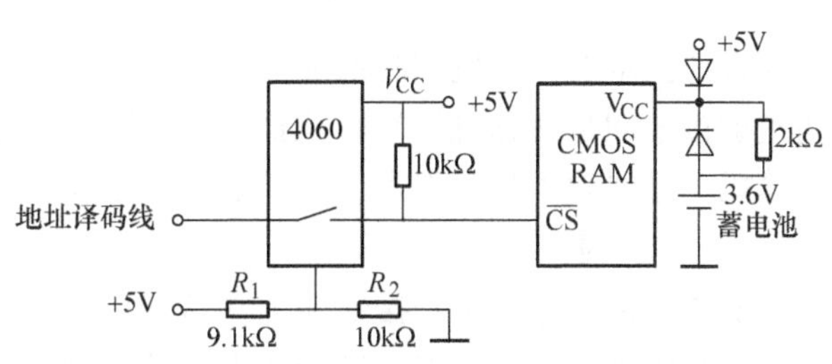

图 8-18　利用 4060 开关实现的 RAM 掉电保护电路

图 8-19 所示电路为另一种 RAM 掉电保护电路。系统在正常工作时，+5V 电源除了给 6264 提供电源以外，同时也给电池 BAT 供电；当系统电源掉电时将由电池 BAT 给 SRAM 供电。只要在上电和断电期间保证使 CE_2 立即变为低电平，或$\overline{WE}$立即变为高电平就可以使 SRAM 中的数据保持不变。在图中上电时，系统电源对 C_1 进行充电，在此期间，CE_2 的输入要经过一定的延时后才能变为高电平，同时，由于 6264 的电源端 V_{CC}的电位也是由系统电源对 C_2 充电来建立的，这就保证了在上电时 SRAM 处于写禁止状态。在系统电源掉电瞬间，G_1 的输入立刻变为低电平，而$\overline{WE}$端为高电平，从而禁止对 SRAM 进行写入。同时 C_1 也通过 VD_2 和 R_2 放电从而使 CE_2 的电平变低。因此，在掉电瞬间和掉电后，SRAM 也处于禁止状态。

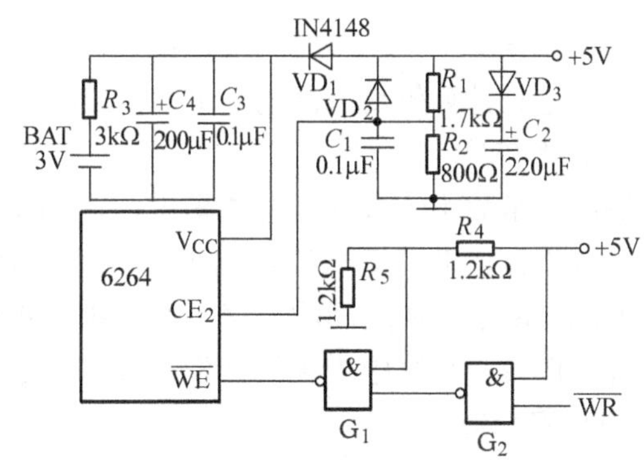

图 8-19　RAM 掉电保护电路

当掉电发生时，仅由电池在电压下降到一定值时接替供电是不够的。因为在电压下降过程中，CPU 和时钟振荡器在失效的电压值上下工作时会不稳定；另外，掉电过程中电流可能伴随着某些干扰。如果在此期间，存储器片选信号和写信号瞬间有效，则会出现数据的改写而导致保护失效。在上电过程中，也可能产生类似的问题。因此，一个完善的保护电路，必须具备以下功能：

1）掉电时在CPU的失效电压到达以前，存储器的写信号线应被封锁。CPU失效电压约在4.5~4.65V之间。

2）在存储器失效电压到达以前，备用电池应立即接替供电。

3）在掉电保护期间，电池电压不得低于存储器电压。

4）上电时，电压升到存储器有效工作电压以上时才允许电源接替电池供电。

5）电源电压升到CPU有效工作电压以上，且CPU已处在稳定状态时，才允许将存储器的写信号线开锁。

8.3 计算机控制系统的接地和电源保护技术

8.3.1 计算机控制系统的接地技术

接地技术对计算机控制系统是极为重要的，不恰当的接地会造成极其严重的干扰，而正确接地却是计算机控制系统抑制干扰的重要手段。接地的目的有两个：一是保护计算机、电器设备和操作人员的安全；二是为了抑制干扰，使计算机工作稳定。

1. 接地的种类

通常接地可分为保护接地和工作接地两大类。保护接地主要是为了避免操作人员因设备的绝缘损坏或下降时遭受触电危险和保证设备的安全。而工作接地则主要是为了保证计算机控制系统稳定可靠地运行，防止地环路引起的干扰。在计算机控制系统中，大致有交流地、系统地、安全地、数字地（逻辑地）和模拟地等几种。

（1）交流地

交流地是计算机交流供电电源地，即动力线地。它的地电位很不稳定。

（2）系统地

系统地是为了给各部分电路提供稳定的基准电位而设计的，是指信号回路的基准导体（如控制电源的零电位）。这时的所谓接地是指将各单元，装置内部各部分电路信号返回线与基准导体之间的连接。对这种接地的要求是尽量减小接地回路中的公共阻抗压降，以减小系统中干扰信号公共阻抗耦合。

（3）安全地

其目的是使设备机壳与大地等电位，以避免机壳带电而影响人身及设备安全。通常安全地又称为保护地或机壳地，机壳包括机架、外壳、屏蔽罩等。

（4）数字地

作为计算机控制系统中各种数字电路的零电位，应该与模拟地分开，避免模拟信号受数字脉冲的干扰。

（5）模拟地

作为传感器、变送器、放大器、A/D转换器和D/A转换器中模拟地的零电位。模拟信号有精度要求，有时信号比较小，而且与生产现场连接。因此，必须认真地对待模拟地。

不同的地线有不同的处理技术，下面介绍一些在计算机控制系统中应该遵循的接地处理原则和技术。

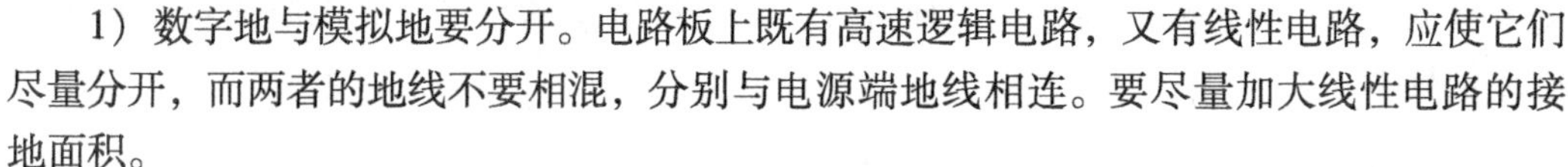

2. 输入系统的接地

1）数字地与模拟地要分开。电路板上既有高速逻辑电路，又有线性电路，应使它们尽量分开，而两者的地线不要相混，分别与电源端地线相连。要尽量加大线性电路的接地面积。

2）单点接地与多点接地的选择。在低频电路中，信号的工作频率小于 1MHz 时，它的布线和元器件间的电感影响小，而接地电路形成的环流对干扰影响较大，因而屏蔽线采用一点接地；但信号工作频率大于 10MHz 时，地线阻抗变得很大，此时，应尽量降低地线阻抗，采用就近多点接地法。

3）传感器、变送器和放大器等通常采用屏蔽罩，而信号的传送往往使用屏蔽线。对于这些屏蔽层的接地要十分谨慎，应该遵循单点接地原则。

4）接地线要尽量加粗。若接地用线很细，接地电位则随电路的变化而变化，导致计算机的定时信号电平不稳，抗噪声性能变差。因此，应将接地线加粗，使它能通过三倍于印制电路板上的允许电流。如有可能，接地用线直径在 2~3mm 以上为宜。

5）在交流地上任意两点之间，往往很容易就有几伏至几十伏的电位差存在。另外，交流地也很容易带来各种干扰。因此，交流地绝对不允许与其他几种地相连，而且交流电源变压器的绝缘性能要好，绝对避免漏电现象。

3. 主机系统的接地

（1）全机单点接地

主机地与外部设备地连接后，采用单点接地，如图 8-20 所示。为了避免多点接地，各机柜用绝缘板垫起来。这种接地方式安全可靠，有一定的抗干扰能力，接地电阻越小越好，一般在 4~10Ω。

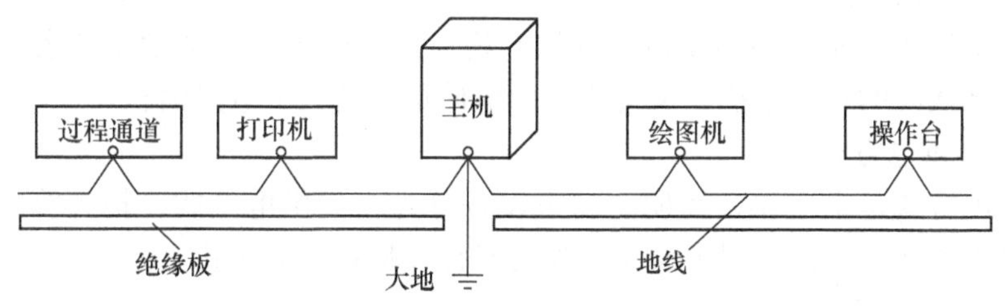

图 8-20　全机单点接地

（2）主机外壳接地、机芯浮空

将主机外壳作为屏蔽罩接地，把机内器件架与外壳绝缘，绝缘电阻大于 50MΩ，即机内信号地浮空，如图 8-21 所示。这种方法安全可靠，抗干扰能力强。但需注意，一旦绝缘电阻降低将会引入干扰。

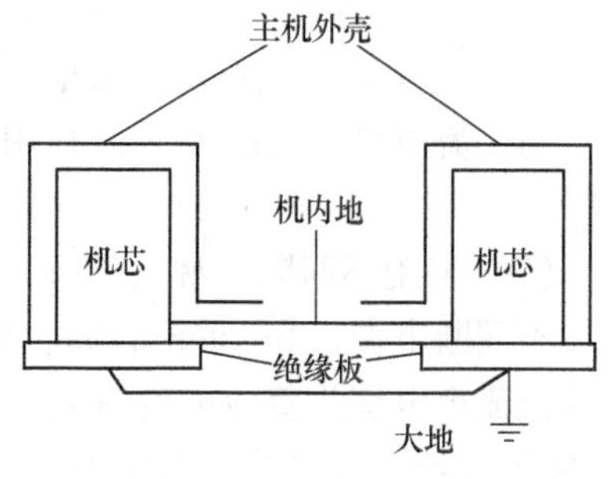

图 8-21　外壳接地/机芯浮空示意图

（3）多机系统的接地

在计算机网络系统中，多台计算机之间相互通信，资源共享。近距离的几台计算机安装在同

一机房内，可采用类似图 8-20 那样的多机单点接地方法。对于远距离的多台计算机之间的数据通信，通过隔离的办法把地分开，如变压器隔离技术、光电隔离技术和无线电通信技术。

8.3.2 计算机控制系统的电源保护技术

计算机控制系统中的各个单元都需要直流电源供电。一般是由市电电网的交流电经过变压、整流、滤波、稳压后向系统提供直流电源。由于变压器的一次绕组接在市电电网上，电网上的各种干扰便会引入系统，影响到系统的稳定性和可靠性。另外，计算机的供电不允许中断，因此，必须采取电源保护措施，防止电源干扰，保证不间断供电。

1. 计算机控制系统的一般保护措施

（1）采用交流稳压器

当电网电压波动范围较大时，应使用交流稳压器。这也是目前最普遍采用的抑制电网电压波动的方案，保证 AC 220V 供电。

（2）采用电源滤波器

交流电源引线上的滤波器可以抑制输入端的瞬态干扰。直流电源的输出也接入电容滤波器，以使输出电压的纹波限制在一定范围内，并能抑制数字信号产生的脉冲干扰。

（3）电源变压器采取屏蔽措施

利用几毫米厚的高导磁材料将变压器严密地屏蔽起来，以减小漏磁通的影响。

（4）采用分布式独立供电

这种供电方式指整个系统不是统一变压、滤波、稳压后供各单元电路使用，而是变压后直接送给各单元电路的整流、滤波、稳压。这样可以有效地消除各单元电路间的电源线、地线间的耦合干扰，又提高了供电质量，增大了散热面积。

（5）分类供电方式

这种供电方式是把空调、照明、动力设备分为一类供电方式，把计算机及其外设分为一类供电方式，以避免强电设备工作时对计算机系统的干扰。

2. 电源异常的保护措施

随着计算机的广泛应用和信息处理技术的迅速发展，对高质量的供电提出了越来越高的要求。在计算机运行期间若供电中断，将会导致随机存储器中的数据丢失和程序的破坏。其故障保护措施如下。

（1）采用静止式备用交流电源

当交流电网出现故障时，利用备用交流电源能够及时供电，保证系统安全可靠地运行。

（2）采用不间断电源（UPS）

不间断电源（Uninterruptible Power Supply，UPS）的基本结构分为两部分：一部分是将交流市电变为直流电的整流/充电装置；另一部分是把直流电再度转变为交流电的 PWM 逆变器。蓄电池在交流电压正常供电时储存能量，此时它一直维持在一个正常的充电电压上。一旦市电供应中断，蓄电池立即对逆变器供电，从而保护 UPS 交流输出

电压的连续性。UPS 按其操作方式可分为后备式 UPS 和在线式 UPS。

1）后备式 UPS 的原理图如图 8-22 所示。电网正常时，由市电直接向计算机供电。UPS 系统使蓄电池保持满电量，蓄电池只提供 DC-AC 逆变器的空载电流。当市电不正常时，由故障检测器发出信号，通过静态开关，由 DC-AC 逆变器提供交流电源，即 UPS 的逆变器总是处于对计算机提供后备供电状态。

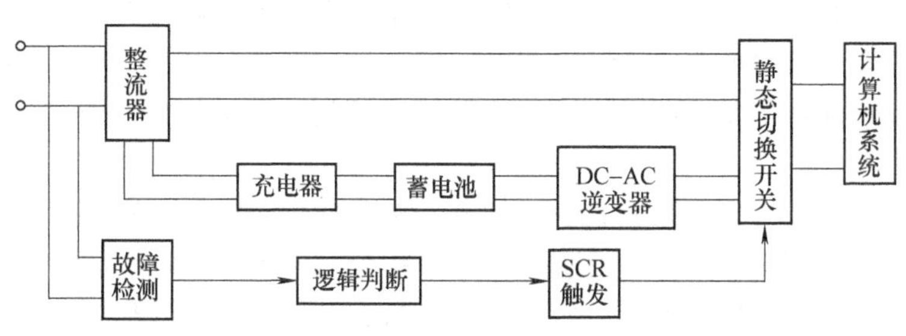

图 8-22 后备式 UPS 方框图

2）在线式 UPS 的原理图如图 8-23 所示。它平时由交流→整流→逆变器方式对计算机提供交流电源，使负载的交流供电不受影响。一旦市电中断时，UPS 改由蓄电池→逆变器方式对计算机提供电源。当市电恢复供电后，UPS 又重新切换到由整流器→逆变器方式对计算机提供电源。

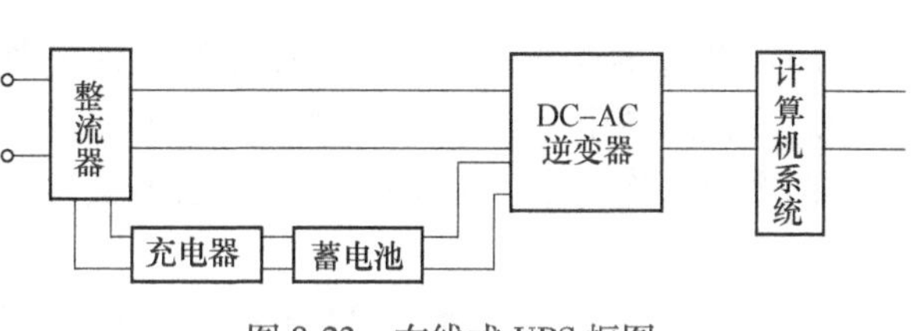

图 8-23 在线式 UPS 框图

对在线式 UPS 而言，在正常情况下它总是由 UPS 的逆变器对计算机供电，这就避免了所有由市电电网带来的任何电压波动及干扰对计算机供电所产生的影响。同后备式 UPS 相比，它的供电质量明显优越。因为在市电停电时，不需要转换时间，可以连续对计算机供电，不会因转换跟不上而产生干扰，从而实现对计算机的稳压、稳频供电。然而，后备式 UPS 由于运行效率高，噪声低，价格相对便宜，所以目前在市场上两种产品同样受到计算机用户的欢迎。

8.4 计算机控制系统的软件抗干扰技术

窜入计算机控制系统的干扰，其频谱往往很宽，且具有随机性，采用硬件抗干扰措施只能抑制某个频率段的干扰，仍有一些干扰会侵入系统。因此，为确保应用程序按照给定的顺序有秩序地运行，除了采取硬件抗干扰技术以外，必须在程序设计中采取措施，以提高软件的可靠性，减少软件错误的发生以及在发生软件错误的情况下仍能使系统恢复正常运行。

8.4.1 指令冗余技术

通常计算机的指令由操作码和操作数两部分组成，操作码指明 CPU 完成什么样的操作（如传送、算术运算、转移等），操作数是操作码的操作对象（如立即数、寄存器、存储器等）。对于 80C51 单片机所有的指令都不超过 3 个字节，且多为单字节指

令。单字节指令仅有操作码，隐含操作数；双字节指令第一个字节是操作码，第二个字节是操作数；三字节指令第一个字节为操作码，后两个字节是操作数。CPU 取指令的过程是先取操作码，后取操作数，当一条完整指令执行完后，紧接着取下一条指令的操作码、操作数。整个操作时序完全由程序计数器（PC）控制。因此，一旦 PC 因干扰而出现错误，程序便脱离正常运行轨道，出现程序“跑飞”现象，也即会出现操作数数值的改变以及把操作数当成操作码的错误。当程序“跑飞”到某个单字节指令时，自己会进入正确的轨道；若程序落在某双字节或三字节指令上时，误将操作数当作操作码的概率就会增大。为了使“跑飞”的程序迅速纳入正轨，可以采用指令冗余技术。

所谓指令冗余技术是指在程序的关键地方人为地加入一些单字节指令 NOP，或将有效单字节指令重写。当程序“跑飞”到某条单字节指令上，就不会发生将操作数当作指令来执行的错误，使程序迅速纳入正轨。常用的指令冗余技术有两种：NOP 指令的使用和重要指令冗余。

1. NOP 指令的使用

NOP 指令的使用是指令冗余技术的一种重要方式，通常是在双字节指令和三字节指令之后插入两个单字节 NOP 指令。这样，即使因为“跑飞”使程序落到操作数上，由于两个空操作指令 NOP 的存在，不会将其后的指令当操作数执行，从而使程序纳入正轨。

通常，一些对程序流向起重要作用的指令（如 RET、RETI、ACALL、LCALL、LJMP、SJMP、JZ、JNZ、JC、JNC、JB、JBC、DJNZ 等）和某些对系统工作状态起重要作用的指令（如 SETB 等）的前面插入两条 NOP 指令，以保证“跑飞”的程序迅速纳入轨道，确保这些指令的正确执行。

2. 重要指令冗余

重要指令冗余也是指令冗余的一种方式。通常在那些对于程序流向起决定作用或对系统工作状态有重要作用的指令的后边（如前文所列举的一些指令），可重复写上这些指令，以确保这些指令的正确执行。

值得注意的是：虽然加入冗余指令，能提高软件系统的可靠性，但却降低了程序的执行效率。所以在一个程序中，“指令冗余”不能过多，否则会降低程序的执行效率。

8.4.2 软件陷阱技术

指令冗余技术可以使“跑飞”的程序恢复正常工作，其条件是：“跑飞”的程序必须落在程序区且冗余指令必须得到执行。若“跑飞”的程序进入非程序区（如 EPROM 未使用的空间或某些数据表格区），则采用指令冗余技术就不能使“跑飞”的程序恢复正常，这时可以设定软件陷阱。

1. 软件陷阱

所谓软件陷阱，就是当 PC 失控，造成程序“跑飞”而进入非程序区时，在非程序区设置一些拦截程序，将失控的程序引至复位入口地址 0000H 或处理错误程序的入口地址 ERR，在此处将程序转向专门对程序出错进行处理的程序，使程序纳入正轨。软

件陷阱可以采用3种形式，如表8-2所示。

表8-2 软件陷阱形式

程序形式	软件陷阱形式	对应入口形式
形式之一	NOP NOP LJMP 0000H	0000H：LJMP MAIN；运行程序 ⋮
形式之二	LJMP 0202H LJMP 0000H	0000H：LJMP MAIN；运行主程序 ⋮ 0202H：LJMP 0000H ⋮
形式之三	LJMP ERR	ERR：……；错误处理程序 ⋮

根据“跑飞”程序落入陷阱区的位置不同，可选择执行转到0000H、转到0202H单元或转到处理错误的程序入口地址ERR，使程序纳入正轨，指定运行到预定位置。

2. 软件陷阱的安排

（1）未使用的中断向量区

80C51单片机的中断向量区为0003H～002FH，当未使用的中断因干扰而开放时，在对应的中断服务程序中设置软件陷阱，就能及时截获错误的中断。在中断服务程序中返回指令用RETI也可以用LJMP。比如：某系统未使用两个外部中断$\overline{INT_0}$和$\overline{INT_1}$，它们的中断服务子程序入口地址分别为$SINT_0$和$SINT_1$。在系统未使用的中断由于干扰而误开中断时，则可以在对应的中断服务程序中，首先弹出错误的断点，然后使程序无条件跳转到主程序的入口0000H处重新开始执行，而不是用RETI指令返回到错误的断点处。其软件陷阱程序如下：

```
        ORG     0000H
0000H   START:  LJMP MAIN          ；引向主程序入口
        ORG     0003H
                LJMP SINT0         ；INT0中断服务程序入口
        ORG     0013H
                LJMP SINT1         ；INT1中断服务程序入口
        ORG     0080H
0080H   MAIN:   ……                 ；主程序
                ⋮
        SINT0:  NOP
                NOP
                POP     direct1    ；将断点弹出堆栈区
                POP     direct2
                LJMP    0000H      ；转到0000H处
        SINT1:  NOP
```

```
NOP
POP     direct1        ; 将原先的断点弹出
POP     direct2
PUSH    00H            ; 断点地址改为0000H
PUSH    00H
RETI
```

中断服务程序中的 direct1 和 direct2 为主程序中非使用单元。

(2) 未使用的 EPROM 空间

程序一般都不会占用 EPROM 芯片的全部空间，对于未使用完的 EPROM 空间，一般都维持原状，即其内容为 0FFH。0FFH 对于 80C51 单片机来说是一条单字节指令"MOV R7, A"。如果程序"跑飞"到这一区域，则将顺利向下执行，不再跳跃（除非又受到新的干扰），因此在非程序区内用 0000020000 或 020202020000 数据填满。注意，最后一条填入数据必须为 020000。当"跑飞"程序进入此区后，读到的数据为 0202H，这是一条转移指令，使 PC 转入 0202H 入口，在主程序 0202H 设有出错处理程序，或转到程序的入口地址 0000H 执行程序。

(3) 表格

单片机程序设计中一般会遇到两种表格：一类是数据表格，供"MOVC A, @ A+PC"指令或"MOVC A, @ A+DPTR"指令使用；另一类是散转表格，供"JMP @ A+DPTR"指令使用。由于表格的内容与检索值是一一对应的关系，在表格中安排陷阱会破坏表格的连续性和对应关系，因此只能在表格的最后安排陷阱。如果表格区较长，则安排的陷阱不能保证一定能够捕捉到"跑飞"的程序，这时只能借助于别的软件陷阱或冗余指令来使程序恢复正常。

(4) 运行程序区

"跑飞"的程序在用户程序内部跳转时可用指令冗余技术加以解决，也可以设置一些软件陷阱，使程序运行更加可靠。而在进行单片机系统程序设计时常采用模块化设计，单片机按照程序的要求一个模块、一个模块地执行。所以可以将陷阱指令组分散放置在用户程序各模块之间空余的单元里。在正常程序中不执行这些陷阱指令，保证用户程序正常运行。但当程序"跑飞"一旦落入这些陷阱区，马上将"跑飞"的程序拉到正确轨道。这个方法很有效，陷阱的多少一般依据用户程序大小而定，一般每 1K 字节有几个陷阱就够了。

(5) RAM 数据保护的条件陷阱

单片机受到严重的干扰时，可能不能正确地读/写外部的 RAM 区。为解决这个问题，可以在进行 RAM 的数据读/写之前，测试 RAM 读/写通道的畅通性。这可以通过编写陷阱实现，当读/写正常时，不会进入陷阱，若不正常，则会进入陷阱，且形成死循环。实现程序为：

```
MOV     A, #NNH         ; NN是任意的
MOV     DPTR, #XXXXH
MOV     6EH, #55H
MOV     6FH, #0AAH
```

```
        NOP
        NOP
        CJNE    6EH, #55H, XJ   ; 6EH 中不为 55H 则落入死循环
        CJNE    6FH, #0AAH, XJ  ; 6FH 中不为 AAH 则落入死循环
        MOVX    @DPTR, A        ; A 中数据写入 RAM 的 XXXXH 单元中
        NOP
        NOP
        MOV     6EH, #00H
        MOV     6FH, #00H
        RET
XJ:     NOP                     ; 死循环
        NOP
        SJMP    XJ
```

落入死循环以后，可以通过后面将要介绍的“看门狗（Watchdog）”技术来复位系统。

8.4.3 故障自动恢复处理程序

前面介绍的指令冗余技术、软件陷阱技术可以让失控的程序计数器（PC）回到主程序的起点 0000H 处。而系统在上电复位后程序计数器（PC）也是指向此处，对于这两种复位后程序的跳转，在实际应用中有着不同的要求。系统若是上电复位，则主程序开始要进行寄存器的初始化，以及进行系统运行前的状态准备，然后正式进入测控过程；若系统是因为干扰故障而回到 0000H，由于系统已经进入测控状态，因此，就没有必要重新进行状态的准备，而直接回到原来失控的程序模块即可。当然，对于后一种情况，保持数据的正确无误是程序跳转后正确执行的前提。因此，程序要进行故障后的恢复处理。

1. 辨别上电方式

所谓辨别上电方式，就是根据某些信息来确定是以何种方式进入 0000H 单元的，是上电复位还是故障复位。通常以软件设置上电标志的方式来判定。

软件设置上电标志是以单片机上电复位后某些寄存器的值、RAM 中预先设定的标志位或程序计数器（PC）的值作为上电标志。在程序开始处检测这些标志位，若改变了，即可认为是上电复位；若未改变，则认为是故障复位。

可以利用 SP、PSW 和 RAM 中特定的单元设置软件上电标志。SP 的上电复位值是 07H，可以将 SP 设置为其他大于 07H 的值作为上电标志；PSW 中的第 5 位 PSW.5 可以由用户自行设定，若系统是上电复位，则 PSW 的内容为 00H，程序开始后，通过将 PSW.5 置 1 来作为上电标志。下面是用 PSW.5 作为上电标志的程序清单：

```
        ORG   0000H
        AJMP  START
START:  MOV   C, PSW.5          ; 判别标志位 PSW.5
        JC    LOOP              ; PSW.5=1 转向出错程序处理
```

```
         SETB PSW.5           ; 置 PSW.5=1
         LJMP START0          ; 转向系统初始化入口
LOOP:    LJMP ERR             ; 转向出错程序处理
```

应注意：PSW.5 标志判定仅适合于软件复位方式（在 RESET 为低电平情况下，由软件控制转到 0000H）。

2. 系统的复位处理

用软件抗干扰措施来使失控的系统恢复到正常状态，重新进行彻底的初始化使系统的状态进行修复或有选择地进行部分初始化，这种操作也被称之为“热启动”。热启动首先要对系统进行复位，也就是执行一系列指令来使各种专用寄存器达到与硬件复位时同样的状态，但是需要注意的是还有中断激活标志。因为 80C51 单片机系统响应中断后会自动把相应的中断激活标志置位，阻止同级的中断响应。若系统受到干扰后，很可能是在执行中断服务程序过程中而导致程序“跑飞”，没有执行 RETI 指令而跳出中断服务程序，这时不可能清除该中断的激活标志。这样，系统热启动时，不管中断允许标志是否置位，都不予响应同级中断的请求。由此可见，清除中断激活标志是非常重要的。下面给出了一段系统复位处理的程序。

```
         ORG   0080H
ERR:     CLR   EA              ; 关中断
         MOV   DPTR, #ERR1     ; 准备返回地址
         PUSH DPL
         PUSH DPH
         RETI                  ; 清除高优先级中断激活标志
ERR1:    MOV   50H, #0AAH      ; 重置上电复位标志
         MOV   51H, #55H
         MOV   DPTR, #ERR2     ; 返回出错处理程序入口地址
         PUSH DPL
         PUSH DPH
         RETI                  ; 清除低优先级中断激活标志
```

在进行热启动时，关闭中断后在正式恢复系统之前要设置好栈底。这是因为在热启动过程中要执行各种子程序，而子程序的工作需要堆栈的配合，在系统得到正确恢复之前堆栈指针是无法确定的。设置好堆栈后，要将所有的 I/O 设备都设置成安全状态，封锁 I/O 操作，以免干扰造成的破坏进一步扩大，再根据系统中残留的信息进行恢复工作。对系统进行恢复实际上就是恢复各种关键的状态信息和重要的数据信息，同时尽可能地纠正因干扰而造成的错误，对那些临时数据则没有必要进行恢复。在恢复关键的信息之后，还要对各种外围芯片重新写入它们的控制字，必要时还要补充一些新的信息，才能使信息重新进入工作循环。

3. RAM 数据的备份与纠错

在计算机系统中，若 RAM 没有掉电保护功能，在电源开启和断电过程中有可能造成 RAM 中数据丢失；当 CPU 受到干扰而造成程序“跑飞”时，也有可能破坏 RAM 中的数据。因此，系统复位后首先要检测 RAM 中的内容是否出错，并将破坏的内容重新

恢复。

实践表明，在计算机系统遭受干扰后，储存在其RAM中的数据通常是局部单元会遭到破坏或值被更改，不可能将RAM区所有的数据都冲掉。因此，在编程时，应将一些重要的数据多做备份。备份时，各备份数据间应远离且分散设置，以防同时被破坏。此外备份数据区应远离堆栈，避免堆栈操作对数据的更改。对于重要的数据，在条件允许的情况下，应多做备份。

纠错是根据备份的数据来进行的。将原始数据与各备份数据的对应单元逐一比较，若这一组单元数据中大多数都是同一个值，只有少数单元的值显示了较大的差异，说明某些单元遭到破坏，则把同一值的数据作为正确数据，并将那些存在差异的单元存储值设置成与大多数单元相同的值，完成数据的纠错，这样几份数据又保持一致，从而避免了数据的丢失。因此，对RAM中重要的数据做备份对提高RAM数据抗干扰能力是很重要的。如果存储空间有空余的话，建议多做备份，其可靠性会很高。备份不得少于2份，因为少于2份，当数据丢失后就不能判断哪份数据是正确数据了。

4. 程序失控后系统信息的恢复

在一些生产过程或自动化生产线的控制系统中，要求生产工艺有严格的逻辑顺序性。当程序失控后，不希望（甚至不允许）从整个控制程序的入口处从头执行控制程序，而应从失控的那个程序模块恢复执行。

一般来说，主程序总是由若干功能模块组成，每个功能模块入口设置一个标志。系统故障复位后，可根据这些标志选择进入相应的功能模块。例如，某系统有两个功能模块，当系统进入第一个模块时，在该单元写上该模块的编码值0AAH。系统退出该模块，进入第二个模块后，即将该单元写上第二个模块的编码值55H。这样，故障后通过直接读取该单元就可以知道故障前程序运行至何处。

8.4.4　Watchdog 技术

PC受到干扰而失控，引起程序“跑飞”，也可能使程序陷入“死循环”。指令冗余技术、软件陷阱技术都只能捕获“跑飞”的程序，使之很快纳入正轨，但都不能使失控的程序摆脱“死循环”的困境，为此通常采用程序监视技术，又称“看门狗（Watchdog）”技术，使程序脱离“死循环”。单片机系统的应用程序往往采用循环运行方式，每一次循环的时间基本固定。“看门狗”技术就是不断监视程序循环运行时间，若发现时间超过已知的循环设定时间，则认为系统陷入了“死循环”，然后强迫程序返回到0000H入口，在0000H处安排一段出错处理程序，使系统运行纳入正轨。80C51单片机的片内没有监视定时器（WDT），但可利用片内定时器与中断程序，或者片外定时器与中断程序来作为WDT。这种方法要求定时器的定时时间稍大于主程序正常运行一个循环的时间，若程序正常运行时间为T，则定时器的定时时间应为$1.1T<t_w<2T$。程序每循环一次，就要刷新一次定时器的定时常数。只要程序正常运行，就不会出现定时中断，只有在程序失常时，不能刷新定时常数才产生中断。此时，在中断服务程序中使系统程序从头开始执行，或使程序从失常处重新执行。

图8-24所示电路为由8253定时器/计数器和74LS123可再触发单稳态多谐振荡器组成的“看门狗”电路。图中74LS123双可再触发单稳态多谐振荡器在清除端为高电

平，B 端为高电平的情况下，若 A 端输入负跳变，则单稳态触发器脱离原来的稳态（Q 为低电平）进入暂态，即 Q 端变为高电平。在经过一段延时后，Q 端重新回到稳定状态。这就使 Q 端输出一个正脉冲，其脉冲宽度由定时元件 R、C 决定。当 $C>1000\text{pF}$ 时，输出脉冲宽度计算如下

$$t_w = 0.45RC \tag{8-3}$$

式中 R——单位为 Ω；

C——单位为 F；

t_w——单位为 s。

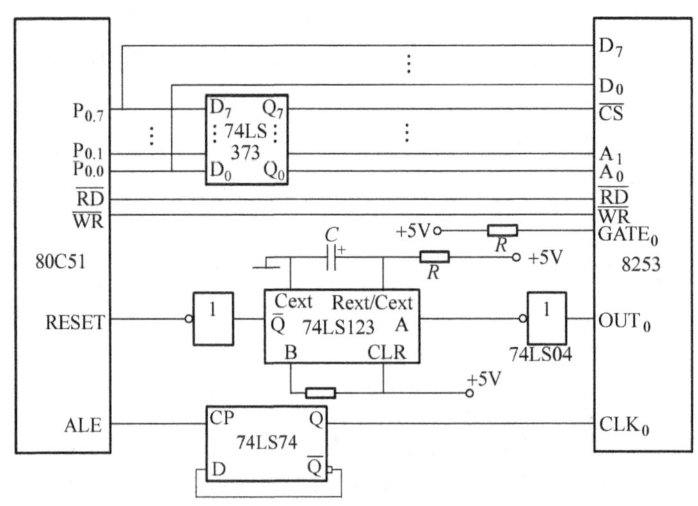

图 8-24 由 8253 和 74LS123 组成的“看门狗”电路

这里可以将 8253 计数器 0 设置成方式 0 计数结束中断方式。当写入控制字后，输出端 OUT 为低电平作为初始状态。因 GATE 位始终为高电平，则允许计数。对计数器 0 的计数器高字节和低字节连续两次写操作（由方式控制字的 D_5D_4 确定为 11）以启动计数器工作。因通常选 8253 的定时时间稍大于正常程序循环一次运行的时间，所以，若程序正常运行，则在计数值减到 0 以前，CPU 又重写计数值，将重新启动计数器，所以 OUT 端仍为低电平，74LS123 的 $\overline{Q}$ 端一直为高电平，不能复位 80C51 单片机。但若在计数器减到 0 时 CPU 未刷新计数值，说明程序“跑飞”或“死循环”，将产生溢出，则 OUT 变为高电平“1”，相当于 74LS123 的 A 端输入一个负跳变信号，则其进入暂稳态，$\overline{Q}$ 变为低电平“0”，取反后变为高电平，即可复位 80C51 单片机，使程序进入 0000H 重新执行程序。

综上所述，单片机系统由于受到严重干扰而使程序“跑飞”、陷入“死循环”或中断关闭等故障时，可以通过指令冗余技术、软件陷阱技术和“看门狗”技术等，使程序纳入正轨。若因故障而复位进入 0000H 后，系统要执行辨别上电方式、RAM 数据的检查与恢复和清除中断激活标志等一系列操作，然后根据功能模块的运行标志，确定入口地址。

习题8

1. 填空题

（1）干扰窜入计算机系统的主要途径有______、______、______、______、______。

（2）干扰的耦合方式主要有______、______、______、______、______和______等几种形式。

（3）常用的软件抗干扰技术有______、______、______、______和______等几种。

（4）在计算机控制系统中，大致有________、________、________、________和________5种地。

（5）抑制过程通道干扰的措施主要有________、________、________和________。

2. 选择题

（1）可以使PC摆脱“死循环”困境的是________。

A. NOP指令冗余　　B. 软件陷阱技术

C. “看门狗”技术　　D. 数字滤波

（2）可以抑制空间干扰的是________。

A. 光电隔离　　B. 双绞线传输

C. 可靠接地　　D. 屏蔽技术

（3）若程序正常运行时间为T，则Watchdog定时时间间隔t_w最好满足________。

A. $1.1T < t_w < 2T$　　B. $T < t_w < 1.1T$

C. $1.1T < t_w < 1.5T$　　D. $1.5T < t_w < 2T$

（4）单片机系统受到干扰后，容易使程序计数器（PC）发生改变，则不能使程序纳入正轨的是________。

A. 软件陷阱　　B. “看门狗”技术

C. 指令冗余技术　　D. 数字滤波技术

（5）下列选项中不能抑制过程通道干扰的是________。

A. 光电隔离　　B. 继电器隔离

C. 采用双绞线作信号线　　D. 合理配置传输线的特性阻抗

3. 简答题

（1）常用的硬件抗干扰措施有哪些？

（2）常用的软件抗干扰措施有哪些？

（3）为什么光耦合器具有很强的抗干扰能力？采用光耦合器时，输入和输出部分能否共用电源？为什么？

（4）什么叫作软件陷阱？软件陷阱一般在程序的什么地方？

（5）什么是软件冗余技术？包括哪些方法？

4. 设计题

（1）80C51单片机硬件复位（利用RESET端的高电平使单片机复位）后，堆栈指针SP为07H，但在应用程序设计中，一般不会把堆栈指针SP设置在07H这么低的内部RAM地址，都要将堆栈指针设置大于07H。根据SP这个特点，可用SP作为上电标

志。试编制相应的程序。

（2）单片机内部 RAM 单元上电复位时其状态是随机的，可以选取内部 RAM 中某个单元为上电标志。如果选用 50H、51H 单元为上电标志单元，上电标志字为 55H 和 AAH。试编制相应的程序。

（3）图 8-25 是用继电器控制交流电动机的起停电路。当 74HC273 锁存器的 Q7 为 1 时，经光敏晶体管驱动 12V、10mA 的小型继电器的线圈，使常开触点 K1 吸合，起动电机。常开触点 K1 吸合的同时，常闭触点 K2 自动断开。为了使系统可靠运行，单片机发送起动电动机命令后，要经过适当的延时使触点动作，然后可以通过查询常闭触点 K2 的状态来确认电动机是否起动。为了防止继电器触点失灵，单片机可以多次发送起动电动机的命令，若发送 3 次命令还不能令继电器吸合则转向故障处理程序 ERROR。试编写程序实现。

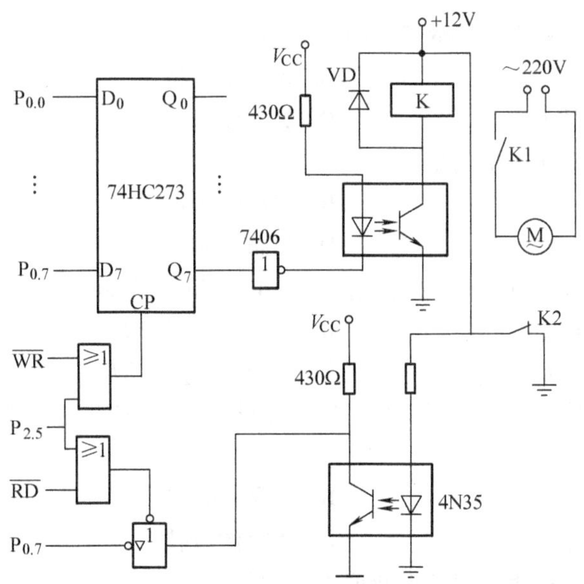

图 8-25 继电器控制交流电动机的起停电路

第9章 网络化控制系统

以数字化、网络化、智能化为本质特征，以互联网产业化、工业智能化、工业一体化为代表的第四次工业革命正在兴起。随着工业生产规模的扩大以及综合监控与管理要求的提高，计算机控制系统涵盖的范围越来越广泛，推动形成全新的工业生产制造和服务体系，系统结构面向分散化方向发展，这种趋势使得数据通信网络技术被广泛引入计算机控制系统。

本章主要介绍几种网络化控制系统。主要内容包括集散控制系统的产生与发展、体系结构及特点；现场总线控制系统的含义、产生及特点，现场总线控制系统的体系结构；工业互联网的内涵与特征，工业互联网平台架构与工业 APP，工业互联网的体系架构，最后介绍了工业互联网系统涉及的一些关键技术。

9.1 集散控制系统

集散控制系统（Distributed Control System，DCS）是以多台直接数字控制计算机为基础，集成了多台操作、监控和管理计算机，并采用层次化的体系结构，从而构成了集中分散型控制系统。由于 DCS 不仅具有连续控制和逻辑控制功能，而且具有顺序控制和批量控制的功能，因此，DCS 既可用于连续过程工业，也可用于连续和离散混合的间隙过程工业，现已广泛应用于石油、化工、发电、冶金、轻工、制药和建材等行业的工业自动化。

9.1.1 集散控制系统的产生与发展

1. 集散控制系统的产生

在连续过程控制中，常规模拟仪表控制和早期的计算机控制可归纳为仪表分散控制系统、仪表集中控制系统和计算机集中控制系统 3 种类型。

众所周知，一个控制回路的构成需要有传感器、控制器和执行器，俗称控制三要素。在 20 世纪 50 年代前的基地式气动仪就是把控制三要素就地安装在生产装置上，在结构上形成一种地理位置分散的控制系统。这类控制系统按地理位置分散于生产现场，自成体系，实现一种自治式的彻底分散控制。其优点是危险分散，一台仪表故障只影响一个控制点，其缺点是只能实现简单的控制，操作工奔跑于生产现场各个控制点巡回检查，不便于集中管理，而且只适用于控制回路较少的小型系统。

在 20 世纪 50 年代后出现了气动单元组合仪表，随着晶体管和集成电路技术的发展，又出现了电动单元组合仪表和组件组装式仪表。这一阶段控制器、指示器、记录仪等仪表集中安装于中央控制室，传感器和执行器分散安装于生产现场，实现了控制三要素的分离。这类控制系统目前仍在使用，其优点是便于集中控制、监视、操作和

管理，而且危险分散，一台仪表故障只影响一个控制回路。其缺点是由于控制三要素的分离带来安装成本高，要消耗大量的管线和电线，调试麻烦，维护困难，只适用于中小型系统。

为了弥补常规模拟仪表的不足，并适应现代化大生产的控制要求，20 世纪 60 年代人们开始将计算机用于生产过程控制。由于当时计算机价格昂贵，为了充分发挥计算机的功能，一台计算机承担一套或多套生产装置的信号输入和输出、运算和控制、操作监视和打印制表等多项任务，实现几十个或上百个控制回路，并包括全厂的信息管理。计算机集中控制的优点是便于集中监视、操作和管理，既可以实现简单控制和复杂控制，也可以实现优化控制，适用于现代化生产过程的控制。其缺点是危险集中，一旦计算机发生故障，影响面比较广。如果采用双机冗余，则可提高可靠性，但成本太高，难以推广使用。

人们在分析比较了分散型控制和集中型控制的优缺点之后，认为有必要吸取两者的优点，并将两者结合起来，即采用分散控制和集中管理的设计思想，分而自治和综合协调的设计原则。

所谓分散控制是用多台微型计算机，分散应用于生产过程控制。每台计算机独立完成信号输入输出和运算控制，并可实现几个或几十个控制回路。这样，一套生产装置需要 1 台或几台计算机协调工作，从而解决了原有计算机集中控制带来的危险集中，以及常规模拟仪表控制功能单一的局限性，这是一种将控制功能分散的设计思想。

所谓集中管理是用通信网络技术把多台计算机连接成网络系统，除了控制计算机之外，还包括操作管理计算机，形成了全系统信息的集中管理和数据共享，实现控制与管理的信息集成，同时在多台计算机上集中监视、操作和管理。

计算机集散控制系统采用了网络技术和数据库技术，一方面每台计算机自成体系，独立完成一部分工作；另一方面各台计算机之间又相互协调，综合完成复杂的工作，从而实现了分而自治和综合协调的设计原则。

20 世纪 70 年代初期，大规模集成电路技术的发展，微型计算机的出现，其性能和价格的优势为研制 DCS 创造了条件；通信网络技术的发展，也为多台计算机互联创造了条件；CRT 屏幕显示技术可为人们提供完善的人机界面，进行集中监视、操作和管理。这 3 条为研制 DCS 提供了外部环境。另外，随着生产规模不断扩大，生产工艺日趋复杂，对生产过程控制不断提出新要求，常规模拟仪表控制和计算机集中控制系统已不能满足现代化生产的需要，这些是促使人们研制 DCS 的内部动力。经过数年的努力，于 20 世纪 70 年代中期研制出 DCS，成功地应用于连续过程控制。

2. 集散控制系统的发展

从 20 世纪 70 年代中期诞生 DCS 至今，已更新换代了 4 代 DCS。

（1）第一代 DCS 的基本结构

20 世纪 70 年代中期出现的 DCS 称为第一代 DCS，其基本结构由过程控制单元（Process Control Unit，PCU）、数据采集单元（Data Acquisition Unit，DAU）、数据高速通道（Data Highway，DHW）和操作员站（Operator Station，OS）组成，其基本结构如图 9-1所示。

1）过程控制单元。过程控制单元由 CPU、存储器、I/O 接口、通信接口和电源等

组成，以连续控制为主，允许控制4个或8个回路。过程控制单元内部有多种软功能模块供用户组成控制回路，常用的有输入模块、输出模块、PID控制模块、运算模块和报警模块等，实现分散控制。

2）数据采集单元。数据采集单元类似于过程控制单元，但无控制和输出功能，其主要功能是采集非控制变量，进行数据处理后送往数据高速通道。

3）数据高速通道。数据高速通道是串行数据线，是连接过程控制单元、数据采集单元和操作员站的纽带，是实现分散控制和集中管理的关键。高速数据通道由通信电缆和通信软件组成，采用DCS生产厂家自定义的通信协议（即专用协议），传输介质为双绞线，传输速率为每秒几万位，传输距离为几十米。

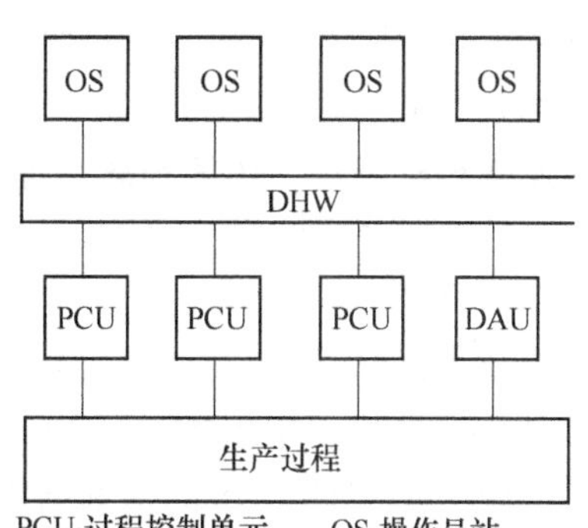

图9-1 第一代DCS的基本结构

4）操作员站。操作员站是DCS的人机接口，由微型计算机、CRT、键盘和打印机等组成。其功能可以显示过程信息，对整个系统进行管理。

（2）第二代DCS的基本结构

20世纪80年代，由于大规模集成电路技术的发展，16位、32位微处理器技术的成熟，特别是局域网（Local Area Network，LAN）技术用于DCS，给DCS带来了新面貌，形成了第二代DCS，也是DCS的成熟期。第二代DCS的基本结构如图9-2所示。

1）过程控制站（Process Control Station，PCS）。过程控制站的性能和功能比第一代DCS的过程控制单元有了很大的提高和扩展。不仅有连续控制功能，可以组成16个或32个控制回路，而且有逻辑控制、顺序控制和批量控制功能，这4类控制功能完全满足了过程控制的需要。另外，软功能模块的种类和数量都有所增加，进一步提高了控制水平，为了提高可靠性，采用冗余CPU和冗余电源，在线热备份。

2）操作员站。操作员站的计算机和外围设备的性能都有所提高。图文并茂、形象逼真的彩色画面、图表和声光报警等丰富的人机界面，使操作员对生产过程的监视、操作和管理有身临其境的感觉。

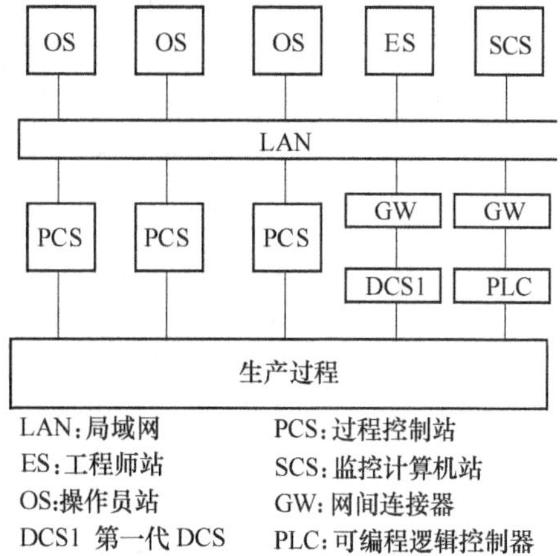

图9-2 第二代DCS的基本结构

3）工程师站（ES）。工程师站供计算机工程师生成DCS，维护和诊断DCS；供控制工程师进行控制系统组态，制作人机界面，特殊应用软件编程。

第二代DCS的工程师站既可用作离线组态，也可用作在线组态。所谓在线组态，就是物理上构成图9-2所示的完整系统，并处于正常运行状态，此时可在ES上进行控制系统组态，组态完毕再向PCS下装组态文件，并不影响PCS的正常运行。

4）监控计算机站（SCS）。监控计算机站作为过程控制站的上位机，除了进行各

PCS 之间的协调之外，还可实现 PCS 无法完成的复杂控制算法，提高控制性能。

5）局域网（LAN）。第二代的 DCS 采用局域网，传输介质为同轴电缆。由于其传输速率得到提高，传输距离增加，并且有丰富的网络软件，从而提高了 DCS 的整体性能，扩展了集中管理的功能。LAN 是第二代 DCS 的最大进步。

6）网间连接器（Gateway，GW）。第二代 DCS 通过网间连接器连接在 LAN 上，成为 LAN 的一个节点。另外，由可编程控制器（PLC）组成的子系统也可通过 GW 挂在 LAN 上。这样，不仅扩展了 DCS 的性能，也提高了兼容性。

（3）第三代 DCS 的基本结构

20 世纪 90 年代是 DCS 的更新发展期，无论是硬件还是软件，都采用了一系列高新技术，使 DCS 向更高层次发展，出现了第三代 DCS。第三代 DCS 的基本结构如图 9-3 所示。

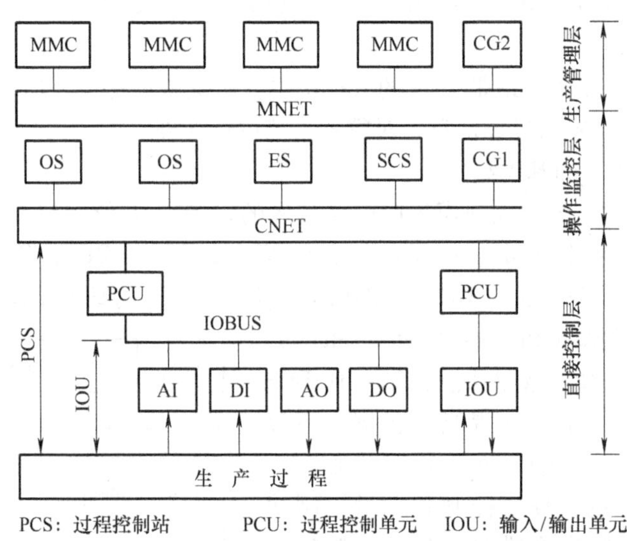

图 9-3 第三代 DCS 的基本结构

1）过程控制站。过程控制站分为两级，第一级为过程控制单元，第二级为输入/输出单元，这两级之间通过输入/输出总线连接，并可以将输入/输出单元直接安装在生产现场。此时期的数据传输速率和传输距离都得到了提高。过程控制站不仅扩展了功能，而且增加了先进的控制算法。

2）操作员站。操作员站采用 32 位高档微处理机、高分辨率彩色 CRT、触摸屏幕和多窗口显示，并采用语音合成和工业电视等多媒体技术，使其操作更为简单，响应速度加快，更具现场效应。

3）工程师站。工程师站的组态一改传统的填表方式，而采用形象直观的结构图连接方式和多窗口技术，并采用 CAD 和仿真调试技术，使其组态更为简便，形象直观，

提高设计效率。

4）监控计算机站。与第二代 DCS 相比，除了实现原有的功能外，还用来建立生产过程数学模型和专家系统，实现自适应控制、预测控制、推理控制、故障诊断和生产过程优化控制等。

5）开放式系统。第一、二代 DCS 基本上为封闭系统，不同系统之间无法互连。第三代 DCS 局域网遵循开放系统互连参考模型的 7 层通信协议，符合国际标准，比较容易构成信息集成系统。

（4）第四代 DCS

进入 21 世纪，随着信息技术（网络通信技术、计算机硬件技术、嵌入式系统技术、现场总线技术、各种组态软件技术、数据库技术等）的迅猛发展，以及用户对先进的控制功能与管理功能需求的增加，各 DCS 厂商纷纷提升 DCS 的技术水平，并不断地丰富其内容，标志着新一代 DCS 已经形成。

第四代 DCS 最主要的标志是信息（Information）和集成（Integration）。信息化体现在各 DCS 已经不是一个以控制功能为主的控制系统，而是一个充分发挥信息管理功能的综合平台系统。DCS 提供了从现场到设备，从设备到车间，从车间到工厂，从工厂到企业集团整个信息通道。这些信息充分体现了全面性、准确性、实时性和系统性。DCS 的集成性则体现在两个方面：功能的集成和产品的集成。过去的 DCS 厂商基本上是以自主开发为主，提供的系统也是自己的系统。当今的 DCS 厂商更强调的是系统集成性和方案能力，DCS 中除保留传统 DCS 所实现的过程控制功能之外，还集成了 PLC、RTU（Remote Terminal Unit，远程终端单元）、FCS、各种多回路调节器、各种智能采集或控制单元等。此外，各 DCS 厂商不再把开发组态软件或制造各种硬件单元视为核心技术，而是纷纷把 DCS 的各个组成部分采用第三方集成方式或 OEM 方式。

第四代 DCS 另一个显著特征是各系统纷纷采用现成的软件技术和硬件技术（I/O 处理），采用灵活的规模配置，明显地降低了系统的成本与价格。第四代 DCS 采用灵活的配置，不仅经济地应用于大中型系统，而且应用于小系统也很合适。国外的 DCS 厂商以 Honeywell、Emerson、Foxboro、横河、ABB 为代表，国内 DCS 厂家以和利时、浙大中控、上海新华为代表，国内这三家公司最大的贡献是把国外的 DCS 价格降到了原来的 40%以下，为 DCS 在国内工业企业的普及应用，特别是在中小型企业中的应用做出了贡献。

第四代 DCS 具有的开放性体现在 DCS 可以从三个不同层面与第三方产品相互连接：在企业管理层支持各种管理软件平台连接；在工厂车间层支持第三方先进控制产品 SCADA（Supervisory Control And Data Acquisition，数据采集与监督控制系统）平台、MES 产品、BATCH 处理软件，同时支持多种网络协议（以太网为主）；在装置控制层可以支持多种 DCS 单元（系统）、PLC、RTU、各种智能控制单元等，以及各种标准的现场总线仪表与执行机构。当然在考虑开放性的同时，也要充分考虑系统的安全性和可靠性。

9.1.2 集散控制系统的体系结构

自从 1975 年 DCS 诞生以来，随着计算机、通信网络、屏幕显示和控制技术的发展

与应用，DCS也不断发展和更新。尽管不同DCS产品在硬件的互换性、软件的兼容性、操作的一致性上很难达到完全统一，但从基本构成方式和构成要素来分析，仍然具有相同或相似的体系结构。

1. DCS的层次结构

DCS按功能分层的层次结构充分体现了其分散控制和集中管理的设计思想。DCS的层次结构如图9-4所示。DCS从下至上依次分为直接控制层、操作监控层、生产管理层和决策管理层。

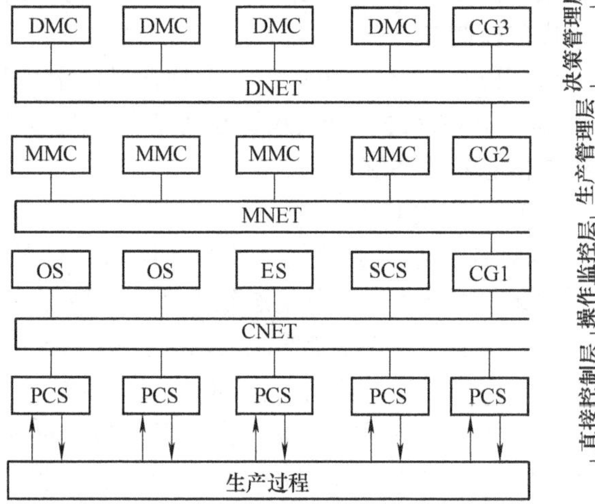

图9-4　DCS的层次结构

（1）直接控制层

直接控制层是DCS的基础，其主要设备是过程控制站（PCS），PCS主要由输入/输出单元（IOU）和过程控制单元（PCU）两部分组成。

输入/输出单元（IOU）直接与生产过程的传感器、变送器和执行器连接，其主要实现两个功能。一是采集反映生产状况的过程变量（如温度、压力、流量等）和状态变量（如开关或按钮的通或断，设备的起或停等），并进行数据处理；二是向生产现场的执行器传送模拟量操作信号和数字量操作信号。

过程控制单元下与IOU连接，上与控制网络（CNET）连接，其主要实现三个功能。一是实现直接数字控制（DDC），即连续控制、逻辑控制、顺序控制和批量控制等；二是与控制网络通信，以便操作监控层对生产过程进行监视和操作；三是进行安全冗余处理，一旦发现PCS硬件或软件故障，就立即切换到备用件，保证系统不间断地安全运行。

（2）操作监控层

操作监控层是DCS的中心，其主要设备是操作员站、工程师站、监控计算机站和计算机网关。

操作员站（OS）为32位或64位微处理机或小型机，并配置彩色显示器、操作员专用键盘和打印机等外部设备，供工艺操作员对生产过程进行监视、操作和管理，具备图文并茂、形象逼真、动态效应的人机界面。

工程师站（ES）为32位或64位微处理机，或由操作员站兼用。供计算机工程师对DCS进行系统生成和诊断维护；供控制工程师进行控制回路组态、人机界面绘制、报表制作和特殊应用软件编制。

监控计算机站（SCS）为32位或64位小型机，用来建立生产过程的数学模型，实施高等过程控制策略，实现装置级的优化控制和协调控制；并对生产过程进行故障诊断、预报和分析，保证安全生产。

计算机网关（CG1）用作控制网络（CNET）和生产管理网络（MNET）之间相互通信。

（3）生产管理层

生产管理层的主要设备是生产管理计算机（Manufactory Management Computer，MMC），一般由一台中型机和若干台微型机组成。

该层处于工厂级，根据订货量、库存量、生产能力、生产原料和能源供应情况及时制定全厂的生产计划，并分解落实到生产车间或装置；另外还要根据生产状况及时协调全厂的生产，进行生产调度和科学管理，使全厂的生产始终处于最佳状态，并能应付不可预测的事件。

计算机网关（CG2）用作生产管理网络（MNET）和决策管理网络（DNET）之间相互通信。

（4）决策管理层

决策管理层的主要设备是决策管理计算机（Decision Management Computer，DMC），一般由一台大型机、几台中型机、若干台微型机组成。

该层处于公司级，管理公司的生产、供应、销售、技术、计划、市场、财务、人事、后勤等部门。通过收集各部门的信息，进行综合分析，实时做出决策，协助各级管理人员指挥调度，使公司各部门的工作处于最佳运行状态。另外还协助公司经理制定中长期生产计划和远景规划。

计算机网关（CG3）用作决策管理网络（DNET）和其他网络之间相互通信，即企业网和公共网络之间的信息通道。

目前世界上有多种 DCS 产品，具有定型产品供用户选择的一般仅限于直接控制层和操作监控层。其原因是下面两层有固定的输入、输出、控制、操作和监控模式，而上面两层的体系结构因企业而异，生产管理与决策管理方式也因企业而异，因而上面两层要针对各企业的要求分别设计和配置系统。

2. DCS 的硬件结构

DCS 硬件采用积木式结构，可灵活地配置成小、中、大系统；另外，还可根据企业的财力或生产要求，逐步扩展系统和增加功能。

DCS 控制网络上的各类节点数，即过程控制站、操作员站、工程师站和监控计算机站的数量，可按生产要求和用户需要灵活地配置。另外，还可以灵活地配置每个节点的硬件资源，如内存容量、硬盘容量和外部设备种类等。

DCS 控制站主要由输入/输出单元、过程控制单元和电源三部分组成。输入/输出单元是过程控制站的基础，由各种类型的输入/输出处理板组成。这些输入/输出处理板的类型和数量可按生产过程信号类型和数量来配置。与每块输入/输出处理板配套的还有信号调整板、信号端子板。过程控制单元是控制站的核心，主要由控制处理器板、输入/输出接口处理器板、通信处理器板、冗余处理器板组成。控制处理器板的功能是运算、控制和实时数据处理；输入/输出接口处理器板是过程控制单元和输入/输出单元之间的接口；通信处理器板是控制站与控制网络的通信网卡；冗余处理器板承担过程控制单元和输入/输出单元的故障分析与切换功能。

DCS 操作员站、DCS 工程师站和 DCS 监控计算机站的配置类似，一般为 32 位或 64

位微处理器或小型机，主要由主机、彩色显示器、操作员专用键盘和打印机等组成。其中主机的内存容量、硬盘容量、显示器的类型都可以由用户选择，且配置灵活。不同的是，工程师站既可用作离线组态，也可用作在线维护和诊断。

一般 DCS 的直接控制层和操作监控层的设备都有定型产品供用户选择，而生产管理层和决策管理层的设备一般由用户自行配置，当然要由 DCS 制造厂提供控制网络与生产管理网络之间的软、硬件接口，即计算机网关。

3. DCS 的软件结构

DCS 软件采用模块式结构，给用户提供了一个十分友好、简便的使用环境。在组态软件支持下，通过调用功能模块可快速地构成所需的控制回路，在绘图软件支持下，通过调用绘图工具和标准图素，可简便地绘制出人机界面。

DCS 控制站软件的用户表现形式是各类功能模块，如输入/输出模块、控制模块、运算模块和程序模块。在工程师站组态软件的支持下，用这些功能模块构成所需的控制回路。DCS 操作员站软件的用户表现形式是为用户提供了丰富多彩、图文并茂、形象直观的动态画面。DCS 工程师站的用户软件包括组态软件、绘图软件和编程软件，其主要功能是组态。一般分为操作监控层设备组态、直接控制层设备组态、直接控制层功能组态和操作监控层功能组态。通过组态，生成 DCS，建立操作、监控和管理环境。DCS 监控计算机站软件的用户表现形式是应用软件包，如自适应控制、推理控制、专家系统和故障诊断等软件包，用来实施高等过程控制策略，实现装置级的优化控制和协调控制，并对生产过程进行故障诊断、事故预报和处理。

4. DCS 的网络结构

DCS 采用层次化网络结构，从下至上依次分为控制网络、生产管理网络和决策管理网络。

DCS 控制站的输入/输出单元有各种类型的信号输入和输出板，这些信号输入/输出板和过程控制单元之间通过串行输入/输出总线互连。输入/输出总线一般选用 RS-232、RS-422 和 RS-485 等通信标准，也可采用现场总线。

DCS 控制网络是 DCS 的中枢，应具有良好的实时性、快速响应性、极高的安全性、恶劣环境的适应性、网络的互联性和网络的开放性等特点。控制网络选用局域网，符合国际标准化组织（ISO）提出的开放系统互连（OSI）7 层参考模型，以及电气电子工程师学会（IEEE）提出的 IEEE802 局域网标准。控制网络选用国际流行的局域网协议，如 Ethernet（以太网）、MAP（制造自动化协议）和 TCP/IP 等。控制网络的传输介质为同轴电缆或光缆，传输速率为 1~10Mbit/s，传输距离为 1~5km。

DCS 生产管理网络处于工厂级，覆盖一个厂区的各个网络节点，一般选用局域网。DCS 决策管理网络处于公司级，覆盖全公司的各个网络节点，一般选用局域网或区域网。传输介质为同轴电缆或光缆，传输速率为 5~10Mbit/s，传输距离为 5~10km。

9.1.3　集散控制系统的特点

DCS 自问世以来，随着计算机、控制、通信和屏幕显示等技术的发展而发展，一直处于上升发展状态，广泛地应用于工业控制的各个领域。究其原因是 DCS 具有以下特点。

1. 分散性和集中性

DCS 分散性不单是指分散控制，还有地域分散、设备分散、功能分散和危险分散等。分散的目的是为了提高系统的可靠性和安全性。DCS 硬件积木化和软件模块化是分散性的具体体现。因此，可以因地制宜地分散配置系统。DCS 纵向分层次结构，可分为直接控制层、操作监控层和生产管理层。DCS 横向划分子系统结构，实现分散，如直接控制层中每台过程控制站（PCS）可看作一个子系统；操作监控层中的每台操作员站（OS）也可看作一个子系统。

DCS 的集中性是指集中监视、集中操作和集中管理。DCS 通信网络和分布式数据库是集中性的具体体现，用通信网络把物理分散的设备构成统一的整体，用分布式数据库实现全系统的信息集成，进而达到信息共享。因此，可以同时在多台操作员站上实现集中监视、集中操作和集中管理。当然，操作员站的地理位置不必强求集中。

2. 自治性和协调性

DCS 的自治性是指系统中的各台计算机均可独立地工作，例如，过程控制站能自主地进行信号输入、运算、控制和输出；操作员站能自主地实现监视、操作和管理；工程师站的组态功能更为独立，既可在线组态，也可离线组态，甚至可以在与组态软件兼容的其他计算机上组态，形成组态文件后再装入 DCS 运行。

DCS 的协调性是指系统中的各台计算机用通信网络互连在一起，相互传递信息，相互协调工作，以实现系统的总体功能。

DCS 的分散和集中、自治和协调不是互相对立，而是互相补充。DCS 的分散是相互协调的分散，各台分散的自主设备是在统一集中管理和协调下各自分散独立地工作，构成统一的有机整体。正因为有了这种分散和集中的设计思想，自治和协调的设计原则，才使 DCS 获得进一步发展，并得到广泛的应用。

3. 灵活性和扩展性

DCS 硬件采用积木式结构，可灵活地配置成小、中、大各类系统。另外，还可根据企业的生产要求，逐步扩展系统，改变系统的配置。

DCS 软件采用模块式结构，提供各类功能模块，可灵活地组态构成简单、复杂的各类控制系统。另外，还可根据生产工艺和流程的改变，随时修改控制方案，在系统容量允许范围内，只需通过组态就可以构成新的控制方案，而不需要改变硬件配置。

4. 先进性和继承性

DCS 综合了计算机、控制、通信和屏幕显示等技术。DCS 硬件上采用先进的计算机、通信网络和屏幕显示，软件上采用先进的操作系统、数据库、网络管理和算法语言，算法上采用自适应、预测、推理、优化等先进控制算法，建立生产过程数学模型和专家系统。

DCS 自问世以来，更新换代比较快。当出现新型 DCS 时，老 DCS 作为新 DCS 的一个子系统继续工作，新、老 DCS 之间还可互相传递信息。这种 DCS 的继承性，给用户消除了后顾之忧，不会因为新、老 DCS 之间的不兼容，给用户带来经济上的损失。

5. 可靠性和适应性

DCS 的分散性使得系统的危险分散，提高了系统的可靠性。DCS 采用了一系列冗

余技术，如控制站主机、I/O 接口、通信网络和电源等均可双重化，而且采用热备用工作方式，自动检查故障，一旦出现故障即自动切换。

DCS 采用高性能的电子器件、先进的生产工艺和各项抗干扰技术，可使 DCS 能够适应恶劣的工作环境。DCS 设备的安装位置可适应生产装置的地理位置，尽可能满足生产的需要。DCS 的各项功能可适应现代化大生产的控制和管理需求。

6. 友好性和新颖性

DCS 为操作人员提供了友好的人机界面。操作员站采用彩色显示器和交互式图形画面（常用的画面有总貌、组、点、趋势、报警、操作指导和流程图画面等）。由于采用图形窗口、专用键盘、鼠标器或球标器等，使得操作简便。

DCS 的新颖性主要表现在人机界面，采用动态画面、工业电视、合成语音等多媒体技术，图文并茂，形象直观，使操作人员有如身临其境之感。

9.2　现场总线控制系统

控制、计算机、网络、通信和信息集成等技术的发展，带来了自动化领域的深刻变革，产生了现场总线控制系统（Fieldbus Control System，FCS）。FCS 用现场总线把传感器、变送器、执行器和控制器集成在一体，实现生产过程的信息集成。FCS 的基础是现场总线，FCS 的产生得益于现场总线。

现场总线和现场总线控制系统的产生，不仅变革了传统的单一功能的模拟仪表，将其改为综合功能的数字仪表，而且变革了传统的计算机控制系统，将输入、输出、运算和控制功能分散分布到现场总线仪表中，形成了全数字的彻底的分散控制系统。

9.2.1　现场总线控制系统概述

1. FCS 的含义

FCS 是一种以现场总线为基础的分布式网络自动化系统，它既是现场通信网络系统，也是现场自动化系统。FCS 作为一种现场通信网络系统，具有开放式数字通信功能，可与各种通信网络互连。它作为一种现场自动化系统，把安装于生产现场的具有信号输入、输出、运算、控制和通信功能的各种现场仪表或现场设备作为现场总线的节点，并直接在现场总线上构成分散的控制回路。

现场总线的节点是现场仪表或现场设备，现场总线数字仪表除了具有传统模拟仪表的构成外，还有 A/D、D/A、微处理器及总线接口。例如，流量变送器不仅具有流量信号变换的输入功能，也可以有 PID 控制和运算功能；调节阀除了具有信号驱动和执行输出功能外，也可以有 PID 控制和运算功能。也就是说，现场总线数字仪表中有 AI 功能块、AO 功能块、PID 功能块和运算功能块。

尽管这些功能块分散在众多台现场总线仪表中，还是可以统一组态，因此用户可以灵活选用各种控制功能，在现场总线上构成所需的控制回路，实现彻底的分散控制。

2. FCS 的产生

当 DCS 发展到第三代时，尽管采用了一系列新技术，但是生产现场仍然没有摆脱沿用了几十年的常规模拟仪表。传统计算机控制系统（如 DDC，DCS）从输入/输出单

元以上各层均采用了计算机和数字通信技术，唯有生产现场层的常规模拟仪表仍然是一对一模拟信号（如0~10mA DC、4~20mA DC）传输，多台模拟仪表集中接于输入/输出单元，生产现场层的模拟仪表与DCS各层形成极大的反差和不协调，并制约了DCS的发展。因此，人们要淘汰现场模拟仪表，改为现场数字仪表，并用现场通信网络互连。由此带来DCS控制站的变革，即将控制站内的软件功能块分散地分布在各台现场数字仪表中，并可统一组态构成控制回路，实现彻底的分散控制，也就是说，由多台现场数字仪表在生产现场构成虚拟控制站。这两项变革的核心是现场总线。

现场总线的出现导致传统的模拟仪表控制系统、DDC和DCS产生革命性的变革，变革传统的信号标准，变革传统的系统结构，形成新一代的分布式网络集成的现场总线控制系统。FCS变革了DCS的生产现场层和控制层，主要表现在以下5个方面。

1）FCS的信号传输实现了全数字化，从最底层的传感器和执行器就采用现场总线网络，逐层向上直至最高层均为通信网络互连。

2）FCS的系统结构为全分散式，它废弃了DCS的输入/输出单元和控制站，由现场设备或现场仪表取而代之，即把DCS控制站的功能化整为零，分散地分配给现场仪表，从而构成虚拟控制站，实现彻底的分散控制。

3）FCS的现场设备具有互操作性，彻底改变传统DCS控制层的封闭性和专用性，使不同厂商的现场设备既可互连也可互换，还可统一组态。

4）FCS的通信网络为开放式互连网络，用户可非常方便地共享网络数据库，使同层网络可以互连，也可以使不同网络互连。

5）FCS的技术和标准实现了全开放，无专利许可要求，可供任何人使用。

3. FCS的特点

现场总线控制系统打破了传统的模拟仪表控制系统、传统的计算机控制系统的结构形式，具有独特的特点，主要表现在以下6个方面。

（1）系统的分散性

现场总线仪表具有信号输入和输出、运算和控制功能，并有相应的功能模块，利用现场总线仪表的互操作性，不同仪表内的功能块可以统一组态，构成所需的控制回路。通过现场总线共享功能块及其信息，在生产现场直接构成多个分散的控制回路，实现彻底的分散控制。

（2）系统的开放性

现场总线已形成国际标准。系统的开放性是指它可以与世界上任何一个遵守相同标准的其他设备或系统连接，开放是指通信协议的公开。为了保证系统的开放性，一方面现场总线的开发商应严格遵守通信协议标准，保证产品的一致性；另一方面现场总线的国际组织应对开发商的产品进行一致性和互操作性测试，严格认证注册程序，最终发布产品合格证。

（3）产品的互操作性

现场总线的开发商严格遵守通信协议标准，现场总线的国际组织对开发商的产品进行严格认证注册，这样就保证了产品的一致性、互换性和互操作性。产品的一致性

满足了用户对不同制造商产品的互换要求，而且互换是基本要求。产品的互操作性满足了用户在现场总线上可以自由集成不同制造商产品的要求。只有实现互操作性，用户才能在现场总线上共享功能块，自由地用不同现场总线仪表内的功能块统一组态，在现场总线上灵活地构成所需的控制回路。

（4）环境的适应性

现场总线控制系统的基础是现场总线及其仪表。由于它们直接安装在生产现场，工作环境十分恶劣，对于易燃易爆场所，还必须保证总线供电安全。现场总线仪表是专为这样的恶劣环境和苛刻要求而设计的，采用高性能的集成电路芯片和专用的微处理器，具有较强的抗干扰能力，并可满足安全防爆要求。

（5）使用的经济性

现场总线设备的接线十分简单，双绞线上可以挂接多台设备。这样一方面减少接线设计的工作量，另一方面可以节省电缆、端子、线盒和桥架等。一般采用总线型和树形拓扑结构，电缆的敷设采用主干和分支相结合的方式，并采用专用的集线器。因而安装现场仪表或现场设备十分方便，即使中途需要增加设备，也无须增加电缆，只需就近连接。这样既减少了安装工作量，缩短了工程周期，也提高了现场施工和维护的灵活性。

现场仪表具有信号输入和输出、运算和控制的综合功能，并具有互操作性，可以共享功能块，在现场总线上构成控制回路。这样可以减少变送器、运算器和控制器的数量，也不再需要控制站及输入/输出单元，还可以用工业 PC 作为操作站，因而节省了硬件投资，并可以减少控制室的面积。

（6）维护的简易性

现场仪表具有自校验功能，可自动校正零点漂移和量程，由于量程较宽，操作人员在控制室通过操作站就可以随时修改仪表的测量量程，维护简单方便。另外现场仪表安装接线简单，并采用专用的集线器，因而减少了维护工作量。现场仪表也具有自诊断功能，并将相关诊断信息送往操作站，操作人员在控制室可以随时了解现场仪表的工作状态，以便早期分析故障并快速排除，缩短了维护时间。某些仪表还存储工作历史，如调节阀的往复次数及其行程，供维护人员做出是否检修或更换的判断。这样既减少了维修工作量，又节省了维修经费。

9.2.2 几种有影响的现场总线

FCS 的基础是现场总线，目前国际上存在多种现场总线标准。自 20 世纪 80 年代末以来，有几种类型的现场总线技术已经发展成熟并且广泛地应用于特定的领域。这些现场总线技术各具特点，有的已经逐渐形成自己的产品系列，占有相当大的市场份额。以下介绍几种有影响的现场总线。

1. CAN 总线

CAN 是德国 Bosch 公司从 20 世纪 80 年代初为解决现代汽车中众多的控制与测试仪器之间的数据交换而开发的一种串行数据通信协议。目前，其应用范围已不再局限于汽车工业，而向过程控制、纺织机械、农用机械、机器人、数控机床、医疗器械及传感器等领域发展。CAN 总线以其独特的设计、低成本、高可靠性、实时性、抗干扰能

力强等特点得到了广泛的应用。

1993 年 11 月国际标准化组织（ISO）正式颁布了关于 CAN 总线的 ISO11898 标准，为 CAN 总线的标准化、规范化应用铺平了道路。世界半导体知名厂商推出了 CAN 总线产品，如 CAN 控制器有 Intel 公司的 82526，82527；Philip 公司的 82C200；NEC 公司的 72005。含 CAN 控制器的单片机有 Intel 公司的 87C196CACB；Philip 公司的 80C592，80CE598；Motorola 公司的 68HC05x4，68HC05x16 等。

在十几种已出台的现场总线中，CAN 总线是一种很有应用前景的现场总线。

CAN 总线具有如下主要特点：

1）通信介质可以是双绞线、同轴电缆和光纤，通信距离最大可达 10km（传输速率 5kbit/s），最高速率可达 1Mbit/s（通信距离 40m）。

2）用数据块编码方式代替传统的站地址编码方式，用一个 11 位或 29 位二进制数组成的标识码来定义 211 或 1129 个不同的数据块，让各节点通过滤波的方法分别接收指定标识码的数据，这种编码方式使得系统配置非常灵活。

3）网络上任意一个节点均可以在任意时刻主动地向其他节点发送数据，而不分主从，通信方式灵活，且无须站地址等节点信息，这是一种多主总线，可以方便地构成多机备份系统。

4）网络上的节点信息分成不同的优先级，当多个节点同时向总线发送数据时，优先级低的节点会主动停止数据发送，而优先级高的节点则不受影响地继续传送数据，大大节省了总线冲突裁决时间。

5）数据帧中的数据字段长度最多为 8bit，这样不仅可以满足工控领域中传送控制命令、工作状态和测量数据的一般要求，而且保证了通信的实时性。

6）在每一个帧中都有 CRC 校验及其他检错措施，数据差错率低。

7）网络上的节点在错误严重的情况下，具有自动关闭总线的功能，退出网络通信，保证总线上的其他操作不受影响。

2. LonWorks 控制网络和 Lon 总线

Echeon 公司于 1991 年推出了 LonWorks 全分布智能控制网络技术，其网络结构由主从式发展到对等式直到客户服务式。作为通用总线，LonWorks 提供了完整的端到端的控制系统解决方案，可同时应用在装置级、设备级、工厂级等任何一层总线中，并提供实现开放性互操作控制系统所需的所有组件，使控制网络可以方便地与现有的数据网络实现无缝集成。

LonTalk 通信协议是 LonWorks 技术的核心，它提供了 ISO/OSI 参考模型的全部 7 层服务，并固化于 Neuron 芯片。LonWorks 技术的网络通信对用户透明，神经元芯片自动完成 LonWorks 的所有 7 层网络协议。Lon 网络开发技术主要体现两大特点：其最大特点就是硬件、软件和网络设计可以彼此独立为 3 个任务，这意味着一个节点的功能描述和编程完全不用考虑这个节点是在一个什么样的网络中工作，增、减节点不必改变网络的物理结构；其二是用 C 语言来开发编程工具，这一特点使得编程工作从汇编语言的繁琐中解脱出来。

LonWorks 技术诞生后，相应基于 LonWorks 技术的产品应运而生，并已被广泛用于航空航天、建筑自动化、能源管理、工厂自动化、医药卫生、军事、电话通信、运输

设备等领域，成为互操作网络事实上的国际标准，有着广阔的应用前景。

Lon 总线具有以下特点：

1）LonWorks 通信协议 LonTalk 符合 ISO 定义的开放系统互连（OSI）模型，任何制造商的产品都可以实现互操作。

2）可用任何媒介进行通信，包括双绞线、电力线、光纤、同轴电缆、无线等，而且在同一网络中可以有多种通信媒介。

3）可以是主从式、对等式或客户/服务器式网络结构，有星形、总线型、环形和树形网络拓扑结构。

4）网络通信采用面向对象的设计方法。LonWorks 网络技术称之为“网络变量”，它使网络通信的设计简化成参数设置，增加了通信的可靠性。

5）在一个测控网络上的节点数可达 32000 个。

6）提供强有力的开发工具平台——LonBuilder 与 NodeBuilder。

7）LonWorks 技术核心元件——Neuron 芯片具备通信和控制功能。

8）改善了 CSMA，在网络负载很重的情况下，不会导致网络瘫痪。

3. FF 总线

FF 总线即基金会现场总线（Foundation Fieldbus，FF）是为适应生产自动化，尤其是过程自动化而设计的。FF 标准是现场总线基金会组织开发的，它综合了通信技术和控制技术。FF 规定了低速现场总线（H1）和高速以太网（High Speed Ethernet，HSE）两类标准。该基金会为世界上任何一个用户提供 FF 标准，为开发者提供 FF 产品的一致性测试和互操作性测试，并举行产品注册认证。

FF 现场总线保留了 4~20mA 模拟系统的许多理想特征，比如线缆的标准物理接口、单根线缆上的总线供电设备、复杂的安全选择。它也部分地继承了 HART 协议行之有效的技术，如设备描述技术。除此之外，它还有许多其他的优点：

1）设备互操作性。在具有互操作性条件下，同一现场总线网络中一个设备可以被来自不同供应商的具有增加功能的相似设备所取代，而仍保持规定的操作，这就允许用户“混合和搭配”不同供应商的现场设备和主系统。

2）改善的过程数据。在 FF 现场总线上，从每个设备得到的多个参数可以传至车间控制系统，它们可被用作数据存档、趋势分析、过程优化研究和生成报表，其目的是增加产量和减少停工时间。

3）对进程更多的了解。采用强大的、基于微控制器的通信功能的现场总线设备，可以更快、更准确地识别过程错误。

4）提高现场设备安全性能，满足日益严格的控制设备安全要求。

5）提供预测性维护能力。

6）FF 现场总线大大减少了网络安装费用，构建和运行启动时间大大减少，可以利用总线设备中的软件控制模块简化编程和控制功能。

4. Profibus 总线

过程现场总线（Process Fieldbus，Profibus）可用于制造自动化、过程自动化等领域。该总线首先成为德国国家标准 DIN19245，接着成为欧洲标准 EN50170，最后成为国际电工委员会（IEC）的现场总线标准 IEC61158。

Profibus 中 3 个互相兼容协议既有共性也有个性，应用各有侧重。

（1） Profibus-DP

它用于传感器和执行器级的高速数据传输，以 DIN19245 的第一部分为基础，根据其所需要达到的目标对通信功能加以扩充，DP 的传输速率可达 12Mbit/s，一般构成单主站系统，主站、从站间采用循环数据传送方式工作。它的设计旨在用于设备一级的高速数据传送。在这一级，中央控制器（如 PLC/PC）通过高速串行线与分散的现场设备（如 I/O、驱动器、阀门等）进行通信。

（2） Profibus-PA

对于安全性要求较高的场合，制定了 Profibus-PA 协议，这由 DIN19245 的第四部分描述。PA 具有本质安全特性，它实现了 IEC61158-2 规定的通信规程。Profibus-PA 是 Profibus 的过程自动化解决方案，PA 将自动化系统和过程控制系统与现场设备如压力、温度和液位变送器等连接起来，代替了 4~20mA 模拟信号传输技术，在现场设备的规划、敷设电缆、调试、投入运行和维修成本等方面可节约 40%之多，并大大提高了系统功能和安全可靠性，因此 PA 尤其适用于化工、石油、冶金等行业的过程自动化控制系统。

（3） Profibus-FMS

它的设计是旨在解决车间一级通用性通信任务的。FMS 提供大量的通信服务，用以完成以中等传输速度进行的循环和非循环的通信任务。由于它是完成控制器和智能现场设备之间的通信以及控制器之间的信息交换，因此它考虑的主要是系统的功能而不是系统响应时间，应用过程通常要求的是随机的信息交换（如改变设定参数等）。强有力的 FMS 服务向人们提供了广泛的应用范围和更大的灵活性，可用于大范围和复杂的通信系统。

为了满足苛刻的实时要求，Profibus 总线协议具有如下特点。

1） 不支持长信息段（>235B）和短信息组块功能。

2） 本规范不提供由网络层支持运行的功能。

3） 除规定的最小组态外，根据应用需求可以建立任意的服务子集。

4） 采用总线型网络拓扑结构，两端带终端器或不带终端器。

5） 介质、距离、站点数取决于信号特性，如对屏蔽双绞线，单段长度小于或等于 1.2km，不带中继器，每段 32 个站点，可选第二种介质。

6） 传输速率取决于网络拓扑和总线长度，从 9.6kbit/s 到 12Mbit/s 不等。

7） 在传输时，使用半双工，异步，滑差保护同步（无位填充）。

8） 报文数据的完整性，用海明距离 = 4 同步滑差检查和特殊序列，以避免数据的丢失和增加。

9） 地址定义范围为：0~127（对广播和群播而言，127 是全局地址），对区域地址、段地址的服务存取地址（服务存取点）的地址扩展，每个 6bit。

10） 使用两类站：主站（主动站，具有总线存取控制权）和从站（被动站，没有总线存取权）。如果对实时性要求不苛刻，最多可用 32 个主站，总站数可达 127 个。

11） 总线存取基于混合、分散、集中三种方式：主站间用令牌传送，主站与从站之间用主-从方式。令牌在由主站组成的逻辑令牌环中循环。如果系统中仅有一个主站，

则不需要令牌传送。这是一个单主站-多从站的系统。最小的系统配置由一个主站和一个从站或两个主站组成。

12）数据传输服务有两类：非循环的（有/无应答要求的发送数据；有应答要求的发送和请求数据）和循环的（有应答要求的发送和请求数据）。

9.2.3 现场总线控制系统的体系结构

FCS 变革了 DCS 直接控制层的控制站和生产现场层的模拟仪表，保留了 DCS 的操作监控层、生产管理层和决策管理层。FCS 的体系结构类似于 DCS。

1. FCS 的层次结构

FCS 从下至上依次分为现场控制层、操作监控层、生产管理层和决策管理层，如图 9-5 所示。其中现场控制层是 FCS 所特有的，另外三层和 DCS 相同。

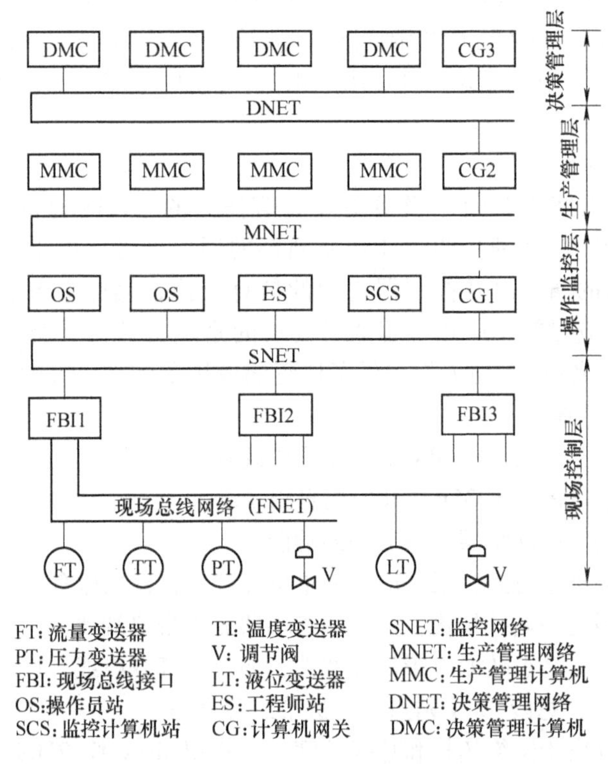

图 9-5 FCS 的层次结构

（1）现场控制层

现场控制层是 FCS 的基础，其主要设备是现场总线仪表（传感器、变送器、执行器）和现场总线接口（FBI），另外还有仪表电源和本质安全栅等。

现场总线仪表的功能是信号输入、输出、运算、控制和通信，并提供功能块，以便在现场总线上构成控制回路。

现场总线接口的功能是下接现场总线、上接监控网络（SNET）。

（2）操作监控层

操作监控层是 FCS 的中心，其主要设备是操作员站（OS）、工程师站（ES）、监控

计算机站（SCS）和计算机网关（CG1）。

操作员站供工艺操作员对生产过程进行监视、操作和管理，具备图文并茂、形象逼真、动态效应的人机界面。

工程师站供计算机工程师对 FCS 进行系统生成和诊断维护，供控制工程师进行控制回路组态、人机界面绘制、报表制作和特殊应用软件编制。

监控计算机站实施高等过程控制策略，实现装置级的优化控制和协调控制，并可以对生产过程进行故障诊断、预报和分析，保证安全生产。

计算机网关（CG1）用作监控网络和生产管理网络（MNET）之间相互通信。

（3）生产管理层

生产管理层的主要设备是生产管理计算机（MMC），一般由一台中型机和若干台微型机组成。

该层处于工厂级，根据订货量、库存量、生产能力、生产原料和能源供应情况及时制定全厂的生产计划，并分解落实到生产车间或装置；另外还要根据生产状况及时协调全厂的生产，进行生产调度和科学管理，使全厂的生产始终处于最佳状态，并能应付不可预测的事件。

计算机网关（CG2）用作生产管理网络和决策管理网络（DNET）之间相互通信。

（4）决策管理层

决策管理层的主要设备是决策管理计算机（DMC），一般由一台大型机、几台中型机、若干台微型机组成。

该层处于公司级，管理公司的生产、供应、销售、技术、计划、市场、财务、人事、后勤等部门。通过收集各部门的信息，进行综合分析，实时做出决策，协助各级管理人员指挥调度，使公司各部门的工作处于最佳运行状态。另外还协助公司经理制定中长期生产计划和远景规划。

计算机网关（CG3）用作决策管理网络和其他网络之间相互通信，即企业网络和公共网络之间的信息通道。

2. FCS 的硬件结构

FCS 硬件与 DCS 类似，也采用积木式结构，可灵活地配置成小、中、大系统。现场总线的段数及现场总线仪表或设备的数量，可按信号输入、输出、运算和控制要求配置。监控网络上的操作员站、工程师站和监控计算机站的数量，可按操作监控要求配置。

FCS 的操作员站、工程师站和监控计算机站的硬件结构也与 DCS 的类似，而 FCS 的现场仪表的硬件结构与 DCS 有所不同。常用的现场总线仪表有变送器和执行器，这些变送器、执行器的外观和基本结构与常规模拟仪表一样，只是在常规模拟仪表的基础上增加了与现场总线有关的硬件和软件，即增加了信号处理、运算控制、总线协议及通信接口。

3. FCS 的软件结构

FCS 软件采用模块式结构，给用户提供了一个十分友好、简便的使用环境。在组态软件支持下，通过调用现场总线仪表内的功能块，可以在现场总线上构成所需的控制回路。在绘图软件支持下，通过调用绘图工具和标准图案，可简便地绘制出人机界

面。FCS 的操作员站、工程师站和监控计算机站的软件结构与 DCS 的类似，FCS 的现场仪表的软件结构与 DCS 的不同。现场总线的节点是现场仪表或现场设备，其软件可分为通信协议软件和应用软件两部分。应用软件的用户表现形式是各类功能块，如输入块、输出块、控制块和运算块。在组态软件的支持下，用这些功能块在现场总线上构成所需的控制回路。

4. FCS 的网络结构

FCS 采用层次化网络结构，从下至上依次分为现场总线网络（FNET）、监控网络（SNET）、生产管理网络（MNET）和决策管理网络（DNET）。

现场总线网络是 FCS 的基础，由多条现场总线段构成，支持总线型、树形网络拓扑结构，传输速率从每秒几万至几兆位，常用的传输介质为双绞线。目前有多种现场总线，每种现场总线都有最为合适的应用领域。监控网络、生产管理网络和决策管理网络与 DCS 的类似，这里不再赘述。

9.3 工业互联网系统

工业互联网

随着互联网、物联网、云计算、大数据和人工智能为代表的新一代信息技术与传统产业的加速融合，全球新一轮科技革命和产业革命正蓬勃兴起，一系列新的生产方式、组织方式和商业模式不断涌现，工业互联网应运而生，国内外的探索也全面展开，正推动全球工业体系的智能化变革。互联网与工业的融合发展已经成为未来的一种发展趋势，工业渗透于互联网，孕育出工业互联网平台，其实现以数据为驱动、以制造能力为核心的专业平台。对于工业互联网来说，网络体系是基础，平台体系是核心，安全体系是保障。工业互联网自身就是信息技术和工业技术深度融合的产物，背后蕴含着强大的推动跨界创新的力量。

9.3.1 工业互联网的内涵

工业互联网（Industrial Internet）是一个开放的、全球化的工业网络，工业互联网将人、数据和机器实现了连接，将工业、技术和互联网深度融合。

工业互联网的内涵核心在于“工业”和“互联网”。“工业”是基本对象，是指通过工业互联网实现互联互通与共享协同的工业全周期活动中所涉及的各类人、机、物、信息、数据资源与工业能力；“互联网”是关键手段，是综合利用互联网、信息通信、云计算、大数据等互联网相关技术推动各类工业资源与能力的开放接入，进而支撑由此而衍生的新型制造模式与产业生态。

工业互联网是全面的互联，其以互联网为基础，将工业系统的各个元素链接起来，形成新的模式和业态。工业互联网比互联网更注重数据，更注重连接，更注重数据的流动、集成、分析和建模。可以从构成要素、核心技术和产业应用 3 个层面理解工业互联网的内涵。

1）从构成要素角度看，工业互联网是机器、数据和人的融合。工业生产中，各种机器、设备组和设施通过传感器、嵌入式控制器和应用系统与网络连接，构建形成基于

“云-网-端”的新型复杂体系架构。随着生产的推进，数据在体系架构内源源不断地产生和流动，通过采集、传输和分析处理，实现向信息资产的转换和商业化应用。人既包括企业内部的技术工人、管理者和远程协同的研究人员等，也包括企业之外的消费者，人员彼此间建立网络连接并频繁交互，完成设计、操作、维护以及高质量的服务。

2）从核心技术角度看，贯彻工业互联网始终的是大数据。从原始的数据到最有价值的决策信息，经历了产生、收集、传输、分析、整合、管理、决策等阶段，需要集成应用各类技术和各类软硬件，完成感知识别、远近距离通信、数据挖掘、分布式处理、智能算法、系统集成、平台应用等连续性任务。简而言之，工业互联网技术是实现数据价值的技术集成。

3）从产业应用角度看，工业互联网构建了庞大复杂的网络制造生态系统，为企业提供了全面的感知、移动的应用、云端的资源和大数据分析，实现各类制造要素和资源的信息交互和数据集成，释放数据价值。这有效驱动了企业在技术研发、开发制造、组织管理、生产经营等方面开展全向度创新，实现产业间的融合与产业生态的协同发展。这个生态系统为企业发展智能制造构筑了先进的组织形态，为社会化大协作生产搭建了深度互联的信息网络，为其他行业智慧应用提供了可以支撑多类信息服务的基础平台。

工业互联网是链接工业全系统、全产业链、全价值链，支撑工业智能化发展的关键基础设施，是新一代信息技术与制造业深度融合所形成的新兴业态和应用模式，是互联网从消费领域向生产领域、从虚拟经济向实体经济拓展的核心载体。

工业互联网的本质和核心是通过工业互联网平台把设备、生产线、工厂、供应商、产品和客户紧密地连接融合起来，可以帮助制造业拉长产业链，形成跨设备、跨系统、跨厂区、跨地区的互联互通，从而提高效率，推动整个制造服务体系智能化。工业互联网还有利于推动制造业融通发展，实现制造业和服务业之间的跨越发展，使工业经济各种要素资源能够高效共享。

9.3.2　工业互联网平台与工业 APP

1. 工业互联网平台架构

工业互联网平台是面向制造业数字化、网络化、智能化需求，构建基于海量数据采集、汇聚、分析的服务体系，支撑制造资源泛在连接、弹性供给、高效配置的工业云平台。其本质是在传统云平台的基础上叠加物联网、大数据、人工智能等新兴技术，通过构建精准、实时、高效的数据采集体系，建设包括存储、集成、访问、分析、管理功能的使能平台，实现工业技术、经验、知识的模型化、软件化、复用化，以工业 APP 的形式为制造企业提供各类创新应用，最终形成资源富集、多方参与、合作共赢、协同演进的制造业生态。

典型的工业互联网平台架构如图 9-6 所示，自下而上由边缘层、基础设施层、平台层、应用层组成。

（1）边缘层

第 1 层是边缘层，即数据采集层，通过大范围、深层次的数据采集，以及异构数据的协议转换与边缘处理，构建工业互联网平台的数据基础。利用泛在感知技术对多

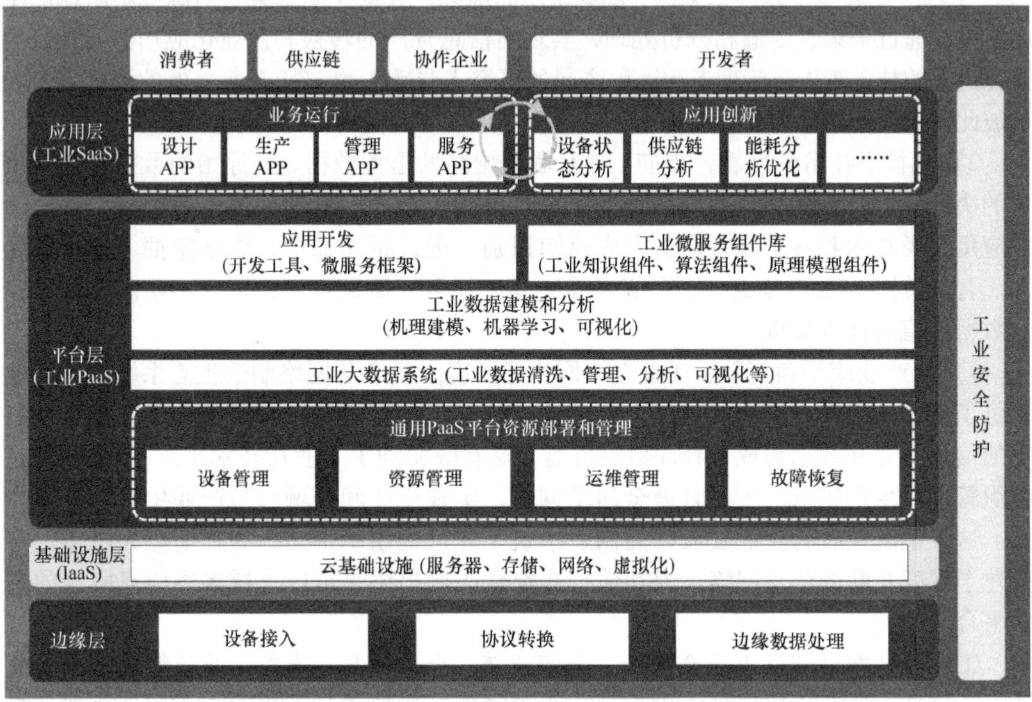

图 9-6 工业互联网平台架构

源设备、异构系统、运营环境、人等要素信息进行实时高效采集和云端汇聚。

数据采集范围包括工业现场设备和工厂外智能产品。

工业现场设备：主要通过现场总线、工业以太网、工业光纤网络等工业通信网络实现对工厂内设备的接入和数据采集，可分为3类。

1）专用采集设备：对传感器、变送器、采集器等专用采集设备的数据采集。

2）通用控制设备：对PLC、RTU、嵌入式系统、IPC等通用控制设备的数据采集。

3）专用智能设备：对机器人、数控机床、自动导引运输车（Automated Guided Vehicle，AGV）等专用智能设备的数据采集。

工厂外智能产品：主要通过互联网实现对工厂外智能产品的远程接入（通过数据传输单元（DTU）、数据采集网关等）和数据采集。主要采集智能产品运行时关键指标的数据，包括但不限于如工作电流、电压、功耗、电池电量、内部资源消耗、通信状态、通信流量等，用于实现智能产品/装备的远程监控、健康状态监测和远程维护等应用。

工业数据采集体系架构如图9-7所示。

1）设备接入：通过工业以太网、工业光纤网络、工业总线、4G/5G、窄带物联网（Narrow Band Internet of Things，NB-IoT）等各类有线和无线通信技术，接入各种工业现场设备、智能产品/装备，采集工业数据。

2）协议转换：一方面，运用协议解析与转换、中间件等技术兼容Modbus、CAN、Profinet等各类工业通信协议，实现数据格式转换和统一；另一方面，利用HTTP、MQTT等方式将采集到的数据传输到云端数据应用分析系统或数据汇聚平台。工业通信

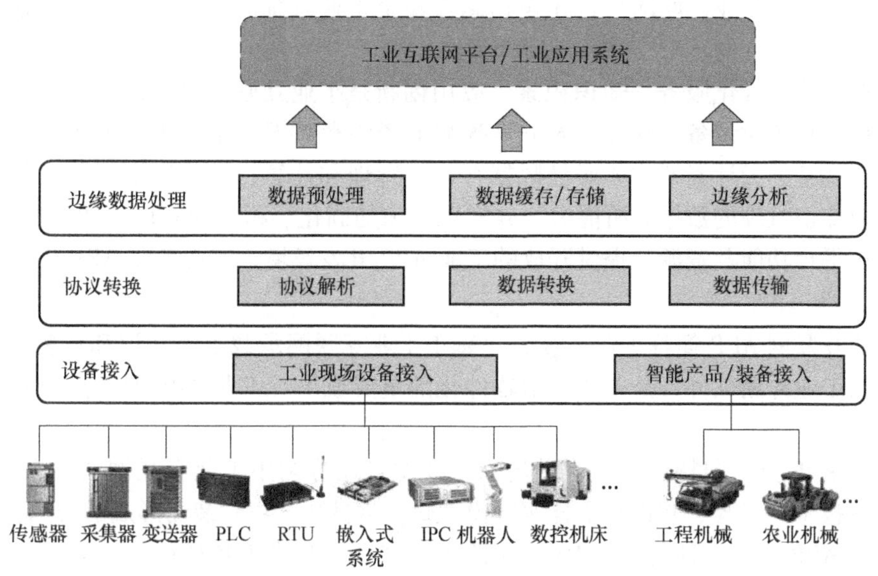

图 9-7　工业数据采集体系架构

网络接口种类多、协议繁杂、互不兼容，需要通过工业网关来进行各种协议转换，工业网关主要包括串口转以太网设备、各种工业现场总线间的协议转换设备和各种现场总线协议转换为以太网（TCP/IP）协议的网关等。

3）边缘数据处理：基于高性能计算、实时操作系统、边缘分析算法等技术支撑，在靠近设备或数据源头的网络边缘侧进行数据预处理、存储以及智能分析应用，提升操作响应灵敏度、消除网络堵塞，并与云端数据分析形成协同。

（2）基础设施层

第 2 层是基础设施层，基于云计算技术的 IaaS（Infrastructure as a Service，设施即服务）模式，将经过虚拟化的计算资源、存储资源和网络资源以基础设施即服务的方式通过网络提供给用户使用和管理。基础设施层提供底层基础 IT 资源，一般都具有资源虚拟化、资源监控、负载管理、存储管理等基本功能。

（3）平台层

第 3 层是平台层，基于通用 PaaS（Platform as a Service，平台即服务）叠加大数据处理、工业数据分析、工业微服务等创新功能，构建可扩展的开放式云操作系统。一是提供工业数据管理能力，将数据科学与工业机理结合，帮助制造企业构建工业数据分析能力，实现数据价值挖掘；二是把技术、知识、经验等资源固化为可移植、可复用的工业微服务组件库，供开发者调用；三是构建应用开发环境，借助微服务组件和工业应用开发工具，帮助用户快速构建定制化的工业 APP。

（4）应用层

第 4 层是应用层，形成满足不同行业、不同场景的工业 SaaS（Software as a Service，软件即服务），形成工业互联网平台的最终价值。一是提供了设计、生产、管理、服务等一系列创新性业务应用；二是构建了良好的工业 APP 创新环境，使开发者基于平台数据及微服务功能实现应用创新。

除此之外，工业互联网平台还包括涵盖整个工业系统的安全管理体系，这些构成了工业互联网平台的基础支撑和重要保障。

泛在连接、云化服务、知识积累、应用创新是工业互联网平台的四大特征。一是泛在连接，具备对设备、软件、人员等各类生产要素数据的全面采集能力；二是云化服务，实现基于云计算架构的海量数据存储、管理和计算；三是知识积累，能够提供基于工业知识机理的数据分析能力，并实现知识的固化、积累和复用；四是应用创新，能够调用平台功能及资源，提供开放的工业 APP 开发环境，实现工业 APP 创新应用。

2. 工业 APP

工业互联网 APP 简称工业 APP，是基于工业互联网承载工业知识和经验、满足特定需求的工业应用软件，是工业技术软件化的重要成果。工业 APP 是工业软件发展的新形态。

工业 APP 是面向特定工业应用场景，开发者通过调用工业互联网云平台的资源，推动工业技术、经验、知识和最佳实践模型化、软件化、再封装而形成的应用程序。

工业 APP 作为一种新型的工业应用程序有如下一些典型特征：

1）完整地表达一个或多个特定功能，解决特定问题。

2）特定工业技术的载体。

3）小轻灵，可组合，可重用。

4）结构化和形式化。

5）轻代码化。

6）平台化，可移植。

不同的工业 APP 可以通过一定的逻辑与交互进行组合复用，解决更复杂的问题，从而既能够化解传统工业软件因为架构庞大而带来的实施门槛和部署困难等问题，又能很好地提高工业企业研发、制造、生产、服务与管理水平以及工业产品使用价值。

工业互联网平台为工业 APP 提供必要的环境支持，工业 APP 支撑了工业互联网平台智能化应用，是工业互联网平台的价值出口。

9.3.3　工业互联网的体系架构

工业互联网的核心是基于全面互联而形成数据驱动的智能。网络、数据、安全是工业和互联网共同的基础和支撑。网络是基础，即通过物联网、互联网等技术实现工业全系统的互联互通，促进工业数据充分流动，无缝集成。数据是核心，即通过工业数据全周期的感知、采集和集成应用，形成数据的系统性智能，实现机器弹性生产、运营管理优化、生产协同组织与商业模式创新，推动工业智能化发展。安全是保障，即通过构建涵盖工业全系统的安全防护体系，保障工业智能化的实现。

从工业智能化发展的角度出发，工业互联网构建基于网络、数据、安全的三大优化闭环。一是面向机器设备运行优化的闭环，其核心是基于对机器操作数据、生产环境数据的实时感知和边缘计算，实现机器设备的动态优化调整，构建智能机器和柔性生产线；二是面向生产运营优化的闭环，其核心是基于信息系统数据、制造执行系统数据、控制系统数据的集成处理和大数据建模分析，实现生产运营管理的动态优化调

整，形成各种场景下的智能生产模式；三是面向企业协同、用户交互与产品服务优化的闭环，其核心是基于供应链数据、用户需求数据、产品服务数据的综合集成与分析，实现企业资源组织和商业活动的创新，形成网络化协同、个性化定制、服务化延伸等新模式。工业互联网体系架构如图 9-8 所示。

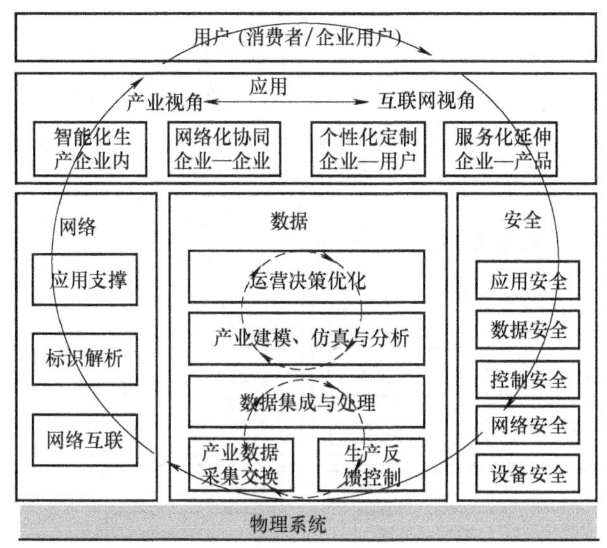

图 9-8 工业互联网体系架构

1. 工业互联网网络体系架构

“网络”是工业系统互联和工业数据传输交换的支撑基础，是工业系统与数据传输的媒介，包括网络互联体系、标识解析体系以及应用支撑体系，表现为通过泛在互联的网络基础设施、健全适用的标识解析体系、集中通用的应用支撑体系，实现信息数据在生产系统各单元之间、生产系统与商业系统各主体之间的无缝传递，从而构建新型的机器通信、设备有线与无线连接方式，支撑形成实时感知、协同交互的生产模式。

工业互联网的网络互联体系分为工厂内部网络和工厂外部网络两种。工厂内部网络用于连接产品、工业控制系统、智能机器等主体。工厂外部网络主要是指以支撑工业全生命周期各项活动为目的，用于连接企业上下游之间、企业与智能产品、企业与用户之间的网络。

工业互联网中的标识解析体系类似于互联网中的域名解析系统，是网络能够做到互联互通的保证。标识解析是指将某一类型的标识映射到与其相关的其他类型标识或信息的过程。标识解析既是工业互联网网络架构的重要组成部分，又是支撑工业互联网互联互通的神经枢纽。通过赋予每一个产品、设备唯一的“身份证”，可以实现全网资源的灵活区分和信息管理。标识解析技术在工业互联网系统中主要应用于 3 个方面：在各个环节建立关联、产品设备状态的跟踪定位以及高效的自动化控制。

应用支撑体系即工业互联网业务应用交互和支撑能力，包括工业互联网平台和工厂云平台，为其提供各种资源的应用协议。

2. 工业互联网数据体系架构

“数据”是工业智能化的核心驱动，包括数据采集交换、集成处理、建模分析、决

策优化和反馈控制等功能模块，表现为通过海量数据的采集交换、异构数据的集成处理、机器数据的边缘计算、经验模型的固化迭代、基于云的大数据计算分析，实现对生产现场状况、协作企业信息、市场用户需求的精确计算和复杂分析，从而形成企业运营的管理决策以及机器运转的控制命令，驱动从机器设备、运营管理到商业活动的智能化和优化。

工业互联网数据架构，从功能视角看，主要由数据采集与交换、数据预处理与存储、数据建模与数据分析、决策与控制应用4个层次组成，如图9-9所示。

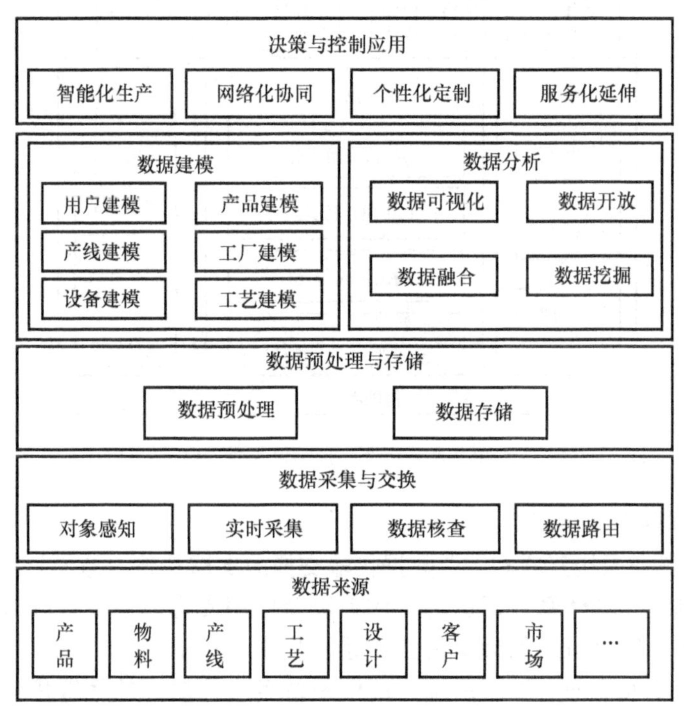

图9-9　工业互联网数据体系参考架构

3. 工业互联网安全体系架构

“安全”是网络与数据在工业中应用的安全保障，包括设备安全、网络安全、控制安全、数据安全、应用安全和综合安全管理，表现为通过涵盖整个工业系统的安全管理体系，避免网络设施和系统软件受到内部和外部攻击，降低企业数据被未经授权访问的风险，确保数据传输与存储的安全性，实现对工业生产系统和商业系统的全方位保护。

工业领域的安全一般分为3类：信息安全、功能安全和物理安全。传统工业控制系统安全主要关注功能安全与物理安全，即防止工业安全相关系统或设备的功能失效，当失效或故障发生时，保证工业设备或系统仍能保持安全条件或进入安全状态，传统的工业系统安全和工业互联网安全相比，工业互联网安全的范围、复杂度要大得多，也就是说，工业互联网的安全挑战更为艰巨。因此，工业互联网安全框架需要统筹考虑信息安全、功能安全与物理安全，聚焦信息安全，主要解决工业互联网面临的网络攻击等新型风险。安全体系架构的完备将为使用工业互联网的企业提供安全保障，为

制造企业部署安全防护措施提供指导，加强工业互联网系统整体的安全防护建设。

9.3.4 工业互联网系统的关键技术

1. 自动识别技术

自动识别技术是一种高度自动化的信息或数据采集技术。自动识别技术对字符、影像、条码、声音、信号等记录数据的载体进行自动识别，自动获取识别物品的相关信息，并提供给后台计算机处理系统完成后续相关处理。自动识别技术将计算机、光、电、通信和网络技术融为一体，与互联网、移动通信等技术相结合，实现了全球范围内物品的跟踪与信息的共享，从而给物体赋予智能，实现人与物体以及物体与物体之间的沟通和对话。自动识别技术是融合物理世界和信息世界的重要技术，也是工业互联网系统的基石。

一般来讲，工业互联网系统中对象的自动识别主要包括以下步骤：

1）对物体属性进行识别，静态属性可直接存储在电子标签中，动态属性需要由传感器实时探测。

2）用各种自动识别设备完成对物体属性的读取，并将信息转换成适合网络传输的格式。

3）将物体的信息通过网络传输到信息处理中心，由信息处理中心完成物体信息的交换和通信。

自动识别完成了系统原始的数据采集工作，解决了人工数据输入的速度慢、误码率高、劳动强度大、工作简单重复性高等问题，为计算机信息处理提供了快速、准确地进行数据采集输入的有效手段。

按照被识别对象的特征，自动识别技术可分为两大类，即数据采集技术和特征提取技术，如图 9-10 所示。

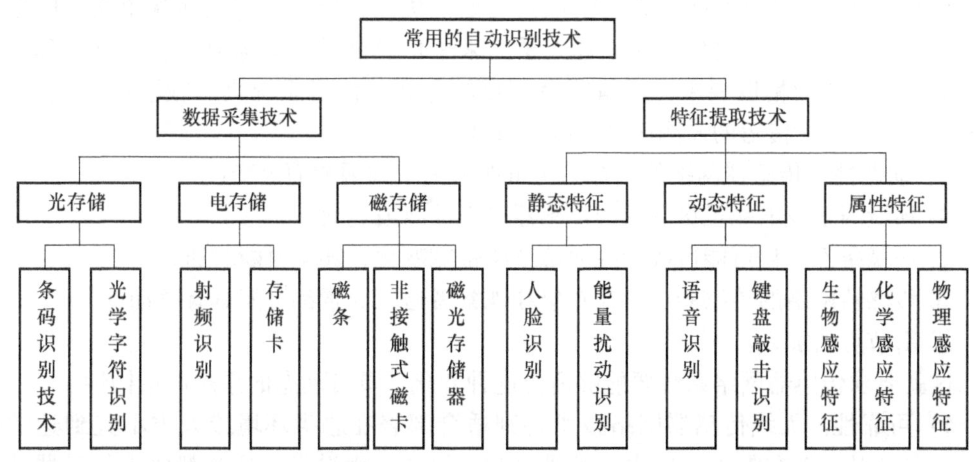

图 9-10 自动识别技术的分类

数据采集技术的基本特征是需要被识别物体具有特定的识别特征载体，如唯一性的标签、光学符号等。按存储数据的类型，数据采集技术可分为光存储、电存储和磁存储。

特征提取技术根据被识别物体本身的生理或行为特征来完成数据的自动采集与分析，如语音识别、人脸识别等。按特征的类型，特征提取技术可分为静态特征、动态特征和属性特征。

根据自动识别技术的应用领域和具体特征，典型的自动识别技术主要有条码识别技术、光学字符识别技术（OCR）、图像识别技术、射频识别技术（RFID）、生物识别技术、磁卡识别技术、IC 卡识别技术等。

2. 无线传感器网络技术

在科学技术日新月异的今天，传感器技术作为信息获取的一项重要技术，得到了很快的发展，并从过去的单一化逐渐向集成化、微型化和网络化方向发展。无线传感器网络（Wireless Sensor Networks，WSN）是由大量的静止或移动的传感器以自组织和多跳的方式构成的无线网络，综合了传感器技术、嵌入式计算技术、分布式信息处理技术和通信技术，能够以协作的方式实时地监测、感知和采集网络区域内被感知对象的信息，并进行处理。无线传感器网络技术是实现物联网广泛应用的重要底层网络技术，可以作为移动通信网络、有线接入网络的神经末梢网络，进一步延伸网络的覆盖。

（1）无线传感器网络特点

传感器网络可实现数据的采集量化、处理融合和传输应用，具有以下特点：

1）自组织。传感器网络系统的节点具有自动组网的功能，节点间能够相互通信协调工作。传感器节点的放置位置不能预先精确设定，节点之间的相互邻居关系预先也未知，这就要求传感器节点具有自组织的能力，能够自动进行配置和管理，通过拓扑控制机制和网络协议自动形成转发监测数据的多跳无线网络系统。

2）大规模。其包括两方面的含义：一方面，传感器节点分布在很大的地理区域内，如在原始大森林采用传感器网络进行森林防火和环境监测，需要部署大量的传感器节点；另一方面，传感器节点部署很密集，在面积较小的空间内，密集部署了大量的传感器节点。传感器网络的大规模性具有如下优点：通过不同空间视角获得的信息具有更大的信噪比；通过分布式处理大量的采集信息能够提高监测的精确度，降低对单个节点传感器的精度要求；大量冗余节点的存在，使得系统具有很强的容错性能；大量节点能够增大覆盖的监测区域，减少盲区。

3）动态性。传感器网络的拓扑结构可能因为下列因素而改变：

① 环境因素或电能耗尽造成的传感器节点故障或失效；

② 环境条件变化可能造成无线通信链路带宽变化，甚至时断时通；

③ 传感器网络的传感器、感知对象和观察者这三要素都可能具有移动性；

④ 新节点的加入。

这就要求传感器网络系统要能够适应这种变化，具有动态的系统可重构性。

4）可靠性。无线传感器网络技术特别适合部署在恶劣环境或人类不宜到达的区域，节点可以工作在露天环境中，遭受日晒、风吹、雨淋等。这些都要求传感器节点非常坚固，不易损坏，适应各种恶劣环境条件。传感器网络的通信保密性和安全性也十分重要，要防止监测数据被盗取和获取伪造的监测信息。因此，传感器网络的软硬件必须具有鲁棒性和容错性。

5）集成化。传感器节点的功耗低、体积小、价格便宜，实现了集成化。同时，微

机电系统技术的快速发展会使传感器节点更加小型化。

（2）无线传感器网络组成

无线传感器网络由无线传感器节点（监测节点）、网关节点、传输网络和远程监控中心4个基本部分组成，其组成结构如图9-11所示。

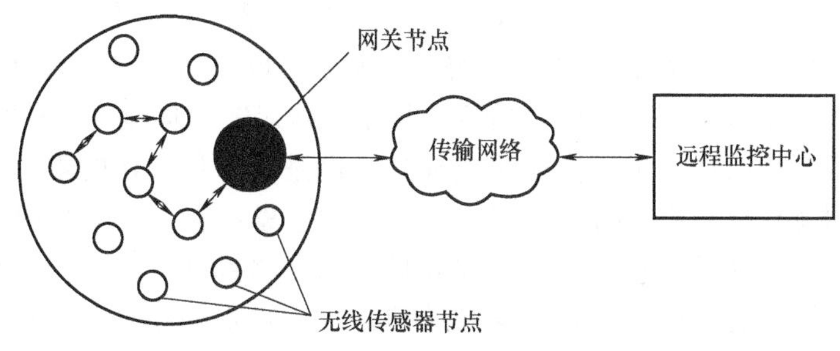

图9-11　无线传感器网络的基本组成

1）无线传感器节点。传感器节点具有感知、计算和通信能力，它主要由传感器模块、处理器模块、无线通信模块和电源模块组成，如图9-12所示，在完成对感知对象的信息采集、存储和简单的计算后，通过传输网络传送给远端的监控中心。传感器节点可以完成环境监测、目标发现、位置识别或控制其他设备的功能，此外还具有路由、转发、融合、存储其他节点信息等功能。

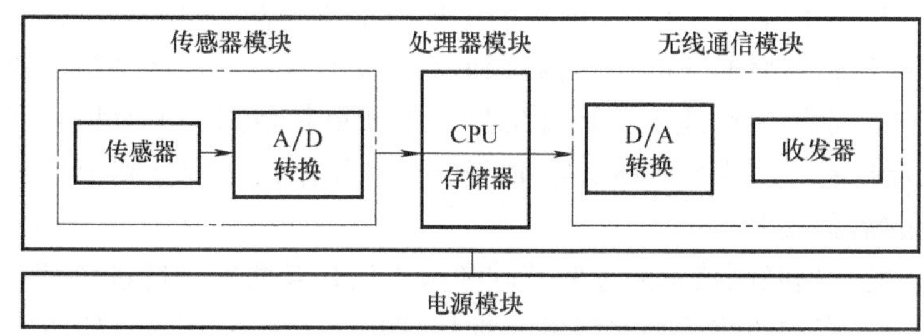

图9-12　无线传感器节点的组成

2）网关节点。无线传感器节点分布在需要监测的区域，监测特定的信息、物理参量等；网关节点将监测现场中的许多传感器节点获得的被监测量数据收集汇集后，通过传输网络传送到远端的监控中心。

3）传输网络。传输网络为传感器之间、传感器与监控中心之间提供畅通的通信，可以在传感器与监控终端之间建立通信路径。

4）远程监控中心。针对不同的具体任务，远程监控中心负责对无线传感器网络发送来的信息进行分析处理，并在需要的情况下向无线传感器网络发布查询和控制命令。

无线传感器网络具有众多类型的传感器，可探测包括温度、湿度、噪声、光强度、压力、土壤成分、地震、电磁、移动物体的大小、速度和方向等周边环境中多种多样的信息。无线传感器网络技术是一种全新的信息获取和处理技术，在军事、工业、农业、环境监测、医疗卫生、智能交通、建筑物监测、空间探索等领域有着广阔的应用前景和巨大的应用价值。

3. 物联网技术

物联网（Internet of Things，IoT）是指通过信息传感设备，按约定的协议将任何物体与网络相连接，物体通过信息传播媒介进行信息交换和通信，以实现智能化识别、定位、跟踪、监管等功能。物联网是通过各种传感技术（RFID、传感器、GPS、摄像机、激光扫描器等）和各种通信手段（有线、无线、长距、短距等），将任何物体与互联网相连接，以实现远程监视、自动报警、控制、诊断和维护，进而实现对“万物”的“高效、节能、安全、环保”的“管理、控制、营运”一体化的一种网络。

物联网是新一代信息技术的重要组成部分，也是信息化时代的重要发展阶段。顾名思义，物联网就是物物相连的互联网。这有两层意思：其一，物联网的核心和基础仍然是互联网，是在互联网基础上的延伸和扩展的网络；其二，其用户端延伸和扩展到了任何物品与物品之间进行信息交换和通信，也就是物物相息。物联网通过智能感知、识别技术与普适计算等通信感知技术，广泛应用于网络的融合中。

物联网的本质概括起来主要体现在3个方面：一是互联网特征，即对需要联网的物一定要能够实现互联互通的互联网络；二是识别与通信特征，即纳入物联网的“物”一定要具备自动识别与物物通信的功能；三是智能化特征，即网络系统应具有自动化、自我反馈与智能控制的特点。

（1）物联网特点

物联网有以下几个特点：

1）全面感知。物联网上部署了海量的多种类型传感器，每个传感器都是一个信息源，不同类别的传感器所捕获的信息内容和信息格式不同。传感器获得的数据具有实时性，按一定的频率周期性地采集环境信息，不断更新数据。工业物联网利用射频识别技术、传感器技术、二维码技术，随时获取产品从生产过程直到销售到终端用户使用的各个阶段的信息数据。

2）互联传输。物联网技术的重要基础和核心仍是互联网，通过各种有线和无线网络与互联网融合，将物体的信息实时准确地传递出去。在物联网上的传感器定时采集的信息需要通过网络传输，由于其数量极其庞大，形成了海量信息，在传输过程中，为了保障数据的正确性和及时性，必须适应各种异构网络和协议。工业物联网通过专用网络和互联网相连的方式，实时将设备信息准确无误地传递出去。它对网络有极强的依赖性，且要比传统工业自动化信息化系统都更重视数据交互。

3）智能处理。物联网不仅仅提供了传感器的连接，其本身也具有智能处理的能力，能够对物体实施智能控制。物联网将传感器和智能处理相结合，利用云计算、云存储、模糊识别及神经网络等智能计算的技术，对数据和信息进行分析并处理，结合大数据，深挖数据的价值，扩充其应用领域。从传感器获得的海量信息中分析、加工和处理出有意义的数据，以适应不同用户的不同需求，发现新的应用领域和应用模式。

4）自组织与自维护。一个功能完善的工业物联网系统应具有自组织与自维护的功能。其每个节点都要为整个系统提供自身处理获得的信息及决策数据，一旦某个节点失效或数据发生异常或变化时，整个系统将会自动根据逻辑关系来做出相应的调整。

物联网与工业互联网概念有所不同，实际上，物联网更强调物与物的连接，而工业互联网则要实现人、机、物全面互联。具体而言，工业互联网是实现人、机、物全

面互联的新型网络基础设施，可形成智能化发展的新兴业态和应用模式，而物联网技术是构建工业互联网系统的核心技术之一。

（2）物联网体系架构

物联网是一个庞大、复杂和综合的信息集成系统，它由3个层次构成，即信息的感知层、网络层和应用层。贯穿这3个层次是公共支撑层，其作用是为整个物联网安全、有效的运行提供保障。物联网体系架构如图9-13所示。

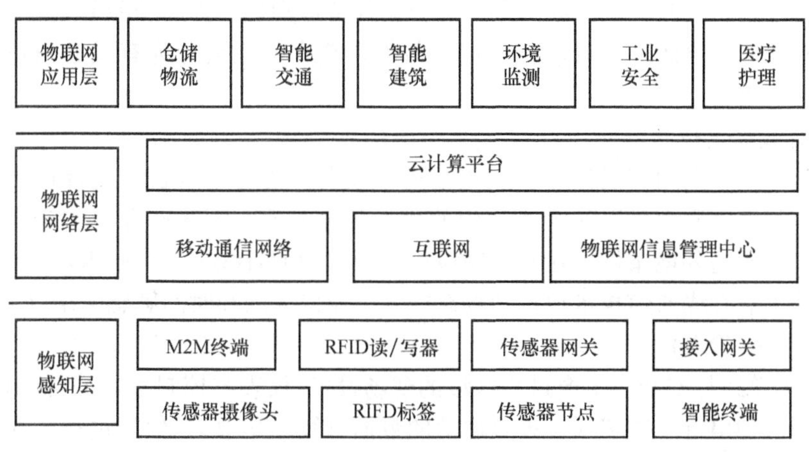

图9-13　物联网体系架构

1）感知层。感知层解决的是人类世界和物理世界的数据获取问题，由各种传感器以及传感器网关构成。主要是物品标识和信息的智能采集，它由基本的感应器件（如RFID、标签和读/写器、各类传感器、摄像头、GPS、二维码标签和识读器等基本标识和传感器件组成）以及由感应器组成的网络（如RFID、网络、传感器网络等）两大部分组成。该层的核心技术包括射频技术、新兴传感技术、无线网络组网技术、现场总线控制技术（FCS）等，涉及的核心产品包括传感器、电子标签、传感器节点、无线路由器、无线网关等。感知层包含3个子层次，即数据采集子层、短距离通信传输子层和协同信息处理子层。

2）网络层。网络层将来自感知层的信息通过各种承载网络传送到应用层。各种承载网络包括现有的各种公用通信网络、专业通信网络，这些通信网主要有移动通信网、固定通信网、互联网、广播电视网、卫星网等。

3）应用层。应用层也称为处理层，解决信息处理和人机界面的问题。网络层传输而来的数据在这一层的各类信息系统中进行处理，并通过各种设备与人进行交互。处理层由业务支撑平台（中间件平台）、网络管理平台（如M2M管理平台）、信息处理平台、信息安全平台、服务支撑平台等组成，完成协同、管理、计算、存储、分析、挖掘以及提供面向行业和大众用户的服务等功能，典型技术包括中间件技术、虚拟技术、高可信技术、云计算服务模式、SOA系统架构方法等。

在各层之间，信息不是单向传递的，而是有交互、控制等，所传递的信息多种多样，包括在特定应用系统范围内能唯一标识物品的识别码和物品的静态与动态信息。尽管物联网在智能工业、智能农业、智能建筑、智能建筑、智能物流、智能电网、智

能安防、智能医疗、智能家居、环境保护、公共管理等经济和社会各个领域的应用特点千差万别，但是每个应用的基本架构都包括感知、传输和应用 3 个层次，各种行业和各种领域的专业应用子网都是基于 3 层基本架构构建的。

4. 工业网络通信技术

工业网络通信泛指终端将数据上传到工业互联网平台并可以工业互联网平台获取数据的传输通道。它通过有线、无线的数据链路将传感器和终端检测到的数据上传到工业互联网平台，接收工业互联网平台的数据并传送到各个扩展功能节点。

工业互联网包含的网络通信技术按照数据传输介质主要分为有线通信技术和无线通信技术两大类。

（1）有线通信技术

有线通信技术采用有线传输介质连接通信设备，为通信设备之间提供数据传输的物理通道。很多介质都可以作为通信中使用的传输介质，但这些介质本身有不同的属性，适用于不同的环境条件。在互联网应用中最常用的有线传输介质为双绞线和光纤。

常见的工业有线通信技术包括现场总线、工业以太网和时间敏感网络（Time Sensitive Networking，TSN）。

1）现场总线是安装在生产过程区域的现场设备/仪表与控制室内的自动控制装置/系统之间的一种串行、数字式、多点通信的数据总线。其中，“生产过程”包括断续生产过程和连续生产过程两类。现场总线是以单个分散的、数字化、智能化的测量和控制设备作为网络节点，用总线相连接，实现相互交换信息，共同完成自动控制功能的网络系统与控制系统。

2）工业以太网是基于 IEEE 802.3（Ethernet）的强大的区域和单元网络。其特点是应用广泛，通信速率高，资源共享能力强，可持续发展潜力大。以太网的引入为控制系统的后续发展提供可能性，同时，机器人技术、智能技术的发展都要求通信网络具有更高的带宽和性能，通信协议有更高的灵活性，以太网都能很好地满足这些要求。

3）时间敏感网络是 IEEE 802.1 工作小组中的 TSN 工作小组发展的系列标准。该标准定义了以太网数据传输的时间敏感机制，为标准以太网增加了确定性和可靠性，以确保以太网能够为关键数据的传输提供稳定一致的服务。TSN 有着带宽、安全性和互操作性等方面的优势，能够很好地满足万物互联的要求。其主要的工作原理是优先适应机制，在传输中让关键数据包优先处理。这意味着关键数据不必等待所有的非关键数据完成传送后才开始传送，从而确保更快速的传输路径。

（2）无线通信技术

工业无线网络通信技术是一种面向设备间信息交互的无线通信技术，是对现有工业通信技术在工业应用方向上的功能扩展和提升，引领工业自动化系统向着低成本、高可靠、高灵活的方向发展，是工业自动化系统未来的发展方向。

无线通信技术在信号发射设备上通过调制将信号加载于无线电波之上，当电波通过空间传播到达收信端时，电波引起的电磁场变化又会在导体中产生电流，通过解调将信息从电流变化中提取出来，从而达到信息传递的目的。无线通信的终端部分使用电磁波作为传输媒质，具有成本低、适应性强、扩展性好、连接便捷等优点。

下面介绍几种典型的工业互联无线通信技术。

1）蓝牙（Bluetooth）是一个开放性的、短距离无线通信技术标准，它可以在较小的范围内通过无线连接的方式实现固定设备以及移动设备之间的网络互连，可以在各种数字设备之间实现灵活、安全、低成本、小功耗的语音和数字通信。因为蓝牙技术可以方便地嵌入到单一的CMOS芯片中，因此它特别适用于小型的移动通信设备。利用蓝牙技术，能够有效地简化移动通信终端设备之间的通信，也能够成功地简化设备与因特网之间的通信，从而使数据传输变得更加迅速高效，为无线通信拓宽道路。

2）ZigBee技术是一种近距离、低复杂度、低功率、低速率、低成本、可靠性高的双向无线通信技术，主要用于各种电子设备之间的短距离、低功耗、低传输速率的数据传输和典型周期数据、间歇数据和响应时间的数据传输应用。由于其体积小、自动组网，架设十分方便，并且由于它强调了大量节点进行群组协作，网络具有很强的自愈能力，任何节点的故障都不会对整个任务产生致命的影响，所以特别适合用于构建无线传感器网络。基于以上优势，ZigBee节点连接传感器、执行器，配置在相应的设备位置，安装施工简单，能满足数据传输要求，网络可靠性强，成本低。

3）WiFi是一种能够将个人计算机、手持设备（如平板计算机、手机）等终端以无线方式互相连接的技术，是一种短程无线传输技术，能够在数十米范围内支持互联网接入的无线电信号。基于WiFi的高速无线联网模式已融入人们的日常生活，各厂商都积极将该技术应用于从手机到计算机的各种设备中。

4）NB-IoT构建于蜂窝网络，支持低功耗设备在广域网的蜂窝数据连接，也被称为低功耗广域网（LPWAN）。NB-IoT支持待机时间长、对网络连接要求较高设备的高效连接，NB-IoT能提供非常全面的室内蜂窝数据连接覆盖。NB-IoT的主要特点包括广覆盖、支持低延时敏感度、超低的设备成本、低设备功耗和优化的网络架构。因为NB-IoT自身具备的低功耗、广覆盖、低成本、大容量等优势，适合于传感、计量、监控等物联网应用，可广泛应用于环境监控系统、低压配电监控系统、电能数据监控系统、工厂机器设备及生产线运行状态监控系统、生产信息采集系统等无线监测与预警，也应用于智能抄表、智能停车、车辆跟踪、物流监控、智能穿戴、智慧家庭、智慧社区等。

5）Wireless HART是开放式的可互操作无线通信标准，用于满足流程工业对于实时工厂应用中可靠、稳定和安全的无线通信的关键需求。基于高速可寻址远程传感器协议（Highway Addressable Remote Transducer Protocol，HART）的无线传感器网络标准，用于现场智能仪表和控制室设备之间的通信，是过程自动化领域的无线传感器网络国际标准。Wireless HART主要应用于工厂自动化领域和过程自动化领域，弥补了高可靠、低功耗及低成本的工业无线通信市场的空缺。

6）面向工业自动化的无线网络（Wireless Networks for Industrial Automation，WIA）技术是一种高可靠性、超低功耗的智能多跳无线传感网络技术，包括WIA-PA（面向工业过程自动化的工业无线网络标准）和WIA-FA（面向工厂自动化的工业无线网络标准）两项扩展协议。WIA-PA技术是一种经过实际应用验证的，适合于复杂工业环境应用的无线通信网络协议。WIA-FA技术是专门针对工厂自动化用于实现传感器、变送器和执行机构等工厂自动化设备之间高安全、高可靠以及实时信息交互的无线网络技术规范，可实现高速无线数据传输。

工业无线网络通信技术在工业控制和监测方面的应用也成为继工业以太网之后的工控领域的又一个热点技术。无线网络通信技术能够在工厂环境下为各种智能现场设备、移动机器人以及各种自动化设备之间的通信提供高带宽的无线数据链路和灵活的网络拓扑结构，在一些特殊环境下有效地弥补了有线网络的不足，进一步完善了工业控制网络的通信性能。

5. 云计算技术

云计算是一种无处不在、便捷且按需对每一个共享的可配置计算资源（包括网络服务器、存储、应用和服务）进行网络访问的模式，它能够通过最少量的管理以及服务提供商的互动实现计算资源的迅速供给和释放。它将计算任务分布在大量计算机构成的资源池上，使各种应用系统能够按需获取计算力、存储空间和信息服务。狭义的云计算是指 IT 基础设施的交付和使用模式，指在网络中，以按需、易扩展的方式获得所需的资源（硬件、平台、软件）。提供资源的网络被称为“云”。“云”中的资源在使用者看来是可以无限扩展的，并且可以随时获取，按需使用，随时扩展，按使用付费。这种特性经常被称为像水电一样使用的 IT 基础设施。广义的云计算是指服务的交付和使用模式，指依靠网络以按需、易扩展的方式获得所需的服务。这种服务可以是 IT 和软件、互联网相关的，也可以是任意其他的服务。云计算的核心思想是将大量用网络连接的计算资源统一管理和调度，构成一个计算资源池向用户按需服务。

（1）云计算的特点

云计算具有如下特点：

1）虚拟化技术。虚拟化突破了时间、空间的界限，是云计算最为显著的特点，虚拟化技术包括应用虚拟和资源虚拟两种。物理平台与应用部署的环境在空间上是没有任何联系的，正是通过虚拟平台对相应终端操作完成数据备份、迁移和扩展等。虚拟化技术能够把所有硬件设备、软件应用和数据隔离开来，打破硬件配置、软件部署和数据分布的界限，实现 IT 架构的动态化，实现资源集中管理，使应用能够动态地使用虚拟资源和物理资源，提高系统适应需求和环境的能力。

2）动态可扩展。云计算具有高效的运算能力，在原有服务器基础上增加云计算功能能够使计算速度迅速提高，最终实现动态扩展虚拟化的层次达到对应用进行扩展的目的。

3）按需部署。计算机包含了许多应用、程序软件等，不同的应用对应的数据资源库不同，所以用户运行不同的应用需要较强的计算能力对资源进行部署，而云计算平台能够根据用户的需求快速配备计算能力及资源。

4）灵活性高。目前市场上大多数 IT 资源、软硬件都支持虚拟化，比如存储网络、操作系统和开发软硬件等。虚拟化要素统一放在云系统资源虚拟池当中进行管理，云计算的兼容性非常强，不仅可以兼容低配置机器、不同厂商的硬件产品，还能够兼容外设获得更高性能计算。

5）可靠性高。因单点服务器出现的故障可以通过虚拟化技术将分布在不同物理服务器上面的应用进行恢复或利用动态扩展功能部署新的服务器进行计算，因此即使某个服务器故障也不影响计算与应用的正常运行。

6）性价比高。将资源放在虚拟资源池中统一管理在一定程度上优化了物理资源，

用户不再需要昂贵、存储空间大的主机，可以选择相对廉价的 PC 组成云，一方面减少费用，另一方面计算性能不逊于大型主机。

7）可扩展性。用户可以利用应用软件的快速部署条件为自身所需的已有业务以及新业务进行扩展。例如，计算机云计算系统中出现设备的故障，对于用户来说，无论是在计算机层面上，亦或是在具体运用上均不会受到阻碍，可以利用计算机云计算具有的动态扩展功能来对其他服务器开展有效扩展。这样就能够确保任务得以有序完成。在对虚拟化资源进行动态扩展的情况下，同时能够高效扩展应用，提高计算机云计算的操作水平。

（2）云计算的部署模式

云计算将互联网上的应用服务以及在数据中心提供这些服务的软硬件设施进行统一管理和协同合作。云计算的关键技术主要有虚拟化技术、分布式资源管理技术、并行编程技术。云计算的部署模式分为 4 种：公有云、私有云、社区云和混合云，如图 9-14所示。

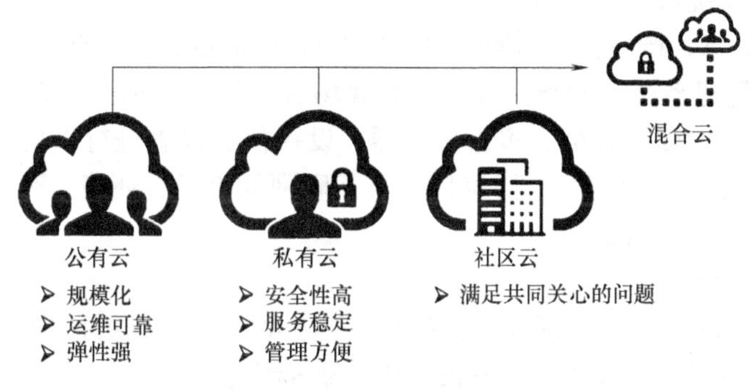

图 9-14　部署模式

（3）云服务

云计算服务即云服务，按应用方式可分为基础设施即服务（IaaS）、平台即服务（PaaS）、软件即服务（SaaS）。

1）基础设施即服务（IaaS）：在此服务模式下，用户获得处理能力、存储、网络和其他基础计算资源，从而可以在其上部署和运行包括操作系统和应用在内的任意软件。

2）平台即服务（PaaS）：以服务的形式交付计算平台和解决方案包，提供应用创建、应用测试及应用部署的高度集成环境，用户无须购买和管理底层的软硬件，也无须具备设备管理能力。

3）软件即服务（SaaS）：各种互联网及应用软件即是服务，或称按需提供的软件服务，是一种通过互联网提供软件及相关数据的模式，用户可以按使用付费，通常使用浏览器通过互联网远程访问并使用特定软件。用户无须购买软件，并将其安装在计算机上。

大力发展工业互联网，其核心在于将互联网中的两大关键资源（云计算+互联互通）导入工业，从而给工业赋予新的动能，进一步实现“降本、提质、增效”。

6. 工业大数据技术

工业大数据是工业互联网的核心要素。《中国制造2025》规划中明确指出，工业大数据是我国制造业转型升级的重要战略资源，需要针对我国工业自己的特点有效利用工业大数据推动工业升级。一方面，我国是世界工厂，实体制造比重大，但技术含量低、劳动密集、高资源消耗制造的比重也大，实体工厂和实体制造升级迫在眉睫；另一方面，我国互联网产业发展具有领先优势，过去十多年消费互联网的高速发展使互联网技术得到长足发展，互联网思维深入人心，需要充分发挥这一优势，并将其与制造业紧密结合，促进制造业升级和生产性服务业的发展。

工业大数据是指在工业领域中，围绕典型智能制造模式，从客户需求到销售、到订单、计划、研发、设计、工艺、制造、采购、供应、库存、发货和交付、售后服务、运维、报废或回收再制造等整个产品全生命周期各个环节所产生的各类数据及相关技术和应用的总称。

工业大数据从来源上主要分为信息管理系统数据、工业现场机器设备数据和外部数据。信息管理系统数据是指传统工业自动化控制与信息化系统中产生的数据，如企业资源计划（ERP）、产品生命周期管理（PLM）、供应链管理（SCM）、客户关系管理（CRM）和环境管理系统（EMS）等。工业现场机器设备数据是来源于工业生产线设备、机器、产品等方面的数据，多由传感器、设备仪器仪表进行采集产生。外部数据是指来源于工厂外部的数据，主要包括来自互联网的市场、环境、客户、政府、供应链等外部环境的信息和数据。

（1）工业大数据的特征

工业大数据除具有一般大数据的特征（容量大、多样、快速和价值密度低）外，还具有反映工业逻辑的多模态、强关联、高通量等新特征。

1）多模态。多模态是指工业大数据必须反映工业系统的系统化特征及其各方面要素，包括工业领域中“光、机、电、液、气”等多学科、多专业信息化软件产生的不同种类的非结构化数据。比如飞机、风机、机车等复杂产品的数据涉及机械、电磁、流体、声学、热学等多学科、多专业。

2）强关联。强关联反映的是工业的系统性及其复杂动态关系，不是数据字段的关联，本质是指物理对象之间和过程的语义关联，包括产品部件之间的关联关系，生产过程的数据关联，产品生命周期设计、制造、服务等不同环节数据之间的关联以及在产品生命周期的统一阶段涉及的不同学科不同专业的数据关联。

3）高通量。高通量即工业传感器要求瞬时写入超大规模数据。嵌入了传感器的智能互联产品已成为工业互联网时代的重要标志，用机器产生的数据代替人产生的数据，实现实时的感知。从工业大数据的组成体量上来看，物联网数据已成为工业大数据的主体。总体而言，机器设备产生的时序数据的特点包括海量的设备与测点、数据采集频度高（产生速度快）、数据总吞吐量大、7×24h 持续不断，呈现出“高通量”的特征。

（2）工业大数据的处理

从大数据的整个生命周期来看，大数据从数据源经过分析挖掘到最终获得价值需要经过4个环节，包括大数据集成与清洗、存储与管理、分析与挖掘、可视化，如

图 9-15所示。

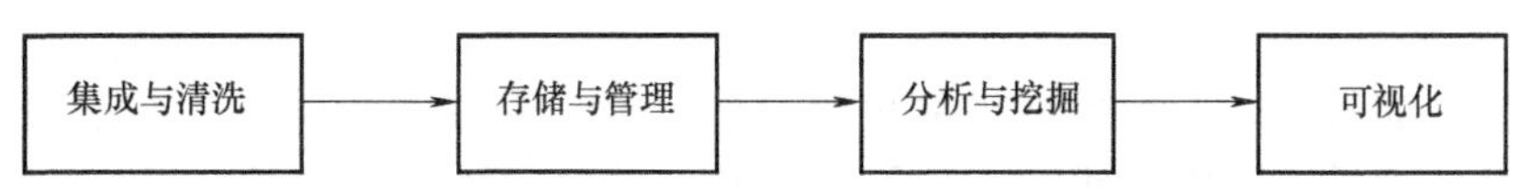

图 9-15 工业大数据处理流程

(3) 工业大数据的应用

工业大数据的应用的主要目的是提升制造业企业生命周期的智能化水平，以智能化生产为核心，涵盖了从设计研发、生产制造、经营管理到售后服务的整个流程，实现提质增效。随着工业互联网的发展，企业的数据从内部数据实现了跨界，应用也随之拓展到“互联网+用户”“互联网+产业链”“互联网+服务”等场景。工业大数据主要有4类应用场景：智能化生产、个性化定制、网络化协同、服务化延伸。工业大数据在工业互联网中的应用可分为4个层次：监视、控制、优化、自主。监视就是要能远程实时监测装备的运行状态；控制就是要实现操作者对机器的远程遥控，让机器能够执行操作者远程下达的操作指令；优化就是要基于海量工业大数据发现知识，提供在线运行调度、健康检测、故障诊断预警等装备在线运维服务；自主就是要实现装备的自主决策和装备集群的自主协同，通过“机器换人”实现生产运维的少人化和无人化。

7. 人工智能技术

人工智能（Artificial Intelligence，AI）发展进入新阶段，特别是在移动互联网、大数据、超级计算、传感网、脑科学等新理论、新技术以及经济社会发展强烈需求的共同驱动下，人工智能加速发展，呈现出深度学习、跨界融合、人机协同、群智开放、自主操控等新特征。与传统的自动化解决方案不同，人工智能所推动的创新，能使需要适应性和灵活性的复杂任务实现自动化，并且人工智能具有自我学习能力。

人工智能的主要技术方向包括机器学习、知识图谱、自然语言处理、人机交互、计算机视觉、机器人技术等。

(1) 机器学习

机器学习是从数据中自动发现模式，模式一旦被发现便可以做预测，处理的数据越多，预测也会越准确。

(2) 知识图谱

知识图谱是人工智能的一种方式，是一种多关系图，也是一个知识库，能够梳理出人、资产、业务之间的关系，用一个经过梳理、有逻辑关联性的知识库来训练算法，让算法更加精准。

(3) 自然语言处理

对自然语言文本的处理是指计算机拥有的与人类类似的对文本进行处理的能力。例如，从文本中提取意义，甚至从那些可读的、风格自然、语法正确的文本中自主解读出含义。一个自然语言处理系统并不了解人类处理文本的方式，但是它却可以用非常复杂与成熟的手段巧妙处理文本。例如，自动识别一份文档中所有被提及的人与地点；识别文档的核心议题；在仅人类可读的合同中，将各种条款与条件提取出来并制

作成表。

（4）人机交互

在人工智能时代，人与机器将会重归自然交互。通过语音识别、图像识别等技术水平的提升，人类可以用自然的方式和机器进行交互，而不是被迫去适应机器，重新建立一套和机器对话的语言。比如在语言的输入上，除了语音外，还可通过手势、表情与机器互动。

（5）计算机视觉

计算机视觉是指计算机从图像中识别出物体、场景和活动的能力。计算机视觉技术运用由图像处理操作及其他技术所组成的序列，来将图像分析任务分解为便于管理的小块任务。比如一些技术能够从图像中检测到物体的边缘及纹理，分类技术可被用作确定识别到的特征是否能够代表系统已知的一类物体。

（6）机器人技术

将机器视觉、自动规划等认知技术整合至体积虽小性能却高的传感器、制动器以及设计巧妙的硬件中，催生了新一代的机器人。机器人有能力与人类一起工作，能在各种未知环境中灵活处理不同的任务，比如无人机、家务机器人、医疗机器人等。

人工智能与各行业融合创新，推动了在工业、农业、物流、金融、商务、医疗、教育、家居等行业和领域规模化应用，全面提升产业发展智能化水平。

例如，工业人工智能运行方式可以利用传统自动控制相关的业务及技术，使机器、设备或生产过程的某个工作状态或参数自动地按照预定的规律运行。通过对企业生产及服务过程中积累的历史数据，采用深度学习等人工智能的模型算法，发现数据的内在规律及新的价值，用于改善设计、生产及服务等工业业务环节。此外，可使各类设备升级为具备“自适应能力”、主动感知环境变化的智能设备，可以根据感知的信息调整自身的运行模式，使其处于最优状态。

8. 数字孪生技术

数字孪生（Digital Twin）技术是指通过数字化手段，在虚拟空间构建一个与现实实体相一致的虚拟实体的技术。通俗些讲，就是把一个物体完全复制到数字设备上，便于人们观察的技术。这种技术之所以具有颠覆性，就在于它可以完全绕过现实实物，直接通过操控数字孪生体进行模拟、仿真和预测。

数字孪生是流程、产品或服务的虚拟模型。虚拟世界和物理世界的这种配对允许对数据进行分析和对系统进行监视，以在问题发生之前就及时解决，防止停机，并发掘开发新实体的机会，甚至通过使用仿真来计划未来。

数字孪生体最大的特点在于：它是对实体对象（或称为“本体”）的动态仿真，也就是说，数字孪生体是会“动”的。而且，数字孪生体不是随便乱“动”，它“动”的依据，来自本体的物理设计模型，还有本体上面传感器反馈的数据，以及本体运行的历史数据。本体的实时状态，还有外界环境条件，都会复现到“孪生体”身上。如果需要做系统设计改动，或者想要知道系统在特殊外部条件下的反应，可以在孪生体上进行“实验”。这样，既避免了对本体的影响，也可以提高效率、节约成本。

数字孪生与虚拟现实（VR）是有区别的。如果说虚拟现实是构建一个完全虚拟的世界，那么数字孪生则是构建一个虚拟的真实世界。虽然都是虚拟，数字孪生与 VR 不

同的是，其不仅是物理世界的数字化映射，更与物理世界有着强交互性，具备双向影响的能力。比如通过数字世界对物理世界的事物下达指令、计算控制；反向也可以将物理世界中的点滴变化实时映射到数字世界中，双向影响。

理解数字孪生要关注三个关键词，分别是“全生命周期”“实时/准实时”“双向”。

1）全生命周期是指数字孪生可以贯穿产品包括设计、开发、制造、服务、维护乃至报废回收的整个周期。它并不仅限于帮助企业把产品更好地造出来，还包括帮助用户更好地使用产品。

2）实时/准实时是指本体和孪生体之间，可以建立全面的实时或准实时联系。两者并不是完全独立的，映射关系也具备一定的实时性。

3）双向是指本体和孪生体之间的数据流动可以是双向的，并不是只能本体向孪生体输出数据，孪生体也可以向本体反馈信息。企业可以根据孪生体反馈的信息，对本体采取进一步的行动和干预。

可以将数字孪生视为物理世界和数字世界之间的桥梁。使用传感器收集有关实时状态、工作条件或位置的数据的智能组件与物理物品集成在一起，这些组件连接到基于云的系统，该系统接收并处理传感器监视的所有数据。

数字孪生技术解决了困扰人们已久的虚拟世界和现实世界连接交互的问题，它充分利用模型、数据、智能并集成多学科的技术，面向产品全生命周期过程，具有可观的应用价值。利用该技术，可以在数字世界模拟出小到一颗螺丝、大到一座城市，甚至精密复杂如人体的内在结构。理论上讲，物理世界中的各种事物均可使用数字孪生技术进行复制。

工业互联网的推广应用使得实体和虚体的映射更为可行和紧密，从而进一步加速推动了数字孪生技术的应用。融合了大数据、人工智能（AI）、机器学习（ML）和物联网的数字孪生技术主要用于工业物联网、工程和制造业务领域。

实施数字孪生的工业公司可以以数字方式监视、跟踪和控制工业系统。除了运营数据外，数字孪生还捕获环境数据，如位置、配置、财务模型等，有助于预测未来的运营和异常情况。随着技术不断演进和精密机械的增加，数字孪生发挥重要价值的应用场景会相应增加，其性价比也将不断提高。比如，在技术设计和测试时，数字孪生可以让很多由于物理条件限制、依赖于真实的物理实体而无法完成的操作变成可能；再比如，当数字孪生技术能应用于造价不菲的航天器、核电站时，这些设施的寿命与安全都将得到进一步提升。

9. 信息安全技术

在工业互联网成为“新基建”的大环境大趋势下，在工业企业致力推进工业企业数字化和智能化转型的同时，越来越多的工业控制系统从封闭走向开放，从信息孤岛走向互联互通，从独立运行走向协同，因此在为企业节能、优化和增效的同时，也引入了信息安全的风险。

工业互联网打破了工业控制系统传统的封闭格局，使工业互联网控制层、设备层、网络层、平台层、数据层等安全问题大量暴露出来，工业互联网正在成为网络安全的主战场。

工业互联网通过实时性数据采集、数据集成和监控，能够根据感知到的环境变化

信息，自适应地对外部变化做出有效响应。工业互联网安全技术需要随着网络结构和功能动态演化而自主演进，具备不断自我演进与学习提升的能力。主动式、智能化的威胁检测与安全防护技术将不断发展，对于工业互联网安全防护的思维模式将从传统的事件响应式向持续智能响应式转变，旨在构建全面的预测、基础防护、响应和恢复能力，抵御不断演变的高级威胁。工业互联网安全技术架构的重心也将从被动防护向持续普遍性的监测响应及自动化、智能化的安全防护转移。

工业互联网应本着“协同、综合、主动、动态”的原则构建安全体系，建设满足工业需求的安全技术体系和安全管理体系，增强设备、网络、控制、应用和数据的安全保障能力，有效识别、抵御和化解安全风险，为工业互联网发展构建安全可信环境，提供从边缘到云端的端到端安全保障机制，包括加固端点设备、保护通信、管控策略与设备更新，以及利用分析工具和远程访问实时管理与监测整个安全保障流程。

区块链、可信计算、威胁情报等技术的发展，可为工业互联网安全助力赋能。区块链具有可信协作、隐私保护等技术优势，可在工业互联网数据交换共享、确权、确责以及海量设备接入认证与安全管控等方面注入新的安全能力。可信计算可为工业互联网体系结构、应用行为、数据存储、策略管理等各个环节提供安全免疫能力，是实施主动防御的重要技术手段。威胁情报技术能够收集整合分散的攻击与安全事件信息，支撑选择响应策略，支持智能化攻击追踪溯源，实现大规模网络攻击的防护与对抗，进而构建融合联动的工业互联网安全防护体系。

党的二十大报告指出，“加快发展数字经济，促进数字经济和实体经济深度融合”。新一代信息技术与各产业结合形成数字化生产力和数字经济，是现代化经济体系发展的重要方向。大数据、云计算、人工智能等新一代数字技术是当代创新最活跃、应用最广泛、带动力最强的科技领域，给产业发展、日常生活、社会治理带来深刻影响。数据要素正在成为劳动力、资本、土地、技术、管理等之外最先进、最活跃的新生产要素，驱动实体经济在生产主体、生产对象、生产工具和生产方式上发生深刻变革。数字化转型已经成为全球经济发展的大趋势，世界各主要国家均将数字化作为优先发展的方向，积极推动数字经济发展。围绕数字技术、标准、规则、数据的国际竞争日趋激烈，成为决定国家未来发展潜力和国际竞争力的重要领域。为了保障工业互联网的建设，应对愈演愈烈的信息安全挑战，工业企业首先要有安全意识，建设和积累自己的知识和技能，并遵循国际和国家标准，在企业的政策、流程和技术上进行投入，建设纵深防御的信息安全防护体系，在全生命周期范围内对工业企业的人员、资产、环境和生产运营进行信息安全防护。

习题9

1. 填空题

（1）DCS的层次结构从下至上依次分为________、________、________和________。

（2）FCS是一种以________为基础的分布式网络自动化系统。

（3）工业互联网是链接________、________、________，支撑工业智能化发展的关键基础设施。

（4）工业互联网的本质和核心是通过________把________、________、________、

________、________和________紧密地连接融合起来。

(5) 可以从________、________和________3个层面理解工业互联网的内涵。

(6) 工业互联网的核心是基于________而形成________的智能。

(7) 在工业互联网体系架构中，________是基础，________是核心，________是保障。

(8) 工业领域的安全一般分为3类：________安全、________安全和________安全。

(9) IaaS、PaaS、SaaS的含义依次是________、________、________。

(10) 物联网更强调________与________的“连接”，而工业物联网则要实现________、________、________全面互联。

2. 选择题

(1) 以下________不属于DCS层次结构。

A. 人机界面　　B. 直接控制层

C. 操作监控层　　D. 决策管理层

(2) 以下________不是FCS的特点。

A. 系统的开放性　　B. 产品的互操作性

C. 系统的集中性　　D. 维护的简易性

(3) 工业互联网边缘层（数据采集层）不包含________。

A. 设备接入　　B. 工业微服务组件库

C. 协议转换　　D. 边缘数据处理

(4) 人工智能是一门________。

A. 数学和生理学　　B. 心理学和生理学

C. 语言学　　D. 综合性的交叉学科和边缘学科

(5) 以下________不是人工智能的研究领域。

A. 机器证明　　B. 模式识别

C. 自然语言处理　　D. 编译原理

(6) AI是________的英文缩写。

A. Automatic Intelligence　　B. Artificial Intelligence

C. Automatic Information　　D. Artificial Information

3. 简答题

(1) DCS的层次结构一般分为几层，并概述每层的功能。

(2) 简述集散控制系统的特点。

(3) 简述现场总线控制系统的含义。

(4) 简述现场总线控制系统的特点。

(5) 简述FCS的层次结构及其与DCS的区别。

(6) 工业互联网平台的特征是什么？

(7) 工业互联网平台架构包括哪几层？各层的作用是什么？

(8) 什么是工业APP？其具有哪些典型特征？

(9) 工业互联网系统的关键技术有哪些？

(10) 简述人工智能的几种主要技术。

第10章 计算机控制系统的设计与实现

计算机控制系统的设计不但是一个理论问题，也是一个工程实际问题，涉及自动控制理论、计算机技术、检测技术等，是一种多学科的综合应用。理论设计包括建立被控对象的数学模型；确定满足一定性能指标的目标函数，寻求满足该目标函数的控制策略；选择合乎要求的软硬件等。工程实际包括系统的调试，安全与可靠性设计，系统的成本核算与性价比，系统的节能环保与可持续发展等。本章主要介绍计算机控制系统设计的基本要求、原则与步骤，并给出计算机控制系统的设计实例。

10.1 系统设计的基本要求和特点

尽管计算机控制系统所面临的生产过程与控制对象复杂多变，对系统的控制要求也各不相同，系统设计方案和具体技术指标也是千差万别，但在计算机控制系统设计与实现的过程中，它们具有一些共同的特点，而且在系统设计时都要满足基本要求。

10.1.1 系统设计的基本要求

计算机控制系统设计的基本要求主要包括5个部分。

1. 安全可靠

计算机控制系统设计的首要原则是安全可靠。工业控制计算机有别于科学计算和管理用计算机，它的工作环境比较恶劣，周围的各种干扰随时威胁着系统的正常运行，一旦控制系统出现故障，将造成整个生产过程的混乱，引起严重后果。因此，为了保证安全可靠，通常采用如下做法：

第一，选用高性能的工业控制计算机，保证在恶劣的工业环境下，系统仍能正常运行。

第二，设计可靠的控制方案，并具有各种安全保护措施，比如设计报警、事故预测、事故处理、不间断电源等。

第三，附加后备装置。对于一般的控制回路，选用手动操作作为后备；对于重要的控制回路，选用常规控制仪表作为后备。这样，一旦计算机出现故障，就把后备装置切换到控制回路中，以维持生产过程的正常运行。

第四，对于承担网络控制、信息处理、管理的计算机，应采用双机备用系统。其工作方式有4种，即：备份工作方式、主从工作方式、双工工作方式和分级分布式控制方式。备份工作方式就是一台作为主机投入运行，另一台作为备份机也处于通电工作状态，作为系统的热备份机。当主机出现故障时，专用程序切换装置自动地将备份机切入系统运行，承担起主机的任务。故障排除后的原主机则转为备份机，处于待命状态。主从工作方式就是两台计算机同时投入系统运行，在正常运行情况下，分别执

行不同的任务，如果主机出现故障，就自动脱离系统，让从机承担起系统所有的控制任务。双工工作方式就是两台计算机同时工作，同步执行同一个任务，并比较两台计算机的执行结果，如果结果相同，则表明工作正常，否则再重复执行并再次校验两机的结果，以排除随机故障干扰。若经过几次校验后结果仍然不同，则启动故障诊断程序，将其中一台故障机脱离系统，让另一台主机继续执行任务。分级分布式控制方式的实质是智能控制单元分别控制各被控对象，由上一级计算机进行监视和管理。当某一台智能控制单元出现故障时，其影响仅限于故障单元所涉及的局部范围内，而它的控制任务可由上位机来承担。如果上位机出现故障，则各智能控制单元仍可维持对各被控对象的控制，所以大大提高了整个系统的可靠性。

2. 操作维护方便

控制设备投入运行后，一般由操作人员进行操作和维护，所以应当使系统便于掌握、操作简便，显示画面直观形象，既要体现操作的先进性，又要兼顾原有的操作习惯。在硬件配置方面，系统的控制开关不能太多，操作顺序要简单；软件方面，可以采用高级语言，以便于用户掌握，也可以用汇编语言，以提高快速性。

维护方便体现在易于查找故障，易于排除故障。硬件方面，应尽可能采用标准的功能模块化产品，便于更换故障模板。软件方面，应配置诊断程序，一旦故障发生，通过程序来查找故障发生的部位，从而缩短排除故障的时间。

3. 实时性强

所谓实时性，就是计算机系统对内部和外部事件能够及时地响应，并做出相应的处理，不丢失信息，不延误操作。计算机处理的事件一般分为两类，即：定时事件和随机事件。对于数据的定时采集、运算控制等定时事件，可以设置系统时钟，保证定时处理。对于各种故障等随机事件，可以设置中断，并根据故障的轻重缓急，预先分配中断级别，一旦出现故障，保证优先处理紧急故障。

4. 通用性好、便于扩充

尽管计算机控制对象多种多样，控制参数千差万别，但从控制功能角度考虑，它们仍然具有一些共性。因此，在设计时应考虑系统能够适应各种不同设备和控制对象，在不做大的修改的前提下，就能适应新的情况。这就要求系统的通用性要好，便于扩充。为此，在系统设计时，要考虑以下3点：

第一，硬件设计应标准化，采用标准总线结构并配置各种通用的功能模板，以便于进行功能扩充时，只需要增加功能模板即可。

第二，软件设计时采用标准模块结构，用户使用时不需要二次开发，只需按照要求选择各种功能模块即可。

第三，在系统设计时，各个设计指标留有一定的余量，便于扩充。

5. 经济效益高

计算机控制系统在满足系统基本要求的前提下，还应该带来高的经济效益，要有市场竞争意识。所以在系统设计中要考虑以下3个方面：一是提高系统的性能价格比；二是尽可能缩短设计周期；三是降低投入产出比。这样才能在激烈竞争的市场中占有一席之地。同时，也要具有一定的前瞻性，以适应技术和经济的长远发展的需要。

10.1.2　系统设计的特点

计算机控制系统的设计特点如下。

1. 过程参量多、控制任务重

由于现代工业对自动化程度要求很高，因此，计算机控制系统面临的控制对象工艺复杂、过程参量多、控制精度要求高。

2. 处理的信息量大

现代工业生产对信息的处理要求很高，不仅能对过程参量实现高精度采集与控制，而且要求能对各过程参量实现历史数据存储、显示历史与实时曲线、各参量报警及生产过程的可视化监控等。这些大量的信息和数据给技术人员和管理人员进行生产决策提供依据，以便计算机实现最优化控制。

3. 网络化

现代的计算机控制系统（比如分布式控制系统、现场总线控制系统等）不再是传统的单机控制系统，而是充分利用计算机强大的网络通信功能，将一条生产线、一个车间甚至一个工厂，通过计算机连成一个工业局域网或通过网关与以太网连接。

4. 控制算法复杂

在计算机控制系统中，很多被控对象无法建立数学模型，且各参量间相互耦合，采用传统的 PID 控制算法无法提高被控参量的控制精度，难以保证产品的高质量。因此，模糊控制、神经网络控制、串级控制、专家控制、学习控制等算法应运而生。这也是计算机控制系统设计的一个很重要的特点。

10.2　计算机控制系统的设计方法及步骤

计算机控制系统的设计一般包括下列几个步骤：

1）控制系统总体方案的确定。

2）计算机及接口的选择。

3）控制算法的选择。

4）控制系统的硬件设计。

5）控制系统的软件设计。

6）计算机控制系统的调试。

10.2.1　控制系统总体方案的确定

确定计算机控制系统设计总体方案，是进行系统设计时重要而又关键的一步。总体方案的好坏，直接影响整个控制系统的投资、调节品质及实施细则。设计之前首先应该了解被控对象和控制要求，提出系统整体方案。主要包括：

1. 选择控制系统的结构和类型

选择控制系统的结构和类型即确定采用开环控制系统还是闭环控制系统。如果是闭环控制系统，还需要进一步确定是采用直接数字控制系统（DDCS）、计算机监督控制系统（SCCS）、分布式控制系统（DCS）还是现场总线控制系统（FCS）等。

2. 选择检测元器件

选择检测元器件即选择被测参数的测量元器件。它是影响控制系统精度的首要因素。测量各种参数的传感器可以将非电物理量如温度、流量、压力、液位等被测参数，变成电信号如电压、电流和电阻信号，再通过变送器变成统一的标准信号（0~5V，1~5V或0~10mA，4~20mA等）。传感器和变送器种类繁多，规格各异，在选择时应根据被测参数的变化范围、传感器的性能指标、环境要求来选择。还有专门用于计算机控制系统的智能传感器可供选择。

3. 选择执行机构

执行机构是计算机控制的重要组成部分。它的作用是接收计算机发出的控制信号，并把它转换成调整机构的动作，使生产过程按预先规定的要求正常运行。在第2章已经介绍过，执行机构分为气动、电动、液压3种类型，它们具有各自的优缺点。另外还有实现开关动作的有触点和无触点开关，如电磁阀等。

在设计时，为了能够选择合适的执行机构，在满足系统要求的前提下，还必须考虑以下几个因素：①可靠性；②经济性；③动作平稳，足够的输出力；④重量、外观；⑤结构简单，维护方便。

4. 选择输入/输出通道及外围设备

计算机控制系统的过程通道，通常应根据被控对象参数的多少来确定，并根据系统的规模及要求，配以适当的外围设备如打印机、显示器、绘图仪等。选择时应考虑以下一些问题。

1）被控对象参数的数量。

2）各输入/输出通道是串行操作还是并行操作。

3）各通道数据的传输速率。

4）各通道数据的字长及选择位数。

5）对显示、打印有何要求。

5. 可靠性设计

计算机控制系统中，系统的可靠性至关重要，只有系统的高可靠性，才能确保系统的正常运行。可靠性设计采取的措施主要有硬件措施和软件措施。可靠性要求很高的系统，还应考虑双CPU或双机并行运行。

6. 分配硬件和软件的功能

在形成总体方案时，必须认真考虑和反复权衡硬件和软件的比例，这是因为硬件和软件有一定的互换性，有些用硬件完成的功能也可以用软件来完成。其次，应考虑采用哪些软件进行开发才能满足系统的控制要求，尤其应考虑网络、可视画面监控、远程通信等要求。

在对总体方案进行合理性、经济性、可靠性及可行性论证后，即可形成总体方案图和设计任务书，以指导系统设计过程。

10.2.2 计算机及接口的选择

在总体方案确定之后，首要的任务是选择合适的计算机。选择合适的计算机是计

算机控制系统设计的关键。在具体选择计算机时，可以选择成品的计算机系统，也可以自主开发设计。

成品计算机系统不仅提供了具有多种装置的主机系统板，而且还配备了各种接口板，如多通道模拟量输入/输出板，开关量输入/输出板，扩展用 RS-232C、RS-422 和 RS-485 总线接口板，EPROM 智能编程板等。它们具有很强的硬件功能和灵活的 I/O 扩展能力，不但可以构成独立的工业控制机，而且具有较强的开发能力。这些机器不仅可使用汇编语言，而且可使用高级语言。在工业计算机中，还配有专用的组合软件，给计算机控制系统的软件设计带来了极大的方便。

如果因价格、功能或灵活性等方面的原因不能选择现有的主机时，设计者可以选择一款可编程控制器或单片机进行自主开发设计。此时应考虑到所选择的微处理器的字长、运行速度、存储容量、中断处理能力，以及是否需要内部 A/D 转换器、内部存储器，需要多少个 I/O 口和串行口等。

10.2.3　控制算法的选择

在计算机控制系统中，系统控制效果的优劣，很重要的问题之一就是由控制算法决定的。而控制算法的选择又是建立在被控对象的数学模型基础之上的。数学模型是系统动态特性的数学表达式，它反映了系统输入、内部状态和输出之间的逻辑与数量关系，为系统的分析、综合或设计提供了依据。因此在系统设计时，首先要建立被控对象的数学模型，并根据被控对象的数学模型确定系统的控制算法。

1. 直接数字控制

当被控对象的数学模型能够确定时，可采用直接数字控制，如最少拍系统、最少拍无纹波系统以及大林算法等。当系统模型建立以后，即可选定上述某一种算法，设计数字控制器，并求出差分方程。计算机的主要任务就是按此差分方程计算出控制量并输出，进而实现控制。

2. 数字 PID 控制

由于有些被控对象比较复杂，因此很难求出其数学模型；有些即使可以求出来，但由于被控对象受环境的影响，许多参数经常变化，因此很难进行直接数字控制。此时可以选用数字 PID 控制。除了位置型和增量型两种普通 PID 算法外，还可以采用改进型 PID 控制算法，以满足各种不同控制系统的要求。

3. 模糊控制

模糊控制既不用像 DDC 控制那样要求有严格的被控对象的数学模型，也不像数字 PID 控制那么“呆板”。它是一种非常灵活的控制方法，只要根据实验数据找出 Fuzzy 控制规律，便能达到所要求的控制效果。

由于计算机控制系统种类很多，所以控制算法也各不相同，每个计算机控制系统都有一个特定的控制规律，并且有相应的控制算法。例如：要求快速跟随的系统可选用最少拍控制的直接数字控制；对于具有纯滞后的系统最好选用大林算法或 Smith 补偿算法等；另外还有最优控制、自适应控制、智能控制等控制算法。在系统设计时，究竟选择哪一种控制算法，主要取决于系统的特性和要求达到的控制性能指标。选择控制算法时应注意的是，控制算法对系统的性能指标有直接影响。所选的算法应满足控

制速度、控制精度和系统的稳定性的要求。

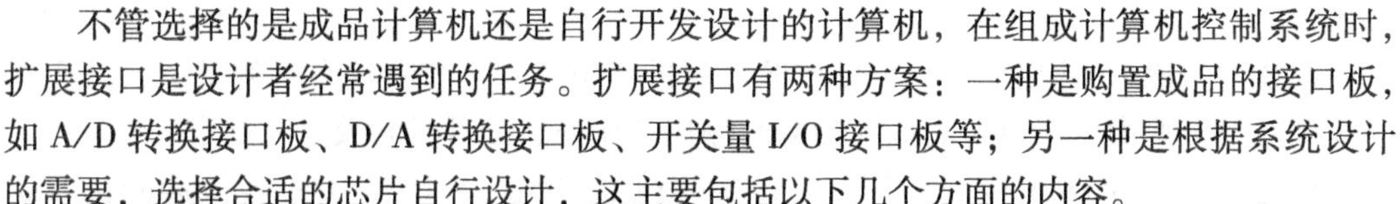

10.2.4 控制系统的硬件设计

不管选择的是成品计算机还是自行开发设计的计算机，在组成计算机控制系统时，扩展接口是设计者经常遇到的任务。扩展接口有两种方案：一种是购置成品的接口板，如A/D转换接口板、D/A转换接口板、开关量I/O接口板等；另一种是根据系统设计的需要，选择合适的芯片自行设计，这主要包括以下几个方面的内容。

1. 存储器的扩展

如果系统的程序和需要存储的数据较多，则需要扩展ROM和RAM。比如在进行单片机存储器扩展时，要注意单片机的种类（片内是否含有程序存储器），另外，要把程序存储器和数据存储器分别安排。

2. 接口电路的设计

在计算机控制系统中，由于CPU不能直接与外设通信，所以必须通过输入/输出接口电路与外设进行通信。在成品的计算机中，已经有一部分输入/输出接口，但在用作计算机控制时，则往往还要扩展一些接口，包括：

1）可编程通用并行接口。

2）可编程串行接口。

3）显示键盘接口。

4）定时器接口。

5）多功能输入/输出接口：如TMS5501，其中有一个8位并行输入接口、一个8位并行输出接口、一个串行接口和五个定时器电路。

6）通信接口电路：可以是RS-232C、RS-422和RS-485或者现场总线通信接口。

3. 输入/输出通道的选择

一个计算机控制系统，除了主机外，还必须具有各种输入/输出通道模板，其中包括模拟量输入（AI）模板、模拟量输出（AO）模板、数字量输入（DI）模板和数字量输出（DO）模板。以上模板可以选择市场已有的产品，比如MS-1209（32路A/D，6路D/A，12位）、MS-1210（8路D/A，12位）、PCL-813B（32路A/D，12位）等，也可以自行设计。

（1）模拟量输入（AI）模板

AI模板包括A/D转换电路及信号调理电路等。AI模板的输入可以是0~±5V、1~5V、0~10mA、4~20mA以及热电偶（TC）、热电阻（RTD）和各种传感器、变送器的信号。

（2）模拟量输出（AO）模板

AO模板包括D/A转换电路及V/I转换电路等。AO模板的输出可以是0~5V、1~5V、0~10mA、4~20mA等信号，也可以是双极性输出，如-5~+5V等。

（3）数字量输入（DI）模板

DI模板包括三态缓冲器及电平转换电路等。DI模板的输入可以是有源或无源接点。当为有源接点时，电平信号可以为TTL或CMOS电平，也可以是+24V、+48V等电压信号。

(4) 数字量输出 (DO) 模板

DO 模板包括锁存器及输出电路等。DO 模板的输出可以是 TTL 或 CMOS 电平，也可以是+24V、+48V 等电压信号，还可以是继电器或 MOSPHOTO 光继电器的输出。

系统中的输入/输出模板，可以按照需要进行组合。不管哪种类型的系统，其模板的选择与组合均由生产过程的输入参数和输出控制通道的种类和数量来确定。

总之，A/D 和 D/A 接口主要考虑转换的精度问题。A/D 和 D/A 转换器的位数越多，精度越高，价格相应也越高。

4. 操作面板的设计

操作面板也叫操作台，是人机对话的纽带，它的主要功能有：

1) 输送源程序到存储器，或者通过面板操作来监视程序执行情况。

2) 打印、显示中间结果或最终结果。

3) 根据工艺要求，修改一些检测点和控制点的参数及给定值。

4) 设置报警状态，选择工作方式以及控制回路等。

5) 完成系统控制的各种状态切换。

6) 完成手动—自动无扰动切换。

7) 完成各种画面显示。

为了完成上述功能，操作台上必须设置一些按键或开关，并通过接口与主机相连。此外，操作台上还需有报警及显示设备等。一般情况下，为便于现场操作人员操作，计算机控制系统都要设计一个操作面板，而且要求使用方便、操作简单、安全可靠，并具有自保功能，即使是误操作也不会给生产带来严重后果。

10.2.5 控制系统的软件设计

软件就是用计算机语言编写的程序。软件主要分为两大类，即系统软件和应用软件。而根据其功能，应用软件又分为两类，即执行软件和监控软件。执行软件能完成各种实质性的功能，如测量、计算、显示、打印、输出控制等；监控软件是专门用来协调各执行模块和操作者的关系，在系统软件中充当组织调度角色。

如果选用成品计算机系统，一般系统软件配置比较齐全；如果自行设计一个系统，则系统软件就要以硬件系统为基础进行设计。不论采用哪一种方法，应用软件往往需自己设计。近年来，随着微型计算机应用技术的发展，应用软件也逐步走向模块化和商品化。现在已经有通用的软件程序包出售，如 PID 调节软件程序包，常用控制程序软件包，浮点、定点运算子程序包等。还有更高一级的软件包，将各种软件组合在一起，用户只需根据自己的要求填写一个表格，即可构成目标程序，用起来非常方便。但是，无论怎样，对于一般用户来讲，应用程序的设计是不可少的，特别是嵌入式系统的设计更是如此。

由于应用系统种类繁多，程序编制者风格不一，因此应用软件因系统而异，因人而异，尽管如此，优秀的软件都应具有以下特征。

1. 实时性

由于工业控制系统都是一个实时控制系统，所以对应用软件首要的要求是具有实

时性，即能够在对象允许的时间间隔内对系统进行控制计算和处理。特别是对于多回路系统实时性更应引起高度的注意。为此，在要求实时性较高的应用程序中可以使用汇编语言。此外，为了提高系统的实时性，往往对多个处理任务实行中断嵌套或者采用多重中断的办法，以适应一机多能的需要。

2. 针对性

应用程序一个最大的特点是具有较强的针对性，即每个应用程序都是根据一个具体系统的要求来设计的。如对于控制算法的选用，必须具有针对性，也就是要根据每个具体系统的特性选用合适的控制算法，这样才能保证系统具有较高的控制性能。

3. 灵活性和通用性

一个好的应用程序，不仅要针对性强，而且要有一定的灵活性和通用性，即能适应不同的系统要求。为此，大多采用模块式结构，尽量把共用的程序编写成具有不同功能的子程序，如算术及逻辑运算程序，A/D、D/A 转换程序，延时程序，PID 算法程序等。设计者的任务就是把这些具有一定功能的子程序（或中断服务程序）进行排列组合，使其成为一个能够完成特定功能的应用程序。这样，可以大大地简化程序的设计步骤及时间。

灵活性、通用性和针对性三者是相辅相成、互为制约、缺一不可的。

4. 可靠性

在计算机控制系统中，系统的可靠性是至关重要的。只有系统的可靠性高才能保证系统的正常运行。这一方面要求系统的硬件具有较高的可靠性，另一方面系统软件的可靠性也非常重要。为此，可以设计一个诊断程序，使其对系统的硬件及软件能够进行检查，一旦发现错误就及时处理。此外，为了提高软件的可靠性，常常把调好的应用软件固化在 EPROM 中。

10.2.6 计算机控制系统的调试

计算机控制系统的调试通常分为离线仿真调试和在线调试运行两个阶段。离线仿真调试一般在实验室进行，并尽可能地模仿实际操作时可能出现的各种情况，因为有些特殊情况是在线无法调试的。

离线仿真调试分为硬件调试和软件调试。硬件调试包括检查各种功能模板、仪表和执行装置的主要功能和逻辑关系，并进行必要的校验。软件调试包括对主程序、各个子功能模块分别进行调试和整体程序的调试，软件调试的方法是自底向上逐步扩大，必要时还需要编写临时性的辅助程序调试某些程序功能。

在线调试运行是一个复杂的系统工程。在此过程中，要制定调试计划、实施方案、安全保障措施、分工协作细则等，并遵循从小到大、从易到难、从手动到自动、从简单回路到复杂回路、先开环后闭环、循序渐进的原则。要合理安排设备装置的安装位置及各种连接线路的走向。尽最大可能采取各种抗干扰和安全防护措施。冷静分析现场运行过程可能出现的各种奇异现象，从现象入手寻找出现问题的根源，稳妥地实现控制系统的投入运行。

10.3 产品自动装箱控制系统

在啤酒、饮料等工业生产中，常常需要对产品进行计数、包装。这些任务如果由计算机进行控制，会大大提高效率，减小劳动强度。

10.3.1 产品自动装箱控制系统的原理及操作流程

1. 产品自动装箱系统的原理

产品自动装箱系统的原理，如图 10-1 所示。该系统有两个传送带，即包装箱传送带 1 和产品传送带 2。包装箱传送带 1 用来传送产品包装箱，其功能是把已经装满的包装箱运走，并用一只空箱来代替。为使空箱恰好对准产品传送带的末端，使传来的产品刚好落入箱中，在包装箱传送带 1 的中间装一光电传感器 1。当包装箱到位时，光电传感器 1 发出一个脉冲。产品传送带 2 将产品从生产车间传送到包装箱。当某一产品被送到传送带的末端时，会自动落入箱内，同时光电传感器 2 输出一个计数脉冲。

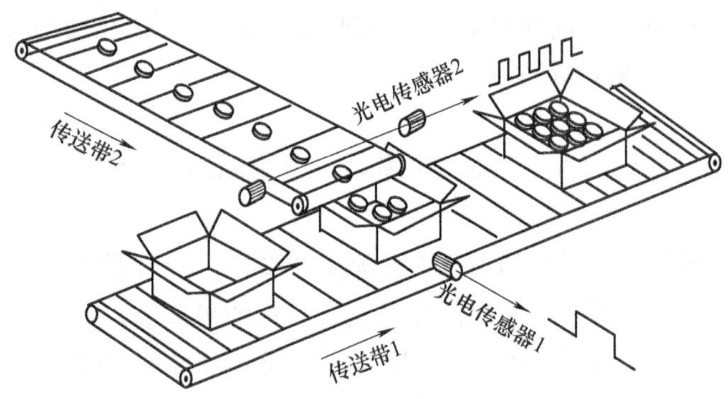

图 10-1 产品自动装箱系统的原理图

2. 产品自动装箱控制系统的操作流程

每批产品的箱数及每个包装箱的满箱零件数的计数任务可以由硬件完成，也可以用软件来完成。本系统采用软件计数方法。

系统操作流程如下：

1）用键盘设置每个包装箱的满箱零件数量以及每批产品的箱数，并分别存放在 PRODUCTS 和 BOXES 单元中。

2）接通电源，使传送带 1 的驱动电动机运转，带动包装箱前行。通过检查光电传感器 1 的状态，判断传送带 1 上的包装箱是否到位。若光电传感器 1 的状态为 0，说明包装箱没到位，否则说明到位。

3）若包装箱运行到位，则关断电动机电源，使传送带 1 停止运动，等待产品装箱。

4）起动传送带 2 的驱动电动机，使产品沿传送带向前运动，并装入箱内。

5）当产品一个一个地落下时，光电传感器 2 将产生一系列脉冲信号，由计算机进行计数，并不断地与存放在 PRODUCTS 单元中的给定值进行比较。

6）当零件数值未达到给定值时，控制传送带 2 继续运动（装入产品），直到零件个数与给定值相等时，停止传送带 2，不再装入零件。

7）再次起动传送带1，使装满产品的箱体继续向前运动，并把存放箱子数的内存单元加1，然后再与给定的产品箱数进行比较。如果箱数不够，则带动下一个空箱到达指定位置，继续上述过程。直到产品箱数与给定值相等时，停止装箱过程，等待新的操作命令。

只要传送带2上的产品和传送带1上的箱子足够多，这个过程可以连续不断地进行下去。这就是产品自动包装生产线的流程。必要时操作人员可以随时通过停止（STOP）键停止传送带运动，并通过键盘重新设置给定值，然后再起动。

10.3.2　产品自动装箱控制系统的硬件设计

产品自动装箱控制系统的原理图如图10-2所示。80C51通过8255A的PB口和PC口的高4位实现给定值或计数显示，PB口和PC口的高4位均设为输出方式。PA口设为输入方式，PA口的低4位读入键盘的给定值，PA口高4位用于检测光电管和START、STOP两个键的状态。PC口低4位设为输出方式，其中PC_0控制传送带1的动力电动机，PC_1控制传送带2的动力电动机，PC_2和PC_3控制用来指示是否误操作的红、绿指示灯。如果没有设置给定值时，启动START键，则红灯亮，提醒操作者注意，需要新设置参数后再启动。如果系统操作运行正常，则绿灯亮。

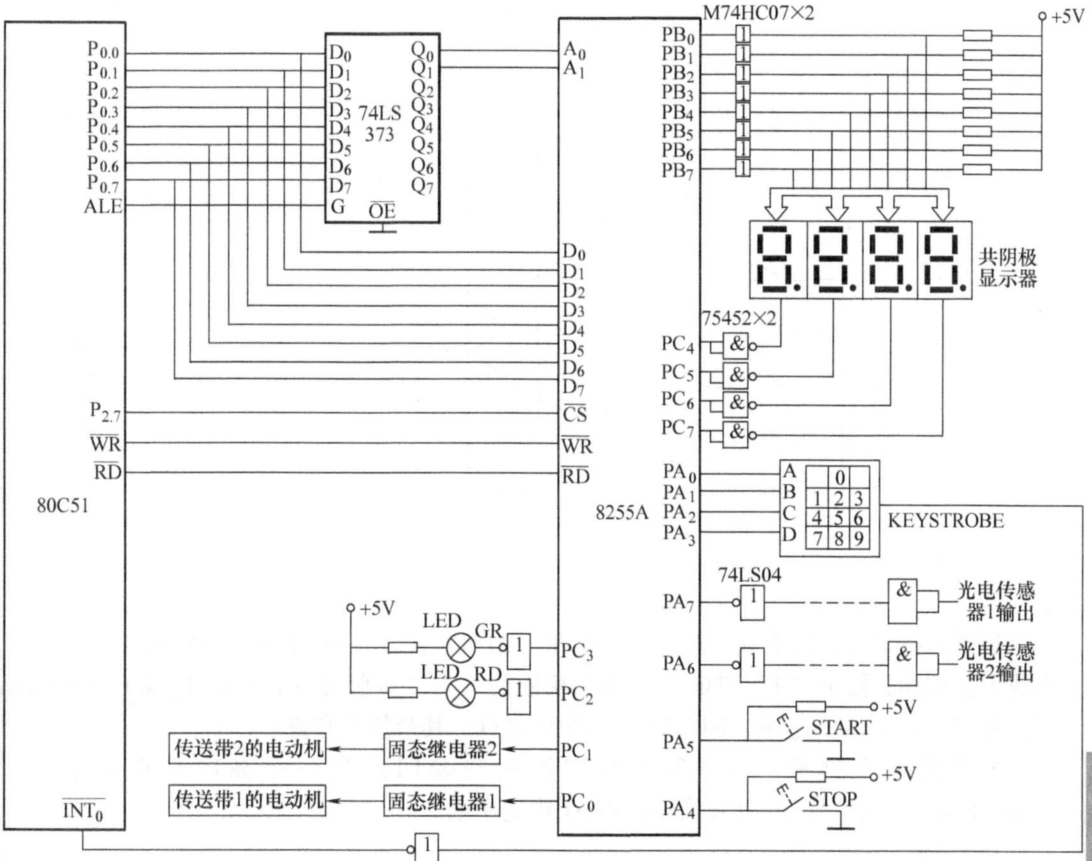

图10-2　产品自动装箱控制系统的原理图

1. 键盘及显示电路

为了使系统简单，设计了一个由二极管矩阵组成的编码键盘，用以输入包装箱满箱产品数量及每批产品的箱数，如图 10-3 所示。

键盘输出信号 D，C，B，A（BCD 码）分别接到 8255A 的 PA 口 $PA_3 \sim PA_0$，键选通信号 KEYSTROBE（高电平有效），经反相器接到 80C51 的 $\overline{INT_0}$ 引脚。当某一个键按下时，KEYSTROBE 为高电平，经反相后的下降沿向 80C51 申请中断。80C51 响应后，读入 BCD 码值，作为给定值，并送显示。由于系统设计只有 4 位显示，所以最多只能给定 9999。输入顺序为从最高位（千位数）开始。

显示电路部分采用 PB 口和 PC 口的高 4 位分别作为段选线和位选线，采用动态显示，显示原理参见 3.6 节中的内容。

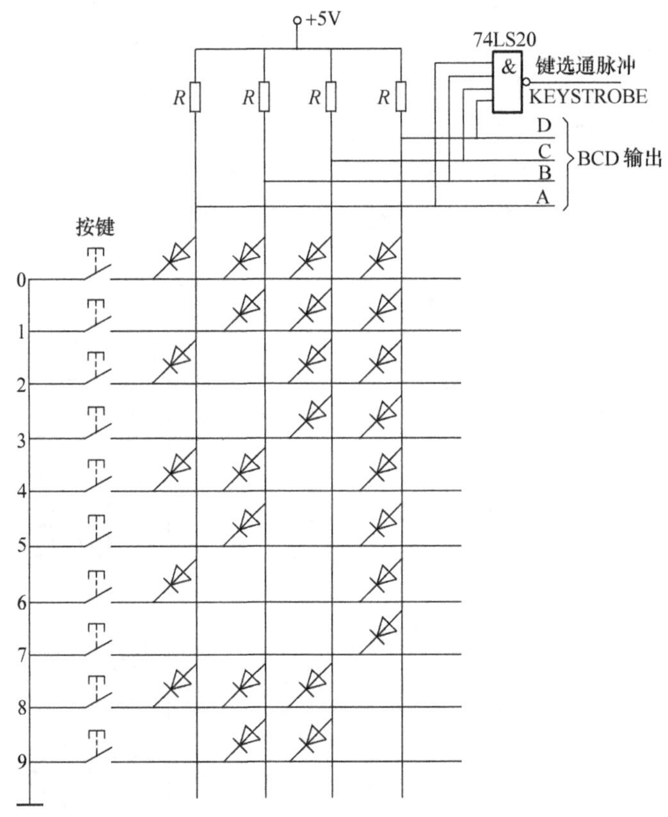

图 10-3　编码键盘原理图

当键未按下时，所有输出端均为高电平。当有键按下后该键的 BCD 码将出现在输出线上。例如，按下“7”键时，与键 7 相连的一个二极管导通，所以 D 线上为低电平，A，B，C 仍为高电平，因此输出编码为 0111，其余依次类推。

当任何一个键按下时，74LS20 四输入与非门产生一个高电平选通信号 KEYSTROBE，此信号经反相器后向 80C51 申请中断。

2. 电动机控制电路

包装系统控制电路主要有两部分：一是信号检测，光电传感器 1 判断包装箱是否

到位，光电传感器2用于装箱产品计数；二是传送带电动机控制。检测部分比较简单，在此不再详述。下面主要介绍电动机控制电路。

本系统采用固态继电器驱动电动机，其控制电路原理如图10-4所示。由于其内部采用了光电隔离技术，因此具有很高的抗干扰能力。

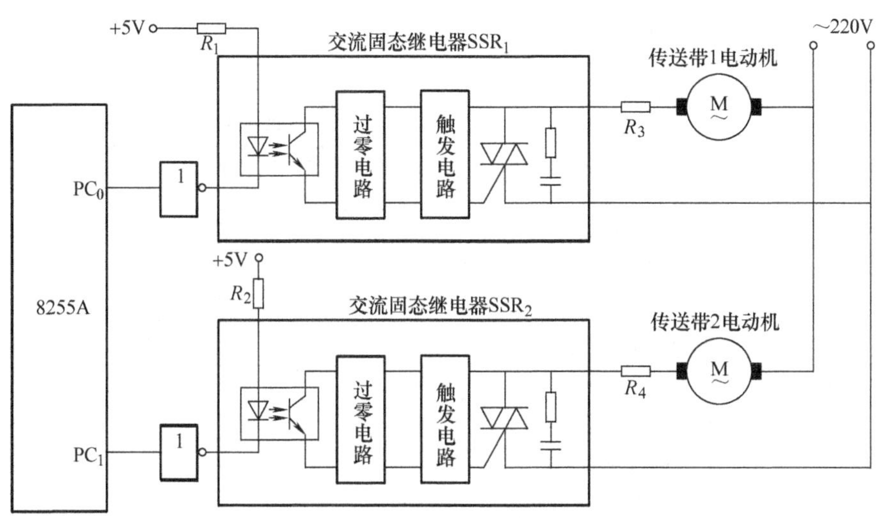

图10-4　电动机控制电路

在图10-4中，8255A的PC_0控制传送带1的驱动电动机，PC_1控制传送带2的驱动电动机。当按下起动键（START）后，使PC_0输出高电平，经反相后变为低电平，固态继电器（SSR_1）发光二极管亮，因而使得SSR_1导通，交流电动机通电，使传送带1带动包装箱一起运动。当包装箱行至光源与光电传感器1之间时，光被挡住，使光电传感器输出为高电平。当单片机检测到此高电平后，PC_0输出低电平，传送带1电动机停止。并同时使传送带2电动机通电（PC_1输出高电平），带动产品运动，使产品落入包装箱内。当产品经过传感器2的光源与光电传感器之间时，光电传感器输出高电平。单片机检测到此信号后在计数器中加1，并送显示。然后再与给定的产品的数量值进行比较。如果计数值小于给定值，则继续计数。一旦计数值等于给定值，则停止计数。此时关断传送带2的电源，并接通传送带1的电源，让装满产品的箱子移开，同时带动下一个空箱到位，并重复上述过程。

10.3.3　产品自动装箱控制系统的软件设计

整个产品自动装箱控制系统是在应用程序的控制下工作的。控制系统的工作由输入给定值中断服务程序、显示子程序和产品数与包装箱计数等子程序组成，这些子程序通过主程序连接在一起。产品自动装箱控制系统主程序流程图如图10-5所示。

在输入给定值中断服务程序中，读入该键盘给定值，一方面存入相应的给定单元（PRODUCTS或BOXES），另一方面送去显示，以便操作者检查输入的给定值是否正确。本程序输入的顺序是先输入包装箱数（4位，最大值为9999，按千位、百位、十

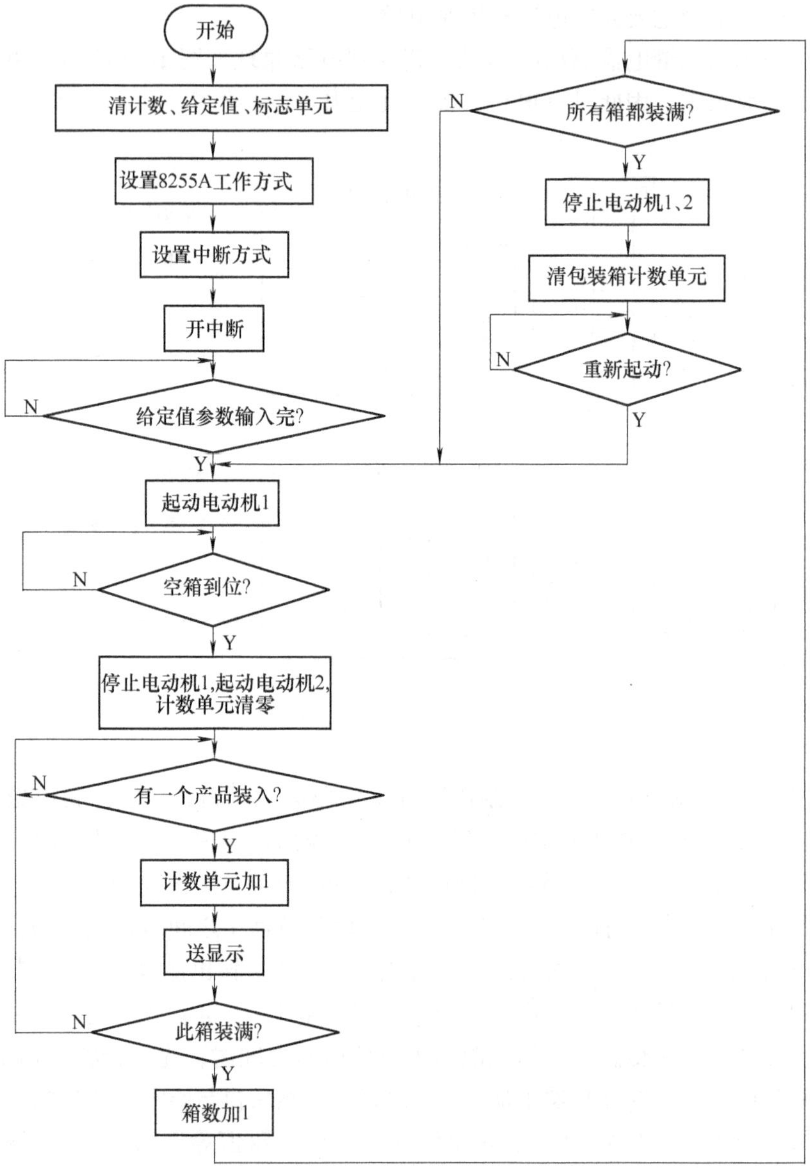

图 10-5　产品自动装箱控制系统主程序流程图

位、个位顺序输入)，然后再输入每箱装的产品数（4 位，最大值为 9999，输入顺序同包装箱）。完成上述任务的中断服务程序流程图如图 10-6 所示。

在编制程序时设置的有关内存单元如图 10-7 所示。其中 20H 单元的 00H~03H 位分别代表电动机 1、电动机 2、报警和正常运行标志单元；21H 单元的 08H 和 09H 两位作为产品及包装箱计数标志单元。若 08H 单元的计数值等于给定值时，则此位标志单元置 1，停止计数，并把装满的包装箱运走且重新运来一个空箱；否则该单元置 0。若 09H 单元的计数值等于给定值时，则此位标志单元置 1，说明包装箱数已够，可以重新

开始下一轮包装生产控制过程。若计数单元的值超过给定值，将产生报警，告知操作人员计数有误，此时系统会自动停下来，等待操作人员处理。

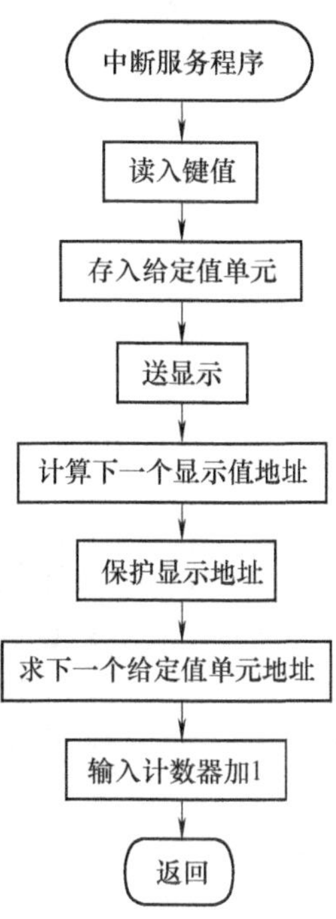

图 10-6 输入给定值中断服务程序流程图

地址	内容	名称	
20H	03H 02H 01H 00H		
21H	09H 08H		
22H	14H	LED_1	
23H	1CH	LED_2	
24H	24H	LED_3	
25H	2CH	LED_4	
26H		BOX_1	
27H		BOX_2	
28H		BOX_3	
29H		BOX_4	
2AH		BOXES（千位）	包装箱给定值单元
2BH		（百位）	
2CH		（十位）	
2DH		（个位）	
2EH		PARTS（千位）	产品给定值单元
2FH		（百位）	
30H		（十位）	
31H		（个位）	
32H		PRECNT 给定值计数单元	

图 10-7 内存单元分配

部分程序清单如下：

```
        ORG     0000H
        AJMP    MAIN
```

```
            ORG     0003H
            AJMP    INT0
LED1        EQU     22H
LED2        EQU     23H
LED3        EQU     24H
LED4        EUQ     25H
BOX1        EQU     26H
BOX2        EQU     27H
BOX3        EQU     28H
BOX4        EQU     29H
PRECNT      EQU     32H
BUFF        EQU     33H
LEDADD1     EQU     8000H               ；千位数显示地址
LEDADD2     EQU     8400H               ；百位数显示地址
LEDADD3     EQU     8800H               ；十位数显示地址
LEDADD4     EQU     8C00H               ；个位数显示地址
；控制主程序
MAIN:       MOV     SP, #50H
            CLR     PSW.4
            SETB    PSW.3               ；选择寄存器组 1
            MOV     R0, #22H
            MOV     A, #00H
            MOV     R1, #12H
CLRZERO:    MOV     @R0, A              ；清计数、给定值单元
            INC     R0
            DJNZ    R1, CLRZERO
            MOV     20H, #00H           ；清控制单元
            MOV     21H, #00H
            MOV     DPTR, #7FFFH        ；8255A 初始化
            MOV     A, #90H
            MOVX    @DPTR, A
            SETB    IT0                 ；设置边沿触发方式
            SETB    EX0                 ；设置中断方式 0
            SETB    EA                  ；开中断
            MOV     R0, #2AH
            MOV     DPTR, #LEDADD1      ；保护显示位地址
WAIT:       MOV     A, PRECNT           ；等待设置给定参数
            CJNE    A, #08H, WAIT       ；判断是否输入完给定值
WORK:       SETB    00H                 ；设置起动传送带电动机 1 位
```

```
          SETB    03H              ; 设置工作正常指示灯位
          MOV     A, 20H           ; 起动电动机 1 和正常指示灯
          MOV     DPTR, #7FFEH
          MOVX    @DPTR, A
          MOV     DPTR, #7FFCH
LOOP1:    MOVX    A, @DPTR
          JNB     ACC.7, LOOP1     ; 判断包装箱是否到位
          MOV     LED1, #00H       ; 清产品件数计数单元
          MOV     LED2, #00H
          MOV     LED3, #00H
          MOV     LED4, #00H
          LCALL   DISPLAY          ; 显示产品件数
          CLR     00H              ; 停包装箱传送带电动机位
          SETB    01H              ; 设置起动产品传送电动机位
          MOV     A, 20H           ; 起动产品传送电动机
          MOV     DPTR, #7FFEH
          MOVX    @DPTR, A
LOOP2:    MOV     DPTR, #7FFCH
          MOVX    A, @DPTR
          JNB     ACC.6, LOOP2     ; 判断是否有产品
          JNB     ACC.4, STOP      ; 判断是否按下停止键
          LCALL   PARTADD1         ; 产品件数加 1
          LCALL   DISPLAY          ; 显示已经装入的产品件数
          LCAL    PARTCOMP         ; 与给定值比较
          JB      08H, STOPM       ; 已经装满
          AJMP    LOOP2            ; 未装满，继续等待装入
STOPM:    LCALL   BOXADD1          ; 包装箱数加 1
          LCALL   BOXCOMP          ; 看是否已经装够箱数
          JB      09H, FINISH      ; 如果箱数已经装够，则结束
          LJMP    WORK             ; 否则，继续换新箱包装
FINISH:   CLR     00H              ; 全部装完，不用重新设置参数，则可
                                     继续包装
          CLR     01H
          MOV     A, 20H
          MOV     DPTR, #7FFEH
          MOVX    @DPTR, A
          MOV     BOX1, #00H
          MOV     BOX2, #00H
          MOV     BOX3, #00H
```

```
            MOV     BOX4, #00H
LOOP3:      MOV     DPTR, #7FFCH
            MOVX    A, @DPTR
            JB      ACC.5, LOOP3
            LJMP    WORK            ; 再进行下一轮包装
; 停止键处理子程序
STOP:       CLR     00H             ; 停止传送带电动机
            CLR     01H
            MOV     A, 20H
            MOV     DPTR, #7FFEH
            MOVX    @DPTR, A
            LJMP    MAIN            ; 转到主程序，等待重新输入新的给
                                      定值
; 设置给定值中断服务子程序
INT0:       MOV     DPTR, #7FFCH    ; 读入给定值
            MOVX    A, @DPTR
            MOV     @R0, A
            MOV     DPTR, #7FFDH    ; 送8255A的PB口
            MOVX    @DPTR, A
            POP     DPL             ; 取出显示位地址
            POP     DPH
            MOVX    @DPTR, A
            MOV     A, DPH
            ADD     A, #04H         ; 求出下一个显示位地址
            MOV     DPH, A
            PUSH    DPH             ; 保护下一位显示地址
            PUSH    DPL
            INC     R0              ; 计算下一个给定值地址
            INC     PRECNT          ; 设置参数计数
            RETI
; 显示产品件数子程序
```

这部分程序可参见3.6节中动态显示部分的程序，在此略。

```
; 产品件数加1子程序
PARTADD1:   MOV     R0, #LED4
            MOV     A, @R0
            ADD     A, #01H
            DA      A
            JB      2CH, PARTADD2
            RET
```

```
PARTADD2: CLR   2CH
          DEC   R0
          MOV   A, @R0
          ADD   A, #01H
          DA    A
          JB    24H, PARTADD3
          RET
PARTADD3: CLR   24H
          DEC   R0
          MOV   A, @R0
          ADD   A, #01H
          DA    A
          JB    1CH, PARTADD4
          RET
PARTADD4: CLR   1CH
          DEC   R0
          MOV   A, @R0
          ADD   A, #01H
          DA    A
          JB    14H, PARTADD5
          RET
PARTADD5: CLR   14H
          MOV   R0, #00H
          RET
; 产品件数比较子程序
PARTCOMP: MOV   R0, #2EH          ; 给定产品件数地址
          MOV   R1, #LED1         ; 产品件数单元首地址
          MOV   R2, #04H
COMP1:    MOV   A, @R0
          MOV   BUFF, @R1
          CJNE  A, BUFF, COMP2
          INC   R0
          INC   R1
          DJNZ  R2, COMP1
          SETB  08H               ; 已经装满，置装满标志
          RET
COMP3:    CLR   08H
          RET
COMP2:    JNC   COMP3
```

```
            LJMP    ALARM
; 包装箱计数比较子程序
比较方法同产品件数比较子程序，此处略。
; 包装箱加 1 子程序
包装箱加 1 方法同产品件数加 1 子程序，此处略。
; 报警处理子程序
ALARM:      SETB    02H
            CLR     00H
            CLR     01H
            CLR     03H
            MOV     A, 20H
            MOV     DPTR, #7FFEH
            MOVX    @DPTR, A
            LJMP    MAIN
```

10.4 自动剪切机控制系统

10.4.1 自动剪切机的组成及工作过程

自动剪切机就是要求剪开大块板材，并由装运小车运到包装线。其工作原理图如图 10-8所示，它由送料机构、工作台、压块、剪切刀、装运小车等组成。

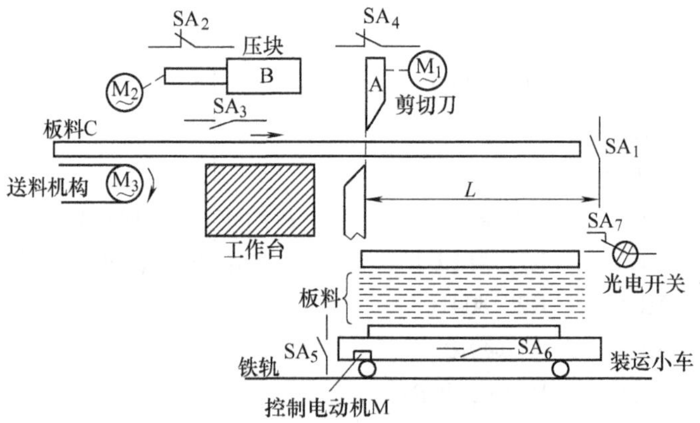

图 10-8 自动剪切机工作原理图

图中一些限位开关的初始状态为：当被剪切的板材未送足够长度时，SA_1 断开；压块未压下时，上限开关 SA_2 和下限开关 SA_3 均断开；剪切机未落下时，SA_4 断开；装运小车空载时，SA_6 断开；小车未到装板位置时，SA_5 断开。自动剪切机的工作过程如下：

1）读入限位开关 SA_6 的状态，判断装运小车是否空载。若是空载，则可以开始工作。

2）起动控制电动机 M，使装运小车向左运动。到达限定位置时，SA_5 闭合，M 停转，装运小车等待装载剪切下来的板料。

3）起动送料机构电动机 M_3，带动板料 C 向右运动。当板料碰到限位开关 SA_1 时，SA_1 闭合，停止送料。

4）起动电动机 M_2，压块下落，上限开关 SA_2 闭合。当压块压紧板料时，下限开关 SA_3 也闭合。

5）起动电动机 M_1，带动剪刀下落，SA_4 闭合，直到把板料剪断。当板料下落通过光电开关 SA_7 时，SA_7 输出一个脉冲，使 T_0 计数器加 1。

6）使 M_1、M_2 断电，压块和剪刀在机械机构作用下向上抬起。当回到初始位置时，SA_2、SA_3、SA_4 均断开。

7）判断装运小车上的板料是否够数，如果不够，则继续重复步骤 3）~步骤 7）；若够数，则起动电动机 M 右行，把切好的板料送到包装线。板料卸下后，再起动装运小车重新返回到剪板机下，并开始下一车的装料工作。

在上述的 4 台电动机中，M_1、M_2、M_3 是单相交流电动机，单方向运转，而 M 是直流电动机，可以正、反方向运转。

10.4.2 自动剪切机控制系统的硬件设计

自动剪切机控制系统的原理图如图 10-9 所示。该原理图主要包括开关量输入电路和输出控制电路两部分。

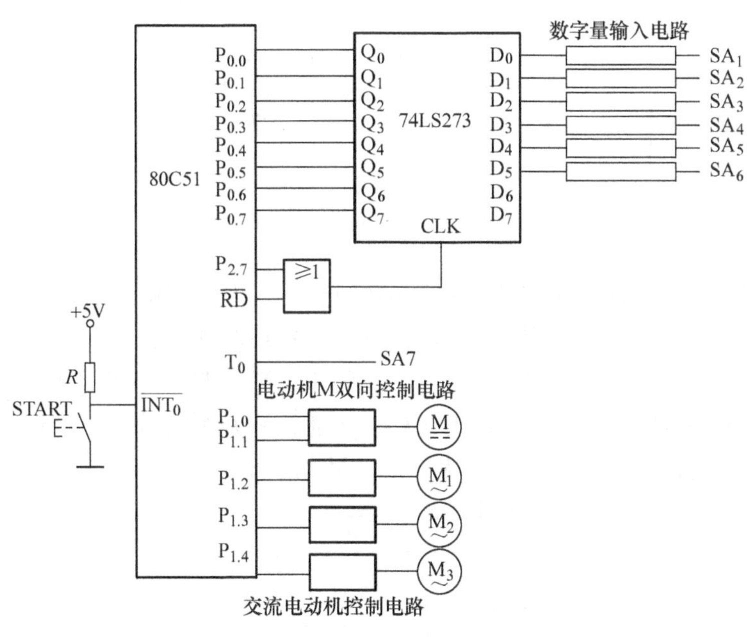

图 10-9 自动剪切机控制系统的原理图

1. 开关量输入电路

在开关量输入电路中采用 74LS273 作为输入缓冲器，其地址为 7FFFH。用其输入端D_0~D_5作为开关量输入位，分别接 SA_1~SA_6。当 CLK 端为上升沿时将输入数据锁存，可以读入单片机。为了提高系统的抗干扰能力，在开关量各输入端均接有光耦合器。开关量输入接口电路如图 10-10 所示。当开关 SA 断开时，电路输出高电平；当 SA

闭合时，电路输出低电平。

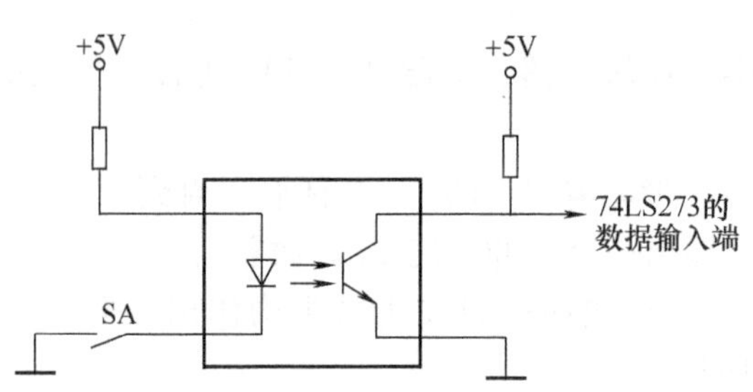

图 10-10　开关量输入接口电路

2. 输出控制电路

三台交流电动机 M_1、M_2、M_3 的控制电路如图 10-11 所示（以 M_1 为例）。电路采用固态继电器 SSR，由 P_1 口输出信号经过反相缓冲器 74LS06 驱动固态继电器。当 $P_{1.2}$ 端输出信号为高电平时，固态继电器 1 导通，电动机 M_1 转动；反之，若 $P_{1.2}$ 端输出低电平，则固态继电器 1 截止，电动机停转。

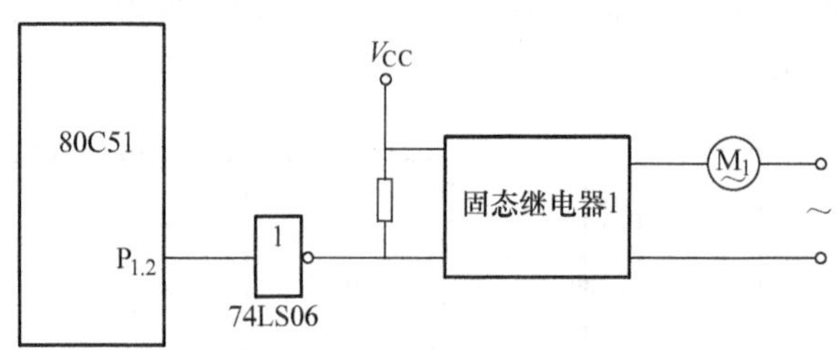

图 10-11　交流电动机的控制电路

直流电动机 M 的双向控制电路如图 10-12 所示。图中采用的光耦合器件是两组光控晶闸管耦合器，它的输入受 $P_{1.0}$ 和 $P_{1.1}$ 控制，其输出驱动 M。当 $P_{1.0}=0$，$P_{1.1}=1$ 时，VD_1 导通，VD_2 截止，因而 VT_1 导通，VT_2 截止，M 正转；当 $P_{1.0}=1$，$P_{1.1}=0$ 时，VD_1 截止，VD_2 导通，因而 VT_1 截止，VT_2 导通，M 反转；当 $P_{1.0}=0$，$P_{1.1}=0$ 时，VD_1、VD_2 均导通，因而 VT_1、VT_2 均导通，M 滑行；当 $P_{1.0}=1$，$P_{1.1}=1$ 时，VD_1、VD_2 均截止，因而 VT_1、VT_2 均截止，M 停车。

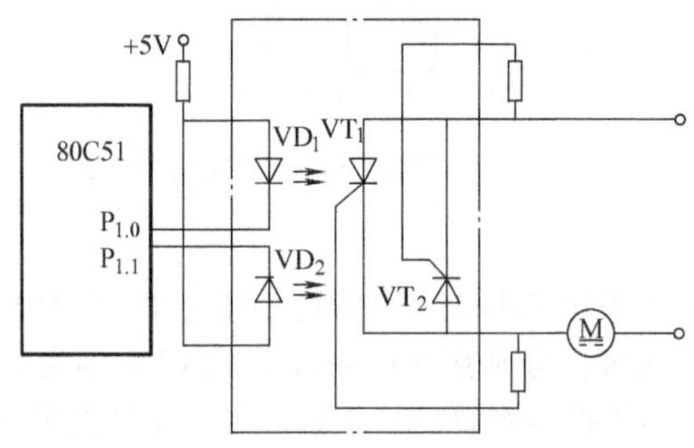

图 10-12　直流电动机 M 的双向控制电路

10.4.3　自动剪切机控制系统的软件设计

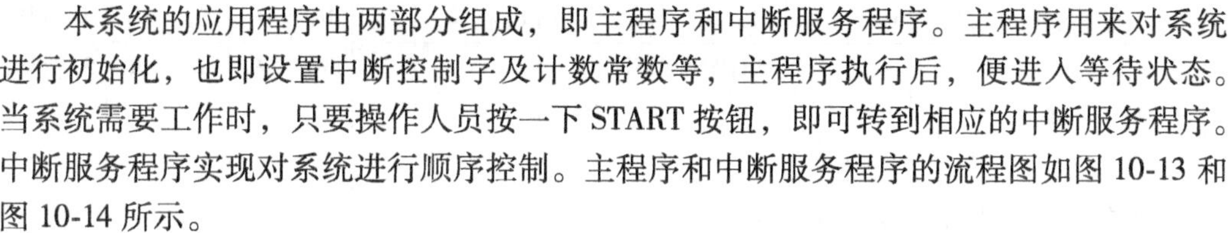

本系统的应用程序由两部分组成，即主程序和中断服务程序。主程序用来对系统进行初始化，也即设置中断控制字及计数常数等，主程序执行后，便进入等待状态。当系统需要工作时，只要操作人员按一下START按钮，即可转到相应的中断服务程序。中断服务程序实现对系统进行顺序控制。主程序和中断服务程序的流程图如图10-13和图10-14所示。

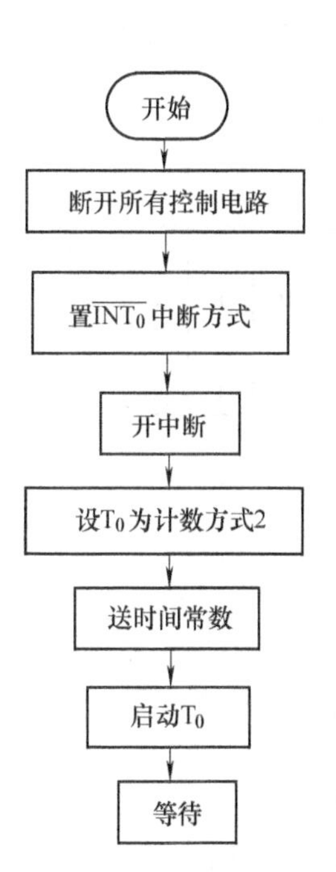

图10-13　主程序流程图

开始
SA_6闭合否?
Y
N
起动小车左行
小车到位(SA_5闭合)否?
N
Y
停小车，SSR_3通，使板料前进
板料到位(SA_1闭合)否?
N
Y
SSR_3断，SSR_2通，使压块下降
压块压紧(SA_2、SA_3 闭合)否?
N
Y
SSR_1通，使剪切刀下降
剪下(SA_4闭合)否?
N
Y
断SSR_1，SSR_2，压块、剪切刀复位
压块、剪切刀复位否?
N
Y
TF_0 =0?
Y
N
起动小车右行

图10-14　中断服务程序流程图

为了编写程序方便，将每一步操作的输入口（各限位开关的状态）和输出口（控制信号）状态列于表10-1中。

表 10-1 自动剪切机输入/输出状态控制表

程序步	程序内容	输出控制状态								输入状态							
		$P_{1.7}$	$P_{1.6}$	$P_{1.5}$	$P_{1.4}$	$P_{1.3}$	$P_{1.2}$	$P_{1.1}$	$P_{1.0}$	D_7	D_6	D_5	D_4	D_3	D_2	D_1	D_0
					SSR_3	SSR_2	SSR_1					SA_6	SA_5	SA_4	SA_3	SA_2	SA_1
1	判断小车是否空载	0	0	0	0	0	0	1	1	1	1	1	1	1	1	1	1
2	起动小车，并判断其是否到位	0	0	0	0	0	0	1	0	1	1	1	0	1	1	1	1
3	停车。起动 SSR_3，送板料，并判断其是否到位	0	0	0	1	0	0	1	1	1	1	1	0	1	1	1	0
4	断开 SSR_3，起动 SSR_2，压下压块，判断压块是否压紧	0	0	0	0	1	0	1	1	1	1	1	0	1	0	0	0
5	起动 SSR_1，剪切刀下降，判断是否剪下板料	0	0	0	0	1	1	1	1	1	1	0	0	0	0	0	1
6	断开 SSR_1、SSR_2，压块及剪切刀上抬，判断两者是否复位	0	0	0	0	0	0	1	1	1	1	0	0	1	1	1	1
7	测试 TF_0 位，判断板料是否剪够预定的块数	0	0	0	0	0	0	1	1	1	1	0	0	1	1	1	1
8	起动小车	0	0	0	0	0	0	0	1	1	1	0	0	1	1	1	1

程序清单如下：

主程序：

```
        ORG     0000H
        AJMP    MAIN
        ORG     0003H
        AJMP    INTT            ; 转外部中断 0 中断服务程序
        ORG     0100H
MAIN:   MOV     P1, #00H        ; 断开系统所有控制电路
        SETB    IT0             ; 设外部中断 0 为边沿触发方式
        SETB    EX0             ; 允许外部中断 0 中断
        SETB    EA              ; CPU 开中断
        MOV     TMOD, #06H      ; 设 T0 为计数方式 2
        MOV     TH0, #0F6H      ; 装入时间常数（设一车装板料为 10 块）
        MOV     TL0, #0F6H
        SETB    TR0             ; 启动 T0 开始计数
HERE:   AJMP    HERE            ; 等待
```

中断服务程序：

```
          ORG     0120H
INTT:     MOV     DPTR, #7FFFH  ; 送 74LS273 的地址
LOOP1:    MOVX    A, @DPTR      ; 判断小车是否空载
          JNB     ACC.5, LOOP1
          MOV     P1, #01H      ; 起动小车左行
LOOP2:    MOVX    A, @DPTR      ; 判断小车是否到位
          JB      ACC.4, LOOP2
          SETB    P1.1          ; 停车
REPEAT:   SETB    P1.4          ; 起动 M3, 送板料
LOOP3:    MOVX    A, @DPTR      ; 判断板料是否到位
          JB      ACC.0, LOOP3
          CLR     P1.4          ; 停止 M3
          SETB    P1.3          ; 起动 M2
LOOP4:    MOVX    A, @DPTR      ; 判断压块是否压紧
          XRL     A, #0E8H
          JNZ     LOOP4
          SETB    P1.2          ; 起动 M1, 剪切刀下降
LOOP5:    MOVX    A, @DPTR      ; 判断板料是否剪断
          XRL     A, #0C1H
          JNZ     LOOP5
          MOV     R2, #0FFH     ; 等待板料下降
DELAY:    DJNZ    R2, DELAY
          CLR     P1.2          ; 停止 M1, 使剪切刀复位
          CLR     P1.3          ; 停止 M2, 使压块复位
LOOP6:    MOVX    A, @DPTR      ; 判断剪切刀和压块是否复位
          XRL     A, #0CFH
          JNZ     LOOP6
          JNB     TF0, REPEAT   ; 判断 10 块板料是否全部剪完
          CLR     TF0
          CLR     P1.0          ; 起动小车向右运动
          AJMP    LOOP1         ; 返回, 继续剪下一车板料
```

智慧农业温室大棚测控系统

10.5 智慧农业温室大棚测控系统

农业是国家发展的基础，随着互联网技术和大数据技术的发展，正在加速推进智慧农业建设。中央每年发布的一号文件都是关于农业的相关问题，2020 年发布的一号文件中再次指出，更快地发展现代化的农业设施，加快物联网、大数据等先进技术在农业领域的应用。2020 年我国脱贫攻坚战取得了全面胜利，“民族要复兴，乡村必振兴”，全面建设社会主义现代化国家新征程上，冲锋号角再次吹响。2021 年中央一号文件明确指出，实施数字乡村建设发展工程。2022 年中央一号文件指出要推进智慧农业

发展，推动乡村振兴取得新进展、农业农村现代化迈出新步伐。党的二十大报告强调坚持农业农村优先发展，对全面推进乡村振兴作出重要部署，提出加快建设农业强国，明确了新时代新征程上推进农业农村现代化的重大任务，为走好新时代乡村振兴路指明了方向、提供了遵循。我国正朝着现代化农业的方向不断发展，乡村振兴是实现中华民族伟大复兴的一项重大任务。举国上下正以更有力的举措全面推进乡村振兴，未来几年，物联网智慧农业将迎来飞速发展的新时期。

智能温室大棚已经成为现代化农业助力乡村振兴、美丽乡村建设、智慧农业的一个重要组成部分。下面介绍一种基于物联网和 ZigBee 无线传感器网络技术的智能温室大棚测控系统。根据系统对大棚内各传感器节点采集到的数据和预设的作物最佳生长环境的范围进行分析，通过控制策略，给执行机构发送控制指令，控制温室大棚中的滴灌、放风、补光灯等的状态，自动调节温室环境。该系统不仅可以准确地监测作物生长环境等性能指标，还可以实现参数的动态调整，可降低生产人员的劳动强度，实现精细化管理。

10.5.1　系统总体方案设计

1. 系统技术架构

依据温室大棚环境控制目标及参数特点，以物联网技术为支撑设计智能温室大棚测控系统，实现温室大棚环境参数的全面感知、可靠传输与智能处理，达到温室大棚自动化、智能化、网络化和科学化生产的目标。该系统由主控系统和数据采集、传输相结合设计，系统可在两种模式下运行，在没有网络的条件下，可以通过人工按键模式操作系统；在有网络的条件下，可以通过手机 APP 或 PC 进行操作。基于互联网技术的智能温室大棚测控系统主要实现对农作物的环境生长参数指标的监测，并通过控制策略来命令执行机构执行相应的动作，从而实时改善农作物的最佳生长环境。

系统基于物联网体系架构，采用 4 层结构进行设计，分为感知层、控制层、网络层、应用层 4 个部分。

1）感知层由各类传感器和摄像头组成，用于采集光照强度、土壤温湿度、二氧化碳浓度、空气温湿度以及大棚内的图像。

2）控制层由水帘、风扇、补光灯、散热器、滴灌系统、放风设备、遮阳设备组成，满足对智能温室大棚的温湿度、光照强度等生长条件进行调控的需求。

3）网络层由 ZigBee 收发设备、联网设备、工业平板计算机、云平台等组成，通过 ZigBee 无线传输技术把传感器数据每 20s 发送一次给接收器，在本地平台和手机 APP 端可实时更新；然后通过本地工业平板计算机把信息每 10min 发送一次到云平台上，保存至云端。摄像头图像通过联网设备实时传输到云平台。

4）应用层包括 PC 端平台、手机 APP 和主控制平台，主控制平台可以直接对控制层的设备进行控制，PC 端和手机 APP 发送指令通过云平台传输给主控平台，完成对控制层设备的控制。

智能温室大棚测控系统整体架构如图 10-15 所示。

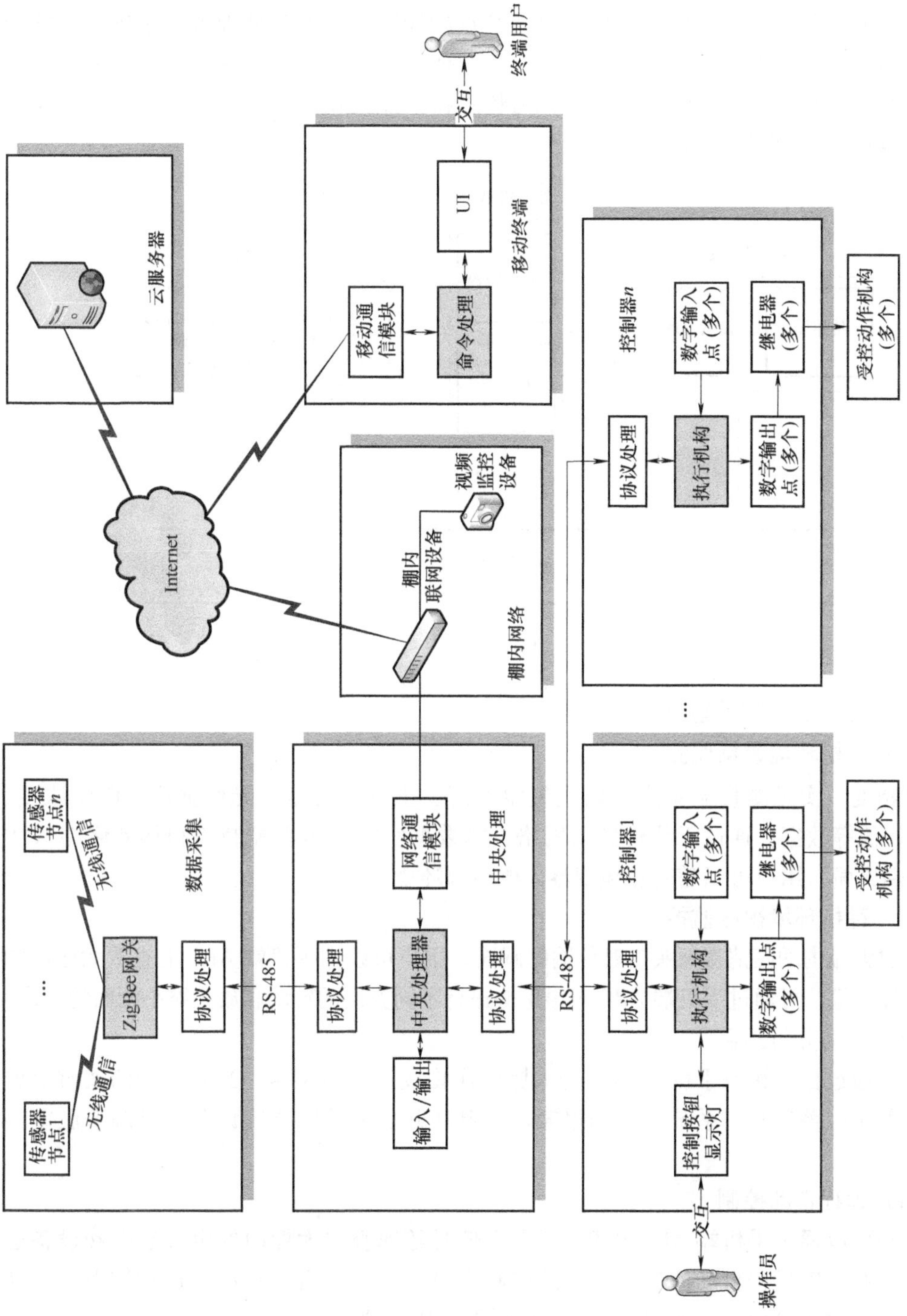

图 10-15 智能温室大棚测控系统整体架构图

2. 传感器节点设计

传感器节点是无线传感器网络的基本功能单元，传感器节点由传感器单元、处理器单元、无线通信单元和电源管理单元组成。传感器单元负责区域内的信息采集和数据转换；处理器单元负责控制整个传感器节点的操作，存储和处理本身采集的数据和其他节点发来的数据；无线通信单元负责与其他传感器节点进行通信，交换控制信息和收发采集上来的数据；电源管理单元为传感器节点提供运行所需的能量。传感器节点总体设计如图 10-16 所示。

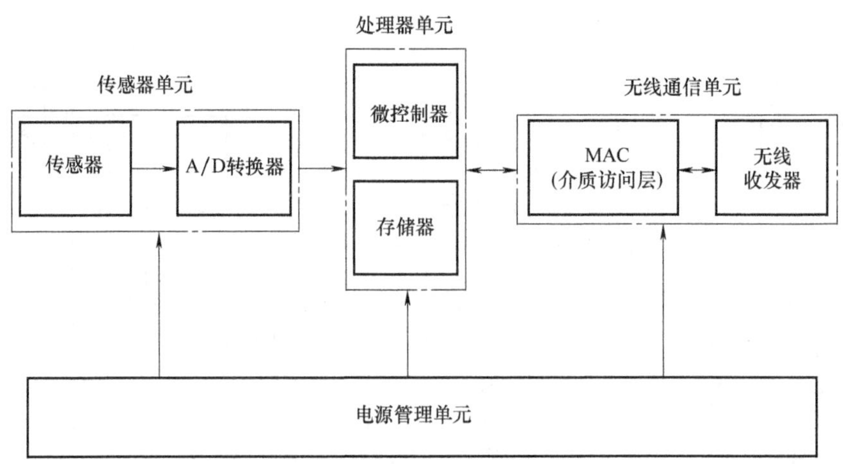

图 10-16　传感器节点设计框图

3. 智能温室大棚的功能

（1）种植环境数据监测

高精度、实时测量温室大棚内空气温湿度、土壤温湿度、光照强度、CO_2 浓度、土壤 pH 值等数据，通过无线传感器网络，将数据实时显示在控制箱和移动终端 APP 及 PC 端界面，用户可以随时随地观察大棚内部环境。

（2）种植环境视频监控

通过大棚内的高清摄像头实时传输的画面，用户可以在手机端 APP 上查看大棚内的视频监控图像，可通过手机端 APP 对摄像头进行不同方向的转动和放大缩小画面的操作。

（3）自动分析预警

事先通过控制箱或手机端 APP 为大棚内作物设置种植策略，当采集到的实时数据超过或低于报警值时，系统将自动报警，并自动开启或关闭指定设备，以调节温室内部环境。

（4）远程自动控制

用户可以通过手机端 APP 和 PC 端界面随时随地查看大棚内的生长数据和设备运行状态，并可以远程自动控制大棚内的控制层设备，实现自动滴灌、自动控温、自动补光、自动放风等功能，达到智能控制种植需求的条件。

（5）数据分析和统计汇总

系统自动保存采集到的数据，用户可在操作界面查看历史数据折线图，通过比较

同一作物在不同种植环境及不同季节中的生长情况，分析种植环境因素对作物生长和产量的影响，形成低成本科学种植，提高作物产量和品质。

（6）专家数据库

专家数据库能为用户提供作物品种选择诊断、生长状况诊断、病虫害诊断和专家知识查询，方便用户实时查询作物种植技术，实时诊断各种作物状况及各阶段相应的控制方案，实时解决作物种植生长问题，提高作物产量。

10.5.2 温室大棚温湿度模糊控制

温室大棚生产周期长且过程复杂，决定了温室大棚系统是一个多变量、非线性、时变、强耦合、大惯性的复杂系统，难以建立精确的数学模型进行控制。为此，以显著影响作物生长的温湿度为研究对象，构建了模糊控制系统方案，应用模糊控制系统理论设计了温湿度模糊控制器。

通过采样获得被控量的精确值后与给定值比较得到偏差信号并计算出偏差变化率，然后将其量化成模糊量作为模糊控制器的输入，再经模糊控制规则进行模糊推理得到模糊控制量，接着把该模糊量反模糊化成精确量传输给执行机构，最后执行机构作用于被控对象。如此循环下去，实现被控对象的控制。温湿度模糊控制系统方案如图 10-17所示。

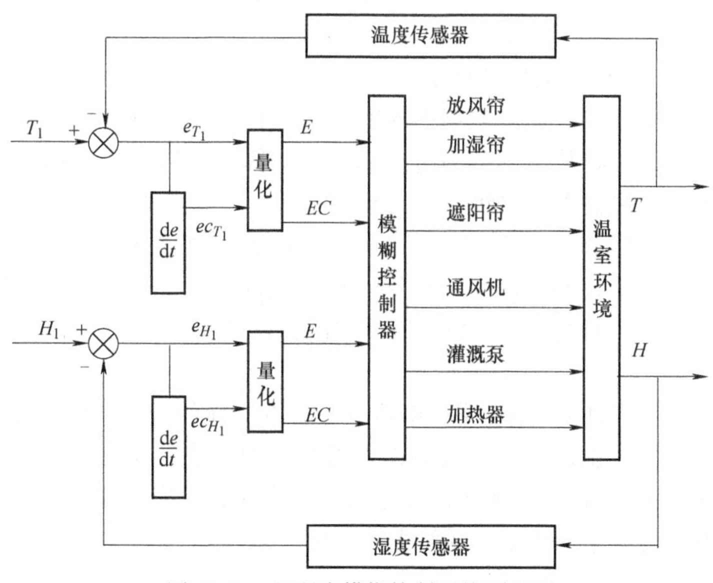

图 10-17 温湿度模糊控制系统原理图

图 10-17 中，T 和 H 分别为模糊控制系统输出的温室环境温度值和湿度值；T_1、H_1 分别为根据专家经验给出的农作物生长最佳的温度值和湿度值；e_{T_1}、e_{H_1} 分别为给定值与温室环境的实际测量值的偏差；ec_{T_1}、ec_{H_1} 分别为温湿度偏差随时间的变化率。

根据温室大棚的实际状况，以温湿度偏差及其偏差变化率为输入变量，模糊控制器的输出控制变量为放风帘、加湿帘、遮阳帘、通风机、灌溉泵、加热器。这 6 个变量均为开关量，只有开和关（0/1）两种状态，分别用符号 u_1、u_2、u_3、u_4、u_5、u_6 表

示这6个变量。温湿度偏差与偏差变化率均选取三角形隶属度函数。模糊控制规则是把操作者的经验或专家的知识和经验进行凝练得到的。经过对实际温室控制系统的研究，发现温湿度间存在一定的耦合性，即当通过某一执行机构改变温度（湿度）时，湿度（温度）也会发生变化，升温调节的过程同样也在降湿，降温调节的过程同样也在加湿，因此在制定模糊控制规则时要渗透解耦的思想。根据温室大棚和北方气候特点，制定了温度与湿度之间、温度变化率与湿度变化率之间的两个模糊控制规则表。模糊控制器推理过程如图 10-18 所示。

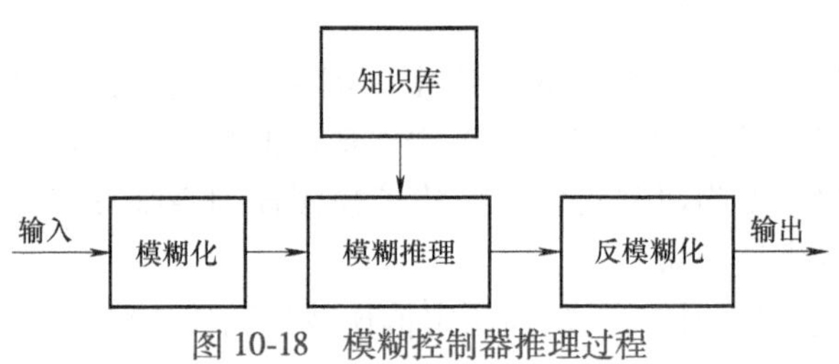

图 10-18 模糊控制器推理过程

10.5.3 智能温室大棚测控系统软件设计

智能温室大棚测控系统的软件部分主要包括主控系统和节点两部分程序设计。主控系统主要使用 Android Studio 进行编程设计。节点的程序是在 Keil 5.0 集成开发环境下设计和编译，通过 STLINK 系列烧录软件、USB 转 TTL 下载器将编译好的程序烧录到单片机的 Flash 中，采用 C 语言进行编程设计。

主控系统主要负责接收节点数据并对其进行数据处理，将处理的数据通过串口连接安卓平板计算机，接收数据，并通过安卓平板计算机将数据传输到互联网云端，最后通过控制策略控制风机等开关状态来调节环境参数。主控系统上电后首先对 MCU 控制器初始化，然后创建 ZigBee 无线传感器网络，接着接收器开始接收节点传输的数据并对数据进行处理，接收器通过串口连接安卓平板计算机，接收数据，然后将数据上传至互联网云端，系统通过接收手机、PC 终端发出的控制指令或者人工设置的种植策略来启动控制策略。

主控系统的软件设计流程图如图 10-19 所示。在具体的软件设计过程中，节点主要通过传感器采集环境数据，并将这些数据发送给主控系统。节点上电后，首先初始化 MCU 控制器，然后建立 ZigBee 无线传感器网络，接着启动传感器模块采集数据，并通过无线传感器网络将采集的数据发送给主控系统。

10.5.4 智能温室大棚测控系统界面设计

1. 主控平板计算机

计算机主控界面如图 10-20 所示。左侧为传感器信息列表，传感器信息包括上传时间、数值、单位、所在分区、传感器编号等。右侧为控制信息及报警信息列表，右侧下部为控制器开关列表。“远程控制”状态下，主机端虚拟按钮有效。“本地控制”状态下，控制箱机械按钮有效。控制箱上的“本地/远程”旋钮，可切换“远程”和“本地”控制状态。

开始
上电初始化
连接网络
接收数据
数据预处理
是否自动控制
N
Y
执行模糊控制
手动操作
达到温度调节条件
Y
加热/通风
N
达到湿度调节条件
Y
加湿/通风
N
达到光照调节条件
Y
补光/遮阳
N
CO_2参数
Y
通风/放风
N
土壤温湿度条件
Y
灌溉/通风
N
操作动作完成

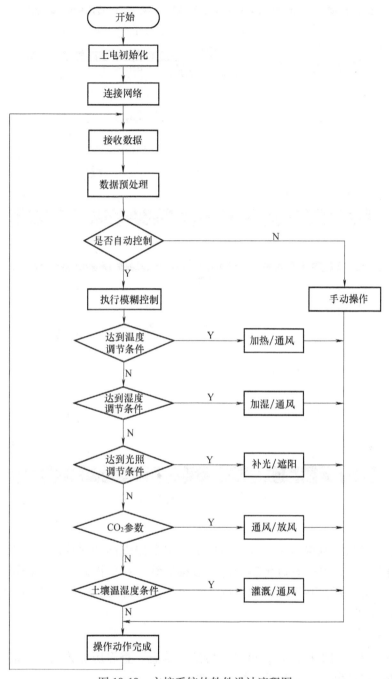

图 10-19 主控系统的软件设计流程图

可以设置控制层设备开关，根据绑定的传感器数值和时间范围做出相应的动作，使控制更加精确、简便。使用时，可通过查询相关作物的最佳生长环境进行设置，生成种植策略，系统通过对比传感器上传的数据并通过控制策略对相应执行机构进行控制，以便保持作物最佳生长环境，实现精细化管理。控制策略的设置界面如图 10-21 所示。

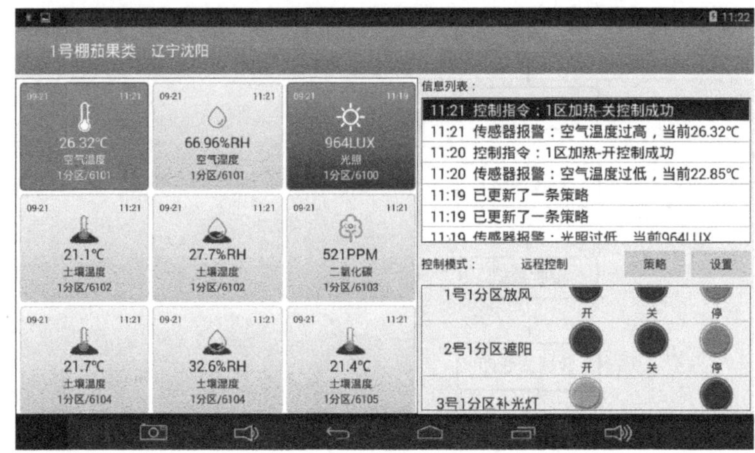

图 10-20　主控界面

图 10-21　控制策略的设置界面

2. 手机端 APP

手机端功能与主机端功能相近，增加了历史数据查询和视频监控功能。点击相应的传感器信息区域，可查看该传感器历史数据曲线。在监控界面，点击视频下方按钮后，可通过滑动屏幕控制摄像头的角度，或双指捏合屏幕调整摄像头的焦距。手机端 APP 界面如图 10-22 所示。

3. PC 端

PC 端界面如图 10-23 所示，可显示传感器信息、查看历史数据，底部的区域是大棚控制按钮，可控制该大棚的设备控制开关。

4. 云端

云端平台研发总体采用前后端分离的系统模型，前端技术采用 Vue 框架、可视化插件 Echarts，后端技术采用 SpringBoot 框架。平台构建模式和设计思想遵循高内聚低耦合原则，提升了开发效率，增强了代码可维护性。

云端平台的功能包括系统管理、数据管理、数据浏览等模块，如图 10-24～图 10-26 所示。按照农业生产技术管理标准、农产品质量标准和数据安全标准进行数据采集和加

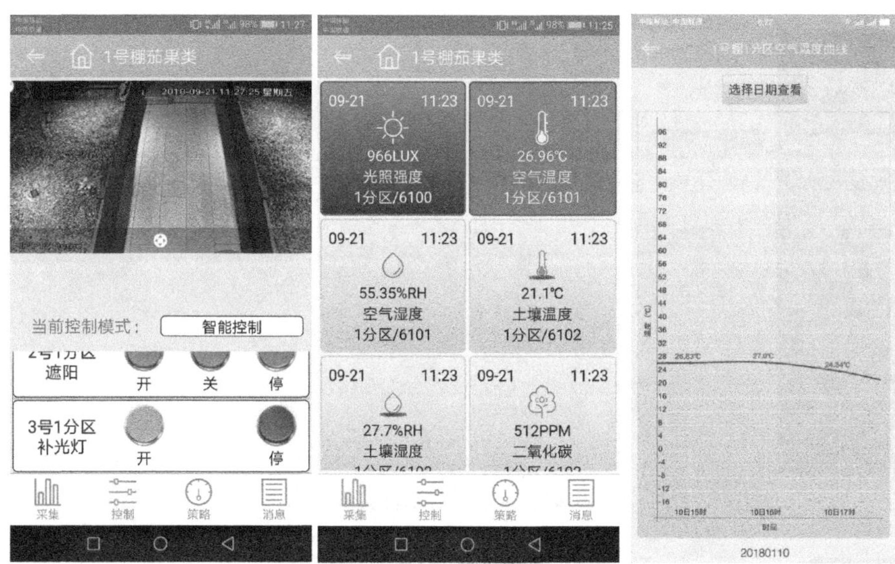

图 10-22　手机端 APP 界面

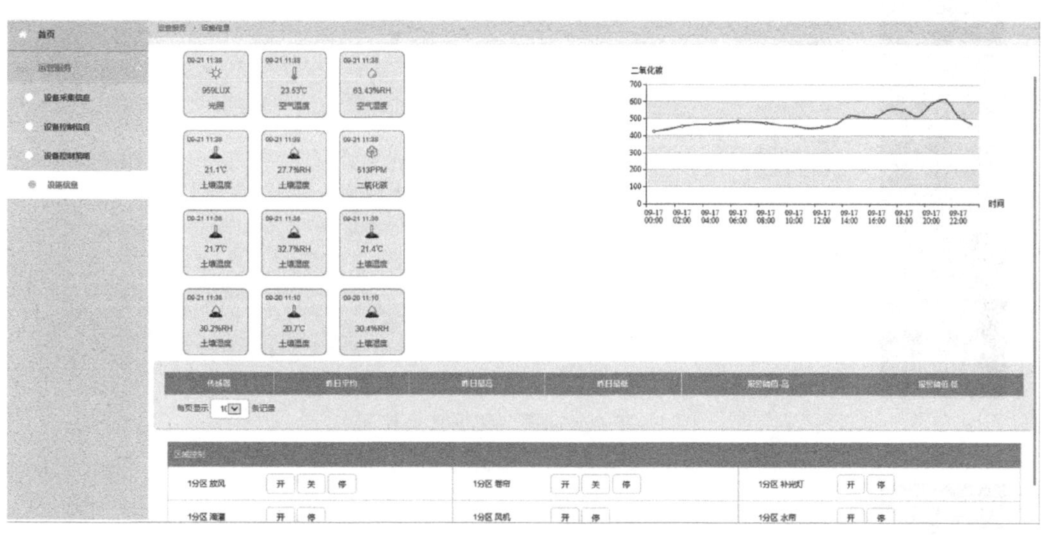

图 10-23　PC 端界面

工，改变了传统的农业大棚数据管理模式，实现了智慧农业大棚各类数据融合集成、共享、统计分析和可视化，完成人、机、物的智能协作，使操作者做出更加科学、合理和正确的决策。与传统的农业生产模式相比较，该云端系统的优点是系统操作简单，通过浏览器就可以访问，通过云端报表模块，可以生成各类温度、湿度和光照度的趋势图，通过查询服务可方便用户观察一段时间内大棚监测数据的实时情况，并可以通过历史数据查询服务提供各农业温室大棚点历史数据，为研究温室大棚作物生长规律提供科学依据。

基于物联网和 ZigBee 无线传感器网络技术的智能温室大棚测控系统，能够实时进行数据采集，便于用户在大棚内直接查看实时数据，还可以查询历史数据，查询到的

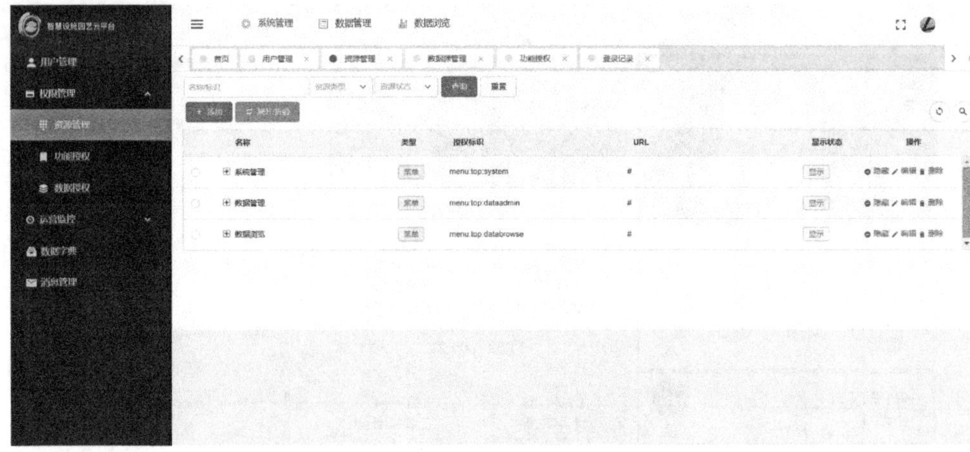

图 10-24　云端平台系统管理界面

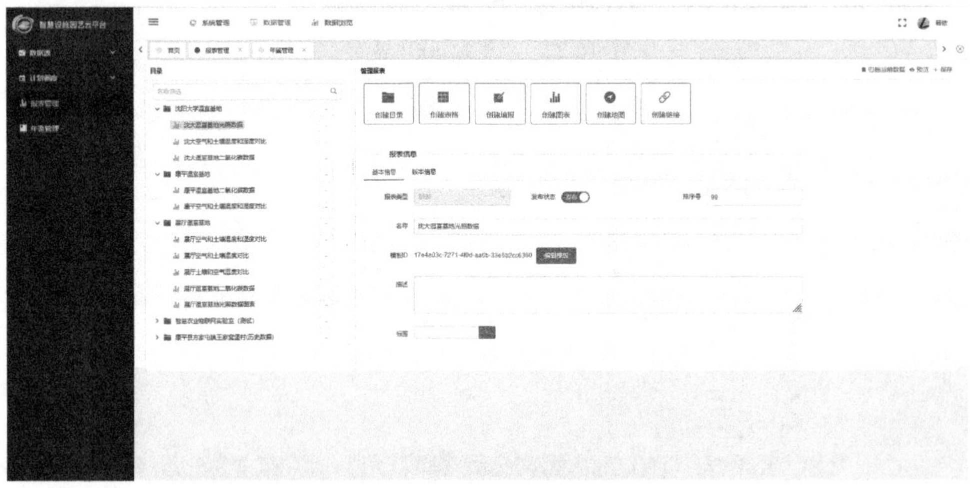

图 10-25　云端平台数据管理界面

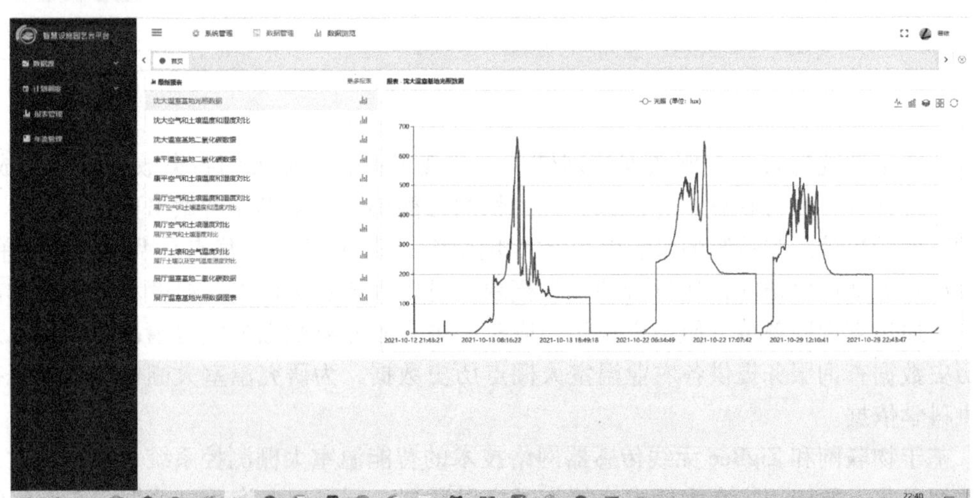

图 10-26　云端平台数据浏览界面

数据以曲线的形式表现出来，并且系统具有远程查看和调整农业大棚内的环境参数的功能，实现了智能化远程监控农业大棚作物生长，对于实现农作物高产、优质、安全具有重要的现实意义。为满足不同用户的需求，可以选用相应的配置，既可以配置为适于小规模生产、具有基本测控功能、低成本、操作简便的简易版系统，又可以配置为适于设施农业、具有云端数据分析与管理等功能的多功能版系统。

习题10

1. 填空题

（1）计算机控制系统设计的首要原则是________。

（2）在计算机控制系统中，对于承担网络控制、信息处理、管理的计算机，应采用双机备用系统，其工作方式有________、________、________和________四种控制方式。

（3）计算机处理的事件一般分为两类，即________事件和________事件。

（4）计算机控制系统的软件主要分为两大类，即________软件和________软件。

（5）计算机控制系统的软件一般应具有________、________、________和________等特征。

2. 选择题

（1）在设计计算机控制系统时，以下说法错误的是________。

A. 硬件设计应标准化，采用标准总线结构并配置各种通用的功能模板，以便于进行功能扩充时，只需要增加功能模板即可

B. 软件设计时采用标准模块结构，用户使用时不需要二次开发，只需按照要求选择各种功能模块即可

C. 在系统设计时，各个设计指标留有一定的余量，便于扩充

D. 在系统设计时，各个设计指标没必要留有一定的余量，只要满足本系统要求即可

（2）下面有关计算机控制系统软件设计的说法中错误的是________。

A. 由于计算机控制系统是一个实时控制系统，所以对应用软件首要的要求是具有实时性

B. 计算机控制系统中的每个应用程序都具有较强的针对性

C. 由于每个计算机控制系统实现的功能不同，所以在编制程序时都要从头开始编写，也不要求其具有通用性

D. 为了提高系统软件的可靠性，可以设计一个诊断程序，使其对系统的硬件及软件能够进行检查，一旦发现错误就及时处理

（3）在下面的功能中，操作面板不能实现的是________。

A. 打印、显示中间结果或最终结果

B. 根据工艺要求，修改一些检测点和控制点的参数及给定值

C. 设置报警状态，选择工作方式以及控制回路等

D. 作为模拟量输入通道中的多路开关

（4）有关计算机控制系统硬件设计的说法中错误的是________。

A. 由于单片机内部都具有程序和数据存储器，因此不必扩展 RAM 和 ROM

B. 在成品的计算机中，已经有一部分输入/输出接口，但在不能满足需要时还要扩展一些接口

C. 在设计模拟量输入/输出通道时，选择 A/D 和 D/A 接口主要考虑转换的精度问题，A/D 和 D/A 转换器的位数越多，精度越高

D. 计算机控制系统一般要设计一个操作面板，操作台上设置一些按键或开关，还需有报警及显示设备等

（5）有关计算机控制系统调试的说法中正确的是________

A. 计算机控制系统的调试只能在线进行

B. 计算机控制系统的调试需要经过离线调试和在线调试两个阶段

C. 因为在实验室可以模仿实际操作时可能出现的各种情况，所以只需离线调试即可

D. 在线调试运行遵循从大到小、从难到易、从自动到手动、从复杂回路到简单回路、先闭环后开环、循序渐进的原则

3. 简答题

（1）计算机控制系统设计的基本要求是什么？

（2）在确定计算机控制系统的总体方案时需要考虑哪些问题？

（3）操作面板的主要功能包括哪几个方面？

（4）计算机控制系统的软件包括哪几个特征？

（5）根据图 10-3 所示的编码键盘，说明编码键盘的工作原理。

（6）通过查阅有关文献资料，举一个计算机控制系统的实际应用实例。

4. 设计题

（1）根据图 10-2，编写产品自动装箱控制系统的显示产品件数的子程序。

（2）水塔水位控制的原理图如图 10-27 所示。图中两条虚线表示水位范围，正常水位不高于上限水位，也不低于下限水位。控制要求为：

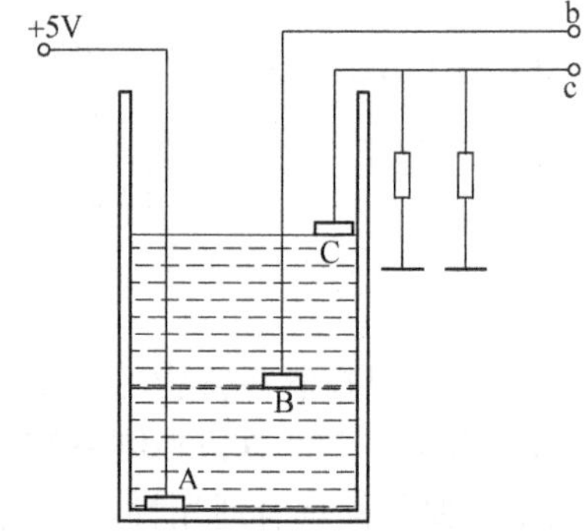

图 10-27　水塔水位控制的原理图

1）当水位低于下限水位时，系统应有信号控制电动机工作，带动水泵供水。

2）当供水时，水位高于上限水位时，系统能控制电动机停止工作，水泵停止供水。

3）当水位处于上下限水位之间时，一种情况是由于用水使水位不断下降，但电动机不工作；另一种情况是电动机工作，水位不断上升。两种情况下均保持原有工作状态。

4）检测电路失灵报警。

试绘出系统硬件电路原理图、程序流程图，并编制程序。

（3）试设计一个采用单片机控制的自动交通信号灯系统。设在一个十字路口的两个路口均有一组交通信号灯（红、黄、绿），控制要求：

1）主干线绿灯亮时间为 30s，然后转为黄灯亮，2s 后即转为红灯亮。

2）支干线当主干线绿灯和黄灯亮时，其为红灯亮，直到主干线黄灯熄灭时才转为绿灯亮。其绿灯亮的持续时间为 20s，然后黄灯亮 2s 即转为红灯亮，如此反复控制。

试绘出系统硬件电路原理图、程序流程图，并编制程序。

附 录

以C51编程实现的软件设计程序

本书中给出的程序均采用汇编语言，为了适应不同读者的需要，本附录给出以 C51 编程实现相应功能的程序。由于 C51 语言具有高级语言的特点，尽量减少底层硬件寄存器的操作，不完全依赖计算机硬件，因此在相关的寄存器、符号以及地址分配等方面与书中用汇编语言实现的程序略有不同。

第 2 章　计算机控制系统中的过程通道

第 58 页

```
#include<reg51. h>                      //定义单片机特殊功能寄存器
#include<absacc. h>                     //定义访问绝对地址的宏
#define ADC0809CH4 XBYTE[0x7FFC]        //定义 ADC0809 通道 4 端口地址
sbit ADC_CS=P2^7;                       //定义位变量
sbit EOC=P1^4;                          //定义位变量
unsigned char data rlt[5]_at_0x40;      //定义转换结果数组 rlt 首地址
void Get_ADC(void)                      //A/D 转换
{
    unsigned char i;                    //定义循环变量
    EOC=1;                              //P1 用作输入口,需要先写 1
    ADC_CS=0;                           //选通 ADC
    for(i=0;i<5;i++)                    //转换 5 次
    {
        ADC0809CH4=0xFF;                //向通道 4 写一个任意数,启动 A/D 转换
        while(EOC);                     //EOC 为 0 开始转换
        while(! EOC);                   //EOC 为 1 转换结束
        rlt[i]=ADC0809CH4;              //读取转换结果
    }
}
```

第 59 页

```
#include<reg51. h>                      //定义单片机特殊功能寄存器
#include<absacc. h>                     //定义访问绝对地址的宏
#define ADC0809CH1 XBYTE[0xDFF9]        //定义 ADC0809 通道 1 端口地址
```

```
sbit ADC_CS=P2^5;                       //定义位变量
unsigned char * ADCdata;                //用于存储 ADC 转换结果数据
void main()
{
    ADC_CS=0;                           //选通 ADC
    IT0=1;                              //选择边沿触发方式
    EA=1;                               //打开总中断
    EX0=1;                              //打开 INT0 的中断允许
    ADC0809CH1=0xFF;                    //向通道 1 写一个任意数,启动 A/D 转换
    ADCdata=0x50;                       //指定转换结果存入地址为 50H
    …
}
void exter0() interrupt 0               //中断函数
{
    * ADCdata=ADC0809CH1;               //转换结果存入指定地址单元中
}
```

第 60 页

```
#include<reg51.h>                       //定义单片机特殊功能寄存器
#include<absacc.h>                      //定义访问绝对地址的宏
#define ADC0816CH(x)XBYTE[0xBFF0+x]     //定义 ADC0816 通道端口地址
#define ADC_BADD   0x7000               //ADC 转换结果存放首地址
sbit ADC_CS=P2^6;                       //定义位变量
sbit EOC=P1^5;                          //定义位变量
void ADC_Get(void)                      //A/D 转换
{
    unsigned char i,temp;
    unsigned int j,addr;
    ADC_CS=0;                           //选通 ADC
    EOC=1;                              //P1 用作输入口,需要先写 1
    for(j=0;j<256;j++)                  //每个通道采样 256 次
    {
        for(i=0;i<16;i++)               //依次读取 16 路通道转换结果
        {
            ADC0816CH(i)=0xFF;          //向通道写一个任意数,启动 A/D 转换
            while(EOC);                 //EOC 为 0 开始转换
            while(! EOC);               //EOC 为 1 转换结束
            temp=ADC0816CH(i);          //读取 A/D 转换结果
            addr=ADC_BADD+i * 256+j;    //计算当前通道的转换结果数据存储地址
```

```
            XBYTE[addr]=temp;       //保存转换结果数据
        }
    }
}
```

第 69 页

```
#include<reg51.h>                   //定义单片机特殊功能寄存器
#include<absacc.h>                  //定义单片机绝对地址的宏
#define AD_ADDR XBYTE[0x7C]         //设置启动 A/D 转换地址
#define READ_H XBYTE [0x7E]         //设置读取高 8 位转换结果地址
#define READ_L XBYTE [0x7F]         //设置读取低 4 位转换结果地址
unsigned char xdata * NUM=0x9000;   //用于存取转换结果高 8 位数据地址
sbit STS=P1^1;                      //A/D 转换状态标志
void Get_ADC(void)                  //A/D 转换
{
    STS=1;                          //P1 用作输入口,需要先写 1
    AD_ADDR=0xFF;                   //启动 A/D 转换
    while(STS);                     //查询如果 STS 为 0 转换结束
     * NUM=READ_H;                  //取高 8 位数据
     * (NUM+1)=READ_L;              //取低 4 位数据
}
```

第 79 页

```
#include<reg51.h>                   //定义单片机特殊功能寄存器
#include<absacc.h>                  //定义访问绝对地址的宏
#define DA_DATA XBYTE[0xBFFF]       //定义第一级数据锁存器地址
#define DA_REG XBYTE[0x7FFF]        //定义第二级 DAC 寄存器地址
void DAC()
{
unsigned char digit=0x80;           //定义待转换数字量
    DA_DATA=digit;                  //将数字量送入数据锁存器
    DA_REG=digit;                   //将数字量送入 DAC 寄存器
}
```

第 80 页

```
#include<reg51.h>                       //定义单片机特殊功能寄存器
#include<absacc.h>                      //定义访问绝对地址的宏
#define DAC0832LK1 XBYTE[0xDFFF]        //定义 DAC0832(1)数据锁存器地址
#define DAC0832LK2 XBYTE[0xBFFF]        //定义 DAC0832(2)数据锁存器地址
```

```
#define DAC0832OUT XBYTE[0x7FFF] //DAC0832 寄存器地址
void DAC_Output(unsigned char data1, unsigned char data2)
{
    DAC0832LK1=data1;           //将 data1 送入 DAC0832(1)的数据锁存器
    DAC0832LK2=data2;           //将 data2 送入 DAC0832(2)的数据锁存器
    DAC0832OUT=0xFF;            //完成 D/A 转换
}
```

第 81 页

```
#include<reg51.h>                    //定义单片机特殊功能寄存器
#include<absacc.h>                   //定义访问绝对地址的宏
#define DAC0832OUT   XBYTE[0xDFFF]   //定义 DAC0832 选通地址
unsigned char digit;                 //定义待转换数字量
void DAC()
{
    DAC0832OUT=digit;                //开始转换
    …
}
```

第 85 页

```
#include<reg51.h>                         //定义单片机特殊功能寄存器
#include<absacc.h>                        //定义访问绝对地址的宏
#define DAC1208LK_H XBYTE[0x2001]         //定义 DAC1208 高 8 位锁存器地址
#define DAC1208LK_L XBYTE[0x2000]         //定义 DAC1208 低 4 位锁存器地址
#define DAC1208OUT XBYTE[0x4000]          //定义 DAC 寄存器地址
void DAC_Output(unsigned char *digit)
{
    DAC1208LK_H= *digit;                  //digit 地址里的数据送入 DAC1208 的高 8
                                            位锁存器
    DAC1208LK_L= *(digit+1);              //digit+1 地址里的数据送入 DAC1208 的低
                                            4 位锁存器
    DAC1208OUT=0xFF;                      //完成 12 位 D/A 转换
}
```

第 90 页

```
#include<reg51.h>                         //定义单片机特殊功能寄存器
#include<absacc.h>                        //定义访问绝对地址的宏
```

```
#define LED_ADDR XBYTE[0x7FFF]    //定义 LED 的地址
void led(void)
{
    unsigned char temp;           //定义中间变量
    P1=0xFF;                      //P1 为准输入口
    temp=P1;                      //读取 P1 口状态
    while((temp&0x01)==0)         //判断 S0 是否闭合
    {
    LED_ADDR=0xFE;                //闭合,输出 VL0 灯亮的模型
    }
    LED_ADDR=0xFF;                //断开,输出 VL0 灯灭的模型
}
```

第 91 页

```
#include<reg51.h>                 //定义单片机特殊功能寄存器
sbit DIR=P2^7;                    //步进电动机开关引脚
unsigned char  MotorStep[]={0x01,0x02,0x04};
void main()
{
    if(DIR ==1)                   //正转
    {
        P1=MotorStep[0];          //输出第 1 拍
        delay();                  //延时
        P1=MotorStep[1];          //输出第 2 拍
        delay();
        P1=MotorStep[2];          //输出第 3 拍
        delay();
    }
    if(DIR==0)                    //反转
    {
        P1=MotorStep[0];          //输出第 1 拍
        delay();
        P1=MotorStep[2];          //输出第 2 拍
        delay();
        P1=MotorStep[1];          //输出第 3 拍
        delay();
    }
}
```

第3章 数据处理与人机交互技术

第96页

```
#include<stdlib. h>                            //定义标准库头文件
unsigned char Limit;                           //定义两次采样允许的最大差值
char limit_filter(char data1, char data2)     //定义采样值存放地址
{
    char data;
    data=(abs(data1-data2)>Limit)? data1:data2;
    return data;
}
```

第98页

```
long average_filter(char * digit, unsigned char num)    //定义数据存放地址和数据
                                                          个数
{
    long sum=0;                        //存放平均值
    while(num--)
    {
        sum+= * digit;                 //采样值累加
        digit++;
    }
    sum=sum/num;                       //求平均值
    return sum;
}
```

第99页

```
unsigned char medium_filter(unsigned char * addr, unsigned char num)
{                                      //addr为采样数据存放地址,num为数据
                                         个数
    int i, j;                          //定义循环变量
    unsigned char temp;                //temp为交换数据中间变量
    for(j=0; j< num- 1; j++)           //计算中值
    {
        for(i=0; i< num- j - 1; i++)
        {
            if( * addr> * (addr+ 1))
            {
                temp= * addr;          //互换
```

```
                *addr= *(addr+ 1);
                *(addr+ 1)= temp;
            }
            addr++;
        }
    }
    temp= *(addr+(num- 1)/ 2);        //返回中间一个元素
    return temp;
}
```

第 101 页

```
void slide_filter(unsigned char n)        //n 为采样个数
{
    unsigned char i,j;                    //定义循环变量
    unsigned short temp;                  // temp 为交换数据中间变量
    for(i=0;i<n-1;i++)
    {
        temp= *((unsigned short *)(0x40+i*2+2));
        *((unsigned short *)(0x40+i*2))= temp;
        temp= *((unsigned short *)(0x40+i*2+3));
        *((unsigned short *)(0x40+i*2+1))= temp;
    }
    average_filter(((unsigned short *)0x40),n);  //求算术平均值
}
```

第 108 页

```
#include<reg51.h>                     //定义单片机特殊功能寄存器
#include<absacc.h>                    //定义访问绝对地址的宏
#define VALUE XBYTE[SAMP]             //取采样值
unsigned char SAMP;                   //SAMP 为采样值存放地址单元
unsigned char max_at_0x30;            //报警上限值存放单元
unsigned char min_at_0x31;            //报警下限值存放单元
unsigned char ALARM=0x00;             //报警标志单元
void main ()
{
    while (1)
    {
        if (VALUE >max)               //是否超过报警上限值
            ALARM=0x81;               //置参数报警标志
```

```
        else if (VALUE<min)                 //是否超过报警下限值
            ALARM=0x82;                     //置参数报警标志
        else
            ALARM=0x40;                     //正常状态
        P1=ALARM;
    }
}
```

第 109 页

```
#include<reg51.h>                           //定义单片机特殊功能寄存器
#include<absacc.h>                          //定义访问绝对地址的宏
sbit P10=P1^0;
sbit P11=P1^1;
sbit P14=P1^4;
sbit P15=P1^5;

void main ()
{
    EA=1;                                   //CPU 允许中断
    EX0=1;                                  //允许外部中断 0
    IT0=1;                                  //外部中断 0 边沿触发方式
    while (1);
}
void ALARM ()    interrupt 0
{
    P1=0xFF;
    P14=P10;
    P15=P11;
}
```

第 112 页

```
#include<reg51.h>                           //定义单片机特殊功能寄存器
#include<absacc.h>                          //定义访问绝对地址的宏
#define P8255_CTRL XBYTE[0x7FFF]            //8255A 控制口地址
#define P8255_PA XBYTE[0x7FFC]              //8255A PA 口地址
unsigned char key_value;                    //定义键值
void key()
{
    P8255_CTRL=0x90;                        //8255A 初始化
```

```
        key_value=P8255_PA;             //读键的状态
        if(key_value!=0xFF)
        {
            delay_ms(10);               //延时10ms,防止抖动
            key_value=P8255_PA;         //重读键的状态
            switch(key_value)
            {
                case 0xFE:S1();break;   //转S1键处理
                case 0xFD:S2();break;   //转S2键处理
                case 0xFB:S3();break;   //转S3键处理
                case 0xF7:S4();break;   //转S4键处理
                case 0xEF:S5();break;   //转S5键处理
                case 0xDF:S6();break;   //转S6键处理
                case 0xBF:S7();break;   //转S7键处理
                case 0x7F:S8();break;   //转S8键处理
                default :break;         //无按键闭合退出
            }
        }
    }
```

第 117 页

```
#include<reg51.h>                       //定义单片机特殊功能寄存器
#include<absacc.h>                      //定义访问绝对地址的宏
#define P8255_CTRL XBYTE[0x7FFF]        //8255A控制口地址
#define P8255_PA XBYTE[0x7FFC]          //8255A PA口地址
#define P8255_PC XBYTE[0x7FFE]          //8255A PC口地址
unsigned char CodeValue=0;              //定义键值变量
void delay_ms(unsigned int xms)         //延时xms
{ unsigned int i,j;
  for(i=xms;i>0;i--)
    for(j=112;j>0;j--);
}
unsigned char CheckKey()                //检测有无按键按下的函数
{                                       //有按键按下返回1,无则返回0
    unsigned char i;
    P8255_PA=0x00;
    i=(P8255_PC & 0x0F);
    if(i==0x0F)
        return(0);
```

```
        else
            return(1);
}
void KeyScan()                              //按键扫描,键值存在 CodeValue
{
    unsigned char ScanCode;                 //定义列扫描码
    unsigned char k;
    unsigned char i, j;
    if(CheckKey()==1)                       //判断是否有键按下
    {
        delay_ms(10);                       //延时 10ms 去抖动
        if(CheckKey()==1)                   //再次判断是否有键按下
        {
            ScanCode=0x01;                  //设置列扫描码,初始值最低位
                                              为 1,之后循环逐位取反
        for(i=0; i< 8; i++)                 //逐列扫描 8 次
        {
            P8255_PA=~ScanCode;             //送列扫描码
            k=0x01;                         //行扫描码赋初值
            for(j=0; j< 4; j++)
            {
                if((P8255_PC& k)==0)        //判断按键是否在当前行
                {
                    CodeValue=i+j * 8;      //若在当前行,则按键编号是 i+
                                              j * 8
                    while(CheckKey()!=0);   //等待按键释放
                }
                else
                {
                    k<<=1;                  //若不在当前行,行扫描码 k 左
                                              移一位,扫描下一行
                }
            }
            ScanCode<<=1;                   //扫描完一列,列扫描码左移一
                                              位,扫描下一列
        }
        }
    }
}
```

```
void main()
{
    P8255_CTRL=0x89;                    //8255A 初始化,设置 A 口输出,C 口低
                                          4 位输入
    P1=0x00;
    while(1)
    {
        KeyScan();                      //扫描按键,键值存在 CodeValue
        ...
    }
}
```

第 **122** 页(1)

```
#include<reg51.h>                       //定义单片机特殊功能寄存器
#include<absacc.h>                      //定义访问绝对地址的宏
#define P8255A_CTRL XBYTE[0x7FFF]       //8255A 控制口地址
#define P8255A_PA XBYTE[0x7FFC]         //8255A PA 口地址
#define P8255A_PB XBYTE[0x7FFD]         //8255A PB 口地址
#define P8255A_PC XBYTE[0x7FFE]         //8255A PC 口地址
void display()
{
    P8255A_CTRL=0x80;                   //8255A 初始化
    P8255A_PA=0x3F;                     //PA 口显示 0
    P8255A_PB=0x06;                     //PB 口显示 1
    P8255A_PC=0x5B;                     //PC 口显示 2
}
```

第 **122** 页(2)

```
#include<reg51.h>                       //定义单片机特殊功能寄存器
sbit LE1=P1^4;
sbit LE2=P1^5;
sbit LE3=P1^6;
void display()
{
    P1=0x04;                            //数 4 写入 P1 口
    LE1=1;                              //锁存 MC14513(1)中,百位显示 4
    P1=0x15;                            //数 5 写入 P1 口
    LE2=1;                              //锁存 MC14513(2)中,十位显示 5
    P1=0x36;                            //数 6 写入 P1 口
```

```
    LE3=1;                              //锁存 MC14513(3)中,个位显示 6
}
```

第 124 页

```
#include<reg51.h>                       //定义单片机特殊功能寄存器
#include<absacc.h>                      //定义访问绝对地址的宏
#define P8255A_CTRL XBYTE[0x7FFF]       //8255A 控制口地址
#define P8255A_PA XBYTE[0x7FFC]         //8255A PA 口地址
#define P8255A_PB XBYTE[0x7FFD]         //8255A PB 口地址
#define P8255A_PC XBYTE[0x7FFE]         //8255A PC 口地址
unsigned char * dispaddr=0x77;          //定义显示数据的首地址
unsigned char code DSEG[ ]={0x3F,0x06,0x5B,0x4F,0x66,0x6D,
                            0x7D,0x07,0x7F,0x6F,0x77,0x7C,
                            0x39,0x5E,0x79,0x71,0x73,0x3E,
                            0x31,0x6E,0x1C,0x23,0x40,0x03,
                            0x18,0x00};//段数据表
void disp()                             //动态显示函数
{
    unsigned char temp;                 //定义位选变量
    P8255A_CTRL=0x80;                   //PA、PB 口均为方式 0 输出
    while(1)
    {
        temp=0x08;                      //置扫描模式初值为最左边数码管
        dispaddr=0x77;                  //指向显示数据的首地址
        while(temp!=0)
        {
            P8255A_PA=temp;
            P8255A_PB=DSEG[ *dispaddr];
            delay_ms(1);                //延时 1ms
            temp>>=1;
            dispaddr++;
        }
    }
}
```

第 127 页

```
#include<reg51.h>                       //定义单片机特殊功能寄存器
#include<absacc.h>                      //定义访问绝对地址的宏
#define ICM7218_ADDR XBYTE[0x0200]      //设置 ICM7218A 的工作地址
```

```
unsigned char  * digit;                    //定义数据首地址
sbit MODE=P1^7;
unsigned char i;                           //循环变量
void display()
{
    MODE=1;                                //置 MODE 为高电平,准备写控制字
    ICM7218_ADDR=0xB0;                     //输出控制字
    MODE=0;                                //置 MODE 为低电平,准备写数据
    digit=0x60;                            //显示数据首地址
    for(i=0;i<8;i++)
    {
        ICM7218_ADDR= * digit;             //取出显示数据
        digit++;
    }
}
```

第 128 页

```
#include<reg51.h>                          //定义单片机特殊功能寄存器
#include<absacc.h>                         //定义访问绝对地址的宏
#define ICM7218_ADDR XBYTE[0x0200]         //设置 ICM7218A 的工作地址
unsigned char  * digit;                    //定义数据首地址
sbit MODE=P1^7;
unsigned char i;                           //循环变量
void display()
{
    MODE=1;                                //置 MODE 为高电平,准备写控制字
    ICM7218_ADDR=0x90;                     //输出控制字
    MODE=0;                                //置 MODE 为低电平,准备写数据
    digit=0x60;                            //显示数据首地址
    for(i=0;i<8;i++)
    {
        ICM7218_ADDR= * digit;             //取出显示数据
        digit++;
    }
}
```

第 130 页

```
#include<reg51.h>                          //定义单片机特殊功能寄存器
unsigned char * buff;                      //buff 指向显示缓冲区最高位
```

```
unsigned char lock;                  //lock 为锁存控制字
unsigned char code_BCD;              //定义存放的 BCD 码
unsigned char code_H,code_L;         //code_H 与 code_L 分别为高位 BCD 码
                                       和低位 BCD 码
unsigned char i;                     //i 为循环变量
void CD4543_display()
{
    buff=0x50;                       //指向显示缓冲区的最高位
    lock=0x10;                       //设定最高位锁存控制标志字
    for(i=0;i<2;i++)
    {
        code_BCD= * buff;            //取要显示的 BCD 码
        code_L= * buff;              //BCD 高 4 位移至低 4 位
        code_H=code_BCD>>4
        code_H | =lock;              //加上高位锁存控制位
        P1=code_H;                   //送入 CD4543
        P1&=0x0F;                    //置所有 CD4543 为锁存状态
        lock≪1;                      //求出下一位锁存控制标志字
        code_L &=0x0f;               //取低半字节 BCD 码
        code_L 1=lock;               //加上锁存控制位
        P1=code_L;                   //送入 CD4543
        lock<<1;                     //求出下一位锁存控制标志字
        buff++;
    }
}
```

第 8 章　计算机控制系统的可靠性与抗干扰技术

第 261 页

```
#include<reg51.h>                    //定义单片机特殊功能寄存器
#include<absacc.h>                   //定义访问绝对地址的宏
void reset(void)                     //软件复位
{
((void(code * )(void))0x0000)();
}
void main()
{
    IT0=1;                           //配置中断INT0和 I NT1
    IT1=1;
    EX0=1;
```

```
    EA=1;
    while(1)
    {}
}
void Int0()   interrupt 0
{
    reset();                        //非正常进入中断,复位
}
void Int1()   interrupt 2
{
    reset();                        //非正常进入中断,复位
}
```

第 262 页

```
#include<reg51.h>                   //定义单片机特殊功能寄存器
#include<absacc.h>                  //定义访问绝对地址的宏
unsigned char * ADD1;
unsigned char * ADD2;
void RAM_test()
{
    ADD1=0x6E;
    * ADD1=0x55;                    //在 6EH 中写入 55H
    ADD2=0x6F;
    * ADD2=0xAA;                    //在 6FH 中写入 0AAH
    while( * ADD1!=0x55);           //6EH 中不为 55H 则落入死循环
    while( * ADD2!=0xAA);           //6FH 中不为 0AAH 则落入死循环
    * ADD1=0;                       //测试通过,6EH 内容清零
    * ADD2=0;                       //测试通过,6FH 内容清零
}
```

第 263 页

```
#include<reg51.h>                   //定义单片机特殊功能寄存器
void ResetWrong()
{
    if(PSW&0x20)                    //判别标志位 PSW.5
    {
        ERR();                      //错误程序处理
    }
```

```
    PSW | =0x20;                              //置 PSW.5 为 1
    reset();
}
```

第 10 章　计算机控制系统的设计与实现

第 321 页

```
#include<reg51.h>                         //定义单片机特殊功能寄存器
#include<absacc.h>                        //定义访问绝对地址的宏
#define P8255A_PA XBYTE[0x7FFC]           //8255A PA 口地址
#define P8255A_PB XBYTE[0x7FFD]           //8255A PB 口地址
#define P8255A_PC XBYTE[0x7FFE]           //8255A PC 口地址
#define P8255A_CTRL XBYTE[0x7FFF]         //8255A 控制口地址
unsigned char pa_sta=0;                   //8255A PA 口状态
unsigned char pb_sta=0;                   //8255A PB 口状态
unsigned char pc_sta=0;                   //8255A PC 口状态
unsigned char precnt;                     //设置给定值参数
unsigned char start_flag=0;               //设置起动标志
unsigned int products=0;                  //设置产品数量
unsigned int boxes=0;                     //设置包装箱数量
unsigned int buff1;                       //设置存放产品数量给定值
unsigned int buff2;                       //设置包装箱数量给定值
unsigned char digit[8];                   //设置存放给定值数组
unsigned char count_flag=0;               //设置计数标志
void stop()
{
    pc_sta | =0x00;                       //停止传送带电动机
    P8255A_PC=pc_sta;
    start_flag=0;                         //起动标志置 0
}
void main(void)
{
    P8255A_CTRL=0x90;                     //8255A 初始化
    IT0=1;
    EX0=1;
    EA=1;                                 //开中断
    while(1)
    {
        while(!start_flag);               //等待起动标志
        while(precnt!=0x08);              //等待设置给定参数
```

```
        while(boxes!=buff1&&start_flag==1)          //判断是否装够箱数
        {
            pc_sta|=0x05;                            //起动电动机 1 和正常指示灯
            P8255A_PC=pc_sta;
            pa_sta=P8255A_PA;
            while(!(pa_sta&0x80));                   //判断包装箱是否到位
            pc_sta&=0xFE;                            //停包装箱传送带电动机位
            while(products!=buff2&&start_flag==1)    //判断产品是否装满
            {
                pc_sta|=0x02;                        //起动产品传送电动机
                P8255A_PC=pc_sta;
                pa_sta=P8255A_PA;
                products+=1;                         //产品数加 1
                display();                           //显示已经装入的产品件数
                while(!(pa_sta&0x20))                //判断是否停止键按下
                {
                    stop();
                }
            }
            boxes+=1;                                //包装箱加 1
        }
        pc_sta&=0xF8;                                //停止电动机 1 和电动机 2
        P8255A_PC=pc_sta;
        pa_sta=P8255A_PA;
    }
}
void Int0()interrupt 0                               //中断函数
{
    pa_sta=P8255A_PA;                                //读入给定值
    digit[count_flag]=keyvalue();                    //获取键值
    count_flag+=1;
    if(count_flag>7)
    {
        count_flag=0;                                //标志位清 0
        buff1=digit[0]*1000+digit[1]*100+digit[2]*10+digit[3];
                                                     //计算包装箱数给定值
        buff2=digit[4]*1000+digit[5]*100+digit[6]*10+digit[7];
                                                     //计算产品件数给定值
        precnt=0x08;                                 //设置给定值参数
```

```
        start_flag=1;                        //起动标志置 1
    }
    display();                               //送显示
}
```

第 330 页

```
#include<reg51.h>                            //定义单片机特殊功能寄存器
#include<absacc.h>                           //定义访问绝对地址的宏
#define STATE XBYTE[0x7FFF]                  //定义 74LS273 地址
unsigned char count;                         //定义板料数量
unsigned char temp;                          //定义临时变量,存放输入
                                               状态
sbit M0_P=P1^0;                              //M 电动机正转
sbit M0_N=P1^1;                              //M 电动机反转
sbit M1=P1^2;                                //M1 电动机
sbit M2=P1^3;                                //M2 电动机
sbit M3=P1^4;                                //M3 电动机
void main()
{
    P1=0x00;
    IT0=1;                                   //设外部中断 0 为边沿触发方式
    EX0=1;                                   //允许外部中断 0 中断
    EA=1;                                    //CPU 开中断
    TMOD=0x06;                               //断开系统所有控制电路
    TH0=0xF6                                 //定时器 T0 工作方式 2;
    TL0=0xF6;                                //装入时间常数(设一车装板料为 10 块)
    TR0=1;                                   //启动 T0 开始计数
    while(1)                                 //等待
    {}
}
void Int0() interrupt 0
{
    while(1)
    {
        temp=STATE;                          //读取输入状态
        while(temp==0xFF);                   //判断小车是否空载
        M0_P=0;                              //起动小车左行
        M0_N=1;
        temp=STATE;
```

```
        while(temp==0xEF);              //判断小车是否到位
        M0_P=1;                         //停车
        M0_N=1;
        while(!TF0)
        {
            M3=1;                       //起动 M3,送板料
            temp=STATE;
            while(temp==0xEE);          //判断板料是否到位
            M3=0;                       //停止 M3
            M2=1;                       //起动 M2
            temp=STATE;
            while(temp==0xE8);          //判断压块是否压紧
            M1=1;                       //起动 M1
            temp=STATE;
            while(temp==0xC1);          //判断板料是否剪断
            delay(0xFF);                //等待板料下降
            M1=0;                       //停止 M1,使剪切刀复位
            M2=0;                       //停止 M2,使压块复位
            temp=STATE;
            while(temp==0xCF);          //判断剪切刀和压块是否复位
        }
        TF0=0;
        M0_N=0;                         //小车向右运动
        M0_P=1;
    }
}
```

参考文献

[1] 范立南，李雪飞. 计算机控制技术［M］. 北京：机械工业出版社，2009.

[2] 范立南，李雪飞. 计算机控制技术［M］. 2 版. 北京：机械工业出版社，2015.

[3] 范立南，李雪飞，等. 单片微型计算机控制系统设计［M］. 北京：人民邮电出版社，2004.

[4] 窦曰轩. 自动控制原理［M］. 北京：机械工业出版社，2007.

[5] 李正军. 计算机控制系统［M］. 北京：机械工业出版社，2005.

[6] 陈丽兰. 自动控制原理教程［M］. 北京：电子工业出版社，2006.

[7] 魏东. 计算机控制系统［M］. 北京：机械工业出版社，2007.

[8] 李贵山，周征，等. 检测与控制技术［M］. 西安：西安电子科技大学出版社，2006.

[9] 张艳兵，王忠庆. 计算机控制技术［M］. 北京：国防工业出版社，2006.

[10] 吴险峰，但唐仁，等. 51 单片机项目教程［M］. 北京：人民邮电出版社，2016.

[11] 李正军. 计算机测控系统设计与应用［M］. 北京：机械工业出版社，2004.

[12] 张国范，顾树生，等. 计算机控制系统［M］. 北京：冶金工业出版社，2004.

[13] 潘新民，王燕芳. 微型计算机控制技术实用教程［M］. 北京：电子工业出版社，2006.

[14] 李华，孙晓民，等. MCS-51 系列单片机实用接口技术［M］. 北京：北京航空航天大学出版社，2002.

[15] 高锋. 单片微型计算机原理与接口技术［M］. 北京：科学出版社，2003.

[16] 王幸之，王雷，等. 单片机应用系统抗干扰技术［M］. 北京：北京航空航天大学出版社，2002.

[17] 刘光斌，刘冬，等. 单片机系统实用抗干扰技术［M］. 北京：人民邮电出版社，2003.

[18] 范立南，李雪飞，等. 单片机原理及应用教程［M］. 2 版. 北京：北京大学出版社，2013.

[19] 姜学军. 计算机控制技术［M］. 北京：清华大学出版社，2005.

[20] 肖诗松，刘明，等. 计算机控制——基于 MATLAB 实现［M］. 北京：清华大学出版社，2006.

[21] 李玉梅. 基于 MCS-51 系列单片机原理的应用设计［M］. 北京：国防工业出版社，2006.

[22] 王建华，黄河清. 计算机控制技术［M］. 北京：高等教育出版社，2003.

[23] 席爱民. 计算机控制系统［M］. 北京：高等教育出版社，2004.

[24] 王平，肖琼. 计算机控制系统［M］. 北京：高等教育出版社，2004.

[25] 谢剑英，贾青. 微型计算机控制技术［M］. 北京：国防工业出版社，2001.

[26] 李群芳，肖看. 单片机原理、接口及应用——嵌入式系统技术基础［M］. 北京：清华大学出版社，2005.

[27] 李华，范多旺. 计算机控制系统［M］. 北京：机械工业出版社，2007.

[28] 夏建全. 工业计算机控制技术——原理与应用［M］. 北京：清华大学出版社，2006.

[29] 张旭涛，曾现峰. 单片机原理与应用［M］. 北京：北京理工大学出版社，2007.

[30] 马光. 单片机原理及应用［M］. 北京：机械工业出版社，2006.

[31] 冯育长. 单片机系统设计与实例分析［M］. 西安：西安电子科技大学出版社，2007.

[32] 孙增圻，邓志东，等. 智能控制理论与技术［M］. 2 版. 北京：清华大学出版社，2011.

[33] 李少远，王景成. 智能控制［M］. 北京：机械工业出版社，2005.

[34] 刘金琨. 智能控制［M］. 北京：电子工业出版社，2005.

[35] 谢宋和，甘勇. 单片机模糊控制系统设计与应用实例［M］. 北京：电子工业出版社，1999.

[36] 吴中俊，黄永红. 可编程序控制器原理及应用［M］. 北京：机械工业出版社，2008.

[37] 周志峰. 计算机控制技术［M］. 北京：清华大学出版社，2014.

[38] 于海生，丁军航，等. 微型计算机控制技术 [M]. 北京：清华大学出版社，2009.

[39] 杨鹏. 计算机控制系统 [M]. 北京：机械工业出版社，2009.

[40] 翟天嵩. 计算机控制技术与系统仿真 [M]. 北京：清华大学出版社，2012.

[41] 张毅刚，彭喜元，等. 单片机原理及应用 [M]. 北京：高等教育出版社，2010.

[42] 张德江. 计算机控制系统 [M]. 北京：机械工业出版社，2007.

[43] 王锦标. 计算机控制系统 [M]. 3 版. 北京：清华大学出版社，2018.

[44] 范立南，李荃高，等. 单片机原理及应用 [M]. 北京：机械工业出版社，2019.

[45] 杨根科，谢剑英. 微型计算机控制技术 [M]. 4 版. 北京：国防工业出版社，2016.

[46] 丁建强，任晓，等. 计算机控制技术及其应用 [M]. 2 版. 北京：清华大学出版社，2017.

[47] 高国琴，等. 微型计算机控制技术 [M]. 2 版. 北京：机械工业出版社，2020.

[48] 顾德英，罗云林，等. 计算机控制技术 [M]. 4 版. 北京：北京邮电大学出版社，2020.

[49] 何克忠，李伟. 计算机控制系统 [M]. 2 版. 北京：清华大学出版社，2015.

[50] 罗文广，廖风依，等. 计算机控制技术 [M]. 2 版. 北京：机械工业出版社，2018.

[51] 张明文，王璐欢，等. 工业互联网与机器人技术应用初级教程 [M]. 哈尔滨：哈尔滨工业大学出版社，2020.

[52] 魏毅寅，柴旭东. 工业互联网：技术与实践 [M]. 北京：电子工业出版社，2017.

[53] 程晓，文丹枫. 工业互联网：技术、实践与行业解决方案 [M]. 北京：电子工业出版社，2020.

[54] 范立南，莫晔，等. 物联网通信技术及应用 [M]. 北京：清华大学出版社，2017.

[55] 王建民. 工业大数据技术综述 [J]. 大数据，2017，3 (6)：3-14

[56] 范立南，刘洲，等. 智能物联网温室自动监控系统设计与实现 [J]. 仪器仪表用户，2019，26 (1)：6-9.

[57] 卞和营，薛亚许，等. 温室大棚温湿度模糊控制系统及 PLC 程序设计 [J]. 农机化研究，2014 (9)：147-151.